中国水土保持学会　组织编写

水土保持行业从业人员培训系列丛书

水土保持规划设计

主编　王治国

中国水利水电出版社
www.waterpub.com.cn
·北京·

内 容 提 要

作为水土流失综合防治工程建设重要前期工作与基础，水土保持规划与设计随着水土保持基础理论研究的不断深入、综合治理实践的持续发展、规划设计领域标准体系的逐渐完善，以及新理念、新技术、新方法和新工艺应用水平的稳步提高等等，获得了长足的进步。本书除了介绍水土保持通识性技术，还系统总结和归纳了近十多年水土保持规划与设计实践经验，着力将新知识、新标准、新技术和新方法融会其中。本书可以促进水土保持规划与设计在水土保持行业得到更加广泛的应用，适合水土保持行业从业人员阅读和参考。

图书在版编目（ＣＩＰ）数据

水土保持规划设计 / 王治国主编 ；中国水土保持学
会组织编写. -- 北京 ：中国水利水电出版社，2018.1
（水土保持行业从业人员培训系列丛书）
ISBN 978-7-5170-6292-9

Ⅰ．①水… Ⅱ．①王… ②中… Ⅲ．①水土保持－技
术培训－教材 Ⅳ．①S157

中国版本图书馆CIP数据核字（2018）第020108号

书　　　名	水土保持行业从业人员培训系列丛书 **水土保持规划设计** SHUITU BAOCHI GUIHUA SHEJI
作　　　者	主编　王治国 中国水土保持学会　组织编写
出 版 发 行	中国水利水电出版社 （北京市海淀区玉渊潭南路１号Ｄ座　100038） 网址：www. waterpub. com. cn E - mail：sales@waterpub. com. cn 电话：(010) 68367658（营销中心）
经　　　售	北京科水图书销售中心（零售） 电话：(010) 88383994、63202643、68545874 全国各地新华书店和相关出版物销售网点
排　　　版	中国水利水电出版社微机排版中心
印　　　刷	北京瑞斯通印务发展有限公司
规　　　格	184mm×260mm　16开本　20印张　474千字
版　　　次	2018年1月第1版　2018年1月第1次印刷
印　　　数	0001—3000 册
定　　　价	**49.00元**

《水土保持行业从业人员培训系列丛书》
编 委 会

主　任　刘　宁

副主任　刘　震

成　员　（以姓氏笔画为序）

王玉杰	王治国	王瑞增	方若枰	牛崇桓	左长清
宁堆虎	刘宝元	刘国彬	纪　强	乔殿新	张长印
张文聪	张新玉	李智广	何兴照	余新晓	吴　斌
沈雪建	邰源临	杨进怀	杨顺利	侯小龙	赵　院
姜德文	贺康宁	郭索彦	曹文洪	鲁胜力	蒲朝勇
雷廷武	蔡建勤				

顾　问　王礼先　孙鸿烈　沈国舫

本 书 编 委 会

主　　编　王治国

副主编　孟繁斌　闫俊平　王春红　纪　强　张　超

编写人员　（按姓氏笔画排序）

马　力	王白春	王利军	王艳梅	杜运领
李小芳	邢乃春	邹兵华	张　淼	苗红昌
杨伟超	陈三雄	贺前进	贺康宁	姜圣秋
赵廷宁	赵心畅	贾洪文	樊　华	

总　序

　　水是生命之源，土是生存之本，水土资源是人类赖以生存和发展的基本物质条件，是经济社会可持续发展的基础资源。严重的水土流失是国土安全、河湖安澜的重大隐患，威胁国家粮食安全和生态安全。20世纪初，我国就成为世界上水土流失最为严重的国家之一，最新的普查成果显示，全国水土流失面积依然占全国陆域总面积的近1/3，几乎所有水土流失类型在我国都有分布，许多地区的水土流失还处于发育期、活跃期，造成耕地损毁、江河湖库淤积、区域生态环境破坏、水旱风沙灾害加剧，严重影响国民经济和社会的可持续发展。

　　我国农耕文明历史悠久而漫长，水土流失与之相伴相随，并且随着人口规模的膨胀而加剧。与之相应，我国劳动人民充分发挥聪明才智，开创了许多预防和治理水土流失、保护耕地的方法与措施，为当今水土保持事业发展奠定了坚实的基础。新中国成立以来，党和国家高度重视水土保持工作，投入了大量人力、物力和财力，推动我国水土保持事业取得了长足发展。改革开放以来，尤其是进入21世纪以来，我国水土保持事业步入了加速发展的快车道，取得了举世瞩目的成就，全国水土流失面积大幅减少，水土流失区生态环境明显好转，群众生产生活条件显著改善，水土保持在整治国土、治理江河、促进区域经济社会可持续发展中发挥着越来越重要的作用。与此同时，水土保持在基础理论、科学研究、技术创新与推广等方面也取得了一大批新成果，行业管理、社会化服务水平大幅提高。为及时、全面、系统总结新理论、新经验、新方法，推动水土保持教育、科研和实践发展，我们邀请了当前国内水土保持及生态领域著名的专家、学者、一线工程技术人员和资深行业管理人员共同编撰了这套丛书，内容涵盖了水土保持基础理论、监督管理、综合治理、规划设计、监测、信息化等多个方面，基本反映了近 30 年、特别是 21 世纪以来水土保持领域发展取得的重要成果。该丛书可作为水土保持行业工程技术人员的培训教材，亦可作为大专院校水土保持专业教材，以及水土保持相关理论研究的参考用书。

近年来，党中央做出了建设生态文明社会的重大战略部署，把生态文明建设提到了前所未有的高度，纳入了"五位一体"中国特色社会主义总体布局。水土保持作为生态文明建设的重要组成部分，得到党中央、国务院的高度重视，全国人大修订了《中华人民共和国水土保持法》，国务院批复了《全国水土保持规划》并大幅提高了水土保持投入，水土保持迎来了前所未有的发展机遇，任重道远，前景光明。希望这套丛书的出版，能为推动我国水土保持事业发展、促进生态文明建设、建设美丽中国贡献一份力量。

《水土保持行业从业人员培训系列丛书》编委会

2017 年 10 月

前　言

　　水土保持生态建设工程涉及水利、农业、林业、环保等多学科、多行业、多部门，其规模较小、形式多样，且相互之间有区别又有联系，在某一流域或某一区域内各类工程呈整体分散和局部统一的特点，因此，水土保持规划与设计是在水土保持规划的基础上，以小流域（片区）为单元进行措施配置和设计的。水土保持规划与设计是水土流失综合防治工程建设的重要前期工作与基础，随着水土保持基础理论研究不断深入，综合治理实践的发展，规划设计领域标准体系也不断得以完善，新理念、新技术、新方法和新工艺应用水平稳步提高，信息化和现代化水平显著提升。为便于广大水土保持规划与设计人员更好地掌握该领域科学技术知识，本书除介绍水土保持通识性技术外，在系统总结和归纳近10多年水土保持规划与设计实践经验，着力将新知识、新标准、新技术和新方法融会其中。

　　本书以《中华人民共和国水土保持法》、水利部近些年关于生态项目的管理规定及最新的规范标准作为依据，以中国水土保持学会水土保持规划设计专委会近10年来的培训内容和有关教材，全国注册土木工程师（水利水电工程）专业管理委员会、中国水利水电勘测设计协会组织编制的《注册土木工程师（水利水电工程）资格考试指定辅导教材水利水电工程专业案例（水土保持篇）（2015版）》以及《全国水土保持区划》《全国水土保持规划（2015—2030）》等为基础，根据《水土保持工程设计规范》（GB 51018—2014）、《水土保持规划编制规范》（SL 335—2014）、《水利水电工程制图标准　水土保持图》（SL 73.6—2015），以及即将颁布的国标《水土保持调查与勘测规范》等规范标准的要求进行整理和编写的。全书共分两篇，第1篇为规划篇，第2篇为设计篇。规划篇共 3 章内容，分别为：第 1 章规划概述、第 2 章水土保持区划和第 3 章水土保持规划；设计篇共 7 章内容，分别为：第 4 章设计概述、第 5 章水土保持调查与勘测、第 6 章工程总体配置、第 7 章耕作与工程措施设计、第 8 章林草工程设计、第 9 章施工组织设计和第 10 章水土保持制图。

根据编委会的要求，2015 年水利部水利水电规划设计总院组织有关专家开始着手制定了工作大纲，明确组织分工和进度安排，开始编写本教材，经过两年反复讨论与修改，于 2017 年上半年编写完成。

本教材在编写过程中得到了相关规范编制工作人员及设计、科研、教学等专家的热情支持和大力帮助。在《水土保持规划设计》即将出版之际，谨向参与编撰出版工作的领导、专家和所有参与者表示诚挚的感谢，并祈望广大读者在使用过程提出批评和建议，以便今后进一步完善。

编者

2017 年 11 月

目 录

第1篇 规 划 篇

第1章
规划概述

1.1 规划的定义、性质与作用

水土保持规划是水土保持区域水土保持工作的总体部署或特定区域专项部署，也是水土保持前期工作基础。

水土保持综合规划是指以县级以上行政区或流域为单元，根据区域或流域自然与社会经济情况、水土流失现状及水土保持需求，对预防和治理水土流失，保护和利用水土资源作出的总体部署，规划内容涵盖预防、治理、监测、监督管理等。水土保持综合规划由县级以上人民政府或其授权的部门批复，是中长期的战略发展规划。

水土保持专项规划是根据水土保持综合规划，对水土保持专项工作或特定区域预防和治理水土流失而作出的专项部署。专项规划是在综合规划指导下的专门规划，通常是项目立项的重要依据，也可直接作为工程可行性研究报告或实施方案编制的依据。

1.2 水土保持规划类型与体系

《中华人民共和国水土保持法》第十三条第二款规定："水土保持规划包括对流域或者区域预防和治理水土流失、保护和合理利用水土资源作出的整体部署，以及根据整体部署对水土保持专项工作或者特定区域预防和治理水土流失作出的专项部署。"据此《水土保持规划编制规范》（SL 335—2014）将水土保持规划分为综合规划和专项规划两大类。

水土保持综合规划按行政区划又可分为国家级、省（自治区、直辖市）级、市级和县级规划，另外，国家层面的规划还包括长江、黄河等大型江河流域规划，省级层面的规划还包括重要江河规划。

水土保持专项规划又包括两种类型，一类是专项工程规划，如东北黑土区水土流失综合防治规划、黄土高原地区综合治理规划、坡耕地综合治理规划等；二类是专项工作规划，如水土保持监测规划、水土保持科技支撑规划、水土保持信息化规划等。水土保持规划体系构成，见表1-1。

表 1-1　　　　　　　　　　　水土保持规划体系构成

分级层面		综合规划	专项规划		备注
			专项工程规划	专项工作规划	
国家级	全国	√		√	
	流域	√		√	跨省的大流域
	特定区域		√		跨省区域或对象
省级	全省	√		√	
	特定区域		√		境内部分区域（流域）或对象
市级	全市	√		√	
	特定区域		√		境内部分小流域或片区
县级	全县	√		√	
	特定区域		√		境内部分小流域或片区

注　专项工程，包括以中大流域为单元的综合防治、侵蚀沟或崩岗、坡耕地整治、淤地坝等。

1.3　规 划 的 基 本 要 求

1.3.1　规划工作程序

　　水土保持综合规划由政府组织编制，国家级、省级水土保持规划一般需要编制规划任务书，经批复后的规划任务书是编制规划的重要依据。政府组织的水土保持综合规划由相应级别的水行政主管部门承担，完成规划的编制任务。同时，成立由发改委、水利、环保、林业、国土资源等部门组成的规划领导协调组，以便于对相关行业资料收集与规划成果的协调。

　　规划中间成果及最终成果的咨询、审查等应由领导协调组成员参加，最终的规划成果需通过政府各有关部门的会签，政府才能批复、印发实施。

　　专项规划编制程序相对简单，由水行政主管部门组织编制，规划成果由水行政主管部门审查，由相应级别的发改部门或水利部门批复。

1.3.2　规划范围与水平年

　　规划范围是指规划涉及的全部区域，一般大于规划规模。如全国水土保持规划的范围包括大陆所有面积，省级水土保持规划范围包括整个省陆区面积，而规划规模是根据全国或各省水土流失特点与当前经济条件来确定，比规划范围要小得多。全国规划范围为960 万 km^2，规划总体规模为 94 万 km^2。

　　规划所采用的现状基准年是编制规划时所采取的基础数据所在的年份，为距离规划编制时最近的、基础数据最全的一年作为基准年，一般为近三年的某一年。规划水平年是规划实施后，工程或措施正常发挥效益的年份，一般分近期和远期水平年。近期宜采用 5～10 年，远期 15～30 年。

1.3.3　规划基本原则

（1）遵守法律法规和规范的原则。编制水土保持规划必须贯彻《中华人民共和国水土保持法》等法律法规及国家有关方针政策，并按相关标准编制。

（2）以人为本，保护生态的原则。水土保持工作是以治理水土流失为主，兼顾农业发展的民生水利工程，是保护水土资源、实现人与自然和谐的重要举措。规划必须遵循以人为本的原则，改善农村生产生活条件；体现人与自然和谐相处的理念，加强生态环境的预防与保护。

（3）统筹兼顾相互协调原则。水土保持规划应当与土地利用规划、林业发展规划、牧业发展规划等相关规划相协调，兼顾地区与其他行业的需要，为经济可持续发展，保护生态提供支撑。

（4）下级规划服从上级规划，专项规划服从综合规划的原则。综合规划有国家级、流域、省级、市级和县级不同级别行政区规划，下一级的规划应该以上级规划为依据，服从上级规划的总体安排。

一般专项规划是为完成综合规划中的专项工程或专项工作，进一步编制的规划，因此，专项规划应该与综合规划相衔接，服从综合规划的总体要求。

（5）注重新技术、新方法，适当考虑前瞻性原则。规划编制应当重视新技术、新方法的利用，考虑经济社会发展，水土流失治理方向、措施布局应当有适当的前瞻性。

1.3.4　规划目标与任务

规划目标包括定性目标和定量目标。定性目标是在实施水土流失综合防治措施后，土地资源保护、生态安全、饮水安全等方面得到改善，用文字表达的目标；定量目标是指治理面积、林草覆盖率增加、减少水土流失量等可用数值表达的目标值。

1.3.5　水土流失重点防治区划分

1.3.5.1　水土流失重点防治区划分的作用与意义

按照《中华人民共和国水土保持法》规定，2006 年经国务院批准，水利部公告了 42 个全国水土流失重点防治区，即水土流失重点预防区、重点监督区、重点治理区（以下简称"三区"）。

2011 年 3 月 1 日施行的新《中华人民共和国水土保持法》，要求划定水土流失重点预防区和重点治理区（以下简称"重点防治区"），其目的，一是落实地方各级人民政府水土保持目标责任制和考核奖惩制度；二是统筹安排水土流失防治明确重点工作区域；三是规范生产建设项目水土保持管理提供依据。

根据新《中华人民共和国水土保持法》要求，在《全国水土保持规划》编制过程中对国家级水土流失重点预防区和重点治理区进行了复核划定工作，共划定国家级水土流失重点预防区 23 个，重点治理区 17 个。目的是开展水土流失综合防治、规范生产建设项目水土流失防治，为水土保持社会服务和管理提供依据。

各省（自治区、直辖市）开展水土保持规划的编制，根据需要也应划分省（自治区、直辖市）级水土流失重点防治区，以指导水土保持规划的编制。

水土流失重点预防区和重点治理区划分是水土保持综合规划的重要内容，是指导水土保持工作的技术支撑，是落实《中华人民共和国水土保持法》的重要举措，是一项十分重要的基础性工作。

1.3.5.2 国家级水土流失重点防治区划分成果

2013 年 8 月 12 日，水利部办公厅印发《全国水土保持规划国家级水土流失重点预防区和重点治理区复核划分成果》（办水保〔2013〕188 号），明确了国家级水土流失重点防治区复核划分成果，同时，国家级水土流失重点防治区划分成果作为全国水土保持规划的重要组成部分，随国务院批复的《全国水土保持规划（2015—2030）》（国函〔2015〕160号）一并批复。

国家级水土流失重点防治区共划定 23 个国家级水土流失重点预防区，涉及 460 个县级行政单位，重点预防面积 43.92 万 km²；17 个国家级水土流失重点治理区，涉及 631个县级行政单位，重点治理面积 49.44 万 km²，划分成果见表 1－2 和表 1－3。

表 1－2　　　　　　　　　　国家级水土流失重点预防区

区 名 称	范　围		县个数	县域总面积 /km²	重点预防面积 /km²
	省（自治区、直辖市）	县（市、区、旗）			
大小兴安岭国家级水土流失重点预防区	内蒙古自治区	额尔古纳市、根河市、鄂伦春族自治旗、牙克石市	28	256910.00	31481.60
	黑龙江省	呼玛县、漠河县、塔河县、黑河市爱辉区、孙吴县、逊克县、嘉荫县、伊春市伊春区、伊春市南岔区、伊春市友好区、伊春市西林区、伊春市翠峦区、伊春市新青区、伊春市美溪区、伊春市金山屯区、伊春市五营区、伊春市乌马河区、伊春市汤旺河区、伊春市带岭区、伊春市乌伊岭区、伊春市红星区、铁力市、通河县、绥棱县			
呼伦贝尔国家级水土流失重点预防区	内蒙古自治区	陈巴尔虎旗、呼伦贝尔市海拉尔区、鄂温克族自治旗、满洲里市、新巴尔虎右旗、新巴尔虎左旗、阿尔山市	7	90386.70	25247.30
长白山国家级水土流失重点预防区	黑龙江省	绥芬河市、东宁县	21	85435.00	25764.20
	吉林省	敦化市、和龙市、安图县、汪清县、临江市、抚松县、靖宇县、长白朝鲜族自治县、白山市八道江区、白山市江源区、通化市二道江区、通化市东昌区、通化县、集安市			
	辽宁省	清原满族自治县、抚顺县、新宾满族自治县、桓仁满族自治县、宽甸满族自治县			

续表

区名称	范围		县个数	县域总面积 /km²	重点预防 面积 /km²
	省(自治区、 直辖市)	县(市、区、旗)			
燕山国家级水土 流失重点预防区	北京市	昌平区、怀柔区、平谷区、密云区、延 庆区	27	85537.20	17505.30
	河北省	沽源县、赤城县、丰宁满族自治县、围 场满族蒙古族自治县、隆化县、滦平县、 承德市双桥区、承德市双滦区、承德市鹰 手营子矿区、承德县、平泉县、兴隆县、 宽城满族自治县、遵化市、迁西县、迁安 市、青龙满族自治县、抚宁县			
	天津市	蓟县			
	内蒙古 自治区	多伦县、正蓝旗、太仆寺旗			
祁连山-黑河国家 级水土流失重点预 防区	甘肃省	金塔县、肃南裕固族自治县、高台县、 临泽县、张掖市甘州区、民乐县、天祝藏 族自治县、永登县	11	197607.90	8055.90
	青海省	门源回族自治县、祁连县			
	内蒙古 自治区	额济纳旗			
子午岭-六盘山国 家级水土流失重点 预防区	陕西省	甘泉县、富县、黄陵县、黄龙县、洛川 县、宜君县、铜川市印台区、铜川市耀州 区、铜川市王益区、淳化县、旬邑县、长 武县、彬县、麟游县、千阳县、陇县、宝 鸡市陈仓区	26	42468.00	8298.00
	甘肃省	正宁县、静宁县、平凉市崆峒区、崇信 县、华亭县、张家川回族自治县、清水县			
	宁夏回族 自治区	隆德县、泾源县			
阴山北麓国家级 水土流失重点预 防区	内蒙古 自治区	苏尼特左旗、苏尼特右旗、四子王旗、 达尔罕茂明安联合旗、乌拉特中旗、乌拉 特后旗	6	146159.00	25791.60
桐柏山大别山国 家级水土流失重点 预防区	安徽省	六安市裕安区、六安市金安区、舒城县、 霍山县、金寨县、岳西县、太湖县、潜 山县	25	53052.40	8001.00
	河南省	桐柏县、信阳市平桥区、信阳市浉河区、 罗山县、光山县、新县、商城县			
	湖北省	随州市曾都区、随县、广水市、大悟县、 红安县、麻城市、罗田县、英山县、浠水 县、蕲春县			
三江源国家级水 土流失重点预防区	青海省	共和县、贵南县、兴海县、同德县、泽 库县、河南省蒙古族自治县、玛沁县、甘 德县、久治县、班玛县、达日县、玛多县、 称多县、玉树县、囊谦县、杂多县、治多 县、曲麻莱县以及格尔木市部分	22	404059.50	64087.60
	甘肃省	玛曲县、碌曲县、夏河县			

续表

区名称	范围		县个数	县域总面积 /km²	重点预防面积 /km²
	省（自治区、直辖市）	县（市、区、旗）			
雅鲁藏布江中下游国家级水土流失重点预防区	西藏自治区	波密县、工布江达县、林芝县、米林县、朗县、加查县、隆子县、桑日县、曲松县、乃东县、琼结县、措美县、扎囊县、贡嘎县、浪卡子县、江孜县、仁布县、尼木县	18	101308.30	10404.70
金沙江岷江上游及三江并流国家级水土流失重点预防区	西藏自治区	江达县、贡觉县、芒康县	42	299196.20	99027.80
	四川省	石渠县、德格县、甘孜县、色达县、白玉县、新龙县、炉霍县、道孚县、丹巴县、巴塘县、理塘县、雅江县、得荣县、乡城县、稻城县、若尔盖县、九寨沟县、阿坝县、红原县、松潘县、壤塘县、马尔康县、黑水县、金川县、小金县、理县、茂县、汶川县			
	云南省	德钦县、香格里拉县、维西傈僳族自治县、贡山独龙族怒族自治县、福贡县、兰坪白族普米族自治县、泸水县、玉龙纳西族自治县、丽江市古城区、剑川县、洱源县			
丹江口库区及上游国家级水土流失重点预防区	湖北省	郧西县、郧县、十堰市茅箭区、十堰市张湾区、丹江口市、竹溪县、竹山县、房县、神农架林区	43	115070.60	29363.10
	陕西省	太白县、留坝县、城固县、洋县、佛坪县、略阳县、勉县、汉中市汉台区、宁强县、南郑县、西乡县、镇巴县、宁陕县、石泉县、汉阴县、安康市汉滨区、旬阳县、白河县、紫阳县、岚皋县、平利县、镇坪县、商洛市、商洛市商州区、镇安县、山阳县、丹凤县、商南县			
	重庆市	城口县			
	河南省	卢氏县、栾川县、西峡县、内乡县、淅川县			
嘉陵江上游国家级水土流失重点预防区	陕西省	凤县	20	61105.70	7394.60
	甘肃省	两当县、徽县、成县、西和县、礼县、宕昌县、迭部县、舟曲县、陇南市武都区、康县、文县			
	四川省	青川县、广元市利州区、广元市朝天区、广元市元坝区、旺苍县、南江县、通江县、万源市			

续表

区 名 称	范 围		县个数	县域总面积 /km²	重点预防 面积 /km²
	省(自治区、 直辖市)	县（市、区、旗）			
武陵山国家级水 土流失重点预防区	重庆市	酉阳土家族苗族自治县、秀山土家族苗 族自治县	19	50724.00	5402.20
	湖北省	建始县、利川市、咸丰县、宣恩县、鹤 峰县、来凤县			
	湖南省	石门县、桑植县、慈利县、张家界市永 定区、张家界市武陵源区、龙山县、永顺 县、保靖县、古丈县、花桓县、凤凰县			
新安江国家级水 土流失重点预防区	安徽省	绩溪县、黄山市徽州区、黄山市屯溪区、 黄山市黄山区、歙县、黟县、休宁县、祁门县	10	17181.40	4606.30
	浙江省	淳安县、建德市			
湘资沅上游国家 级水土流失重点预 防区	广西壮族 自治区	资源县、全州县、龙胜各族自治县、兴 安县、灌阳县	33	68517.00	8592.00
	贵州省	江口县、岑巩县、施秉县、镇远县、三 穗县、天柱县、台江县、剑河县、锦屏县、 黎平县			
	湖南省	靖州苗族侗族自治县、通道侗族自治县、 城步苗族自治县、新宁县、东安县、永州 市冷水滩区、永州市零陵区、祁阳县、双 牌县、宁远县、新田县、道县、江永县、 江华瑶族自治县、蓝山县、嘉禾县、临武 县、宜章县			
东江上中游国家 级水土流失重点预 防区	广东省	和平县、连平县、东源县、河源市源城 区、紫金县、新丰县、龙门县、博罗县、 惠东县	12	29211.40	7679.70
	江西省	安远县、寻乌县、定南县			
海南岛中部山区 国家级水土流失重 点预防区	海南省	白沙黎族自治县、琼中黎族苗族自治县、 五指山市、保亭黎族苗族自治县	4	7113.00	2760.00
黄泛平原风沙国 家级水土流失重点 预防区	河北省	成安县、临漳县、大名县、魏县	34	38503.10	3281.10
	河南省	南乐县、清丰县、范县、内黄县、延津 县、长垣县、封丘县、兰考县、杞县、开 封县、通许县、中牟县、尉氏县			
	山东省	武城县、夏津县、临清市、冠县、东阿 县、莘县、阳谷县、郓城县、鄄城县、菏 泽市牡丹区、东明县、曹县、单县			
	江苏省	沛县、丰县			
	安徽省	砀山县、萧县			
阿尔金山国家级水 土流失重点预防区	新疆维吾尔 自治区	若羌县、且末县	2	336625.00	2604.70

9

区 名 称	范　围		县个数	县域总面积 /km²	重点预防面积 /km²
	省（自治区、直辖市）	县（市、区、旗）			
塔里木河国家级水土流失重点预防区	新疆维吾尔自治区	阿合奇县、乌什县、阿克苏市、阿瓦提县、阿拉尔市、巴楚县、麦盖提县、莎车县、泽普县、叶城县、皮山县、和田市、和田县、于田县、墨玉县、洛浦县、策勒县、民丰县	18	382289.00	12113.70
天山北坡国家级水土流失重点预防区	新疆维吾尔自治区	塔城市、额敏县、裕民县以及托里县、温泉县、博乐市、精河县、乌苏市、克拉玛依市独山子区、沙湾县、石河子市、玛纳斯县、呼图壁县、昌吉市、五家渠市、乌鲁木齐县、乌鲁木齐市天山区、乌鲁木齐市达坂城区、阜康市、吉木萨尔县、奇台县、木垒哈萨克自治县、巴里坤哈萨克自治县、伊吾县、哈密市部分	25	387103.46	29077.20
阿勒泰山国家级水土流失重点预防区	新疆维吾尔自治区	哈巴河县、布尔津县、阿勒泰市、吉木乃县、北屯市以及富蕴县、青河县部分	7	88473.70	2669.70
合　计			460	3344037.50	439209.40

表 1 - 3　　　　　　　　　　　**国家级水土流失重点治理区**

区 名 称	范　围		县个数	县域总面积 /km²	重点治理面积 /km²
	省（自治区、直辖市）	县（市、区、旗）			
东北漫川漫岗国家级水土流失重点治理区	黑龙江省	克山县、克东县、依安县、拜泉县、北安市、海伦市、明水县、青冈县、望奎县、绥化市北林区、庆安县、巴彦县、木兰县、宾县、延寿县、尚志市、五常市、方正县、依兰县、佳木斯市郊区、桦南县、勃利县、海林市、牡丹江市爱民区、牡丹江市东安区、牡丹江市阳明区、牡丹江市西安区、穆棱市、鸡西市梨树区、鸡西市恒山区、鸡西市麻山区、鸡西市鸡冠区、鸡西市滴道区、鸡西市城子河区	9	190682.80	47297.20
	吉林省	榆树市、德惠市、九台市、长春市二道区、长春市双阳区、舒兰市、吉林市昌邑区、吉林市龙潭区、吉林市船营区、吉林市丰满区、蛟河市、永吉县、桦甸市、磐石市、公主岭市、梨树县、四平市铁西区、四平市铁东区、伊通满族自治县、辽源市龙山区、辽源市西安区、东辽县、东丰县、梅河口市、辉南县、柳河县			
	辽宁省	昌图县、西丰县、开原市、铁岭市银州区、铁岭市清河区、调兵山市、铁岭县、康平县、法库县			

| 区　名　称 | 范　　　围 | | 县个数 | 县域总面积/km² | 重点治理面积/km² |
	省（自治区、直辖市）	县（市、区、旗）			
大兴安岭东麓国家级水土流失重点治理区	黑龙江省	讷河市、甘南县、齐齐哈尔市碾子山区、龙江县	4	120558.40	33202.50
	内蒙古自治区	莫力达瓦达斡尔族自治旗、阿荣旗、扎兰屯市、扎赉特旗、科尔沁右翼前旗、乌兰浩特市、突泉县、科尔沁右翼中旗、霍林郭勒市、扎鲁特旗			
西辽河大凌河中上游国家级水土流失重点治理区	内蒙古自治区	阿鲁科尔沁旗、巴林左旗、巴林右旗、克什克腾旗、翁牛特旗、敖汉旗、赤峰市松山区、赤峰市元宝山区、赤峰市红山区、喀喇沁旗、奈曼旗、库伦旗	8	129357.90	47736.30
	辽宁省	彰武县、阜新蒙古族自治县、阜新市海州区、阜新市新邱区、阜新市清河门区、阜新市细河区、阜新市太平区、建平县、北票市、朝阳市双塔区、朝阳市龙城区、朝阳县、凌源市、喀喇沁左翼蒙古族自治县、义县、建昌县			
永定河上游国家级水土流失重点治理区	河北省	张北县、尚义县、崇礼县、怀来县、万全县、张家口市下花园区、张家口市桥东区、张家口市桥西区、张家口市宣化区、宣化县、怀安县、阳原县、蔚县、涿鹿县	1	50048.60	15873.20
	山西省	天镇县、阳高县、大同县、大同市城区、大同市矿区、大同市南郊区、大同市新荣区、左云县、广灵县、浑源县、怀仁县、应县、山阴县、朔州市平鲁区、朔州市朔城区、宁武县			
	内蒙古自治区	兴和县			
太行山国家级水土流失重点治理区	北京市	房山区	48	68412.50	25639.70
	河南省	林州市			
	河北省	涞水县、涞源县、易县、阜平县、曲阳县、行唐县、灵寿县、平山县、井陉县、元氏县、赞皇县、临城县、内丘县、邢台县、沙河市、武安市、涉县、磁县			
	山西省	灵丘县、繁峙县、代县、原平市、五台县、盂县、阳泉市城区、阳泉市矿区、阳泉市郊区、平定县、昔阳县、和顺县、榆社县、左权县、武乡县、沁县、襄垣县、黎城县、屯留县、潞城市、平顺县、长子县、长治市城区、长治市郊区、长治县、壶关县、陵川县、高平市			

区 名 称	范 围		县个数	县域总面积/km²	重点治理面积/km²
	省(自治区、直辖市)	县(市、区、旗)			
黄河多沙粗沙国家级水土流失重点治理区	宁夏回族自治区	盐池县	70	226425.60	95597.10
	甘肃省	环县、华池县、庆城县、合水县、镇原县、庆阳市西峰区、宁县、泾川县、灵台县			
	内蒙古自治区	凉城县、和林格尔县、托克托县、清水河县、准格尔旗、达拉特旗、鄂尔多斯市东胜区、伊金霍洛旗、乌审旗、磴口县以及杭锦旗、鄂托克前旗、鄂托克旗的部分			
	山西省	右玉县、偏关县、神池县、河曲县、五寨县、保德县、岢岚县、静乐县、兴县、岚县、临县、方山县、吕梁市离石区、柳林县、中阳县、石楼县、交口县、永和县、隰县、汾西县、大宁县、蒲县、吉县、乡宁县、娄烦县、古交市			
	陕西省	府谷县、神木县、榆林市榆阳区、佳县、横山县、米脂县、吴堡县、定边县、靖边县、子洲县、绥德县、清涧县、子长县、吴起县、志丹县、安塞县、延安市宝塔区、延川县、延长县、宜川县、韩城市			
甘青宁黄土丘陵国家级水土流失重点治理区	宁夏回族自治区	同心县、海原县、固原市原州区、西吉县、彭阳县	48	95369.60	33024.70
	甘肃省	靖远县、会宁县、榆中县、兰州市城关区、兰州市西固区、兰州市七里河区、兰州市红古区、兰州市安宁区、定西市安定区、临洮县、渭源县、陇西县、通渭县、漳县、武山县、甘谷县、秦安县、庄浪县、天水市秦州区、天水市麦积区、永靖县、积石山保安族东乡族撒拉族自治县、东乡族自治县、临夏县、临夏市、广河县、和政县、康乐县			
	青海省	大通回族土族自治县、湟源县、湟中县、西宁市城东区、西宁市城中区、西宁市城西区、西宁市城北区、互助土族自治县、平安县、乐都县、民和回族土族自治县、化隆回族自治县、贵德县、尖扎县、循化撒拉族自治县			

续表

区 名 称	省(自治区、直辖市)	县 (市、区、旗)	县个数	县域总面积/km²	重点治理面积/km²
伏牛山中条山国家级水土流失重点治理区	河南省	济源市、洛阳市洛龙区、新安县、孟津县、偃师市、伊川县、宜阳县、洛宁县、嵩县、汝阳县、鲁山县、巩义市、新密市、登封市、汝州市、渑池县、义马市、三门峡市湖滨区、陕县、灵宝市	26	36478.30	11373.50
	山西省	阳城县、垣曲县、夏县、运城市盐湖区、平陆县、芮城县			
沂蒙山泰山国家级水土流失重点治理区	山东省	济南市历城区、济南市长清区、淄博市淄川区、淄博市博山区、沂源县、泰安市泰山区、泰安市岱岳区、新泰市、莱芜市莱城区、莱芜市钢城区、临朐县、安丘市、枣庄市山亭区、泗水县、邹城市、平邑县、蒙阴县、沂水县、费县、沂南县、莒南县、莒县、五莲县、日照市东港区	24	35818.00	9954.90
西南诸河高山峡谷国家级水土流失重点治理区	云南省	云龙县、永平县、南涧彝族自治县、巍山彝族回族自治县、保山市隆阳区、龙陵县、施甸县、昌宁县、潞西市、凤庆县、镇康县、永德县、云县、临沧市临翔区、耿马傣族佤族自治县、双江拉祜族佤族布朗族傣族自治县、沧源佤族自治县、西盟佤族自治县、澜沧拉祜族自治县、孟连傣族拉祜族佤族自治县、景东彝族自治县、镇沅彝族哈尼族拉祜族自治县、墨江哈尼族自治县、元江哈尼族彝族傣族自治县、易门县、红河县、绿春县、双柏县	28	89842.90	20391.00
金沙江下游国家级水土流失重点治理区	四川省	石棉县、汉源县、甘洛县、冕宁县、越西县、美姑县、雷波县、西昌市、喜德县、昭觉县、德昌县、普格县、布拖县、金阳县、宁南县、会东县、会理县、盐边县、米易县、攀枝花市东区、攀枝花市西区、攀枝花市仁和区	38	89346.90	25512.90
	云南省	绥江县、水富县、永善县、大关县、盐津县、昭通市昭阳区、鲁甸县、巧家县、彝良县、会泽县、马龙县、昆明市东川区、禄劝彝族苗族自治县、寻甸回族彝族自治县、永仁县、元谋县			
嘉陵江及沱江中下游国家级水土流失重点治理区	四川省	宣汉县、开江县、达县、大竹县、达州市通川区、渠县、巴中市巴州区、平昌县、营山县、仪陇县、阆中市、苍溪县、剑阁县、梓潼县、盐亭县、三台县、大英县、中江县、金堂县、简阳市、乐至县、资阳市雁江区、安岳县、仁寿县、威远县、资中县、井研县、犍为县、荣县、宜宾县	30	57722.90	20663.80

区名称	范围		县个数	县域总面积 /km²	重点治理面积 /km²
	省（自治区、直辖市）	县（市、区、旗）			
三峡库区国家级水土流失重点治理区	湖北省	宜昌市夷陵区、巴东县、秭归县	18	51513.60	17688.50
	重庆市	巫溪县、开县、云阳县、奉节县、巫山县、梁平县、重庆市万州区、垫江县、忠县、石柱土家族自治县、重庆市长寿区、重庆市涪陵区、重庆市渝北区、丰都县、武隆县			
湘资沅中游国家级水土流失重点治理区	湖南省	安化县、吉首市、泸溪县、辰溪县、麻阳苗族自治县、溆浦县、中方县、隆回县、武冈市、新化县、冷水江市、涟源市、娄底市娄星区、双峰县、湘乡市、衡山县、衡阳县、衡阳市雁峰区、衡阳市蒸湘区、衡阳市石鼓区、衡阳市珠晖区、衡阳市南岳区、衡东县、祁东县、衡南县、常宁市	26	43197.20	7585.50
乌江赤水河上中游国家级水土流失重点治理区	云南省	威信县、镇雄县	32	81618.50	25485.50
	贵州省	道真仡佬族苗族自治县、务川仡佬族苗族自治县、习水县、桐梓县、正安县、绥阳县、仁怀市、遵义县、湄潭县、余庆县、凤冈县、德江县、沿河土家族自治县、思南县、印江土家族苗族自治县、石阡县、毕节市、金沙县、大方县、黔西县、赫章县、纳雍县、织金县、普定县			
	四川省	兴文县、叙永县、古蔺县			
	重庆市	黔江区、彭水苗族土家族自治区、南川区			
滇黔桂岩溶石漠化国家级水土流失重点治理区	广西壮族自治区	隆林各族自治县、西林县、田林县、乐业县、凌云县、天峨县、南丹县、凤山县、东兰县、河池市金城江区、巴马瑶族自治县、大化瑶族自治县、都安瑶族自治县	57	155772.60	42488.30
	贵州省	威宁彝族回族苗族自治县、六盘水市钟山区、水城县、六盘水市六枝特区、盘县、普安县、晴隆县、兴仁县、贞丰县、兴义市、安龙县、册亨县、望谟县、镇宁布依族苗族自治县、关岭布依族苗族自治县、紫云苗族布依族自治县、贵定县、龙里县、长顺县、惠水县、平塘县、罗甸县、贵阳市花溪区			
	云南省	宣威市、沾益县、富源县、曲靖市麒麟区、罗平县、宜良县、石林彝族自治县、澄江县、华宁县、建水县、弥勒县、开远市、个旧市、泸西县、丘北县、广南县、富宁县、文山县、砚山县、西畴县、马关县			

| 区 名 称 | 范 围 | | 县个数 | 县域总面积 /km² | 重点治理面积 /km² |
	省（自治区、直辖市）	县（市、区、旗）			
粤闽赣红壤国家级水土流失重点治理区	江西省	金溪县、抚州市临川区、南城县、南丰县、广昌县、乐安县、石城县、宁都县、兴国县、万安县、瑞金市、于都县、赣县、赣州市章贡区、南康市、上犹县、会昌县、信丰县、泰和县、吉安县、吉水县	44	114288.60	14864.00
	福建省	建宁县、宁化县、清流县、大田县、长汀县、连城县、龙岩市新罗区、漳平市、永定县、仙游县、永春县、安溪县、华安县、南安市、平和县、诏安县			
	广东省	大埔县、梅县、梅州市梅江区、丰顺县、兴宁市、五华县、龙川县			
合 计			631	1636455.00	494378.50

1.4 基 本 资 料

基本资料是规划工作的基础，对规划成果影响很大。规划基准年的资料不符合要求时，需要采取延长插补、统计分析、专家判断等方法进行修正。

基本资料宏观、详细程度根据规划需要而定，如省级及以上级别水土保持综合规划，可偏重宏观，能够满足评价现状、分析判断形势发展趋势。市、县级水土保持综合规划基本资料需要详细准确地反映出地形地貌、水土流失、土地利用、社会经济等空间分布特征。专项规划所需的基本资料，能满足专项工作或规划区域水土流失布局要求。基本资料需要进行系统整理及合理性、可靠性分析，剔除不合理资料，复核可靠性差的资料，不满足要求时需要进行补充。

1.4.1 自然条件

（1）地理位置。从宏观上决定水土流失的类型与强度，应包括规划区经纬坐标资料。

（2）地貌、地质。反映规划区地形、地貌形态及地质构造、地层结构方面的文字、图纸等。

（3）气象、水文。反映规划区气象、水文的有关特征数据。气象资料主要包括降水特征数据、降水年内分布、年暴雨天数，多年平均蒸发量，年平均气温、大于等于10℃的年活动积温、气温特征值，年均日照时数，无霜期；东北、西北地区包括最大冻土深度；风蚀地区还包括年平均风速、最大风速、大于起沙风速的日数、大风日数、主害风风向等；沿海地区还应有台风相关的气象资料。

（4）土壤。反映规划区土壤类型、土壤厚度、空间分布规律，土壤性状和构成，对水土流失强度及其土地利用方式具有显著影响的资料，包括有关土壤特征的土壤普查资料、土壤类型分布图等。

（5）植被与作物。植被包括林木、草本、灌木等各类天然、人工植被分布面积，森林覆盖率、林草覆盖率、植物群落结构及生长情况、城镇绿化情况，以及规划区优势林、草种等。

作物包括规划范围内种植作物种类、作物分布情况、栽培经营管理方式等。

1.4.2　资源状况

自然资源包括水资源、土地资源、光热资源、矿产资源，以及其他资源的数量、分布、开采情况等资料。

1.4.3　经济社会条件

（1）人口及劳动力。包括规划区总人口、农业人口、人口密度、自然增长率、劳动力及就业情况等。

（2）经济结构与物质技术条件。以农村经济收入状况、产业结构等农村经济资料为主，包括国内生产总值、农业生产总值、产业结构、人均耕地、农民人均纯收入等情况。

（3）政策。国家有关水土保持项目的计划规划、信贷、价格物资等方面政策。

1.4.4　土地利用现状

土地利用现状要能反映规划区土地面积、土地利用状况、各类利用土地的分布及坡度等，主要包括土地总面积、土地利用类型、面积、分布、坡度以及土地利用总体规划等文字表格、现状分布图，重点收集与水土保持评价相关的坡耕地、"四荒"地、林草地、疏幼林地、工矿等建设用地分布和面积，以及与规划相关的土地利用规划。

1.4.5　水土流失、水土保持及监督管理现状

水土流失现状和水土保持现状，是分析规划区主要水土流失问题及形成原因和发生发展趋势的基础，监督管理现状是分析规划区水土保持工作综合监管能力、宣传教育与社会服务水平、监测站网布局与监测能力的基础。同时，水土流失、水土保持及监督管理现状也是水土保持区划、需求分析及措施总体布局的重要依据。

（1）水土流失现状。水土流失现状资料主要包括水土流失类型及其强度、分布、面积，侵蚀沟道的数量，以及水土流失危害等方面的文字、表格和图件。有条件的水蚀地区可进一步收集降雨侵蚀力、土壤可蚀性、地形因子、生物因子、耕作因子等相关资料，风蚀地区可进一步收集年起沙风速的天数及分布，地面粗糙度、植被盖度和地下水位变化等相关资料。

（2）水土保持现状。水土保持是水土流失治理情况的现状，是规划区水土流失治理的经验及存在问题的分析基础。包括已实施的水土保持重点项目及其主要措施类型、分布、

面积或数量、防治效果、经验与教训。

　　（3）监督管理和监测。监督管理和监测包括技术支撑、预防监督管理、社会服务、宣传教育和水土保持监测等方面资料。监督管理还要收集机构建设、配套法规及制度，区域涉及的各级水土流失重点预防区和重点治理区划分成果等。

第 2 章
水土保持区划

2.1　水土保持区划概念与主要任务

2.1.1　概念与原则

2.1.1.1　概念

区划即区域划分，是对地域差异性和相同性的综合分类。区划是揭示某种现象在区域内共同性和区域之间差异性的重要手段。区划的地域范围（或称地理单元），其内部条件、特征具有相似性，并有密切的区域内在联系性，各区域都有自己的特征，具有一定的独立性。区划是不以人的意志为转移已存在的客体，其内容具有相对的稳定性，是规划的前提和基础。

水土保持区划指根据自然和社会条件、水土流失类型、强度和危害，以及水土流失治理方法的区域相似性和区域间差异性进行的水土保持区域划分，并对各区分别采取相应的生产发展方向布局（或土地利用方向）和水土流失防治措施布局的工作［《水土保持术语》（GB/T 20465—2006）］，是一种部门综合区划，是水土保持的一项基础性工作，将在相当长时间内有效指导水土保持综合规划与专项规划。

水土保持是山丘区和风沙区水和土（地）资源的保护、改良与合理利用。《水土保持法》中明确指出，水土保持是指对自然因素和人为活动造成水土流失所采取的预防和治理措施。可以看出，水土保持是一项综合性工作，水土流失的产生是多种自然因素和人为活动相互作用的结果；因此，水土保持区划的对象是人与自然的综合体，涉及多种自然的和社会的要素，是根据区域不同水土流失的特点和自然社会条件的差异而进行的区划，而且为了便于管理，水土保持区划一般不打破行政界线，目的是分区提出不同的生产发展方向和水土流失防治要求，在相当长时间内有效指导水土保持工作。总之，水土保持区划是一种部门综合区划，与土壤侵蚀分区等其他自然区划有着本质的区别。

2.1.1.2　水土保持区划与其他区划的关系

水土保持区划是在水土流失类型区划分（或土壤侵蚀区划）和其他自然区划（植被地带区划、自然地理区划等）的基础上，根据自然条件、社会经济情况、水土流失特点及水土保持现状的区域分异规律（区内相似性和区间差异性），将区域划分为若干个不同的分区（根据情况可以进一步划分出若干个亚区），并因地制宜地对各个分区分别提出不同的生产发展方向和水土保持治理要求，以便指导各地区科学地开展水土保持，做到扬长避短，发挥优势，使水土资源能充分合理的利用，水土流失得到有效的控制，收到最好的经济效益、社会效益和生态效益。

（1）水土保持区划与土壤侵蚀区划。土壤侵蚀区划（分区），也称为水土流失区划（分区），是根据土壤侵蚀的地域分异规律划分的部门自然区划，是水土保持的基础性工作之一。辛树帜、蒋德麒在 1982 年提出的中国水土流失类型区的划分是土壤侵蚀区划的原型，并写进了水利电力部颁发的《关于土壤侵蚀类型区划分和强度分级标准的规定（试行）》，随后在 1996 年水利部批准《土壤侵蚀分类分级标准》中又进行了调整。土壤侵蚀区划（分区）主要应用于土壤侵蚀分级分类的标准上，按侵蚀营力划分土壤侵蚀的级别，并明确了以水力侵蚀为主的类型区下各分区的容许土壤侵蚀量。结合土壤侵蚀的特点和应用来看，土壤侵蚀区划（分区）的目的是认识土壤侵蚀的地域差异规律，是水土保持区划的基础，水土保持区划应在土壤侵蚀区划（分区）的基础上，结合社会经济情况，进一步明确经济社会因素在水土保持工作的作用，更加科学合理的指导我国开展水土保持工作。

（2）水土保持区划与水土流失重点防治区。国务院批复的《全国水土保持规划（2015—2030 年）》，在 2006 年公告的《全国水土流失重点防治区划分成果》基础上，复核划分出了 23 个国家级水土流失重点预防区，17 个国家级水土流失重点治理区，其目的是明确国家级水土流失防治重点，有效地预防和治理水土流失，促进经济社会的可持续发展。相应地，各省、市、县也公布了水土流失重点防治区。水土流失重点防治区，不仅是中央和各级财政安排水土保持投资的重点，也是开展水土保持监督管理、监测，以及实施水土保持目标责任制和考核奖惩制度的重点区域。从范围上讲，水土保持区划覆盖全区域，水土流失重点防治区面积仅占区域面积的一小部分，范围上存在重叠。水土流失重点防治区并不是在区划的基础上进行的划分和选择，贯彻实施规划中，水土流失重点防治区开展的水土流失防治工作，都将根据其所在的水土保持区划确定防治途径和技术体系进行。

2.1.1.3 区划原则

（1）区内相似性和区间差异性原则。水土保持区划遵循区域分异规律，即保证区内相似性和区间差异性。同一类型区内，各地的自然条件、社会经济情况、水土流失特点应有明显的相似性，生产发展方向（包括土地利用调整方向、产业结构调整方向等）、水土流失防治途径及措施总体部署应基本一致；不同类型区之间则应有明显的差异性。相似性和差异性可以采用定量和定性相结合的指标反映。

（2）以水土流失类型划分（或土壤侵蚀区划）为基础的原则。水土流失类型划分（或土壤侵蚀区划）属于自然区划，它是不考虑行政区界和社会经济因素的，一般均按水土流失类型，如水蚀、重力侵蚀、风蚀、冻融侵蚀等划分。

（3）按主导因素区划的原则。水土保持区划的主要依据是影响水土流失发生发展的各种因素，应从众多的因素中寻找主导因素，以主导因素为主要依据划分。

1）在自然条件中，对水土流失发生发展起主导作用的因素是地貌（包括大地貌和地形）、降雨、土壤和地面组成物质、植被。根据地貌可明确划分为高原、山区、丘陵、盆地与平原；根据水热条件（降雨、温度）因素可明确划分为温带干旱半干旱区、暖温带湿润区、亚热带湿润区等；根据地面组成物质可分为黄土覆盖、基岩裸露、沙地、荒漠等；根据植被因素可分为森林区、森林草原、草原区等。

2）在自然资源中，对水土流失和生产发展起主导作用的因素，包括土地资源、水资源、植物资源、矿藏资源等。应根据自然资源特点和开发利用程度等划分。如晋陕蒙接壤区煤炭资源丰富，开发利用程度高，人为水土流失严重，执法监督是水土保持工作最重要的内容。

3）在社会经济情况中，对水土流失和生产发展起主导作用的因素是人口密度、土地利用现状（主要是农耕地比重）、经济与产业结构等。以土地利用状况和产业结构可分为农业区、林区、牧区等。

（4）自然区界与行政区界相结合的原则。水土保持区划的性质是部门经济区划，是在自然区划的基础上进行的，因此首先应考虑流域界、天然植被分界线、等雨量线等自然区界，尽量保证地貌类型的完整性；同时必须充分考虑行政管理区界，尽可能保证行政区划的完整性，并将两者结合起来。

（5）自上而下与自下而上相结合的原则。水土保持区划可分为国家、流域、省（自治区、直辖市）、市（盟、自治州）、县（市、区、旗、自治县）级五级，省级以上区划着重宏观战略，市级和县市级区划相对具体并应能具体指导相关工程规划设计。在国家级和省级区划中属同一类型区的，在地区级和县级区划中可能还需再划分为亚区。因此，在进行区划时应由上一级部门制定初步方案，下达到下一级，下一级据此制定相应级别的区划，然后再反馈至上一级，上一级根据下一级的区划汇总并对初步方案进行修订。这样自上而下与自下而上多次反复修改最终形成各级区划。

2.1.2　区划任务与内容

2.1.2.1　水土保持区划目的和任务

水土保持区划的目的是分类分区指导水土流失防治和水土保持规划提供基础的科学依据。

任务就是在调查研究区域水土流失特征、防治现状、水土保持经验、区域经济发展对水土保持要求和存在问题的基础上，正确处理好水土保持与生态环境和社会经济发展的关系，提出分区生产发展方向、水土保持任务、防治途径和技术或措施体系部署或安排。

2.1.2.2　水土保持区划内容

（1）区划指标。根据自然条件、社会经济条件、水土流失特征，筛选确定划分指标体系。主要从以下几个方面考虑。

1）自然条件。①地貌地形指标。大地貌（山地、丘陵、高原、平原等）、地形（地面坡度组成、沟壑密度）。②气象指标。年均降水量、汛期雨量、年均温度、不小于 $10℃$ 的积温、干燥指数、无霜期、大风日数、风速等。③土壤与地面组成物质指标。岩土类型（土类、岩石、沙地、荒漠等）、土壤类型（褐土、红壤、棕壤等）。④植被指标。林草覆盖率、植被区系、主要树种草种等。

2）社会经济情况。①人口密度、人均土地、人均耕地。②耕地占总土地面积的比例、坡耕地面积占耕地面积的比例。③人均收入、人均产粮等。

3）水土流失特征。①水土流失类型指标。水蚀（沟蚀、面蚀）、重力侵蚀、风力侵蚀、冻融侵蚀、泥石流。②土壤侵蚀状况。土壤侵蚀强度和程度。③人为水土流失状况。开发建设项目规模与分布。④水土流失危害。土地退化、洪涝灾害、河库淤积等。

（2）明确分级体系和分区方案。根据区域大小确定分级体系和分区方案，当一级分区不能满足工作需要时，应考虑二级以上分区，同时应明确分级分区界限确定原则（自然区界与行政区划结合）及各级分区的区划指标。一级区以第一主导因素为依据，二级、三级区划以相对次要的主导因素为依据，并最终确定水土保持逐级分区方案。

（3）区划命名。区划命名的目的是反映不同类型区的特点和应采取的主要防治措施，使之在规划与实施中能更好地指导工作。命名的组成有单因素、二因素、三因素、四因素 4 类，不同层次的区划，应分别采用不同的命名。目前我国水土保持区划的命名采取多段式命名法，即地理位置（区位）＋优势地貌类型（或组合）＋水土流失类型和强度＋防治方案。

1）单因素和二因素命名，一般适用于高层次区。常以优势地面物质、区域地貌或特征优势地貌特征等命名，如全国水土保持区划一级区命名为东北黑土区、西北黄土高原区、青藏高原区等。二级区命名如长白山—完达山山地丘陵区、河西走廊及阿拉善高原区等。二因素，如全国水土保持区划采用特征地貌（或地理名称）＋水土保持主导基础功能，如大兴安岭山地水源涵养生态维护区、滇西北中高山生态维护区等。

2）三因素和四因素命名。主要应用于市级和县级的区划，在上述二因素基础上，再加侵蚀类型、强度、防治方案等，如黄土高原北部黄土丘陵沟壑剧烈水蚀防治区、阴山山地强烈风蚀防治区、北部黄土丘陵沟壑剧烈水蚀坡沟兼治区、南部冲积平原轻度侵蚀护岸保滩区等。

（4）方略、总体部署（局）、防治途径、技术体系或防治模式。根据分区特征和分区方案，明确区域概况、方略（生产发展、工作等方向）、总体部署（局）、防治途径等。主要包括：①区域范围、优势地貌特征和自然条件。②水土流失现状及存在的主要问题。③国家和省级区划分述各区水土保持方略、总体部署、防治途径及技术体系，市级、县级则应制定更加详细的防治措施及其配置模式等。

2.1.3　区划原理与方法

2.1.3.1　区划基本原理

水土保持区划是根据不同地域单元的特性对较大区域的划分，其目的是实现对不同分区的决策、管理及科学研究。其理论基础是自然地理分异规律、地面组成物质分异规律、水土流失分异规律、生态经济学理论、经济地理与人地关系理论、土地适宜性与可持续发展理论、农业资源地域差异理论等。

2.1.3.2　区划的方法与要求

水土保持区划是水土保持主管部门的一项重要工作，应作为全局性和战略性的主要业务着重来抓。水土保持区划工作的具体方法和步骤如下。

（1）组织队伍，制订计划。根据区划需要由各级政府和业务部门领导与技术人员组成区划工作组，技术队伍应按专业特长分工分组。制定工作大纲和技术细则，并组织培训技术人员。

（2）收集资料，实地调查。收集有关水土保持区划方面的资料和成果，如自然、社会经济、农林牧等，进行归类整编。同时进行实地调查，核实分析。

（3）资料分析，专题研究。认真分析研究所收集到的各种图表和文字资料，从中找出区划需要的依据或指标，并对关键性问题进行专题研究。

（4）综合归纳，形成成果。集中力量，对各组分析的资料和专题讨论成果进行综合归纳，在归纳过程中可结合数值区划方法（如主成分分析、聚类分析、灰色系统理论、模糊数学及数量化理论等）。主要是确定各级区划的主要指标、范围、界限，然后绘制区划图表，编写区划报告，征求意见，修改审定，形成成果。

2.2　水土保持区划概要

2.2.1　全国水土保持区划

2.2.1.1　我国水土保持区划体系

全国水土保持区划采用三级分区体系。

一级区：总体格局区，主要用于确定全国水土保持工作战略部署与水土流失防治方略。反映水土资源保护、开发和合理利用的总体格局，以及水土流失的自然条件（地势—构造和水热条件）及水土流失成因的区内相对一致性和区间最大差异性。

二级区：区域协调区，主要用于确定区域水土保持布局，协调跨流域、跨省区的重大区域性规划目标、任务及重点。反映区域特征优势地貌特征、水土流失特点、植被区带分布特征等区内相对一致性和区间最大差异性。

三级区：基本功能区，主要用于确定水土流失防治途径及技术体系，作为重点项目布局与规划的基础。反映区域水土流失及其防治需求的区内相对一致性和区间最大差异性。

2.2.1.2　全国水土保持区划概要

全国共划分8个一级区、41个二级区、117个三级区。

（1）东北黑土区。即东北山地丘陵区，包括黑龙江、吉林、辽宁和内蒙古4个省（自治区）共244个县（市、区、旗），土地总面积约109.00万 km^2，共划分为6个二级区、9个三级区。东北黑土区分区方案，见表2-1。

表2-1　　　　　　　　　　　　　　东北黑土区分区方案

一级区代码及名称	二级区代码及名称		三级区代码及名称	
I 东北黑土区 （东北山地 丘陵区）	I-1	大小兴安岭山地区	I-1-1 hw	大兴安岭山地水源涵养生态维护区
			I-1-2 wt	小兴安岭山地丘陵生态维护保土区
	I-2	长白山-完达山山地丘陵区	I-2-1 wn	三江平原—兴凯湖生态维护农田防护区
			I-2-2 hz	长白山山地水源涵养减灾区
			I-2-3 st	长白山山地丘陵水质维护保土区
	I-3	东北漫川漫岗区	I-3-1 t	东北漫川漫岗土壤保持区
	I-4	松辽平原风沙区	I-4-1 fn	松辽平原防沙农田防护区
	I-5	大兴安岭东南山地丘陵区	I-5-1 t	大兴安岭东南低山丘陵土壤保持区
	I-6	呼伦贝尔丘陵平原区	I-6-1 fw	呼伦贝尔丘陵平原防沙生态维护区

东北黑土区是以黑色腐殖质表土为优势地面组成物质的区域，主要分布有大小兴安岭、长白山、呼伦贝尔高原、三江及松嫩平原，大部分位于我国第三级地势阶梯内，总体地貌格局为大小兴安岭和长白山地拱卫着三江及松嫩平原，主要河流涉及黑龙江、松花江等。东北黑土区属温带季风气候，大部分地区年均降水量 300～800mm。土壤类型以灰色森林土、暗棕壤、棕色针叶林土、黑土、黑钙土、草甸土和沼泽土为主。植被类型以落叶针叶林、落叶针阔混交林和草原植被为主，林草覆盖率 55.27%。区内耕地总面积 2892.30 万 hm²，其中坡耕地面积 230.90 万 hm²，以及亟须治理的缓坡耕地面积 356.30 万 hm²。水土流失面积 25.30 万 km²，以轻中度水力侵蚀为主，间有风力侵蚀，北部有冻融侵蚀分布。

东北黑土区是世界三大黑土带之一，森林繁茂、江河众多、湿地广布，既是我国森林资源最为丰富的地区，也是国家重要的生态屏障。三江平原和松嫩平原是全国重要商品粮生产基地，呼伦贝尔草原是国家重要畜产品生产基地，哈长地区是我国面向东北亚地区对外开放的重要门户，是全国重要的能源、装备制造基地，是带动东北地区发展的重要增长极。该区由于森林采伐、大规模垦殖等历史原因导致森林后备资源不足、湿地萎缩、黑土流失。

1）水土保持方略。以漫川漫岗区的坡耕地和侵蚀沟治理为重点。加强农田水土保持工作，农林镶嵌区的退耕还林还草和农田防护、西部地区风蚀防治，做好自然保护区、天然林保护区、重要水源地的预防和监督管理，构筑大兴安岭—长白山—燕山水源涵养预防带。

2）区域布局。增强大小兴安岭山地区（Ⅰ-1）嫩江、松花江等江河源头区水源涵养功能。加强长白山—完达山山地丘陵区（Ⅰ-2）坡耕地及侵蚀沟道治理，水源地保护，维护生态屏障。保护东北漫川漫岗区（Ⅰ-3）黑土资源，加大坡耕地综合治理，大力推行水土保持耕作制度。加强松辽平原风沙区（Ⅰ-4）农田防护体系建设和风蚀防治，推广缓坡耕地水土保持耕作措施。控制大兴安岭东南山地丘陵区（Ⅰ-5）坡面侵蚀，加强侵蚀沟道治理，防治草场退化。加强呼伦贝尔丘陵平原区（Ⅰ-6）草场管理、保护现有草地和森林。

3）东北黑土区三级区范围及防治途径，见表 2-2。

表 2-2　　　　　　　　　东北黑土区三级区范围及防治途径

三级区代码	三级区名称	省（自治区、直辖市）	县（市、区、旗）	防治途径
Ⅰ-1-1 hw	大兴安岭山地水源涵养生态维护区	黑龙江省	大兴安岭地区呼玛县、漠河县、塔河县	加强天然林保护与管理
		内蒙古自治区	呼伦贝尔市鄂伦春自治旗、牙克石市、额尔古纳市、根河市	
Ⅰ-1-2 wt	小兴安岭山地丘陵生态维护保土区	黑龙江省	哈尔滨市通河县，鹤岗市向阳区、工农区、南山区、兴安区、东山区、兴山区、萝北县，伊春市伊春区、南岔区、友好区、西林区、翠峦区、新青区、美溪区、金山屯区、五营区、乌马河区、汤旺河区、带岭区、乌伊岭区、红星区、嘉荫县、铁力市，佳木斯市汤原县，黑河市爱辉区、逊克县、孙吴县	加强森林资源的培育与管理，重视农林镶嵌地区水土流失综合治理，加大自然保护区的管理力度

续表

三级区代码	三级区名称	省（自治区、直辖市）	县（市、区、旗）	防治途径
Ⅰ-2-1 wn	三江平原-兴凯湖生态维护农田防护区	黑龙江省	鸡西市虎林市、密山市、鹤岗市绥滨县，双鸭山市集贤县、友谊县、宝清县、饶河县，佳木斯市桦川县、抚远县、同江市、富锦市	营造农田防护林和推行保土性耕作，提高兴凯湖等湿地周边水源涵养能力，加强鸡西、鹤岗等矿区预防监督
Ⅰ-2-2 hz	长白山山地水源涵养减灾区	黑龙江省	鸡西市鸡冠区、恒山区、滴道区、梨树区、城子河区、麻山区、鸡东县，七台河市新兴区、桃山区、茄子河区、勃利县，牡丹江市东安区、阳明区、爱民区、西安区、东宁县、林口县、绥芬河市、海林市、宁安市、穆棱市	加强第二松花江、鸭绿江和图们江源区水源涵养林建设与保护
		吉林省	通化市东昌区、二道江区、通化县、集安市、白山市浑江区、江源区、抚松县、靖宇县、长白朝鲜族自治县、临江市，延边朝鲜族自治州延吉市、图们市、敦化市、珲春市、龙井市、和龙市、汪清县、安图县	
		辽宁省	抚顺市新宾满族自治县、清原满族自治县，本溪市桓仁满族自治县，丹东市元宝区、振兴区、振安区、宽甸满族自治县	
Ⅰ-2-3 st	长白山山地丘陵水质维护保土区	黑龙江省	哈尔滨市依兰县、方正县、延寿县、尚志市、五常市，双鸭山市尖山区、岭东区、四方台区、宝山区，佳木斯市向阳区、前进区、东风区、郊区、桦南县	农林镶嵌地区侵蚀沟道和坡耕地治理，促进退耕还林；保护大伙房、桓仁等水源地
		吉林省	吉林市昌邑区、龙潭区、船营区、丰满区、永吉县、蛟河市、桦甸市、舒兰市、磐石市，辽源市龙山区、西安区、东丰县、东辽县，通化市辉南县、柳河县、梅河口市	
		辽宁省	鞍山市岫岩满族自治县，抚顺市新抚区、东洲区、望花区、顺城区、抚顺县，本溪市平山区、溪湖区、明山区、南芬区、本溪满族自治县，丹东市凤城市，铁岭市银州区、清河区、铁岭县、西丰县、开原市	
Ⅰ-3-1 t	东北漫川漫岗土壤保持区	黑龙江省	哈尔滨市道里区、南岗区、道外区、平房区、松北区、香坊区、呼兰区、阿城区、宾县、巴彦县、木兰县、双城市，齐齐哈尔市依安县、克山县、克东县、拜泉县、讷河市、富裕县，黑河市嫩江县、北安市、五大连池市，绥化市北林区、望奎县、兰西县、青冈县、庆安县、明水县、绥棱县、海伦市、安达市、肇东市，大庆市萨尔图区、龙凤区、让胡路区、红岗区、大同区、肇州县、肇源县、林甸县	营造坡面水土保持林，采取以垄向区田为主的耕作措施，实施水土保持工程措施控制侵蚀沟发育，结合水源工程和小型水利水土保持工程建立高标准农田；漫岗丘陵地区，还应加强以坡改梯为主的小流域综合治理
		吉林省	长春市南关区、宽城区、朝阳区、二道区、绿园区、双阳区、农安县、九台市、榆树市、德惠市，四平市铁西区、铁东区、梨树县、伊通满族自治县、公主岭市，松原市宁江区、前郭尔罗斯蒙古族自治县、扶余县	
		辽宁省	铁岭市调兵山市、昌图县，沈阳市康平县、法库县	

续表

三级区代码	三级区名称	省（自治区、直辖市）	县（市、区、旗）	防治途径
Ⅰ-4-1 fn	松辽平原防沙农田防护区	黑龙江省	齐齐哈尔市昂昂溪区、富拉尔基区、龙沙区、铁锋区、建华区、梅里斯达斡尔族区、泰来县，大庆市杜尔伯特蒙古族自治县	加强农田防护体系建设，结合水利工程建设高标准农田，推广缓坡耕地的水土保持耕作措施；实施封育禁牧，治理退化草场，防治风蚀；加强湿地保护和油气开发及重工业基地的监督管理工作
		吉林省	四平市双辽市，松原市长岭县、乾安县，白城市洮北区、镇赉县、通榆县、洮南市、大安市	
		内蒙古自治区	通辽市科尔沁区、科尔沁左翼中旗、科尔沁左翼后旗、开鲁县	
Ⅰ-5-1 t	大兴安岭东南低山丘陵土壤保持区	黑龙江省	齐齐哈尔市碾子山区、甘南县、龙江县	治理坡耕地和侵蚀沟道；推进封山育林、退耕还林、营造水土保持林；加强农田保护和草场管理，大力实施封育保护和退化草场修复，防治土地沙化
		内蒙古自治区	通辽市扎鲁特旗，呼伦贝尔市阿荣旗、莫力达瓦达斡尔族自治旗、扎兰屯市，锡林郭勒盟霍林郭勒市，兴安盟乌兰浩特市、科尔沁右翼前旗、科尔沁右翼中旗、扎赉特旗、突泉县、阿尔山市，赤峰市林西县、巴林左旗、巴林右旗、阿鲁科尔沁旗	
Ⅰ-6-1 fw	呼伦贝尔丘陵平原防沙生态维护区	内蒙古自治区	呼伦贝尔市海拉尔区、鄂温克族自治旗、陈巴尔虎旗、新巴尔虎左旗、新巴尔虎右旗、满洲里市	合理开发和利用草地资源，加强草场管理，严禁超载放牧和开垦草场，退牧还草，防止草场退化沙化，保护现有湿地和毗邻大兴安岭林区的天然林

（2）北方风沙区。即新甘蒙高原盆地区，包括甘肃、内蒙古、河北和新疆4个省（自治区）共145个县（市、区、旗），土地总面积约239.00万 km^2，共划分为4个二级区，12个三级区。北方风沙区分区方案，见表2-3。

表 2-3　　　　　　　　　　　　北方风沙区分区方案

一级区代码及名称	二级区代码及名称	三级区代码及名称
Ⅱ 北方风沙区（新甘蒙高原盆地区）	Ⅱ-1 内蒙古中部高原丘陵区	Ⅱ-1-1 tw 锡林郭勒高原保土生态维护区
		Ⅱ-1-2 tx 蒙冀丘陵保土蓄水区
		Ⅱ-1-3 tx 阴山北麓山地高原保土蓄水区
	Ⅱ-2 河西走廊及阿拉善高原区	Ⅱ-2-1 fw 阿拉善高原山地防沙生态维护区
		Ⅱ-2-2 nf 河西走廊农田防护防沙区

25

一级区代码及名称	二级区代码及名称		三级区代码及名称	
Ⅱ 北方风沙区（新甘蒙高原盆地区）	Ⅱ-3	北疆山地盆地区	Ⅱ-3-1 hw	准噶尔盆地北部水源涵养生态维护区
			Ⅱ-3-2 rn	天山北坡人居环境维护农田防护区
			Ⅱ-3-3 zx	伊犁河谷减灾蓄水区
			Ⅱ-3-4 wf	吐哈盆地生态维护防沙区
	Ⅱ-4	南疆山地盆地区	Ⅱ-4-1 nh	塔里木盆地北部农田防护水源涵养区
			Ⅱ-4-2 nf	塔里木盆地南部农田防护防沙区
			Ⅱ-4-3 nz	塔里木盆地西部农田防护减灾区

　　北方风沙区是以沙质和砾质荒漠土为优势地面组成物质的区域，主要分布有内蒙古高原、阿尔泰山、准噶尔盆地、天山、塔里木盆地、昆仑山、阿尔金山，区内包含塔克拉玛干、古尔班通古特、巴丹吉林、腾格里、库姆塔格、库布齐和乌兰布沙漠及浑善达克沙地，沙漠戈壁广布；主要涉及塔里木河、黑河、石羊河、疏勒河等内陆河，以及额尔齐斯河、伊犁河等国际河流。北方风沙区属温带干旱、半干旱气候区，大部分地区年均降水量25～350mm。土壤类型以栗钙土、灰钙土、风沙土和棕漠土为主。植被类型以荒漠草原、典型草原以及疏林灌木草原为主，局部高山地区分布森林，林草覆盖率31.02%。区内耕地总面积754.40万hm²，其中坡耕地面积20.50万hm²。水土流失面积142.60万km²，以风力侵蚀为主，局部地区风力侵蚀和水力侵蚀并存，土地沙漠化严重。

　　北方风沙区绿洲星罗棋布，荒漠草原相间，天山、祁连山、昆仑山、阿尔泰山是区内主要河流的发源地，生态环境脆弱，在我国生态安全战略格局中具有十分重要的地位，是国家重要的能源矿产和风能开发基地。该区是国家重要农牧产品产业带；天山北坡地区是国家重点开发区域，是我国面向中亚、西亚地区对外开放的陆路交通枢纽和重要门户。区内草场退化和土地沙化问题突出，风沙严重危害工农业生产和群众生活；水资源匮乏，河流下游尾闾绿洲萎缩；局部地区能源矿产开发颇具规模，植被破坏和沙丘活化现象严重。

　　1）水土保持方略。以草场保护和管理为重点，加强预防，防治草场沙化退化，构建北方边疆防沙生态维护预防带；保护和修复山地森林植被，提高水源涵养能力，维护江河源头区生态安全，构筑昆仑山-祁连山水源涵养预防带；综合防治农牧交错地带水土流失，建立绿洲防风固沙体系，做好能源矿产基地的监督管理。

　　2）区域布局。加强内蒙古中部高原丘陵区（Ⅱ-1）草场管理和风蚀防治。保护河西走廊及阿拉善高原区（Ⅱ-2）绿洲农业和草地资源。提高北疆山地盆地区（Ⅱ-3）森林水源涵养能力，开展绿洲边缘冲积洪积山麓地带综合治理和山洪灾害防治，保障绿洲工农业生产安全。加强南疆山地盆地区（Ⅱ-4）绿洲农田防护和荒漠植被保护。

　　3）北方风沙区三级区范围及防治途径，见表2-4。

　　（3）北方土石山区。即北方山地丘陵区，包括河北、辽宁、山西、河南、山东、江苏、安徽、北京、天津和内蒙古10个省（自治区、直辖市）共662个县（市、区、旗），土地总面积约81.00万km²，共划分为6个二级区，16个三级区。北方土石山区分区方案，见表2-5。

表 2 - 4　　　　　　　　　　北方风沙区三级区范围及防治途径

三级区代码	三级区名称	省（自治区、直辖市）	县（市、区、旗）	防治途径
Ⅱ-1-1 tw	锡林郭勒高原保土生态维护区	内蒙古自治区	锡林郭勒盟锡林浩特市、阿巴嘎旗、苏尼特左旗、东乌珠穆沁旗（乌拉盖管理区）、西乌珠穆沁旗	加强浑善达克沙地的防风固沙工程建设，加强轮封轮牧和草库伦建设，合理利用草场资源，推广农区水土保持耕作
Ⅱ-1-2 tx	蒙冀丘陵保土蓄水区	河北省	张家口市张北县、康保县、沽源县、尚义县	加强丘陵区水土流失综合治理，做好西辽河、滦河、永定河源头区草地资源和水源涵养林保护与建设
Ⅱ-1-2 tx	蒙冀丘陵保土蓄水区	内蒙古自治区	乌兰察布市化德县、商都县、察哈尔右翼中旗、察哈尔右翼后旗，锡林郭勒盟太仆寺旗、镶黄旗、正镶白旗、正蓝旗	加强丘陵区水土流失综合治理，做好西辽河、滦河、永定河源头区草地资源和水源涵养林保护与建设
Ⅱ-1-3 tx	阴山北麓山地高原保土蓄水区	内蒙古自治区	包头市白云鄂博矿区、达尔罕茂明安联合旗，锡林郭勒盟二连浩特市、苏尼特右旗，乌兰察布市四子王旗，巴彦淖尔市乌拉特中旗、乌拉特后旗	加强阴山和大青山的封山禁牧和植被保护，对局部坡耕地进行整治并配套小型蓄水工程，做好白云鄂博等工矿区的监督管理
Ⅱ-2-1 fw	阿拉善高原山地防沙生态维护区	内蒙古自治区	阿拉善盟阿拉善左旗、阿拉善右旗、额济纳旗	加强腾格里沙漠、巴丹吉林沙漠南缘固沙工程和植被保护，控制沙漠合拢南移，保护黑河下游湿地，建设恢复乌兰布和沙漠东缘植被
Ⅱ-2-2 nf	河西走廊农田防护防沙区	甘肃省	酒泉市肃州区、肃北蒙古族自治县（马鬃山地区）、瓜州县、玉门市、敦煌市、金塔县，张掖市甘州区、临泽县、高台县、山丹县、肃南裕固族自治县（皇城镇），嘉峪关市，金昌市金川区、永昌县，武威市凉州区、民勤县、古浪县	加强河西走廊绿洲保护，合理配置水资源，推广节水节灌，保障生态用水，保护湿地，加强马鬃山地区草场管理和祁连山-阿尔金山山麓小流域综合治理，做好金昌等工矿区监督管理
Ⅱ-3-1 hw	准噶尔盆地北部水源涵养生态维护区	新疆维吾尔自治区	塔城地区塔城市、额敏县、托里县、裕民县、和布克赛尔蒙古自治县，阿勒泰地区阿勒泰市、布尔津县、富蕴县、福海县、哈巴河县、青河县、吉木乃县，北屯市	加强阿尔泰山森林草原、额尔齐斯河和乌伦古河（湖）周边植被带的保护和建设，做好草场管理，维护水源涵养功能
Ⅱ-3-2 rn	天山北坡人居环境维护农田防护区	新疆维吾尔自治区	乌鲁木齐市天山区、沙依巴克区、新市区、水磨沟区、头屯河区、达坂城区、米东区、乌鲁木齐县，克拉玛依市独山子区、克拉玛依区、白碱滩区、乌尔禾区，昌吉回族自治州昌吉市、阜康市、呼图壁县、玛纳斯县、吉木萨尔县、奇台县、木垒哈萨克自治县，博尔塔拉蒙古自治州博乐市、阿拉山口市、精河县、温泉县，伊犁哈萨克自治州奎屯市，塔城地区乌苏市、沙湾县，自治区直辖县级行政单位石河子市、五家渠市	加强绿洲农业防护，改善城市和工矿企业集中区人居环境，做好输水输油管道沿线风蚀防治

三级区代码	三级区名称	省（自治区、直辖市）	县（市、区、旗）	防治途径
Ⅱ-3-3 zx	伊犁河谷减灾蓄水区	新疆维吾尔自治区	伊犁哈萨克自治州伊宁市、伊宁县、察布查尔锡伯自治县、霍城县、巩留县、新源县、昭苏县、特克斯县、尼勒克县	加强绿洲边缘冲积洪积山麓地带综合治理和山洪灾害防治，做好天山森林植被的保护与建设，提高水源涵养能力
Ⅱ-3-4 wf	吐哈盆地生态维护防沙区	新疆维吾尔自治区	吐鲁番地区吐鲁番市、鄯善县、托克逊县、哈密地区哈密市、巴里坤哈萨克自治县、伊吾县	加强天然植被保护，建立绿洲防护林体系，发展高效节水农业，提高水利用效率
Ⅱ-4-1 nh	塔里木盆地北部农田防护水源涵养区	新疆维吾尔自治区	巴音郭楞蒙古自治州库尔勒市、铁门关市、轮台县、尉犁县、和静县、焉耆回族自治县、和硕县、博湖县、阿克苏地区阿克苏市、温宿县、库车县、沙雅县、新和县、拜城县、乌什县、阿瓦提县、柯坪县，自治区直辖县级行政单位阿拉尔市	加强绿洲农田防护，推进节水灌溉，做好天山南麓、塔里木河源头及沿岸和博斯腾湖周边的植被保护和建设，提高水源涵养能力，合理配置水资源，保障下游生态用水
Ⅱ-4-2 nf	塔里木盆地南部农田防护防沙区	新疆维吾尔自治区	巴音郭楞蒙古自治州若羌县、且末县、和田地区和田市、和田县、墨玉县、皮山县、洛浦县、策勒县、于田县、民丰县	南部加强昆仑山-阿尔金山北麓植被保护和水资源合理利用，保护绿洲农田，减少风沙危害，做好油气资源开发监督管理
Ⅱ-4-3 nz	塔里木盆地西部农田防护减灾区	新疆维吾尔自治区	喀什地区喀什市、英吉沙县、泽普县、莎车县、叶城县、麦盖提县、塔什库尔干塔吉克自治县、疏附县、疏勒县、岳普湖县、伽师县、巴楚县，自治区直辖县级行政单位图木舒克市，克孜勒苏柯尔克孜自治州阿图什市、乌恰县、阿克陶县、阿合奇县	加强绿洲农区农田防护林建设，做好水资源管理与利用，减少河道淤积

表 2-5　　　　　　　　　　　北方土石山区分区方案

一级区代码及名称		二级区代码及名称		三级区代码及名称	
Ⅲ	北方土石山区（北方山地丘陵区）	Ⅲ-1	辽宁环渤海山地丘陵区	Ⅲ-1-1 rn	辽河平原人居环境维护农田防护区
				Ⅲ-1-2 tj	辽宁西部丘陵保土拦沙区
				Ⅲ-1-3 rz	辽东半岛人居环境维护减灾区
		Ⅲ-2	燕山及辽西山地丘陵区	Ⅲ-2-1 tx	辽西山地丘陵保土蓄水区
				Ⅲ-2-2 hw	燕山山地丘陵水源涵养生态维护区
		Ⅲ-3	太行山山地丘陵区	Ⅲ-3-1 fh	太行山西北部山地丘陵防沙水源涵养区
				Ⅲ-3-2 ht	太行山东部山地丘陵水源涵养保土区
				Ⅲ-3-3 th	太行山西南部山地丘陵保土水源涵养区
		Ⅲ-4	泰沂及胶东山地丘陵区	Ⅲ-4-1 xt	胶东半岛丘陵蓄水保土区
				Ⅲ-4-2 t	鲁中南低山丘陵土壤保持区

续表

一级区代码及名称	二级区代码及名称		三级区代码及名称	
Ⅲ 北方土石山区（北方山地丘陵区）	Ⅲ-5	华北平原区	Ⅲ-5-1 rn	京津冀城市群人居环境维护农田防护区
			Ⅲ-5-2 w	津冀鲁渤海湾生态维护区
			Ⅲ-5-3 fn	黄泛平原防沙农田防护区
			Ⅲ-5-4 nt	淮北平原岗地农田防护保土区
	Ⅲ-6	豫西南山地丘陵区	Ⅲ-6-1 tx	豫西黄土丘陵保土蓄水区
			Ⅲ-6-2 th	伏牛山山地丘陵保土水源涵养区

北方土石山区是以棕褐色土状物和粗骨质风化壳及裸岩为优势地面组成物质的区域，主要包括辽河平原、燕山太行山、胶东低山丘陵、沂蒙山泰山以及淮河以北的黄淮海平原等。区内山地和平原呈环抱态势，主要河流涉及辽河、大凌河、滦河、北三河、永定河、大清河、子牙河、漳卫河，以及伊洛河、大汶河、沂沭泗河。北方土石山区属温带半干旱区、暖温带半干旱区及半湿润区，大部分地区年均降水量 400～800mm。土壤主要以褐土、棕壤和栗钙土为主。植被类型主要为温带落叶阔叶林、针阔混交林，林草覆盖率 24.22%。区内耕地总面积 3229.00 万 hm²，其中坡耕地面积 192.40 万 hm²。水土流失面积 19.00 万 km²，以水力侵蚀为主，部分地区间有风力侵蚀。

北方土石山区中环渤海地区、冀中南、东陇海、中原地区等重要的优化开发和重点开发区域是我国城市化战略格局的重要组成部分，辽河平原、黄淮海平原是我国重要的粮食主产区，沿海低山丘陵区为农业综合开发基地，太行山、燕山等区域是华北重要供水水源地。该区除西部和西北部山区丘陵区有森林分布外，大部分为农业耕作区，整体林草覆盖率低；山区丘陵区耕地资源短缺，坡耕地比例大，江河源头区水源涵养能力有待提高，局部地区存在山洪灾害；区内开发强度大，人为水土流失问题突出；海河下游和黄泛区潜在风蚀危险大。

1）水土保持方略。以保护和建设山地森林植被，提高河流上游水源涵养能力，维护饮用水水源地水质安全为重点，构筑大兴安岭-长白山-燕山水源涵养预防带；加强山丘区小流域综合治理、微丘岗地及平原沙土区农田水土保持工作，改善农村生产生活条件；全面实施对生产建设项目或活动引发的水土流失监督管理。

2）区域布局。加强辽宁环渤海山地丘陵区（Ⅲ-1）水源涵养林、农田防护和城市人居环境建设。开展燕山及辽西山地丘陵区（Ⅲ-2）水土流失综合治理，提高河流上游水源涵养能力，推动城郊及周边地区清洁小流域建设；提高太行山山地丘陵区（Ⅲ-3）森林水源涵养能力，加强京津风沙源区综合治理，维护水源地水质，改造坡耕地发展特色产业，巩固退耕还林还草成果。保护泰沂及胶东山地丘陵区（Ⅲ-4）耕地资源，实施综合治理，加强农业综合开发。改善华北平原区（Ⅲ-5）农业产业结构，推行保护性耕作制度，强化河湖滨海及黄泛平原风沙区的监督管理。加强豫西南山地丘陵区（Ⅲ-6）水土流失综合治理，发展特色产业，保护现有森林植被。

3）北方土石山区三级区范围及防治途径，见表 2-6。

表2-6 北方土石山区三级区范围及防治途径

三级区代码	三级区名称	省（自治区、直辖市）	县（市、区、旗）	防治途径
Ⅲ-1-1 rn	辽河平原人居环境维护农田防护区	辽宁省	沈阳市和平区、沈河区、大东区、皇姑区、铁西区、苏家屯区、东陵区、沈北新区、于洪区、辽中县、新民市，鞍山市铁东区、铁西区、立山区、千山区、台安县、海城市，营口市站前区、营口市西市区、老边区、大石桥市，辽阳市白塔区、文圣区、宏伟区、弓长岭区、太子河区、辽阳县、灯塔市，盘锦市双台子区、兴隆台区、大洼县、盘山县	保护和建设水源涵养林；加强农田防护，加快城市人居环境建设和采矿区的综合整治
Ⅲ-1-2 tj	辽宁西部丘陵保土拦沙区	辽宁省	锦州市古塔区、凌河区、太和区、黑山县、义县、凌海市、北镇市，阜新市海州区、新邱区、太平区、清河门区、细河区、阜新蒙古族自治县、彰武县，葫芦岛市连山区、龙港区、南票区、绥中县、兴城市	坡面和侵蚀沟道治理，加强风蚀防治
Ⅲ-1-3 rz	辽东半岛人居环境维护减灾区	辽宁省	大连市中山区、西岗区、沙河口区、甘井子区、旅顺口区、金州区、长海县、瓦房店市、普兰店市、庄河市，丹东市东港市，营口市鲅鱼圈区、盖州市	加强小流域综合治理，发展特色产业，沿海地区保护滨海湿地和构建沿海防护林，改善城镇人居环境
Ⅲ-2-1 tx	辽西山地丘陵保土蓄水区	内蒙古自治区	赤峰市红山区、元宝山区、松山区、敖汉旗、喀喇沁旗、宁城县、克什克腾旗、翁牛特旗，通辽市库伦旗、奈曼旗，锡林郭勒盟多伦县	加强低山丘陵区小流域综合治理，发展特色产业，做好北部退耕还林还草及风沙源治理
		辽宁省	朝阳市双塔区、龙城区、朝阳县、北票市、喀喇沁左翼蒙古族自治县、凌源市、建平县，葫芦岛市建昌县	
Ⅲ-2-2 hw	燕山山地丘陵水源涵养生态维护区	北京市	昌平区、延庆县、怀柔区、密云县、平谷区	维护水源地水质，保护与建设水源涵养林，建设清洁小流域，做好局部地区水土流失综合治理及废弃工矿土地整治和生态恢复
		天津市	蓟县	
		河北省	承德市双桥区、双滦区、鹰手营子矿区、滦平县、承德县、围场满族蒙古族自治县、隆化县、丰宁满族自治县、兴隆县、平泉县、宽城满族自治县，张家口市下花园区、桥东区、桥西区、宣化区、宣化县、怀来县、崇礼县、赤城县，唐山市遵化市、迁西县、迁安市、滦县，秦皇岛市山海关区、海港区、北戴河区、青龙满族自治县、抚宁县、卢龙县、昌黎县	
Ⅲ-3-1 fh	太行山西北部山地丘陵防沙水源涵养区	河北省	张家口市万全县、蔚县、阳原县、怀安县、涿鹿县	加强京津风沙源治理，提高水源涵养能力，防治水土流失及面源污染，维护供水水源地水质安全，做好大同朔州能源矿产基地监督管理
		山西省	大同市南郊区、新荣区、阳高县、天镇县、广灵县、灵丘县、浑源县、大同县、左云县，朔州市朔城区、平鲁区、山阴县、应县、怀仁县、右玉县，忻州市忻府区、定襄县、五台县、代县、繁峙县、原平市、宁武县	
		内蒙古自治区	乌兰察布市集宁区、兴和县、丰镇市、察哈尔右翼前旗	

续表

三级区代码	三级区名称	省（自治区、直辖市）	县（市、区、旗）	防治途径
Ⅲ-3-2 ht	太行山东部山地丘陵水源涵养保土区	河南省	安阳市文峰区、北关区、殷都区、龙安区、安阳县、林州市、汤阴县，鹤壁市鹤山区、淇县，焦作市解放区、中站区、马村区、山阳区、修武县，新乡市卫辉市、辉县市	加强黄壁庄、岗南等水库水源地水土保持，保护和营造水源涵养林，防治局部地区山洪灾害
		北京市	石景山区、门头沟区、房山区	
		河北省	石家庄市井陉矿区、井陉县、行唐县、灵寿县、赞皇县、平山县、元氏县、鹿泉市，保定市满城县、涞水县、阜平县、唐县、涞源县、易县、曲阳县、顺平县，邯郸市峰峰矿区、邯山区、丛台区、复兴区、邯郸县、涉县、磁县、武安市，邢台市桥东区、桥西区、邢台县、临城县、内丘县、沙河市、隆尧县	
Ⅲ-3-3 th	太行山西南部山地丘陵保土水源涵养区	山西省	阳泉市城区、矿区、郊区、平定县、盂县，晋中市榆社县、左权县、和顺县、昔阳县、寿阳县，长治市城区、郊区、长治县、襄垣县、屯留县、黎城县、长子县、潞城市、武乡县、沁县、沁源县、平顺县、壶关县，晋城市陵川县	加强坡改梯改造为主的小流域综合治理，发展特色产业，加强南水北调中线工程左岸沿线山洪灾害防治，加强阳泉、潞安等矿区的监督管理
Ⅲ-4-1 xt	胶东半岛丘陵蓄水保土区	山东省	青岛市市南区、市北区、黄岛区、崂山区李沧区、城阳区、胶州市、即墨市、平度市、莱西市，烟台市芝罘区、福山区、牟平区、莱山区、长岛县、龙口市、莱阳市、莱州市、蓬莱市、招远市、栖霞市、海阳市，威海市环翠区、文登市、荣成市、乳山市	加强小流域综合治理和雨水集蓄利用，促进特色产业发展；建设清洁小流域和沿海生态走廊
Ⅲ-4-2 t	鲁中南低山丘陵土壤保持区	江苏省	连云港市连云区、新浦区、赣榆县、东海县	加强以坡改梯为主的综合治理，建设生态经济型小流域，发展生态旅游和特色农业产业，做好泰山沂蒙山区植被建设与保护
		山东省	济南市历下区、历城区、槐荫区、长清区、市中区、章丘市、平阴县，淄博市临淄区、张店区、周村区、淄川区、博山区、沂源县、桓台县，枣庄市市中区、薛城区、峄城区、台儿庄区、山亭区、滕州市，潍坊市坊子区、青州市、高密市、昌乐县、安丘市、诸城市、临朐县，济宁市泗水县、曲阜市、邹城市、微山县，泰安市泰山区、岱岳区、新泰市、宁阳县、东平县、肥城市，日照市东港区、岚山区、莒县、五莲县，莱芜市莱城区、钢城区，临沂市兰山区、河东区、罗庄区、临沭县、蒙阴县、沂南县、平邑县、费县、莒南县、苍山县、郯城县、沂水县，滨州市邹平县	

31

三级区代码	三级区名称	省（自治区、直辖市）	县（市、区、旗）	防治途径
Ⅲ-5-1 rn	京津冀城市群人居环境维护农田防护区	北京市	东城区、西城区、朝阳区、丰台区、海淀区、通州区、顺义区、大兴区	加强城市河流生态整治和城郊清洁小流域建设，改善人居环境，完善农田防护林体系，做好生产建设项目监督管理
		天津市	和平区、河东区、河西区、南开区、河北区、红桥区、东丽区、西青区、津南区、北辰区、武清区、宝坻区、宁河县、静海县	
		河北省	廊坊市安次区、广阳区、固安县、永清县、香河县、大城县、文安县、大厂回族自治县，廊坊市霸州市、三河市，保定市新市区、北市区、南市区、清苑县、定兴县、高阳县、容城县、望都县、安新县、蠡县、博野县、雄县、涿州市、定州市、安国市、高碑店市、徐水县，石家庄市长安、桥东区、桥西区、新华区、裕华区、正定县、栾城县、高邑县、深泽县、无极县、赵县、辛集市、藁城市、晋州市、新乐市、沧州市肃宁县、任丘市、河间市、衡水市饶阳县、安平县、深州市、邢台市宁晋县、柏乡县、唐山市古冶区、开平区、路南区、路北区、丰润区、玉田县	
Ⅲ-5-2 w	津冀鲁渤海湾生态维护区	河北省	唐山市曹妃甸区、丰南区、乐亭县、滦南县，沧州市黄骅市、海兴县	重点保护海岸及河口自然生态，加强滨河滨海植被带保护与建设，改造盐碱地，提高土地生产力
		天津市	天津市滨海新区	
		山东省	滨州市无棣县、沾化县，东营市东营区、河口区、垦利县、利津县、广饶县，潍坊市寒亭区、潍城区、奎文区、寿光市、昌邑市	
Ⅲ-5-3 fn	黄泛平原防沙农田防护区	河北省	沧州市新华区、运河区、沧县、献县、泊头市、东光县、盐山县、南皮县、吴桥县、孟村回族自治县、青县，衡水市桃城区、枣强县、武邑县、武强县、故城县、景县、阜城县、冀州市，邢台市任县、南和县、巨鹿县、新河县、广宗县、平乡县、威县、清河县、临西县、南宫市，邯郸市临漳县、成安县、大名县、肥乡县、永年县、邱县、鸡泽县、广平县、馆陶县、魏县、曲周县	加强预防，保护和建设河岸植被带及固沙植被，完善农田防护林体系，推行保护性耕作，做好监督管理
		江苏省	徐州市丰县、沛县	
		安徽省	宿州市砀山县、萧县	
		山东省	济南市天桥区、济阳县、商河县，淄博市高青县，济宁市市中区、任城区、鱼台县、金乡县、嘉祥县、汶上县、梁山县、兖州市，德州市德城区、陵县、宁津县、庆云县、临邑县、齐河县、平原县、夏津县、武城县、乐陵市、禹城市，聊城市东昌府区、阳谷县、莘县、茌平县、东阿县、冠县、高唐县、临清市，滨州市滨城区、惠民县、阳信县、博兴县，菏泽市牡丹区、曹县、单县、成武县、巨野县、郓城县、鄄城县、定陶县、东明县	

续表

三级区代码	三级区名称	省（自治区、直辖市）	县（市、区、旗）	防治途径
Ⅲ-5-3 fn	黄泛平原防沙农田防护区	河南省	郑州市管城回族区、金水区、惠济区、中牟县，开封市龙亭区、顺河回族区、鼓楼区、禹王台区、金明区、杞县、通许县、尉氏县、开封县、兰考县，安阳市滑县、内黄县，鹤壁市浚县，新乡市卫滨区、红旗区、牧野区、凤泉区、获嘉县、新乡县、原阳县、延津县、封丘县、长垣县，焦作市武陟县、温县、沁阳市、博爱县，濮阳市华龙区、清丰县、南乐县、范县、台前县、濮阳县，商丘市梁园区、睢阳区、民权县、睢县、虞城县、夏邑县、宁陵县、永城市，许昌市鄢陵县、长葛市，周口市川汇区、扶沟县、西华县、淮阳县、太康县	加强预防，保护和建设河岸植被带及固沙植被，完善农田防护林体系，推行保护性耕作，做好监督管理
Ⅲ-5-4 nt	淮北平原岗地农田防护保土区	江苏省	徐州市鼓楼区、云龙区、贾汪区、泉山区、铜山区、睢宁县、新沂市、邳州市，连云港市灌云县、灌南县，淮安市清河区、淮阴区、清浦区、涟水县，盐城市响水县、滨海县，宿迁市宿城区、宿豫区、沭阳县、泗阳县、泗洪县	完善农田防护林体系，实施丘岗地区综合治理，加强淮北等矿区的监督管理
		安徽省	蚌埠市淮上区、怀远县、五河县、固镇县，淮南市潘集区、凤台县，淮北市杜集区、相山区、烈山区、濉溪县，阜阳市颍州区、颍东区、颍泉区、临泉县、太和县、阜南县、颍上县、界首市，宿州市埇桥区、灵璧县、泗县，亳州市谯城区、涡阳县、蒙城县、利辛县	
		河南省	许昌市魏都区、许昌县，漯河市源汇区、郾城区、召陵区、舞阳县、临颍县，商丘市柘城县，周口市商水县、沈丘县、郸城县、鹿邑县、项城市，驻马店市平舆县、新蔡县、西平县、上蔡县、正阳县、汝南县，信阳市淮滨县、息县	
Ⅲ-6-1 tx	豫西黄土丘陵保土蓄水区	河南省	郑州市上街区、巩义市、荥阳市，洛阳市涧西区、西工区、老城区、瀍河回族区、洛龙区、伊滨区、吉利区、孟津县、新安县、偃师市、伊川县、宜阳县、栾川县、嵩县、洛宁县，省直辖县级行政单位济源市，焦作市孟州市，三门峡市湖滨区、灵宝市、陕县、卢氏县、渑池县、义马市	加强坡改梯为主的小流域综合治理，发展节水灌溉农业，促进特色产业，做好义马、济源等工矿区监督管理
Ⅲ-6-2 th	伏牛山山地丘陵保土水源涵养区	河南省	郑州市二七区、中原区、新密市、新郑市、登封市，洛阳市汝阳县，平顶山市新华区、卫东区、湛河区、石龙区、宝丰县、鲁山县、叶县、郏县、舞钢市、汝州市，许昌市禹州市、襄城县，南阳市南召县、方城县，驻马店市驿城区、泌阳县、遂平县、确山县	加强小流域综合治理，改造现有梯田，提高梯田综合生产能力；做好天然次生林保护和山区封育治理，营造水源涵养林

（4）西北黄土高原区。包括山西、陕西、甘肃、青海、内蒙古和宁夏6个省（自治区）共271个县（市、区、旗），土地总面积约56.00万km²，划分为5个二级区，15个三级区。西北黄土高原区分区方案，见表2-7。

表2-7　　　　　　　　　　　　　西北黄土高原区分区方案

一级区代码及名称		二级区代码及名称		三级区代码及名称	
Ⅳ	西北黄土高原区	Ⅳ-1	宁蒙覆沙黄土丘陵区	Ⅳ-1-1 xt	阴山山地丘陵蓄水保土区
				Ⅳ-1-2 tx	鄂乌高原丘陵保土蓄水区
				Ⅳ-1-3 fw	宁中北丘陵平原防沙生态维护区
		Ⅳ-2	晋陕蒙丘陵沟壑区	Ⅳ-2-1 jt	呼鄂丘陵沟壑拦沙保土区
				Ⅳ-2-2 jt	晋西北黄土丘陵沟壑拦沙保土区
				Ⅳ-2-3 jt	陕北黄土丘陵沟壑拦沙保土区
				Ⅳ-2-4 jf	陕北盖沙丘陵沟壑拦沙防沙区
				Ⅳ-2-5 jt	延安中部丘陵沟壑拦沙保土区
		Ⅳ-3	汾渭及晋城丘陵阶地区	Ⅳ-3-1 tx	汾河中游丘陵沟壑保土蓄水区
				Ⅳ-3-2 tx	晋南丘陵阶地保土蓄水区
				Ⅳ-3-3 tx	秦岭北麓-渭河中低山阶地保土蓄水区
		Ⅳ-4	晋陕甘高塬沟壑区	Ⅳ-4-1 tx	晋陕甘高塬沟壑保土蓄水区
		Ⅳ-5	甘宁青山地丘陵沟壑区	Ⅳ-5-1 xt	宁南陇东丘陵沟壑蓄水保土区
				Ⅳ-5-2 xt	陇中丘陵沟壑蓄水保土区
				Ⅳ-5-3 xt	青东甘南丘陵沟壑蓄水保土区

西北黄土高原区是以黄土及黄土状物质为优势地面组成物质的区域，主要有鄂尔多斯高原、陕北高原、陇中高原等，涉及毛乌素沙地、库布齐沙漠、晋陕黄土丘陵、陇东及渭北黄土台塬、甘青宁黄土丘陵、六盘山、吕梁山、子午岭、中条山、河套平原、汾渭平原，位于我国第二级阶梯，地势自西北向东南倾斜。主要河流涉及黄河干流、汾河、无定河、渭河、泾河、洛河、洮河、湟水河等。西北黄土高原区属暖温带半湿润区、半干旱区，大部分地区年均降水量250～700mm。主要土壤类型有黄绵土、棕壤、褐土、垆土、栗钙土和风沙土等。植被类型主要为暖温带落叶阔叶林和森林草原，林草覆盖率45.29%。区内耕地总面积1268.80万hm²，其中坡耕地面积452.00万hm²。水土流失面积23.50万km²，以水力侵蚀为主，北部地区水力侵蚀和风力侵蚀交错。

西北黄土高原区是中华文明的发祥地，是世界上面积最大的黄土覆盖地区和黄河泥沙的主要策源地；是阻止内蒙古高原风沙南移的生态屏障；也是我国重要的能源重化工基地。汾渭平原、河套灌区是国家的农产品主产区，呼包鄂榆、宁夏沿黄经济区、兰州-西宁和关中-天水等国家重点开发区是我国城市化战略格局的重要组成部分。该区水土流失严重，泥沙下泄，影响黄河下游防洪安全；坡耕地众多，水资源匮乏，农业综合生产能力较低；部分区域草场退化沙化严重；能源开发引起的水土流失问题十分突出。

1）水土保持方略。建设以梯田和淤地坝为核心的拦沙减沙体系，保障黄河下游安全；实施小流域综合治理，发展农业特色产业，促进农村经济发展；巩固退耕还林还草成果，保护和建设林草植被，防风固沙，控制沙漠南移，改善能源重化工基地的生态。

2）区域布局。建设宁蒙覆沙黄土丘陵区（Ⅳ-1）毛乌素沙地、库布齐沙漠、河套平原周边的防风固沙体系。实施晋陕蒙丘陵沟壑区（Ⅳ-2）拦沙减沙工程，恢复与建设长城沿线防风固沙林草植被。加强汾渭及晋城丘陵阶地区（Ⅳ-3）丘陵台塬水土流失综合治理，保护与建设山地森林水源涵养林。做好晋陕甘高塬沟壑区（Ⅳ-4）坡耕地综合治理和沟道坝系建设，建设与保护子午岭和吕梁林区植被。加强甘宁青山地丘陵沟壑区（Ⅳ-5）坡改梯和雨水集蓄利用为主的小流域综合治理，保护与建设林草植被。

3）西北黄土高原区三级区范围及防治途径，见表2-8。

表 2-8　　　　　　　　　　西北黄土高原区三级区范围及防治途径

三级区代码	三级区名称	省（自治区、直辖市）	县（市、区、旗）	防治途径
Ⅳ-1-1 xt	阴山山地丘陵蓄水保土区	内蒙古自治区	呼和浩特市新城区、回民区、玉泉区、赛罕区、土默特左旗、托克托县、武川县、包头市东河区、昆都仑区、青山区、石拐区、九原区、土默特右旗、固阳县、巴彦淖尔市临河区、五原县、磴口县、乌拉特前旗、杭锦后旗、乌兰察布市卓资县、凉城县	加强东部雨水集蓄利用和小流域综合治理，建设河套平原地区周边防风固沙及农田防护体系，恢复乌兰布和沙漠内蒙古河套段东缘植被，防止风沙入黄，做好包头、呼和浩特等城市水土保持监督管理
Ⅳ-1-2 tx	鄂乌高原丘陵保土蓄水区	内蒙古自治区	鄂尔多斯市鄂托克前旗、鄂托克旗、杭锦旗、乌审旗，乌海市海勃湾区、海南区、乌达区	加强黄土丘陵地带小流域综合治理和小型蓄水工程建设，做好退耕还林还草，恢复与建设毛乌素沙地、库布齐沙漠的林草植被
Ⅳ-1-3 fw	宁中北丘陵平原防沙生态维护区	宁夏回族自治区	银川市兴庆区、西夏区、金凤区、永宁县、贺兰县、灵武市，吴忠市红寺堡区、利通区、青铜峡市、盐池县，中卫市沙坡头区、中宁县，石嘴山市大武口区、惠农区、平罗县	营造防风固沙林和农田防护林，构建沿黄生态植被带，防止风沙淤积黄河河道和危害灌渠，加强贺兰山地预防保护和封禁治理
Ⅳ-2-1 jt	呼鄂丘陵沟壑拦沙保土区	内蒙古自治区	鄂尔多斯市东胜区（含康巴什新区）、达拉特旗、准格尔旗、伊金霍洛旗，呼和浩特市和林格尔县、清水河县	实施以拦沙工程建设为主的小流域综合治理和砒砂岩沙棘生态工程
Ⅳ-2-2 jt	晋西北黄土丘陵沟壑拦沙保土区	山西省	忻州市神池县、五寨县、偏关县、河曲县、保德县、岢岚县、静乐县，太原市娄烦县、古交市，吕梁市离石区、岚县、交城县、交口县、兴县、临县、方山县、柳林县、中阳县、石楼县，临汾市永和县	加强以沟道坝系、坡面治理和雨水集蓄利用为主的小流域综合治理，改造中低产田，恢复林草植被
Ⅳ-2-3 jt	陕北黄土丘陵沟壑拦沙保土区	陕西省	榆林市府谷县、神木县、佳县、米脂县、绥德县、吴堡县、子洲县、清涧县，延安市子长县、延川县	建立以沟道淤地坝建设为主的拦沙工程体系，实施小流域综合治理，加强神府煤田区监督管理
Ⅳ-2-4 jf	陕北盖沙丘陵沟壑拦沙防沙区	陕西省	榆林市榆阳区、横山县、靖边县、定边县，延安市吴起县	加强丘陵地带沟道治理，恢复长城沿线防风固沙林草植被

续表

三级区代码	三级区名称	省（自治区、直辖市）	县（市、区、旗）	防治途径
Ⅳ-2-5 jt	延安中部丘陵沟壑拦沙保土区	陕西省	延安市宝塔区、延长县、安塞县、志丹县	加强以沟道坝系建设为主的小流域综合治理，发展坝系农业，巩固退耕还林成果，营造水土保持林，做好油田及煤炭开发的监督管理
Ⅳ-3-1 tx	汾河中游丘陵沟壑保土蓄水区	山西省	临汾市尧都区、安泽县、霍州市、洪洞县、古县、浮山县，晋中市榆次区、祁县、太谷县、平遥县、介休市、灵石县，太原市小店区、迎泽区、杏花岭区、尖草坪区、万柏林区、晋源区、阳曲县、清徐县，吕梁市文水县、汾阳市、孝义市	加强汾河阶地缓坡耕地改造、丘陵沟壑小流域综合治理和小型蓄水工程建设，发展经济林，做好汾西和霍州矿区的土地整治和生态恢复
Ⅳ-3-2 tx	晋南丘陵阶地保土蓄水区	山西省	晋城市城区、沁水县、阳城县、泽州县、高平市，临汾市翼城县、曲沃县、襄汾县、侯马市，运城市盐湖区、绛县、垣曲县、夏县、平陆县、河津市、芮城县、临猗县、万荣县、闻喜县、稷山县、新绛县、永济市	加强黄土残塬沟壑小流域综合治理和雨水集蓄及沟道径流利用，发展果品产业，建设和保护中条山、太岳山水源涵养林，做好晋城矿区监督管理
Ⅳ-3-3 tx	秦岭北麓-渭河中低山阶地保土蓄水区	陕西省	西安市新城区、碑林区、莲湖区、灞桥区、阎良区、未央区、雁塔区、临潼区、长安、蓝田县、周至县、户县、高陵县，咸阳市秦都区、渭城区、杨凌示范区、三原县、泾阳县、礼泉县、乾县、兴平市、武功县，渭南市临渭区、华县、潼关县、华阴市、大荔县、蒲城县、富平县，宝鸡市金台区、陈仓区、渭滨区、陇县、千阳县、麟游县、岐山县、凤翔县、眉县、扶风县，商洛市洛南县	加强渭北旱塬和秦岭北麓地带以坡改梯为主的综合治理，结合文化旅游建设，加大植被建设，发展特色林果产业，改善西安-咸阳地区人居环境
Ⅳ-4-1 tx	晋陕甘高塬沟壑保土蓄水区	山西省	临汾市隰县、大宁县、蒲县、吉县、乡宁县、汾西县	做好坡耕地综合整治和沟道坝系建设，进一步扩大果品产业规模；加强子午岭、黄龙、吕梁山南段的植被保护及周边地区的退耕还林和封山育林；加强晋西南、铜川等矿区的监督管理
		甘肃省	平凉市崆峒区、泾川县、灵台县、崇信县，庆阳市西峰区、正宁县、宁县、镇原县、合水县	
		陕西省	铜川市王益区、印台区、耀州区（含铜川新区）、宜君县，延安市甘泉县、富县、宜川县、黄龙县、黄陵县、洛川县，咸阳市永寿县、彬县、长武县、旬邑县、淳化县，渭南市合阳县、澄城县、白水县、韩城市	
Ⅳ-5-1 xt	宁南陇东丘陵沟壑蓄水保土区	宁夏回族自治区	固原市原州区、西吉县、隆德县、泾源县、彭阳县，吴忠市同心县，中卫市海原县	加强雨水集蓄利用和坡改梯为主的小流域综合治理，发展特色农业产业，加强六盘山、秦岭北麓水源涵养林植被保护和建设
		甘肃省	庆阳市环县、庆城县、华池县，天水市秦州区、麦积区、清水县、甘谷县、武山县、张家川回族自治县、秦安县，定西市通渭县、陇西县，平凉市华亭县、庄浪县、静宁县	

续表

三级区代码	三级区名称	省（自治区、直辖市）	县（市、区、旗）	防治途径
Ⅳ-5-2 xt	陇中丘陵沟壑蓄水保土区	甘肃省	兰州市城关区、西固区、七里河区、红古区、安宁区、永登县、榆中县、皋兰县、白银市白银区、平川区、靖远县、景泰县、会宁县、临夏回族自治州永靖县、东乡族自治县、定西市安定区	推广以砂田覆盖为主的保水耕作制度，做好黄灌区的节水节灌，保护和建设兰州周边山地丘陵的植被，加强白银等矿区监督管理
Ⅳ-5-3 xt	青东甘南丘陵沟壑蓄水保土区	甘肃省	临夏回族自治州临夏市、临夏县、康乐县、广河县、和政县、积石山保安族东乡族撒拉族自治县，定西市临洮县、渭源县、漳县	实施湟水河和洮河中下游小型蓄水工程建设和坡耕地改造，河谷阶地地带兴修蓄、引、提工程，发展节水节灌农业，加强大通河流域、湟水河及渭河源头退耕还林还草、森林保护和草场管理
		青海省	西宁市城东区、城中区、城西区、城北区、湟中县、湟源县、大通回族土族自治县、海东地区平安县、民和回族土族自治县、乐都县、互助土族自治县、化隆回族自治县、循化撒拉族自治县，黄南藏族自治州同仁县、尖扎县，海南藏族自治州贵德县、门源回族自治县	

（5）南方红壤区。即南方山地丘陵区，包括江苏、安徽、河南、湖北、浙江、江西、湖南、广西、福建、广东、海南、上海、香港、澳门和台湾 15 个省（自治区、直辖市、特别行政区）共 888 个县（市、区），土地总面积约 127.60 万 km²，划分 9 个二级区、32 个三级区。南方红壤区分区方案，见表 2-9。

表 2-9　　　　　　　　　南方红壤区分区方案

一级区代码及名称		二级区代码及名称		三级区代码及名称	
V	南方红壤区（南方山地丘陵区）	V-1	江淮丘陵及下游平原区	V-1-1 ns	江淮下游平原农田防护水质维护区
				V-1-2 nt	江淮丘陵岗地农田防护保土区
				V-1-3 rs	浙沪平原人居环境维护水质维护区
				V-1-4 sr	太湖丘陵平原水质维护人居环境维护区
				V-1-5 nr	沿江丘陵岗地农田防护人居环境维护区
		V-2	大别山—桐柏山山地丘陵区	V-2-1 ht	桐柏大别山山地丘陵水源涵养保土区
				V-2-2 tn	南阳盆地及大洪山丘陵保土农田防护区
		V-3	长江中游丘陵平原区	V-3-1 nr	江汉平原及周边丘陵农田防护人居环境维护区
				V-3-2 ns	洞庭湖丘陵平原农田防护水质维护区
		V-4	江南山地丘陵区	V-4-1 ws	浙皖低山丘陵生态维护水质维护区
				V-4-2 rt	浙赣低山丘陵人居环境维护保土区
				V-4-3 ns	鄱阳湖丘岗平原农田防护水质维护区
				V-4-4 tw	幕阜山九岭山山地丘陵保土生态维护区
				V-4-5 t	赣中低山丘陵土壤保持区

一级区代码及名称	二级区代码及名称		三级区代码及名称	
V 南方红壤区（南方山地丘陵区）	V-4	江南山地丘陵区	V-4-6 tr	湘中低山丘陵保土人居环境维护区
			V-4-7 tw	湘西南山地保土生态维护区
			V-4-8 t	赣南山地土壤保持区
	V-5	浙闽山地丘陵区	V-5-1 sr	浙东低山岛屿水质维护人居环境维护区
			V-5-2 tw	浙西南山地保土生态维护区
			V-5-3 ts	闽东北山地保土水质维护区
			V-5-4 wz	闽西北山地丘陵生态维护减灾区
			V-5-5 rs	闽东南沿海丘陵平原人居环境维护水质维护区
			V-5-6 tw	闽西南山地丘陵保土生态维护区
	V-6	南岭山地丘陵区	V-6-1 ht	南岭山地水源涵养保土区
			V-6-2 th	岭南山地丘陵保土水源涵养区
			V-6-3 t	桂中低山丘陵土壤保持区
	V-7	华南沿海丘陵台地区	V-7-1 r	华南沿海丘陵台地人居环境维护区
	V-8	海南及南海诸岛丘陵台地区	V-8-1 r	海南沿海丘陵台地人居环境维护区
			V-8-2 h	琼中山地水源涵养区
			V-8-3 w	南海诸岛生态维护区
	V-9	台湾山地丘陵区	V-9-1 zr	台西山地平原减灾人居环境维护区
			V-9-2 zw	花东山地减灾生态维护区

南方红壤区是以硅铝质红色和棕红色土状物为优势地面组成物质的区域，包括大别山、桐柏山山地、江南丘陵、淮阳丘陵、浙闽山地丘陵、南岭山地丘陵及长江中下游平原、东南沿海平原等。大部分位于我国第三级地势阶梯，山地、丘陵、平原交错，河湖水网密布。主要河流湖泊涉及淮河部分支流，长江中下游及汉江、湘江、赣江等重要支流，珠江中下游及桂江、东江、北江等重要支流，钱塘江、韩江、闽江等东南沿海诸河，以及洞庭湖、鄱阳湖、太湖、巢湖等。南方红壤区属亚热带、热带湿润区，大部分地区年均降水量800～2000mm。土壤类型以棕壤、黄红壤和红壤等。主要植被类型为常绿针叶林、阔叶林、针阔混交林以及热带季雨林，林草覆盖率45.16%。区域耕地总面积2823.40万hm²，其中坡耕地面积178.30万hm²。水土流失面积16.00万km²，以水力侵蚀为主，局部地区崩岗发育，滨海环湖地带兼有风力侵蚀。

南方红壤区是我国重要的粮食、经济作物、水产品、速生丰产林和水果生产基地，也是我国有色金属和核电生产基地。大别山山地丘陵、南岭山地、海南岛中部山区等是我国重要的生态功能区；洞庭湖、鄱阳湖是我国重要湿地；长江、珠江三角洲等城市群是我国城市化战略格局的重要组成部分。该区人口密度大，人均耕地少，农业开发强度大；山丘区坡耕地以及经济林和速生丰产林林下水土流失严重，局部地区崩岗发育；水网地区局部河岸坍塌，河道淤积，水体富营养化严重。

1）水土保持方略。加强山丘区坡耕地改造及坡面水系工程配套，采取措施控制林下水土流失，开展微丘岗地缓坡地带的农田水土保持工作，大力发展特色产业，对崩岗实施治理；保护和建设森林植被，提高水源涵养能力，构筑秦岭-大别山-天目山水源涵养生态维护预防带、武陵山-南岭生态维护水源涵养预防带，推动城市周边地区清洁小流域建设，维护水源地水质安全；做好城市和经济开发区及基础设施建设的监督管理。

2）区域布局。加强江淮丘陵及下游平原区（V-1）农田保护及丘岗水土流失综合防治，维护水质及人居环境。保护与建设大别山-桐柏山山地丘陵区（V-2）森林植被，提高水源涵养能力，实施以坡改梯及配套水系工程和发展特色产业为核心的综合治理。优化长江中游丘陵平原区（V-3）农业产业结构，保护农田，维护水网地区水质和城市群人居环境。加强江南山地丘陵区（V-4）坡耕地、坡林地及崩岗的水土流失综合治理，保护与建设河流源头区水源涵养林，培育和合理利用森林资源，维护重要水源地水质。保护浙闽山地丘陵区（V-5）耕地资源，配套坡面排蓄工程，强化溪岸整治，加强农林开发水土流失治理和监督管理，加强崩岗和侵蚀劣地的综合治理，保护好河流上游森林植被。保护和建设南岭山地丘陵区（V-6）森林植被，提高水源涵养能力，防治亚热带特色林果产业开发产生的水土流失，抢救岩溶分布地带土地资源，实施坡改梯，做好坡面径流排蓄和岩溶水利用。保护华南沿海丘陵台地区（V-7）森林植被，建设清洁小流域，维护人居环境。保护海南及南海诸岛丘陵台地区海南及南海诸岛丘陵台地区（V-8）热带雨林，加强热带特色林果开发的水土流失治理和监督管理，发展生态旅游。

3）南方红壤区三级区范围及防治途径，见表2-10。

表 2-10　　　　　　　　　南方红壤区三级区范围及防治途径

三级区代码	三级区名称	省（自治区、直辖市）	县（市、区、旗）	防治途径
V-1-1 ns	江淮下游平原农田防护水质维护区	上海市	崇明县	农田保护与排灌系统的建设，加强滨河滨湖滨海植物保护带建设，维护水质
		江苏省	淮安市淮安区、洪泽县、金湖县，扬州市广陵区、邗江区、江都市、仪征市、宝应县、高邮市，盐城市亭湖区、盐都区、东台市、大丰市、阜宁县、射阳县、建湖县，南通市崇川区（含南通市富民港办事处）、港闸区、通州区、启东市、如皋市、海门市、海安县、如东县，泰州市海陵区、高港区、姜堰区、兴化市、靖江市、泰兴市	
V-1-2 nt	江淮丘陵岗地农田防护保土区	江苏省	淮安市盱眙县	做好堤路渠生态防护，保护农田，加强江淮分水岭丘岗水土流失综合治理
		安徽省	合肥市瑶海区、庐阳区、蜀山区、包河区、庐江县、长丰县、肥东县、肥西县，巢湖市，淮南市大通区、田家庵区、谢家集区、八公山区，滁州市琅琊区、南谯区、天长市、明光市、来安县、全椒县、定远县、凤阳县，安庆市桐城市，马鞍山市含山县，六安市寿县，蚌埠市禹会区、蚌山区、龙子湖区	
V-1-3 rs	浙沪平原人居环境维护水质维护区	上海市	黄浦区、徐汇区、长宁区、静安区、普陀区、闸北区、虹口区、杨浦区、闵行区、宝山区、嘉定区、浦东新区、金山区、松江区、青浦区、奉贤区	重视水源地、城市公园、湿地公园等风景名胜区预防保护，加强河道生态整治和堤岸防护林建设
		浙江省	嘉兴市南湖区、秀洲区、海宁市、平湖市、桐乡市、嘉善县、海盐县，湖州市南浔区	

续表

三级区代码	三级区名称	省（自治区、直辖市）	县（市、区、旗）	防治途径
V-1-4 sr	太湖丘陵平原水质维护人居环境维护区	江苏省	常州市天宁区、钟楼区、戚墅堰区、新北区、武进区、溧阳市、金坛市，苏州市姑苏区、虎丘区、吴中区、相城区、工业园区、吴江区、常熟市、张家港市、昆山市、太仓市，无锡市崇安区、南长区、北塘区、锡山区、惠山区、滨湖区、江阴市、宜兴市	保护和建设太湖周边低山丘陵的植被，开展清洁小流域建设，建立景观、生态、防洪护岸体系
V-1-5 nr	沿江丘陵岗地农田防护人居环境维护区	江苏省	南京市玄武区、白下区、秦淮区、建邺区、鼓楼区、下关区、浦口区、栖霞区、雨花台区、江宁区、六合区、溧水县、高淳县，镇江市京口区、润州区、丹徒区、丹阳市、扬中市、句容市	完善农田防护林网，加强丘岗梯台地整治和植被建设，保护和建设河湖沟渠景观植物带，改善沿江城市群人居环境
		安徽省	芜湖市镜湖区、弋江区、鸠江区、三山区、芜湖县、无为县，马鞍山市花山区、雨山区、博望区、当涂县、和县，铜陵市铜官山区、狮子山区、郊区、铜陵县，安庆市迎江区、大观区、宜秀区、枞阳县、宿松县、望江县、怀宁县，宣城市郎溪县	
V-2-1 ht	桐柏大别山山地丘陵水源涵养保土区	安徽省	安庆市潜山县、太湖县、岳西县，六安市金安区、裕安区、舒城县、金寨县、霍山县、霍邱县	建设和保育大别山及沿江丘陵植被，提高淮河源头及重要水源地水源涵养能力，加强以坡耕地和洼地经济林地改造为主的小流域综合治理，调蓄坡面径流，发展特色林果产业，治理局部山洪灾害
		河南省	信阳市浉河区、平桥区、罗山县、光山县、新县、商城县、固始县、潢川县，南阳市桐柏县	
		湖北省	孝感市大悟县、安陆市，武汉市新洲区，随州市曾都区、广水市、随县，黄冈市黄州区、红安县、罗田县、英山县、麻城市、浠水县、蕲春县、黄梅县、武穴市、团风县	
V-2-2 tn	南阳盆地及大洪山丘陵保土农田防护区	河南省	南阳市宛城区、卧龙区、高新区、南阳新区、官庄工区、鸭河工区、镇平县、社旗县、唐河县、邓州市、新野县	进行以坡耕地和四荒地改造为主的小流域综合治理，加强岗地地表径流拦蓄及利用，建设和保护河道两侧、城市及其周边植被；完善平原农田防护林网
		湖北省	荆门市京山县、钟祥市，襄阳市襄州区、襄城区、樊城区、老河口市、枣阳市、宜城市	
V-3-1 nr	江汉平原及周边丘陵农田防护人居环境维护区	湖北省	武汉市江岸区、江汉区、硚口区、汉阳区、武昌区、青山区、洪山区、东西湖区、汉南区、蔡甸区、江夏区、黄陂区、新洲区，黄石市黄石港区、西塞山区、下陆区、铁山区，宜昌市猇亭区、枝江市，鄂州市梁子湖区、鄂城区、华容区，荆门市掇刀区、沙洋县，孝感市孝南区、孝昌县、云梦县、应城市、汉川市，荆州市沙市区、荆州区、江陵县、监利县、洪湖市，省直辖县级行政单元仙桃市、潜江市、天门市	加强农田防护林和滨河滨湖植物带建设，保护丘岗及湖泊周边植被，稳定湿地生态系统，结合河湖连通工程建设生态河道，维护城市群及周边地区人居环境

三级区代码	三级区名称	省（自治区、直辖市）	县（市、区、旗）	防治途径
V-3-2 ns	洞庭湖丘陵平原农田防护水质维护区	湖北省	荆州市公安县、石首市、松滋市	做好丘陵岗地区水土流失综合治理，结合蓄滞洪区建设，适度退田还湖，实施垸、堤、路、渠、田、村综合整治，保护农田，加强洞庭湖周边地区监督管理，减轻面源污染，维护水质
		湖南省	岳阳市岳阳楼区、云溪区、君山区、岳阳县、华容县、湘阴县、汨罗市、临湘市，常德市武陵区、鼎城区、安乡县、汉寿县、澧县、临澧县、津市市，益阳市资阳区、赫山区、南县、沅江市	
V-4-1 ws	浙皖低山丘陵生态维护水质维护区	安徽省	黄山市屯溪区、黄山区、徽州区、歙县、休宁县、黟县、祁门县，池州市贵池区、东至县、石台县、青阳县，芜湖市南陵县、繁昌县，宣城市宣州区、广德县、泾县、绩溪县、旌德县、宁国市	结合自然保护区和风景区建设，加强黄山、天目山现有植被保护，建设清洁小流域，整治山体缺口，加强坡耕地、茶园、板栗林水土流失防治
		浙江省	杭州市余杭区、西湖区、拱墅区、下城区、江干区、上城区、桐庐县、淳安县、建德市、富阳市、临安市，湖州市吴兴区、德清县、长兴县、安吉县，衢州市开化县	
V-4-2 rt	浙赣低山丘陵人居环境维护保土区	江西省	上饶市信州区、上饶县、广丰县、玉山县、铅山县、横峰县、弋阳县、婺源县、德兴市，鹰潭市贵溪市，景德镇市昌江区、珠山区、浮梁县、乐平市	保护和培育森林资源，结合经济林建设，巩固退耕还林还草成果，加强坡耕地改造，结合城乡建设，发展生态旅游和绿色产业，改善人居环境，做好有色金属矿区监督管理
		浙江省	杭州市萧山区、滨江区，绍兴市越城区、绍兴县、上虞市、新昌县、诸暨市、嵊州市，金华市婺城区、金东区、浦江县、兰溪市、义乌市、东阳市、永康市，衢州市柯城区、衢江区、常山县、龙游县、江山市	
V-4-3 ns	鄱阳湖丘岗平原农田防护水质维护区	江西省	南昌市东湖区、西湖区、青云谱区、湾里区、青山湖区、南昌县、新建县、安义县、进贤县，九江市庐山区、浔阳区、共青城市、九江县、永修县、德安县、星子县、都昌县、湖口县、彭泽县，鹰潭市月湖区、余江县，抚顺市东乡县，上饶市余干县、鄱阳县、万年县	建设农田防护体系，防止滨湖平原农田区风害；加强丘岗沟谷侵蚀治理，改造坡耕地，结合风景区建设、湿地保护，开展清洁小流域建设，维护水质
V-4-4 tw	幕阜山九岭山山地丘陵保土生态维护区	湖北省	咸宁市咸安区、通城县、崇阳县、通山县、嘉鱼县、赤壁市，黄石市阳新县、大冶市	加强坡耕地改造及配套水系工程，保护现有植被，实施退耕还林和封山育林，合理培育和利用人工林资源
		江西省	九江市武宁县、修水县、瑞昌市，宜春市奉新县、宜丰县、靖安县、铜鼓县	

续表

三级区代码	三级区名称	省（自治区、直辖市）	县（市、区、旗）	防治途径
V-4-5 t	赣中低山丘陵土壤保持区	江西省	萍乡市安源区、湘东区、上栗县、芦溪县，新余市渝水区、分宜县，宜春市袁州区、万载县、上高县、丰城市、樟树市、高安市，抚州市临川区、南城县、黎川县、南丰县、崇仁县、乐安县、宜黄县、金溪县、资溪县，吉安市吉州区、青原区、吉安县、吉水县、峡江县、新干县、永丰县、泰和县、安福县	改造坡耕地配套坡面水系工程，治理柑橘园、茶园等林下水土流失，加强崩岗防治，减轻山洪灾害
V-4-6 tr	湘中低山丘陵保土人居环境维护区	湖南省	长沙市芙蓉区、天心区、岳麓区、开福区、雨花区、望城区、长沙县、宁乡县、浏阳市，株洲市荷塘区、芦淞区、石峰区、天元区、株洲县、攸县、茶陵县、醴陵市，湘潭市雨湖区、岳塘区、湘潭县、湘乡市、韶山市，衡阳市珠晖区、雁峰区、石鼓区、蒸湘区、南岳区、衡阳县、衡南县、衡山县、衡东县、祁东县、耒阳市、常宁市，岳阳市平江县，益阳市桃江县、安化县，郴州市苏仙区、永兴县、安仁县，娄底市娄星区、双峰县、新化县、冷水江市、涟源市，邵阳市双清区、大祥区、北塔区、邵东县、新邵县、邵阳县、隆回县、新宁县、武冈市，永州市冷水滩区、零陵区、祁阳县、东安县	改造坡耕地、实施沟道治理和塘堰工程，改造荒山、荒坡、疏残林地，扩大森林植被，改善长株潭城市群人居生态环境
V-4-7 tw	湘西南山地保土生态维护区	湖南省	怀化市鹤城区、中方县、沅陵县、辰溪县、溆浦县、会同县、麻阳苗族自治县、芷江侗族自治县、靖州苗族侗族自治县、通道侗族自治县、新晃侗族自治县、洪江市，邵阳市洞口县、绥宁县、城步苗族自治县，常德市桃源县，湘西土家苗族自治州泸溪县	实施坡改梯及坡面水系工程，发展特色产业，注重自然修复，保护现有森林植被
V-4-8 t	赣南山地土壤保持区	江西省	赣州市章贡区、赣县、信丰县、宁都县、于都县、兴国县、会昌县、石城县、瑞金市、南康市，抚顺市广昌县，吉安市万安县	加强崩岗和侵蚀劣地治理，改造马尾松等人工纯林，提高林分稳定性和蓄水保土能力，加大坡耕地改造，发展柑橘、茶等经济林，结合红色旅游，发展特色生态产业
V-5-1 sr	浙东低山岛屿水质维护人居环境维护区	浙江省	宁波市海曙区、江东区、江北区、北仑区、镇海区、鄞州区、慈溪市、余姚市、奉化市、象山县、宁海县，舟山市定海区、普陀区、嵊泗县、岱山县，台州市椒江区、路桥区、黄岩区、三门县、临海市、温岭市、玉环县，温州市瓯海区、龙湾区、鹿城区、乐清市、洞头县、瑞安市、平阳县、苍南县	加强水源地预防保护、清洁小流域建设和岛屿雨水集蓄利用，营造海堤、道路、河岸基干防风林带，保护低岗丘陵植被和建设岛屿景观防护林

续表

三级区代码	三级区名称	省（自治区、直辖市）	县（市、区、旗）	防治途径
V-5-2 tw	浙西南山地保土生态维护区	浙江省	丽水市莲都区、松阳县、云和县、龙泉市、遂昌县、景宁畲族自治县、庆元县、青田县、缙云县，金华市磐安县、武义，温州市永嘉县、文成县、泰顺县，台州市仙居县、天台县	加强低丘缓坡地，尤其是坡耕地、园地、经济林地水土流失综合治理，保护现有植被，加强封山育林和疏林地改造，发展农村小水电、沼气、煤气等替代能源
V-5-3 ts	闽东北山地保土水质维护区	福建省	宁德市蕉城区、寿宁县、福鼎市、福安市、柘荣县、霞浦县，福州市罗源县、连江县	加强坡改梯配套小型水利水土保持工程，实施园地草被覆盖，推进清洁小流域建设，加强沿海岛屿雨水集蓄利用，控制面源污染，改善水质
V-5-4 wz	闽西北山地丘陵生态维护减灾区	福建省	福州市闽清县、永泰县，南平市延平区、武夷山市、光泽县、邵武市、顺昌县、浦城县、松溪县、政和县、建瓯市、建阳市，三明市梅列区、三元区、将乐县、泰宁县、建宁县、沙县、尤溪县、明溪县，宁德市周宁县、古田县、屏南县	结合自然保护区和风景名胜区建设，保护闽江上游植被，实施低山坡耕地和坡园地综合治理，促进退耕还林，治理崩岗，防治山洪灾害
V-5-5 rs	闽东南沿海丘陵平原人居环境维护水质维护区	福建省	福州市鼓楼区、台江区、仓山区、马尾、晋安区、闽侯县、长乐市、福清市、平潭县，莆田市城厢区、涵江区、荔城区、秀屿区，泉州市鲤城区、丰泽区、洛江区、泉港区、泉州市惠安县、南安市、晋江市、石狮市、金门县，厦门市思明区、海沧区、湖里区、集美区、同安区、翔安区，漳州市芗城区、龙文区、漳浦县、云霄县、东山县、龙海市	保护现有植被，建设沿海防护林体系，建设清洁小流域，加强岛屿雨水集蓄利用，做好开发区、核电基地等的监督管理，维护人居环境
V-5-6 tw	闽西南山地丘陵保土生态维护区	福建省	龙岩市新罗区、长汀县、武平县、永定县、漳平市、连城县、上杭县，三明市宁化县、清流县、永安市、大田县，莆田市仙游县，泉州市德化县、永春县、安溪县，漳州市长泰县、诏安县、南靖县、华安县、平和县	加强坡耕地整治，治理崩岗，保护耕地和生产生活设施，做好茶园水土流失和侵蚀劣地的综合治理，结合红色和名居旅游，保护和建设森林植被，加强经济开发和产业开发的监督管理

三级区代码	三级区名称	省（自治区、直辖市）	县（市、区、旗）	防治途径
V-6-1 ht	南岭山地水源涵养保土区	湖南省	郴州市北湖区、宜章县、桂阳县、嘉禾县、临武县、汝城县、桂东县、资兴市，株洲市炎陵县，永州市双牌县、道县、江永县、宁远县、蓝山县、新田县、江华瑶族自治县	保护现有森林植被，合理利用森林资源，控制桉树为主的纸浆林林下水土流失；治理崩岗，保护耕地，减轻山洪灾害，发展亚热带果品产业；岩溶分布地区建设坡改梯及配套水系工程，结合旅游开发，治理南雄盆地红色页岩侵蚀劣地，搞好桂林及漓江植被建设
		广东省	韶关市武江区、浈江区、曲江区、始兴县、仁化县、翁源县、乳源瑶族自治县、乐昌市、南雄市，清远市阳山县、连山壮族瑶族自治县、连南瑶族自治县、英德市、连州市	
		广西壮族自治区	桂林市秀峰区、叠彩区、象山区、七星区、雁山区、阳朔县、临桂县、永福县、灵川县、龙胜各族自治县、恭城瑶族自治县、全州县、兴安县、资源县、灌阳县、荔浦县、平乐县，来宾市金秀瑶族自治县，贺州市富川瑶族自治县	
		江西省	赣州市大余县、崇义县、上犹县，萍乡市莲花县，吉安市遂川县、井冈山市、永新县	
V-6-2 th	岭南山地丘陵保土水源涵养区	江西省	赣州市安远县、龙南县、定南县、全南县、寻乌县	实施梅州、赣南等地的崩岗治理，发展生态农林业；保护现有植被，重点加强东江上游水源地水源涵养林保护和建设，对山坡地营造桉树纸浆林等农林开发实施严格管理
		广东省	惠州市博罗县、龙门县，梅州市梅江区、梅县、大埔县、丰顺县、五华县、兴宁市、平远县、蕉岭县，汕尾市陆河县，揭阳市揭西县，河源市源城区、紫金县、龙川县、连平县、和平县、东源县，韶关市新丰县，清远市清城区、清新区、佛冈县，肇庆市端州区、肇庆市鼎湖区、广宁县、怀集县、封开县、德庆县、四会市，广州市从化市，阳江市阳春市，茂名市信宜市、高州市，云浮市云城区、郁南县、罗定市、新兴县、云安县	
		广西壮族自治区	贺州市八步区、昭平县、钟山县、平桂管理区，梧州市万秀区、蝶山区、长洲区、苍梧县、藤县、蒙山县、岑溪市，贵港市桂平市、平南县，玉林市容县、兴业县、北流市	
V-6-3 t	桂中低山丘陵土壤保持区	广西壮族自治区	贵港市港南区、港北区、覃塘区，来宾市兴宾区、合山市、武宣县、象州县，南宁市横县、武鸣县、上林县、宾阳县，柳州市城中区、鱼峰区、柳南区、柳北区、柳江县、柳城县、鹿寨县	加强以坡改梯和坡面水系工程为主的小流域综合治理，抢救土壤资源，建设小型水利水土保持工程，做好雨水集蓄和岩溶水利用，提高农业生产能力

三级区代码	三级区名称	省(自治区、直辖市)	县(市、区、旗)	防治途径
V-7-1r	华南沿海丘陵台地人居环境维护区	广东省	汕头市龙湖区、金平区、濠江区、潮阳区、澄海区、南澳县,潮州市湘桥区、潮安县、饶平县,揭阳市榕城区、揭东区、惠来县、普宁市,汕尾市城区、海丰县、陆丰市,惠州市惠城区、惠阳区、惠东县,广州市荔湾区、越秀区、海珠区、天河区、白云区、黄埔区、番禺区、花都区、南沙区、萝岗区、增城市,深圳市罗湖区、福田区、南山区、宝安区、龙岗区、盐田区,佛山市禅城区、南海区、顺德区、三水区、高明区,江门市蓬江区、江海区、新会区、台山市、开平市、鹤山市、恩平市,珠海市香洲区、金湾区、斗门区,阳江市江城区、阳西县、阳东县,茂名市茂南区、茂港区、电白县、化州市,湛江市赤坎区、霞山区、麻章区、坡头区、吴川市、遂溪县、徐闻县、廉江市、雷州市,肇庆市高要市,东莞市,中山市	保护和建设林草植被,提高水源涵养能力,建设清洁小流域和滨河滨湖植物带,加强城市和经济开发区的监督管理,结合城市水系整治,建设生态景观,提升城市生态质量,维护人居环境,加强崩岗治理和岩溶分布区的坡改梯工程
		广西壮族自治区	南宁市青秀区、良庆区、兴宁区、江南区、西乡塘区、邕宁区,北海市海城区、银海区、铁山港区、合浦县,防城港市防城区、港口区、东兴市、上思县,钦州市钦南区、钦北区、灵山县、浦北县,玉林市玉州区、陆川县、博白县、福绵管理区	
		香港特别行政区		
		澳门特别行政区		
V-8-1r	海南沿海丘陵台地人居环境维护区	海南省	海口市龙华区、美兰区、秀英区、琼山区,三亚市,省直辖行政单位琼海市、儋州市、文昌市、万宁市、定安县、澄迈县、临高县、陵水黎族自治县	结合生态旅游业,提高防治标准,加强河湖沟道整治,减少坡耕地和橡胶等林下水土流失,维护综合农业生产环境,做好琼海、文昌沿海防风固沙林建设,做好海口和三亚等城市及周边地区人居环境维护工作,强化城市及工矿区监督管理

续表

三级区代码	三级区名称	省（自治区、直辖市）	县（市、区、旗）	防治途径
V-8-2 h	琼中山地水源涵养区	海南省	省直辖行政单位五指山市、屯昌县、白沙黎族自治县、保亭黎族苗族自治县、琼中黎族苗族自治县、昌江黎族自治县、乐东黎族自治县、东方市	结合现有的自然保护区、生态旅游区等，加强五指山等山地水源涵养林保护与建设，保护原始植被，提高水源涵养功能，加强橡胶、咖啡、槟榔和木薯等特色林果业林下水土流失治理，加强东方、乐东、昌江沿海防风固沙林建设
V-8-3 w	南海诸岛生态维护区	海南省	三沙市	保护南沙岛礁植被，维护自然生态
V-9-1 zr	台西山地平原减灾人居环境维护区	台湾省	台北市、新北市、基隆市、桃园县、新竹市、新竹县、苗栗县、台中市、彰化县、云林县、嘉义市、嘉义县、台南市、高雄市、屏东县、宜兰县、南投县、连江县（马祖）、澎湖县	
V-9-2 zw	花东山地减灾生态维护区	台湾省	台东县、花莲县	

（6）西南紫色土区。即四川盆地及周围山地丘陵区，包括四川、甘肃、河南、湖北、陕西、湖南和重庆 7 个省（直辖市）共 254 个县（市、区），土地总面积约 51.00 万 km²，划分 3 个二级区、10 个三级区。西南紫色土区分区方案，见表 2-11。

表 2-11　　　　　　　　　西南紫色土区分区方案

一级区代码及名称		二级区代码及名称		三级区代码及名称	
VI	西南紫色土区（四川盆地及周围山地丘陵区）	VI-1	秦巴山山地区	VI-1-1 st	丹江口水库周边山地丘陵水质维护保土区
				VI-1-2 ht	秦岭南麓水源涵养保土区
				VI-1-3 tz	陇南山地保土减灾区
				VI-1-4 tw	大巴山地保土生态维护区
		VI-2	武陵山山地丘陵区	VI-2-1 ht	鄂渝山地水源涵养保土区
				VI-2-2 ht	湘西北山地低山丘陵水源涵养保土区
		VI-3	川渝山地丘陵区	VI-3-1 tr	川渝平行岭谷山地保土人居环境维护区
				VI-3-2 tr	四川盆地北中部山地丘陵保土人居环境维护区
				VI-3-3 zw	龙门山峨眉山山地减灾生态维护区
				VI-3-4 t	四川盆地南部中低丘土壤保持区

西南紫色土区是以紫色砂页岩风化物为优势地面组成物质的区域，分布有秦岭、武当山、大巴山、巫山、武陵山、岷山、汉江谷地、四川盆地等。西南紫色土区大部分位于我国第二级阶梯，山地、丘陵、谷地和盆地相间分布，主要涉及长江上游干流，以及岷江、沱江、嘉陵江、汉江、丹江、清江、澧水等河流。西南紫色土区属亚热带湿润气候区，大部分地区年均降水量 600～1400mm。土壤类型以紫色土、黄棕壤和黄壤为主。植被类型以亚热带常绿阔叶林、针叶林及竹林为主，林草覆盖率 57.84%。区域耕地总面积 1137.80 万 hm²，其中坡耕地面积 622.10 万 hm²。水土流失面积 16.20 万 km²，以水力侵蚀为主，局部地区山地灾害频发。

西南紫色土区是我国西部重点开发区和重要的农产品生产区，也是我国重要的水电资源开发区和重要的有色金属矿产生产基地，是长江上游重要水源涵养区。区内有三峡水库和丹江口水库，秦巴山地是嘉陵江与汉江等河流的发源地，成渝地区是全国统筹城乡发展示范区以及全国重要的高新技术产业、先进制造业和现代服务业基地。该区人多地少，坡耕地广布，森林过度采伐，水电、石油天然气和有色金属矿产等资源开发强度大，水土流失严重，山地灾害频发，是长江泥沙策源地之一。

1）水土保持方略。加强以坡耕地改造及坡面水系工程配套为主的小流域综合治理，巩固退耕还林还草成果；实施重要水源地和江河源头区预防保护，建设与保护植被，提高水源涵养能力，完善长江上游防护林体系，构筑秦岭-大别山-天目山水源涵养生态维护预防带、武陵山-南岭生态维护水源涵养预防带；积极推行重要水源地清洁小流域建设，维护水源地水质；防治山洪灾害，健全滑坡泥石流预警体系；做好水电资源及经济开发的监督管理。

2）区域布局。巩固秦巴山山地区（Ⅵ-1）治理成果，保护河流源头区和水源区植被，继续推进小流域综合治理，发展特色产业，加强库区移民安置和城镇迁建的水土保持监督管理。保护武陵山山地丘陵区（Ⅵ-2）森林植被，结合自然保护区和风景名胜区建设，大力营造水源涵养林，开展坡耕地综合整治，发展特色旅游生态产业。强化川渝山地丘陵区（Ⅵ-3）以坡改梯和坡面水系工程为主的小流域综合治理，保护山丘区水源涵养林，建设沿江滨库植被带，综合整治滨库削落带，注重山区山洪、泥石流沟道治理，改善城市及周边人居环境。

3）西南紫色土区三级区范围及防治途径，见表 2-12。

（7）西南岩溶区。即云贵高原区，包括四川、贵州、云南和广西 4 个省（自治区）共 273 个县（市、区），土地总面积约 70.00 万 km²，划分 3 个二级区，11 个三级区。西南岩溶区分区方案，见表 2-13。

西南岩溶区是以石灰岩母质及土状物为优势地面组成物质的区域，主要分布有横断山山地、云贵高原、桂西山地丘陵等。西南岩溶区地质构造运动强烈，横断山地为一二级阶梯过渡带，水系河流深切，高原峡谷众多；区内岩溶地貌广布，主要河流涉及澜沧江、怒江、元江、金沙江、雅砻江、乌江、赤水河、南北盘江、红水河、左江、右江。西南岩溶区大部分属亚热带和热带湿润气候，大部分地区年均降水量 800～1600mm。土壤类型主要分布有黄壤、黄棕壤、红壤和赤红壤。植被类型以亚热带和热带常绿阔叶、针叶林，针阔混交林为主，干热河谷以落叶阔叶灌丛为主，林草覆盖率 57.80%。区内耕地总面积

表 2 – 12　　　　　　　　　　　　　西南紫色土区三级区范围及防治途径

三级区代码	三级区名称	省（自治区、直辖市）	县（市、区、旗）	防治途径
Ⅵ-1-1 st	丹江口水库周边山地丘陵水质维护保土区	河南省	南阳市西峡县、内乡县、淅川县	加强坡耕地综合治理，建设高标准农田，防护沟道，推广植物篱，结合植被建设与保护建设清洁小流域，减少水土流失造成的面源污染
		湖北省	十堰市茅箭区、张湾区、郧县、郧西县、丹江口市	
		陕西省	商洛市商州区、丹凤县、商南县、山阳县	
Ⅵ-1-2 ht	秦岭南麓水源涵养保土区	陕西省	宝鸡市凤县、太白县，汉中市汉台区、留坝县、佛坪县、略阳县、勉县、城固县、洋县、西乡县，安康市汉滨区、宁陕县、石泉县、汉阴县、旬阳县、白河县，商洛市镇安县、柞水县	加强森林预防保护和封育管护，推进能源替代，增强水源涵养能力；在人口集中的低山丘陵区，加强坡耕地改造和沟道防护，保护耕地资源，发展特色经济林果
Ⅵ-1-3 tz	陇南山地保土减灾区	甘肃省	陇南市武都区、成县、文县、宕昌县、康县、西和县、礼县、徽县、两当县，甘南藏族自治州舟曲县、迭部县、临潭县、卓尼县，定西市岷县	加强坡耕地改造和坡面水系配套，实施沟道综合整治，建设水土保持林，减轻泥石流、山洪等危害
		四川省	阿坝藏族羌族自治州九寨沟县	
Ⅵ-1-4 tw	大巴山山地保土生态维护区	陕西省	汉中市宁强县、镇巴县、南郑县，安康市平利县、镇坪县、紫阳县、岚皋县	实施以坡耕地改造和沟道治理为主的坡面综合整治；加强森林植被的保护与抚育，发展清洁能源，维护区域生态
		四川省	广元市利州区、朝天区、青川县、旺苍县，巴中市南江县、通江县，达州市万源市	
		重庆市	城口县、巫山县、巫溪县、奉节县、云阳县	
		湖北省	十堰市竹山县、竹溪县、房县，襄阳市谷城县、南漳县、保康县，宜昌市夷陵区、远安县、兴山县、秭归县、当阳市，省直辖县级行政单元神农架林区，荆门市东宝区，恩施土家苗族自治州巴东县	
Ⅵ-2-1 ht	鄂渝山地水源涵养保土区	湖北省	宜昌市西陵区、伍家岗区、点军区、宜都市、长阳土家族自治县、五峰土家族自治县，恩施土家苗族自治州恩施市、利川市、建始县、宣恩县、来凤县、鹤峰县、咸丰县	开展荒山荒坡地造林和次生低效林的改造，加强河流源头区水土保持林和水源涵养林建设与保护；实施坡改梯和溪沟整治，建设植物篱和坡面蓄引排灌配套工程；做好岩溶分布地区土壤资源抢救和蓄水工程建设
		重庆市	黔江区、武隆县、石柱土家族自治县、西阳土家族苗族自治县、彭水苗族土家族自治县、秀山土家族苗族自治县	
Ⅵ-2-2 ht	湘西北山地低山丘陵水源涵养保土区	湖南省	常德市石门县，张家界市永定区、武陵源区、慈利县、桑植县，湘西土家苗族自治州花垣县、保靖县、永顺县、吉首市、凤凰县、古丈县、龙山县	结合自然保护区和风景名胜区保护，加强森林植被建设与保护，封山育林与人工造林相结合，开展荒山荒地造林，改造次生低效林，促进石山植被恢复，提高森林涵养水源和保土能力；采取坡改梯，配套坡面水系，建设小型蓄水工程，修建沟道拦沙防崩防冲工程，完善田间道路，提高土地生产力

续表

三级区代码	三级区名称	省（自治区、直辖市）	县（市、区、旗）	防治途径
Ⅵ-3-1 tr	川渝平行岭谷山地保土人居环境维护区	四川省	达州市通川区、达县、宣汉县、开江县、大竹县、渠县，广安市邻水县、华蓥市	实施坡改梯配套水系工程为主的小流域综合治理，注重水库移民生产用地建设，保护三峡水库库周及库岸植被，结合城镇发展，建设沿江滨库植被带，综合整治滨库削落带，改善城市人居环境
		重庆市	万州区、涪陵区、渝中区、大渡口区、江北区、沙坪坝区、九龙坡区、南岸区、北碚区、渝北区、巴南区、长寿区、梁平县、丰都县、垫江县、忠县、开县、南川区、綦江区	
Ⅵ-3-2 tr	四川盆地北中部山地丘陵保土人居环境维护区	四川省	成都市青白江区、锦江区、青羊区、金牛区、武侯区、成华区、新都区、温江区、金堂县、郫县，绵阳市涪城区、游仙区、三台县、盐亭县、梓潼县，德阳市旌阳区、中江县、罗江县、广汉市，南充市顺庆区、高坪区、嘉陵区、南部县、营山县、蓬安县、仪陇县、西充县、阆中市，遂宁市船山区、安居区、蓬溪县、射洪县、大英县，广安市广安区、岳池县、武胜县，巴中市巴州区、平昌县，广元市元坝区、剑阁县、苍溪县	巩固综合治理成果，健全坡面水系工程，建设稳产高产农田；保护和建设林草植被，发展柑柚为主的特色经济林，山、田、院、路综合治理，发展庭园经济，改善人居环境
Ⅵ-3-3 zw	龙门山峨眉山山地减灾生态维护区	四川省	阿坝藏族羌族自治州汶川县、茂县，绵阳市安县、北川羌族自治县、平武县、江油市，德阳市什邡市、绵竹市，成都市大邑县、都江堰市、彭州市、邛崃市、崇州市，雅安市雨城区、名山区、荥经县、天全县、芦山县、宝兴县、汉源县、石棉县，乐山市金口河区、沐川县、峨眉山市、峨边彝族自治县、马边彝族自治县，宜宾市屏山县，眉山市洪雅县	实施松散山体综合治理，建设沟道拦沙及排导工程，结合地质灾害气象预报预警，综合防治山洪泥石流等灾害；结合退耕还林还草，建设和保护森林植被，加强草原管理，发展舍饲养畜，建设人工草场
Ⅵ-3-4 t	四川盆地南部中低丘土壤保持区	四川省	宜宾市翠屏区、南溪区、宜宾县、江安县、长宁县、高县，成都市龙泉驿区、蒲江县、双流县、新津县，眉山市东坡区、丹棱县、彭山县、青神县、仁寿县，资阳市雁江区、安岳县、乐至县、简阳市，乐山市市中区、沙湾区、五通桥区、犍为县、井研县、夹江县，泸州市江阳区、纳溪区、龙马潭区、泸县、合江县，自贡市自流井区、贡井区、大安区、沿滩区、荣县、富顺县，内江市市中区、东兴区、威远县、资中县、隆昌县	推广以格网式垄作为主的农业耕作措施，实施坡改梯配套坡面水系工程，建设集中连片的高标准农田；保护陡坡森林植被，发展特色经济果林；加强坡面径流调控，建设拦沙蓄水为主的塘堰工程
		重庆市	江津区、永川区、合川区、大足区、荣昌县、璧山县、潼南县、铜梁县	

1327.80 万 hm²，其中坡耕地面积 722.00 万 hm²。水土流失面积 20.40 万 km²，以水力侵蚀为主，局部地区存在滑坡、泥石流。

表 2-13   西南岩溶区分区方案

一级区代码及名称	二级区代码及名称	三级区代码及名称	
Ⅶ 西南岩溶区（云贵高原区）	Ⅶ-1 滇黔桂山地丘陵区	Ⅶ-1-1 t	黔中山地土壤保持区
		Ⅶ-1-2 tx	滇黔川高原山地保土蓄水区
		Ⅶ-1-3 h	黔桂山地水源涵养区
		Ⅶ-1-4 xt	滇黔桂峰丛洼地蓄水保土区
	Ⅶ-2 滇北及川西南高山峡谷区	Ⅶ-2-1 tz	川西南高山峡谷保土减灾区
		Ⅶ-2-2 xj	滇北中低山蓄水拦沙区
		Ⅶ-2-3 w	滇西北中高山生态维护区
		Ⅶ-2-4 tr	滇东高原保土人居环境维护区
	Ⅶ-3 滇西南山地区	Ⅶ-3-1 w	滇西中低山宽谷生态维护区
		Ⅶ-3-2 tz	滇西南中低山保土减灾区
		Ⅶ-3-3 w	滇南中低山宽谷生态维护区

西南岩溶区少数民族聚居，是我国水电资源蕴藏最丰富的地区之一，也是我国重要的有色金属及稀土等矿产基地。云贵高原是我国重要的生态屏障，云南是我国面向南亚、东南亚经济贸易的桥头堡，黔中和滇中地区是国家重点开发区，滇南是华南农产品主产区的重要组成部分。该区岩溶石漠化严重，耕地资源短缺，陡坡耕地比例大，工程性缺水严重，农村能源匮乏，贫困人口多；山区滑坡、泥石流等灾害频发；水电、矿产资源开发导致的水土流失问题突出。

1）水土保持方略。保护耕地资源，紧密围绕岩溶石漠化治理，加强坡耕地改造和小型蓄水工程建设，促进生产生活用水安全，提高耕地资源的综合利用效率，加快群众脱贫致富；加强自然修复，保护和建设林草植被，推进陡坡耕地退耕；加强山地灾害防治；加强水电、矿产资源开发的监督管理。

2）区域布局。加强滇黔桂山地丘陵区（Ⅶ-1）坡耕地整治，大力实施坡面水系工程和表层泉水引蓄灌工程，综合利用降水及小泉小水，保护现有森林植被，实施退耕还林还草和自然修复。保护滇北及川西南高山峡谷区（Ⅶ-2）森林植被，对坡度较缓的坡耕地实施坡改梯配套坡面水系工程，提高抗旱能力和土地生产力，促进陡坡退耕还林还草，加强山洪泥石流预警预报，防治山地灾害。保护和恢复滇西南山地区（Ⅶ-3）热带森林，治理坡耕地及以橡胶园为主的林下水土流失，加强水电资源开发的监督管理。

3）西南岩溶区三级区范围及防治途径，见表 2-14。

（8）青藏高原区。包括西藏、甘肃、青海、四川和云南 5 个省（自治区）共 144 个县（市、区），土地总面积约 219.00 万 km²，划分 5 个二级区、12 个三级区。青藏高原区分区方案，见表 2-15。

青藏高原区以高原草甸土为优势地面组成物质的区域，主要分布有祁连山、唐古拉山、巴颜喀拉山、横断山脉、喜马拉雅山、柴达木盆地、羌塘高原、青海高原、藏南谷地。青藏高原区以高原山地为主，宽谷盆地镶嵌分布，湖泊众多。主要河流涉及黄河、怒江、澜沧江、金沙江、雅鲁藏布江。青藏高原区从东往西由温带湿润区过渡到寒带干旱

表 2－14   西南岩溶区三级区范围及防治途径

三级区代码	三级区名称	省（自治区、直辖市）	县（市、区、旗）	防治途径
Ⅶ－1－1 t	黔中山地土壤保持区	贵州省	贵阳市南明区、云岩区、花溪区、乌当区、白云区、观山湖区、开阳县、息烽县、修文县、清镇市，遵义市红花岗区、汇川区、遵义县、绥阳县、凤冈县、湄潭县、余庆县、正安县、道真仡佬族苗族自治县、务川仡佬族苗族自治县，安顺市西秀区、平坝县、普定县、镇宁布依族苗族自治县、紫云苗族布依族自治县、黔南布依族苗族自治州都匀市、福泉市、贵定县、瓮安县、长顺县、龙里县、惠水县，铜仁市碧江区、万山区、江口县、石阡县、思南县、德江县、玉屏侗族自治县、印江土家族苗族自治县、沿河土家族自治县、松桃苗族自治县，黔东南苗族侗族自治州凯里市、黄平县、施秉县、三穗县、镇远县、岑巩县、麻江县	实施坡改梯配套排蓄水及表层泉水利用工程，提高土地生产力，促进退耕还林，实施封禁治理
Ⅶ－1－2 tx	滇黔川高原山地保土蓄水区	云南省	昆明市宜良县、石林彝族自治县，曲靖市麒麟区、马龙县、陆良县、师宗县、罗平县、富源县、沾益县、宣威市，玉溪市红塔区、江川县、华宁县、通海县、澄江县、峨山彝族自治县，红河哈尼族彝族自治州个旧市、开远市、蒙自市、建水县、石屏县、弥勒县、泸西县，昭通市镇雄县、彝良县、威信县	大力修筑石坎梯田，合理利用土壤资源；综合利用地表径流、岩溶泉水，改善灌溉条件；加强岩溶盆地落水洞治理，保护周边耕地；促进退耕还林，实施自然修复，荒坡地营造水土保持林
		四川省	泸州市叙永县、古蔺县，宜宾市珙县、筠连县、兴文县	
		贵州省	六盘水市钟山区、六枝特区、水城县、盘县，遵义市桐梓县、习水县、赤水市、仁怀市，安顺市关岭布依族苗族自治县，黔西南布依族苗族自治州兴仁县、晴隆县、贞丰县、普安县，毕节市七星关区、威宁彝族回族苗族自治县、赫章县、大方县、黔西县、金沙县、织金县、纳雍县	
Ⅶ－1－3 h	黔桂山地水源涵养区	贵州省	黔南布依族苗族自治州三都水族自治县、荔波县、独山县，黔东南苗族侗族自治州天柱县、锦屏县、剑河县、台江县、黎平县、榕江县、从江县、雷山县、丹寨县	保护现有森林，实施退耕还林还草和疏幼低产林的抚育管理，采取封育治理恢复石质山区植被；加强坡改梯，配套水系工程；结合民族旅游建设发展特色产业
		广西壮族自治区	柳州市融安县、融水苗族自治县、三江侗族自治县	
Ⅶ－1－4 xt	滇黔桂峰丛洼地蓄水保土区	广西壮族自治区	百色市右江区、德保县、靖西县、那坡县、凌云县、乐业县、田林县、西林县、隆林各族自治县、田阳县、田东县、平果县，河池市金城江区、南丹县、天峨县、凤山县、东兰县、巴马瑶族自治县、罗城仫佬族自治县、环江毛南族自治县、都安瑶族自治县、大化瑶族自治县、宜州市，南宁市隆安县、马山县，来宾市忻城县，崇左市大新县、天等县、龙州县、凭祥市、宁明县、江州区、扶绥县	加强山体中上部的植被保护和降水及小泉小水利用；大力实施坡麓地带坡耕地改造并配套水系工程，实施陡坡退耕还林还草，治理落水洞，保护耕地，发展亚热带农业特色产业

续表

三级区代码	三级区名称	省（自治区、直辖市）	县（市、区、旗）	防治途径
Ⅶ-1-4 xt	滇黔桂峰丛洼地蓄水保土区	贵州省	黔西南布依族苗族自治州兴义市、望谟县、册亨县、安龙县，黔南布依族苗族自治州罗甸县、平塘县	加强山体中上部的植被保护和降水及小泉小水利用；大力实施坡麓地带坡耕地改造并配套水系工程，实施陡坡退耕还林还草，治理落水洞，保护耕地，发展亚热带农业特色产业
		云南省	文山壮族苗族自治州文山市、砚山县、西畴县、麻栗坡县、马关县、广南县、富宁县、丘北县	
Ⅶ-2-1 tz	川西南高山峡谷保土减灾区	四川省	攀枝花市西区、东区、仁和区、米易县、盐边县、凉山彝族自治州西昌市、盐源县、德昌县、普格县、金阳县、昭觉县、喜德县、冕宁县、越西县、甘洛县、美姑县、布拖县、雷波县、宁南县、会东县、会理县	开展以坡耕地改造为主的小流域综合治理，加强坡面径流集蓄和梯田埂坎利用，综合整治泥石流沟道，做好山洪灾害预警预报，保护中高山林草植被，推进退耕还林，开展荒地造林
Ⅶ-2-2 xj	滇北中低山蓄水拦沙区	云南省	昆明市东川区、禄劝彝族苗族自治县，昭通市昭阳区、鲁甸县、盐津县、大关县、永善县、绥江县、水富县、巧家县，曲靖市会泽县，丽江市永胜县、华坪县、宁蒗彝族自治县，楚雄彝族自治州永仁县、元谋县、武定县	做好坡耕地整治，加强坡面径流的调蓄利用，建立复合农林系统；治理山洪泥石流沟道，控制泥沙入河，实施退耕还林还草和封山育林，改造疏林地和实施干热河谷造林种草；加强水电开发监督管理
Ⅶ-2-3 w	滇西北中高山生态维护区	云南省	丽江市古城区、玉龙纳西族自治县，怒江傈僳族自治州泸水县、兰坪白族普米族自治县，大理白族自治州剑川县、漾濞彝族自治县、巍山彝族回族自治县、永平县、云龙县、洱源县、鹤庆县	加强植被保护和建设，实施封山育林、退耕还林，结合澜沧江等防护林体系建设，营造水土保持林；河谷地区整治坡耕地配套小型蓄排水工程，建设基本口粮田，加强山洪泥石流沟道治理和灾害预警预报，做好水电及矿产开发、公路建设等监督管理

续表

三级区代码	三级区名称	省（自治区、直辖市）	县（市、区、旗）	防治途径
Ⅶ-2-4 tr	滇东高原保土人居环境维护区	云南省	昆明市五华区盘龙区、官渡区、西山区、呈贡区、晋宁县、富民县、嵩明县、寻甸回族彝族自治县、安宁市，楚雄彝族自治州大姚县、楚雄市、牟定县、南华县、姚安县、禄丰县，大理白族自治州宾川县、大理市、祥云县、弥渡县，玉溪市易门县	加强以坡耕地整治和坡面水系为主的小流域综合治理，改善农业灌溉条件；保护与恢复中低山区植被，提高水源区水源涵养能力；结合洱海、滇池的水质维护，做好城市周边水土保持，维护人居环境
Ⅶ-3-1 w	滇西中低山宽谷生态维护区	云南省	保山市腾冲县，德宏傣族景颇族自治州瑞丽市、芒市、梁河县、盈江县、陇川县	结合生态旅游加强自然修复，实施封山育林，建设与保护森林植被，宽谷盆地区以坡耕地综合整治为主，加强坡面水系配套，发展特色农林产业
Ⅶ-3-2 tz	滇西南中低山保土减灾区	云南省	临沧市临翔区、凤庆县、云县、永德县、镇康县、双江拉祜族佤族布朗族傣族自治县、耿马傣族佤族自治县、沧源佤族自治县，保山市隆阳区、施甸县、龙陵县、昌宁县，大理白族自治州南涧彝族自治县，普洱市景谷傣族彝族自治县、景东彝族自治县、镇沅彝族哈尼族拉祜族自治县、墨江哈尼族自治县、宁洱哈尼族彝族自治县、孟连傣族拉祜族佤族自治县、澜沧拉祜族自治县、西盟佤族自治县，玉溪市元江哈尼族彝族傣族自治县、新平彝族傣族自治县，楚雄彝族自治州双柏县，红河哈尼族彝族自治州元阳县、红河县、金平苗族瑶族傣族自治县、绿春县、屏边苗族自治县、河口瑶族自治县	以小流域为单元，加强坡面治理，完善坡面蓄排水工程，发展热带特色经济林果，加大退耕还林还草力度；建设上游防护林体系，实施封山育林，保护天然林；实施沟道治理，做好泥石流、滑坡等灾害预警，加强水电及矿产资源开发等监督管理
Ⅶ-3-3 w	滇南中低山宽谷生态维护区	云南省	普洱市思茅区、江城哈尼族彝族自治县，西双版纳傣族自治州景洪市、勐海县、勐腊县	以森林植被的保护和建设为主，实施封山育林，退耕还林还草，做好人为水土流失的监督管理；加强宽谷盆地地区水土流失综合整治，发展橡胶、药材、热带水果等特色产业

表 2 – 15　　　　　　　　　　　　　　　　青藏高原区分区方案

一级区代码及名称		二级区代码及名称		三级区代码及名称	
Ⅷ	青藏高原区	Ⅷ–1	柴达木盆地及昆仑山北麓高原区	Ⅷ–1–1 ht	祁连山山地水源涵养保土区
				Ⅷ–1–2 wt	青海湖高原山地生态维护保土区
				Ⅷ–1–3 nf	柴达木盆地农田防护防沙区
		Ⅷ–2	若尔盖—江河源高原山地区	Ⅷ–2–1 wh	若尔盖高原生态维护水源涵养区
				Ⅷ–2–2 wh	三江黄河源山地生态维护水源涵养区
		Ⅷ–3	羌塘—藏西南高原区	Ⅷ–3–1 w	羌塘藏北高原生态维护区
				Ⅷ–3–2 wf	藏西南高原山地生态维护防沙区
		Ⅷ–4	藏东—川西高山峡谷区	Ⅷ–4–1 wh	川西高原高山峡谷生态维护水源涵养区
				Ⅷ–4–2 wh	藏东高山峡谷生态维护水源涵养区
		Ⅷ–5	雅鲁藏布河谷及藏南山地区	Ⅷ–5–1 w	藏东南高山峡谷生态维护区
				Ⅷ–5–2 n	西藏高原中部高山河谷农田防护区
				Ⅷ–5–3 w	藏南高原山地生态维护区

区，大部分地区年均降水量 50～800mm。土壤类型以高山草甸土、草原土和漠土为主。植被类型以温带高寒草原、草甸和疏林灌木草原为主，林草覆盖率 58.24%。区域耕地总面积 104.90 万 hm²，其中坡耕地面积 34.30 万 hm²。在以冻融为主导侵蚀营力的作用下，冻融、水力、风力侵蚀广泛分布，水力侵蚀和风力侵蚀总面积 31.90 万 km²。

青藏高原区是我国西部重要的生态屏障，也是我国高原湿地、淡水资源和水电资源最为丰富地区。青海湖是我国最大的内陆湖和咸水湖，青海湖湿地是我国七大国际重要湿地之一；三江源是长江、黄河和澜沧江的源头汇水区，湿地、物种丰富。该区地广人稀，冰川退化，雪线上移，湿地萎缩，植被退化，水源涵养能力下降，自然生态系统保存较为完整但极端脆弱。

1）水土保持方略。维护独特的高原生态系统，加强草场和湿地的预防保护，提高江河源头水源涵养能力，治理退化草场，合理利用草地资源，构筑青藏高原水源涵养生态维护预防带；加强水土流失治理，促进河谷农业发展。

2）区域布局。加强柴达木盆地及昆仑山北麓高原区（Ⅷ–1）预防保护，建设水源涵养林，保护青海湖周边的生态及柴达木盆地东端的绿洲农田。强化若尔盖-江河源高原山地区（Ⅷ–2）草场管理和湿地保护，防治草场沙化退化，维护水源涵养功能。保护羌塘-藏西南高原区（Ⅷ–3）天然草场，轮封轮牧，发展冬季草场，防止草场退化。实施藏东-川西高山峡谷区（Ⅷ–4）天然林保护，加强坡耕地改造和陡坡退耕还林还草，做好水电资源开发的监督管理。保护雅鲁藏布河谷及藏南山地区（Ⅷ–5）天然林，轮封轮牧，建设人工草地，保护天然草场，实施河谷农区两侧小流域综合治理，保护农田和村庄安全。

3）青藏高原区三级区范围及防治途径，见表 2–16。

表 2－16　　　　　　　　**青藏高原区三级区范围及防治途径**

三级区代码	三级区名称	省（自治区、直辖市）	县（市、区、旗）	防治途径
Ⅷ－1－1 ht	祁连山山地水源涵养保土区	甘肃省	武威市天祝藏族自治县，酒泉市阿克塞哈萨克族自治县、肃北蒙古族自治县，张掖市肃南裕固族自治县、民乐县	加强水源涵养林建设，封山育林，保护与恢复森林植被；治理退化草场，改良天然草场，发展草场灌溉；在人口密集区实施综合治理
		青海省	海北藏族自治州祁连县	
Ⅷ－1－2 wt	青海湖高原山地生态维护保土区	青海省	海北藏族自治州海晏县、刚察县，海南藏族自治州共和县，海西蒙古族藏族自治州乌兰县、天峻县	青海湖周边山地加强植被保护与建设，农牧区发展围栏养畜，封沙育草，防止草场退化和沙化，综合治理水土流失，发展生态畜牧业和特色旅游业，改善青海湖周边生态
Ⅷ－1－3 nf	柴达木盆地农田防护防沙区	青海省	海西蒙古族藏族自治州格尔木市、德令哈市、都兰县	保护绿洲，推进农田防护林建设，加强草场管理，防治土地沙化，保护公路、铁路等基础设施；做好人为水土流失监督管理
Ⅷ－2－1 wh	若尔盖高原生态维护水源涵养区	四川省	阿坝藏族羌族自治州阿坝县、若尔盖县、红原县	加强草场保护与管理，治理局部农耕区水土流失；保护山地森林植被，推进退耕还林还草，实施湿地保护，维护区域生态环境
		甘肃省	甘南藏族自治州合作市、玛曲、碌曲县、夏河县	
Ⅷ－2－2 wh	三江黄河源山地生态维护水源涵养区	四川省	甘孜藏族自治州石渠县	全面推行封育保护和退耕退牧还林还草，加强湿地保护和草场管理，治理沙化退化草场，发展围栏养畜，轮封轮牧，治理"黑土滩"，加强监督管理，严禁乱采滥挖，维护三江源区的森林、草场、湿地等生态系统
		青海省	海南藏族自治州同德县、兴海县、贵南县，果洛藏族自治州玛沁县、甘德县、达日县、久治县、玛多县、班玛县、玉树藏族自治州称多县、曲麻莱县、玉树县、杂多县、治多县、囊谦县，海西蒙古族藏族自治州格尔木市（唐古拉山乡部分），黄南藏族自治州泽库县、河南蒙古族自治县	
		西藏自治区	那曲地区那曲县、聂荣县、巴青县	
Ⅷ－3－1 w	羌塘藏北高原生态维护区	西藏自治区	那曲地区安多县、申扎县、班戈县、尼玛县、双湖县，拉萨市当雄县，阿里地区日土县、革吉县、改则县	加强预防保护，轮封轮牧，发展冬季草场，保护天然草地
Ⅷ－3－2 wf	藏西南高原山地生态维护防沙区	西藏自治区	日喀则地区仲巴县，阿里地区普兰县、札达县、噶尔县、措勤县	实行封育保护、轮封轮牧和限载限牧等措施，加强草场恢复和保护；防治村庄农田周边的风沙和山洪灾害，控制人为水土流失
Ⅷ－4－1 wh	川西高原高山峡谷生态维护水源涵养区	四川省	阿坝藏族羌族自治州理县、松潘县、金川县、小金县、黑水县、马尔康县、壤塘县，甘孜藏族自治州康定县、丹巴县、九龙县、雅江县、道孚县、炉霍县、甘孜县、新龙县、德格县、白玉县、色达县、理塘县、巴塘县、乡城县、稻城县、得荣县、泸定县，凉山彝族自治州木里藏族自治县	加强天然林保护和高山草甸区合理轮牧，高山远山地区适度实施生态移民，保护河道两侧和平坝农田，实施坡耕地改造和陡坡退耕还林；做好金沙江、雅砻江、大渡河等大型水电站建设的监督管理

续表

三级区代码	三级区名称	省（自治区、直辖市）	县（市、区、旗）	防治途径
Ⅷ-4-2 wh	藏东高山峡谷生态维护水源涵养区	云南省	怒江傈僳族自治州福贡县、贡山独龙族怒族自治县、迪庆藏族自治州香格里拉县、德钦县、维西傈僳族自治县	保护和建设森林植被，合理采集利用和保护中药材资源，维护生物多样性；结合自然保护区和风景名胜区建设，发展区域特色农业产业和生态旅游业；加强人口集中区域的坡耕地综合整治和发展中小型水电及水利灌溉，做好泥石流等灾害的预警与防治，以及水电资源开发的监督管理
		西藏自治区	昌都地区昌都县、江达县、贡觉县、类乌齐县、丁青县、察雅县、八宿县、左贡县、芒康县、洛隆县、边坝县，那曲地区比如县、索县、嘉黎县	
Ⅷ-5-1w	藏东南高山峡谷生态维护区	西藏自治区	山南地区隆子县、错那县，林芝地区林芝县、米林县、墨脱县、波密县、朗县、工布江达县、察隅县	保护和管理天然林，维护生物多样性；加强林芝等河谷地区的农田保护和坡耕地改造；采取封禁轮牧等措施修复天然草场，建设人工草场，实施舍饲养畜；做好尼洋河等流域的水电资源开发监督管理
Ⅷ-5-2 n	西藏高原中部高山河谷农田防护区	西藏自治区	拉萨市城关区、林周县、尼木县、曲水县、堆龙德庆县、达孜县、墨竹工卡县，山南地区乃东县、扎囊县、贡嘎县、桑日县、琼结县、曲松县、加查县、日喀则地区日喀则市、南木林县、江孜县、萨迦县、拉孜县、白朗县、仁布县、昂仁县、谢通门县、萨嘎县	加强"一江两河"河滩和山地坡脚林灌结合的防护带建设，以及村庄和农田傍山一侧沟道综合治理，防治山洪灾害，保护农田和村庄，建设农村"林卡"和农田防护林，改造河谷阶台地的坡耕地和营造薪炭林，推广新能源代燃料工程
Ⅷ-5-3 w	藏南高原山地生态维护区	西藏自治区	山南地区措美县、洛扎县、浪卡子县、日喀则地区定日县、康马县、定结县、亚东县、吉隆县、聂拉木县、岗巴县	保护林草植被，加强封育保护，草场管理，防治土地沙化，综合治理河谷农区两侧小流域，防治山洪灾害，做好亚东等条件较好地区的坡耕地改造和发展特色经果林

2.2.2 其他水土保持区划

2.2.2.1 省级水土保持区划

（1）区划原则与方法分别如下。

1）分区原则包括以下4项。

继承性原则。省级水土保持区划应在全国水土保持区划的基础进行划分。

综合性原则。以水土保持功能和措施配置、水土流失特征的区域相似性和区域间差异性为主，综合考虑自然和社会经济条件。

区域完整性原则。以县级行政区或乡镇为最小划分单元，以特定地理单元和地貌单元为分区基础，适当考虑流域边界、水资源分区界和县界，以及历史传统沿革，确定分区界线。

主导因素和差异性原则。在综合考虑水土保持功能和水土流失特征、自然和社会经济因素的同时，突出主导作用因素和区域间的差异，以便水土保持措施的合理布局。

2）分区方法。在全国水土保持区划三级区的基础上，收集水土保持相关资料，并分析省域自然、社会经济、水土流失特征和水土保持功能等，建立区划指标体系，采取地理信息系统、统计分析等方法进行分区，征求各方意见完善形成省级水土保持区划。

（2）区划案例。陕西省水土保持区划。以国家划定的水土保持区划三级区作为陕西省一级分区，充分吸收陕西原有区划的优点，在充分分析自然、社会经济、水土流失特征和水土保持功能等基础上，进一步完善陕西省的水土保持区划。

陕西省由北向南依次分为陕北黄土丘陵沟壑拦沙保土区、陕北盖沙丘陵沟壑拦沙防沙区、延安中部丘陵沟壑拦沙保土区、陕北黄土高原沟壑保土蓄水区、秦岭北麓渭河中低山阶地保土蓄水区、丹江口水库周边山地丘陵水质维护保土区、秦岭南麓水源涵养保土区和大巴山山地保土生态维护区 8 个一级区和 23 个二级区。

陕北黄土丘陵沟壑拦沙保土区，进一步分为黄河西岸丘陵极强烈水蚀拦沙保土区、陕北北部黄土梁峁沟壑强烈水蚀拦沙保土区和陕北北部盖沙丘陵沙地强烈水蚀风蚀保土固沙区 3 个二级区。

陕北盖沙丘陵沟壑拦沙防沙区，进一步分为陕北沙丘滩地强烈风蚀水蚀拦沙防沙区、陕北盖沙梁峁沟壑极强烈水蚀风蚀拦沙防沙区和陕北黄土低山梁塬极强烈水蚀拦沙防沙区 3 个二级区。

延安中部丘陵沟壑拦沙保土区，只有延安中部黄土丘陵沟壑强烈水蚀拦沙保土区 1 个二级区。

陕北黄土高原沟壑保土蓄水区，进一步分为陕北黄土高原沟壑中度水蚀保土蓄水区、子午岭山地丘陵轻度水蚀保土蓄水区、黄龙山山地丘陵轻度水蚀保土蓄水区和宜川东北残塬平梁强烈水蚀保土蓄水区 4 个二级区。

秦岭北麓渭河中低山阶地保土蓄水区，进一步分为渭河平原微度水蚀保土蓄水区、渭河北岸旱塬轻度水蚀保土蓄水区、渭河南岸洪积扇台塬低山轻度水蚀保土蓄水区、陇山山地轻度水蚀保土蓄水区、秦岭北麓中高山轻度水蚀保土蓄水区和南洛河中低山丘陵中度水蚀保土蓄水区 6 个二级区。

丹江口水库周边山地丘陵水质维护保土区，只有丹江上游山地丘陵中度水蚀水质维护保土区 1 个二级区。

秦岭南麓水源涵养保土区，进一步分为秦岭南麓中高山轻度水蚀水源涵养保土区、秦岭南麓低山丘陵轻度水蚀水源涵养保土区、汉中盆地微度水蚀蓄水保土区和安康盆地中度水蚀蓄水保土区 4 个二级区。

大巴山山地保土生态维护区，只有巴山山地中度水蚀保土生态维护区 1 个二级区。

2.2.2.2　县（市）级水土保持区划以及其他

县市级水土保持区划（分区），首先明确涉及的全国水土保持区划及省级水土保持区划，在省级水土保持区划的基础上，根据县（市）域自然条件、社会经济条件以及水土流失分布特点按乡镇（或村）或者自然界线进行分区。

流域或者特定区域进行水土保持分区，应在全国水土保持区划及省级水土保持区划的基础上，根据区域特点进行分区。

第3章
水土保持规划

3.1 水土保持综合规划

3.1.1 综合规划目的与任务

水土保持综合规划，目的是全面考虑、合理布局水土保持措施，最大限度地防治水土流失，改善生态，维护和提高区域水土保持功能，发挥生态、经济和社会效益。其主要任务是根据规划区的水土保持特点和自然、经济社会条件确定合理的规划目标和规模，并以水土保持区划为基础，拟定水土流失防治方略，制定预防与治理，工程、植物、耕作措施相结合的水土保持措施总体布局。在此基础上，按轻重缓急原则，拟定重点项目。要做好水土保持综合规划，水土流失现状与治理状况，自然、经济社会条件的调查与研究工作是基础，必须掌握现状资料。

3.1.2 规划主要内容

3.1.2.1 总体内容与要求

国家、流域和省级水土保持综合规划的规划期宜为 10～20 年；县级水土保持综合规划不宜超过 10 年。规划范围为相应级别行政区全部陆域面积。编制工作主要内容如下。

（1）现状调查和专题研究。国家、流域和省级水土保持综合规划，应当以批准的规划任务书为依据，进行相应深度的现状调查和资料收集工作，并开展必要的专题研究。

市级、县级水土保持综合规划，根据规划区实际情况开展现状调查和资料收集工作。

（2）现状评价与需求分析。现状评价是对规划区土地利用、水土流失、水土保持、生态状况等现状进行分析评价，找出存在问题，分析发展趋势，为需求分析打下基础。现状评价要有针对性地进行客观公正和科学合理的评价。

根据现状评价和经济社会发展要求，结合土地利用、林业发展、农牧业发展等规划。开展水土保持需求分析，为确定水土流失防治目标、任务和规模及措施布局提供依据。

（3）总体布局。包括区域布局和重点布局。区域布局以水土保持区划为基础，结合规划区现状评价，合理拟定；重点布局是在区域布局格局下，根据划定的水土流失重点预防区和重点治理区进行确定。

（4）规划方案。主要包括预防规划、治理规划、监测规划和综合监管规划。

（5）重点项目安排与投资匡算。提出重点项目安排，按指标法匡算近期实施重点项目的投资。

（6）实施效果与保障措施。分析规划实施效果，拟定实施保障措施。综合规划的实施效果以宏观、定性效果分析为主。

3.1.2.2　现状评价与需求分析

（1）现状评价。包括区域的土地利用和土地适宜性评价、水土流失评价、水土保持现状评价、水资源丰缺程度评价、饮用水水源地面源污染评价、生态状况评价、水土保持监测与监督管理评价等。

1）土地利用现状评价是根据土地利用规划中的土地利用结构现状，从水土保持角度，分析土地利用结构和利用方式是否合理，并提出存在的问题。

土地利用结构和土地利用方式重点是对丘陵、山区和牧区土地评价。最典型的是顺坡耕种，陡坡地开荒种田，山区单一的果树林，开垦牧草地种田等，造成的水土流失影响较大。需要通过水土保持治理措施，调整土地利用结构，改变种植方式，提高农村土地综合生产力，提高作物产量，减少水土流失。

县级水土保持规划还需要进行土地适宜性评价。土地适宜性评价是评价宜农、宜果、宜林、宜牧，以及需改造才能利用的土地面积和分布。评价评价方法可参照《水土保持综合治理规划通则》（GB/T 15772—2008）中"表 B.1 土地资源评价等级表"。

2）水土流失消长评价是根据不同时期水土流失分布和土地利用情况，分析水土流失变化及其原因，提出水土流失发展趋势。

3）水土保持现状评价是指在分析现状水土流失治理度、治理措施保存率、水土保持效益的基础上，结合水土保持区划，评价水土保持治理成果对于水土保持区划主导基础功能的符合情况，分析存在的问题。

4）水资源丰缺程度评价主要从维系水土资源可持续利用、农业生产发展和生态健康生长方面，分析地表水资源丰缺情况，以水资源短缺情况为评价重点。

5）饮用水水源地面源污染评价是根据水质监测资料、水土流失分布与特点、饮用水水源地保护等相关规划，评价因水土流失造成农药、化肥、农村生活垃圾等对水体的污染影响。

6）生态状况评价是以主体功能区规划、生态保护与建设等有关规划区的生态功能为依据，评价现状水土资源开发利用，以及其他人类活动对生态的影响，评价主要指标有生态功能重要性、植被类型与覆盖率、生态脆弱程度等情况。

7）水土保持监测与监督管理评价。主要评价现状监测站网、监测体系的完备性及运行情况，评价现状监督管理的法规体系、监管制度、监管能力建设等综合监管能力的完善情况，提出存在问题。

8）现行规划修订，需要进行回顾评价。回顾评价是根据经济社会发展变化，对现行规划批准以来的实施情况进行全面分析与评估，分析规划实施取得的主要成效和存在问题，提出规划修编方向、重点和改进的建议。

根据现状评价结论，提出规划区水土流失防治方向和改进建议，并解决主要问题。

（2）水土保持需求分析。是以现状评价和经济社会发展预测为基础，协调土地利用、林业、牧业发展等，以维护和提高水土保持主导基础功能为目的，分析农业发展、生态保护、改善人居环境、涵养水源等方面对水土保持的需求。根据相关规范，水土保持需求分析主要分析内容如下。

1）经济社会发展预测是在国民经济和社会发展规划、国土规划，以及有关行业中长期发展规划的基础上进行，也可根据规划区经济社会、土地利用等相关资料，结合当前形势对经济社会发展进行合理估测。

2）农村经济发展与农民增收对水土保持的需求分析，主要根据经济社会发展对土地利用的要求，分析不同区域土地资源利用和变化趋势，结合水土流失分布，从适应土地利用规划、维护土地资源可持续利用方面，分析提出水土流失综合防治方向和布局要求；分析评价土地利用结构现状及存在的问题，提出水土保持措施合理配置的要求；根据国家和地方粮食生产方面的规划、人口及增长率、农牧业发展情况，分析提出需要采取的坡耕地改造、淤地坝建设和保护性农业耕作措施等任务和布局要求；分析制约农村经济社会发展的因素与水土保持的关系，提出满足发展农村经济、建设新农村，以及农民增收对水土保持需求的措施布局和配置要求。

3）生态安全建设与改善人居环境对水土保持需求分析，主要根据全国水土保持区划三级区水土保持主导功能和全国主体功能区规划等，分析其功能和定位对水土保持的需求，明确不同区域生态安全建设与水土保持的关系，提出需要采取的林草植被保护与建设等任务和措施布局要求；分析具有人居环境维护功能区域的水土流失分布情况，从改善和维护人居环境要求出发，提出水土保持建设需求。

4）江河治理与防洪安全对水土保持的需求分析，主要根据规划区水土流失类型、强度和分布与危害，结合山洪灾害防治规划、防洪规划，分析控制河道和水库泥沙淤积对水土保持的需求，提出水土保持需要采取的沟道治理、坡面径流拦蓄等的任务和布局要求。协调相关规划，定性分析滑坡、泥石流、崩岗灾害治理，以及防洪安全建设对水土保持发展的需求，提出水土保持任务与布局要求。

5）水源保护与饮用水安全对水土保持的需求分析，主要是在分析具有水源涵养功能、水质维护功能的三级区情况的基础上，分析有关江河源头区及水源地保护对水土保持需求，提出水土流失防治重点和要求，提出水土保持需要采取的水源涵养林草建设、湿地保护、河湖库岸，以及侵蚀沟岸植物保护带等任务和布局要求。

6）社会公众服务能力提升对水土保持的需求分析，主要根据水土保持现状与监督管理评价结论，提出水土保持监测、综合监督管理体系和能力建设需求。

3.1.2.3　规划原则、目标、任务与规模

（1）规划原则。水土保持规划编制应按照规划指导思想，遵循统筹协调、分类指导、突出重点和广泛参与的原则。

水土保持涉及国土、农业、林业、能源等多学科、多领域、多行业、多部门。编制水土保持规划应当充分考虑自然、经济社会等多方面的影响因素，协调与其他行业的关系，分析经济社会发展趋势，合理拟定水土保持目标、任务和重点。

我国水土流失范围广、面积大、类型复杂、特点各异，防治策略和治理模式差别较

大。因此，水土流失治理要有针对性，因地制宜，要有重点的分区分类布置措施。

　　水土保持规划编制要充分征求专家和公众的意见，以提高规划的前瞻性、综合性和科学性，并维护群众的利益，提高规划的针对性和可操作性。

　　（2）规划目标。按近期和远期分规划水平年分别拟定，定性定量相结合，近期以定量为主，远期以定性为主。目标的定量指标主要有水土流失治理率、中度及以上侵蚀削减率、减少土壤流失量、林草覆盖率、坡耕地治理率、崩岗治理率等。

　　（3）规划任务。主要包括防治水土流失和改善生态与人居环境，促进水土资源合理利用和改善农业生产基础条件以及发展农业生产，减轻水、旱、风沙灾害，保障经济社会可持续发展等方面。国家层面主要从战略格局上，分析水土流失防治与农业生产和农民增收、生态安全、饮水安全、粮食安全等方面关系确定。省级、市级、县级则应根据规划区特点分析确定，如沿海发达地区把饮水安全与人居环境改善作为主要任务，西部老少边穷地区则把发展农业生产、改善农村生产生活条件、增加农民收入作为主要任务。存在多项任务量，需要进行主次排序。

　　（4）规划规模。主要指水土流失综合防治面积，包括综合治理面积和预防保护面积。根据规划目标和任务，结合现状评价和需求分析、资金投入分析等，按照规划水平年分近期和远期拟定。

3.1.2.4　总体布局

　　总体布局包括区域布局和重点布局两部分。应根据规划目标、任务和规模，结合现状评价和需求分析，在水土保持区划，以及水土流失重点预防区和水土流失重点治理区基础上，进行预防和治理、保护和合理利用水土资源的整体部署。流域、省级、市级、县级水土保持综合规划需满足全国水土保持区划，特别是三级区主导功能、防治途径和技术体系对总体布局的要求。

　　（1）区域布局。主要根据水土保持区划、水土流失现状及存在的主要问题，统筹考虑相关行业的水土保持工作，提出分区水土流失防治方向、战略和基本要求。区域布局是规划区水土保持总体安排。

　　（2）重点布局。主要根据水土流失重点预防区和水土流失重点治理区，结合规划区现实需求，进行的重点建设内容与项目的布局。各级综合规划的重点布局，要优先各级政府公告的水土流失重点预防区和重点治理区。

3.1.2.5　预防规划

　　预防规划包括选定预防范围，确定预防规模、保护对象、项目布局或重点工程布局、措施体系及配置等内容。

　　预防规划突出预防为主、保护优先的原则，主要针对水土流失重点预防区、重点生态功能区、生态敏感区，以及水土保持主导基础功能为水源涵养、生态维护、水质维护、防风固沙等区域，提出预防措施和项目布局。根据规划区水土流失情况，还应确定局部综合治理区域。县级以上规划应根据区域地貌，以及自然条件和水土流失易发程度，分析确定本辖区内山区、丘陵区、风沙区以外的容易发生水土流失的区域。

　　预防措施主要包括封禁管护、植被恢复、抚育更新、农村能源替代、农村垃圾和污水处置设施、人工湿地，以及其他面源污染控制措施，还包括局部治理区的水土流失治理措施等。预防规划以维护和增强水土保持功能为原则，合理配置措施，保护植被，预防水土流失，形成综合预防保护措施体系，所选择的措施应能有效缓解潜在水土流失问题。江河源头和水源涵养区应当注重封育保护和水源涵养植被建设；饮用水水源保护区以清洁小流域建设为主，配套建设植物过滤带、沼气池、农村垃圾和污水处置设施，以及其他面源污染控制措施。预防措施配置根据典型流域或片区措施配置分析结果，确定区域措施比配，推算措施数量。

3.1.2.6　治理规划

治理规划主要包括治理范围、对象、项目布局或重点工程布局、措施体系及配置等。

治理规划突出综合治理、因地制宜的原则，主要针对水土流失重点治理区及其他水土流失严重地区，以及主导基础功能为土壤保持、拦沙减沙、蓄水保水、防灾减灾、防风固沙等区域，提出治理措施和项目布局。

治理措施体系主要包括工程措施、林草措施和耕作措施。工程措施包括梯田，沟头防护、谷坊、淤地坝、拦沙坝、塘坝、治沟骨干工程，坡面水系工程及小型蓄排引水工程等；林草措施包括水土保持林、经果林，水蚀坡林地整治、网格林带、灌溉草地、人工草场、高效水土保持植物利用与开发等；耕作措施包括沟垄、坑田、圳田种植、水平防冲沟、免耕、等高耕作、轮耕轮作、草田轮作、间作套种等。不同区域水土保持措施配置，应根据典型小流域或片区措施配置模式，确定相应的措施比配，推算措施数量。

3.1.2.7　监测与综合监管规划

（1）监测规划。主要内容包括监测站网布局、监测项目安排、监测内容和方法。

监测站网布局包括监测站网总体布局、监测站点的监测内容及设施设备配置原则。站网总体布局按照水土保持区划，结合不同区域、不同监测对象的监测需要进行，监测站点的布置要考虑区内不同水土流失类型的监测需要，具有一定代表性。不同级别水土保持规划监测站网总体布局，还应按照监测站点类型分类布局。

监测项目包括水土流失定期调查项目，水土流失重点预防和水土流失重点治理区、特定区域、不同水土流失类型区、重点工程项目区和生产建设项目区等动态监测项目。重点监测项目根据水土保持发展趋势和监测工作现状，结合国民经济和科技发展水平，考虑经济社会发展需求，以及监测的迫切性进行确定。

（2）综合监管规划。主要包括水土保持监督管理、科技支撑及基础设施与管理能力建设等。

监督管理规划应当在明确山区、丘陵区、风沙区，以及容易产生水土流失其他区域的基础上，针对生产建设活动和生产建设项目、水土保持综合治理及重点工程建设、水土保持监测工作，违法行为查处和纠纷调处，以及行政许可和水土保持补偿费征收等管理项目，分别提出监督管理的内容和措施。

科技支撑规划包括科技支撑体系、基础研究与技术研发、技术推广与示范、科普教育以及技术标准体系建设。提出科技支撑规划的同时，还需要确定规划期内重点科技攻关项目、科技推广项目和水土保持科技示范园区建设规模。

基础设施与管理能力建设规划主要包括科研设施建设、监督管理能力建设、监测站点标准化建设、信息化建设和法律法规建设。

3.1.2.8　实施进度及投资匡（估）算

（1）实施进度安排。主要提出近期和远期规划水平年实施进度安排的意见。按轻重缓急原则，对近期和远期规划实施安排进行排序，根据规划区资金投入情况，合理确定近期预防、治理的规模。近期项目优先安排在水土流失重点预防区和重点治理区，对国民经济和生态系统有重大影响的江河中上游地区、重要水源区、"老、少、边、穷"地区，投入少、见效快、效益明显，示范作用强的地区。

（2）投资匡算。国家级及省级、大型流域的水土保持综合规划按综合指标法进行投资匡算。市级、县级及中小型流域的水土保持综合规划根据要求进行投资匡（估）算。

3.1.2.9　实施效果分析

实施效果分析包括调水保土、经济、社会和生态效果以及社会管理与公共服务能力提升，分析方法应遵循定性与定量相结合的原则。从防沙减沙、水土保持功能的改善与提升等方面进行调水保土效益分析。从农业增产增效、农民增收等方面进行经济效果分析。从提高水土资源承载能力、优化农村产业结构、防灾减灾能力、农村生产生活条件改善等方面进行社会效果分析。从林草植被建设、生态环境改善等方面进行生态效果分析。从公众参与、信息公开等方面进行社会管理与公共服务能力提升分析。国家、大型流域、省级水土保持综合规划以定性分析为主，市级、县级综合规划根据需要采取定性、定量相结合的方法进行。

3.1.2.10　实施保障措施

实施保障措施包括法律法规保障、政策保障、组织管理保障、投入保障、科技保障等。从水土资源保护、监督管理等方面，提出法律法规、规范性文件保障措施；从政策和制度制定、落实等方面，提出政策保障措施；从组织协调机构建设、目标责任考核制度和水土保持工作报告制度落实，以及依法行政等方面，提出组织管理保障措施；从稳定投资渠道、拓展投融资渠道、建立水土保持补偿和生态补偿机制等方面，提出投入保障措施；从科研和服务体系建立健全、科技攻关、科技成果转化等方面，提出科技保障措施。重点提出规划实施的机制、体制、制度、政策等关键保障措施。

3.1.3　案例

3.1.3.1　全国水土保持规划简介

（1）指导思想与编制原则。指导思想：深入贯彻党的十八大和十八届二中、三中、四中全会精神，认真落实党中央、国务院关于生态文明建设的决策部署，树立尊重自然、顺应自然、保护自然的理念，坚持预防为主、保护优先，全面规划、因地制宜，注重自然恢复，突出综合治理，强化监督管理，创新体制机制，充分发挥水土保持的生态、经济和社会效益，实现水土资源可持续利用，为保护和改善生态环境、加快生态文明建设、推动经济社会持续健康发展提供重要支撑。

编制原则：一是坚持以人为本，人与自然和谐相处；二是坚持整体部署，统筹兼顾；三是坚持分区防治，合理布局；四是坚持突出重点，分步实施；五是坚持制度创新，加强监管；六是坚持科技支撑，注重效益。

（2）目标与任务。《全国水土保持规划（2015—2030）》确定近期到 2020 年，基本建成与我国经济社会发展相适应的水土流失综合防治体系，基本实现预防保护，重点防治地区的水土流失得到有效治理，生态进一步趋向好转。全国新增水土流失治理面积 32.00 万 km²，其中新增水蚀治理面积 29.00 万 km²，风蚀面积逐步减少，水土流失面积和侵蚀强度有所下降，人为水土流失得到有效控制；林草植被得到有效保护与恢复；年均减少土壤流失量 8 亿 t，输入江河湖库的泥沙有效减少。

远期到 2030 年，建成与我国经济社会发展相适应的水土流失综合防治体系，实现全面预防保护，重点防治地区的水土流失得到全面治理，生态实现良性循环。全国新增水土流失治理面积 94.00 万 km²，其中新增水蚀治理面积 86.00 万 km²，中度及以上侵蚀面积大幅减少，风蚀面积有效削减，人为水土流失得到全面防治；林草植被得到全面保护与恢复；年均减少土壤流失量 15 亿 t，输入江河湖库的泥沙大幅减少。

（3）水土保持总体方略与布局。按照规划目标，以水土保持区划为基础，综合分析水土流失防治现状和趋势、水土保持功能的维护和提高需求，提出预防、治理和综合监管 3 个方面的全国水土保持总体方略。

综合协调天然林保护、退耕还林还草、草原保护建设、保护性耕作推广、土地整治、城镇建设、城乡统筹发展等相关水土保持内容，按 8 个一级区凝练提出水土保持区域布局。

（4）重点防治项目。以国家级"两区"为基础，以最急需保护、最需要治理的区域为重点，拟定了一批重点预防和重点治理项目。

1）重点预防项目。遵循"大预防、小治理""集中连片、以重点预防区为主兼顾其他"的原则，规划 3 个重点预防项目：一是重要江河源头区水土保持项目，共涉及长江、黄河等 32 条江河的源头区；二是重要水源地水土保持项目，共涉及丹江口库区、密云水库等 87 个重要水源地；三是水蚀风蚀交错区水土保持项目，范围覆盖北方农牧交错区和黄泛平原风沙区。

2）重点治理项目。以国家级水土流失重点治理区为主要范围，统筹正在实施的水土保持等生态重点工程，考虑老少边穷地区等治理需求迫切、集中连片、水土流失治理程度较低的区域，确定 4 个重点项目：一是以小流域为单元，开展重点区域水土流失综合治理项目；二是在坡耕地分布相对集中、流失严重的地区开展坡耕地水土流失综合治理项目；三是在东北黑土区、西北黄土高原区、南方红壤区选取侵蚀沟和崩岗分布相对密集的区域，开展侵蚀沟综合治理项目；四是为更好发挥示范带动作用，选取具有典型代表性、治理基础好、示范效应强、辐射范围大的区域，规划建设一批水土流失综合治理示范区。

（5）综合监管。规划贯彻落实水土保持法规定，提出综合监管建设内容和重点，主要包括 3 个方面：一是明确水土保持监管的主要内容，依法构建水土保持政策与制度框架，确定规划管理、工程建设管理、生产建设项目监督管理、监测评价等一系列重点制度建设内容；二是明确动态监测任务和要求，确定水土保持普查、水土流失动态监测与公告、重要支流水土保持监测、生产建设项目集中区水土保持监测等重点项目；三是细化水土保持监管能力建设，确定监管、监测、科技支撑、社会服务、宣传教育、信息化等方面的能力建设内容和要求。

（6）实施保障措施。《全国水土保持规划（2015—2030）》要求各级政府将水土保持纳入本级国民经济和社会发展规划，并从加强组织领导、健全法规体系、加大投入力度、创新体制机制、依靠科技进步、强化宣传教育 6 个方面，提出规划实施的保障措施。

3.1.3.2　浙江省水土保持规划

（1）规划期限。规划期限为 2015—2030 年。近期规划水平年为 2020 年，远期规划水平年为 2030 年。

（2）水土流失和水土保持成效情况以及面临的问题，具体如下。

水土流失情况：浙江省水土流失的类型主要是水力侵蚀，2014 年浙江省水土流失面积 9279.70km²，占总土地面积的 8.90%，其中轻度流失面积 2843.26km²，中度流失面积 4321.22km²，强烈流失面积 1255.45km²，极强烈流失面积 692.51km²，剧烈流失面积 167.26km²。

水土保持成效：人为活动产生的新的水土流失得到初步遏制，水土流失面积明显减少，自 2000 年以来，水土流失面积占总土地面积的比例下降了 6.5%，土壤侵蚀强度显著降低，治理区生产生活条件改善，林草植被覆盖度逐步增加，生态环境明显趋好，蓄水保土能力不断提高，减沙拦沙效果日趋明显，水源涵养能力日益增强，水源地保护初显成效。

面临的问题：水土流失综合治理的任务仍然艰巨，水土保持投入机制有待完善，局部人为水土流失依然突出，综合监管亟待加强，公众水土保持意识尚需进一步提高。

（3）水土保持区划。浙江省在全国水土保持区划的一级区为南方红壤区（Ⅴ区），涉及江淮丘陵及下游平原区（Ⅴ-3）、江南山地丘陵区（Ⅴ-4）和浙闽山地丘陵区（Ⅴ-6）等 3 个二级区，以及浙沪平原人居环境维护水质维护区（Ⅴ-3-1 rs）、浙皖低山丘陵生态水质维护区（Ⅴ-4-7 ws）、浙赣低山丘陵人居环境维护保土区（Ⅴ-4-8 rt）、浙东低山岛屿水质维护人居环境维护区（Ⅴ-6-1 sr）、浙西南山地丘陵保土生态维护区（Ⅴ-6-2 tw）等 5 个三级区。其中浙沪平原人居环境维护水质维护区为平原区，需要确定容易发生水土流失的其他区域，其他 4 个三级区均为山区丘陵区。

（4）目标、任务与布局，具体如下。

总体目标。到 2030 年，基本建成与浙江省经济社会发展相适应的分区水土流失综合防治体系。全省水土流失面积占总土地面积的比例下降到 5% 以下，中度及以上侵蚀面积削减 25%，水土流失面积和强度控制在适当范围内，人为水土流失得到全面控制，全省所有县（市、区）水土流失面积占国土面积均在 15% 以下；森林覆盖率达到 61% 以上，林草植被覆盖状况得到明显改善。

近期目标。到 2020 年，初步建成与浙江省经济社会发展相适应的分区水土流失综合防治体系，重点防治地区生态趋向好转。全省水土流失面积占总土地面积的比例下降到 7% 以下，中度及以上侵蚀面积削减 15%，水土流失面积和强度有所下降，人为水土流失得到有效控制，全省所有县（市、区）水土流失面积占国土面积均在 20% 以下；森林覆盖率达到 61%，林草植被覆盖状况得到有效改善。

主要任务。加强预防保护、保护林草植被和治理成果，提高林草覆盖度和水源涵养能力，维护供水安全；统筹各方力量，以水土流失重点治理区为重点，以小流域为单元，实施水土流失综合治理，近期新增水土流失治理面积 2600.00km²，远期新增水土流失治理面积 4600.00km²；建立健全水土保持监测体系，创新体制机制，强化科技支撑，建立健全综合监管体系，提升综合监管能力。

总体布局。"一岛两岸三片四带"。一岛是做好舟山群岛等海岛的生态维护人居环境维护。两岸是强化杭州湾两岸城市水土保持和重点建设区域的监督管理。三片是指衢江中上游片、飞云江和鳌江中上游片、曹娥江源头区片的水土流失综合治理与水质维护。四带是千岛湖—天目山生态维护水质维护预防带、四明山—天台山水质维护水源涵养预防带、仙霞岭水源涵养生态维护预防带、洞宫山保土生态维护预防带。

水土流失重点预防区和重点治理区划分：淳安县、建德市属新安江国家级水土流失重点预防区，确定预防保护范围面积为 3340.00km²。全省共划定 8 个省级水土流失重点预防区，涉及 53 个县（市、区），重点预防区面积为 33136.00km²。划定 3 个省级水土流失重点治理区，涉及 16 个县（市、区），重点治理区面积为 2483.00km²。

（5）预防保护，相关内容如下。

预防对象。保护现有的天然林、郁闭度高的人工林、覆盖度高的草地等林草植被和水土保持设施，以及其他治理成果。恢复和提高林草植被覆盖度低，且存在水土流失的区域的林草植被覆盖度。预防开办涉及土石方开挖、填筑或者堆放、排弃等生产建设活动造成的新的水土流失。预防垦造耕地、经济林种植、林木采伐，以及其他农业生产活动过程中的水土流失。

措施体系。包括禁止准入、规范管理、生态修复及辅助治理等措施。

措施配置。按水土保持主导基础功能合理配置措施。

（6）综合治理，相关内容如下。

治理范围。包括影响农林业生产和人类居住环境的水土流失区域，以及直接影响人类居住及生产安全的可治理的山洪和泥石流地质灾害易发的区域，但不包括裸岩等不适宜治理的区域。

治理对象。包括存在水土流失的园地经济林地、坡耕地、残次林地、荒山、侵蚀沟道、裸露土地等。

措施体系。包括工程措施、林草措施和耕作措施。

措施配置。以小流域为单元，以园地经济林地水土流失治理和坡耕地、溪沟整治为重点，坡沟兼治。

（7）监测。优化监测站网布设，构建浙江省水土保持基础信息平台，建成浙江省监测预报、生态建设、预防监督和社会服务等信息系统，实现省、市、县三级信息服务和资源共享。开展水土流失调查、水土流失重点预防区和重点治理区动态监测、水土保持生态建设项目和生产建设项目集中区监测，完善浙江省水土保持数据库和水土保持综合应用平台等建设，定期发布水土流失及防治情况公告。

（8）综合监管，相关内容如下。

监督管理。加强水土保持相关规划、水土流失预防工作、水土流失治理情况、水土保持监测和监督检查的监管，完善相关制度。

机制完善。重点是建立健全组织领导与协调机制，加强基层监管机构和队伍建设，完善技术服务体系监管制度。

重点制度建设。水土保持相关规划管理制度、水土保持目标责任制和考核奖惩制度、水土流失重点防治区管理制度、生产建设项目水土保持监督管理制度、水土保持生态补偿制度、水土保持监测评价制度建设、水土保持重点工程建设管理制度等。

监管能力建设。明确各级监管机构管辖范围内的监管任务，规范行政许可及各项监督管理工作；开展水土保持监督执法人员定期培训与考核，出台水土保持监督执法装备配置标准，逐步配备完善各级水土保持监督执法队伍，建立水土保持监督管理信息化平台，做好政务公开。

社会服务能力建设。完善各类社会服务机构的资质管理制度，建立咨询设计质量和诚信评价体系，加强从业人员技术与知识更新培训，强化社会服务机构的技术交流。

宣传教育能力建设。加强水土保持宣传机构、人才培养与教育建设，完善宣传平台建设，完善宣传顶层设计，强化日常业务宣传。

科技支撑及推广。加强基础理论和关键技术研究，重点推广新技术、新材料，提升安吉县水土保持科技示范园建设水平，规划建设钱塘江等源头区、城区或城郊区等水土保持科技示范园区。

信息化建设。依托浙江省水利行业信息网络资源，在优先采用已建信息化标准的基础上，建立浙江省水土保持信息化体系，形成较完善的水土保持信息化基础平台，实现信息资源的充分共享和开发利用。

（9）近期工程安排，具体如下。

重要江河源区水土保持。范围主要为"四带"中流域面积较大的重要江河的源头，对下游水资源和饮水安全有重要作用的江河的源头等。主要任务以封育保护为主，辅以综合治理，实现生态自我修复，推进水源地生态清洁小流域建设，建立可行的水土保持生态补偿制度，以达到提高水源涵养功能、控制水土流失、保障区域社会经济可持续发展的目的，治理水土流失面积 215.00km²。

重要水源地水土保持。范围包括重要的湖库型饮用水水源地，水土流失轻微，具有重要的水源涵养、水质维护、生态维护等水土保持功能的区域，重要的生态功能区或生态敏感区域，大城市引调水工程取水水源地周边一定范围。主要任务以保护和建设以水源涵养林为主的森林植被，远山边山开展生态自然修复，中低山丘陵实施以林草植被建设为主的小流域综合治理，近库（湖、河）及村镇周边建设生态清洁型小流域，滨库（湖、河）建设植物保护带和湿地，控制入河（湖、库）的泥沙及面源污染物，维护水质安全，并配套建立可行的水土保持生态补偿制度，治理水土流失面积 925.00km²。

海岛区水土保持。舟山群岛等主要岛屿在加强生产建设活动和生产建设项目水土保持监督管理的同时，加强生态敏感地区和重要饮用水源地等区域，实施生态修复与保护，在集中式供水水库上游水源地实施清洁小流域建设，结合河岸两侧、水库周边植被缓冲带、人工湿地建设、水源涵养林营造等，保护海岛地区生态环境，加强水源涵养，防治水土流失，治理水土流失面积 50.00km²。

重点片区水土流失综合治理。范围主要分布在钱塘江流域的新安江、衢江上游、分水江、金华江、曹娥江流域上游，椒江流域上游，瓯江流域的中下游，以及飞云江和鳌江流域。其中衢江中游片、曹娥江源头区片、瓯飞鳌三江片 3 个重点区域为重点治理区。主要任务以片区或小流域为单元，山水田林路沟村综合规划，以坡耕地治理、园地经济林地林下水土流失治理、水土保持林营造为主，结合溪沟整治，沟坡兼治，生态与经济并重，着力于水土资源优化配置，提高土地生产力，促进农业产业结构调整，治理水土流失面积 1360.00km²。

城市水土保持。以治理城市水土流失，改善城市人居环境环境为主，加强水土保持监督管理，扩大城区林草植被面积，提高林草植被覆盖度，严格监管区域内生产建设活动，防治人为水土流失，治理水土流失面积 50.00km²。

水土保持监测网络建设。包括水土保持监测网络建设，开展水土流失调查及定位观测，重点区域水土保持监测及公告，水土保持重点工程项目监测，生产建设项目集中区监测，新建 1 个监测点。

（10）保障措施（略）。

3.2 水土保持专项规划

专项规划包括专项工程规划和专项工作规划。本部分内容主要针对专项工程（含特定区域）规划进行阐述，专项工作规划由于涉及类型较多，要求各异，可根据有关规定与要求编写。专项监测规划按 SL 277 及相关规定编制。专项科技支撑规划，以及其他专项工作规划，应当根据规划编制的任务与要求确定相应内容。

3.2.1 专项规划主要内容

3.2.1.1 专项规划主要内容

专项规划主要内容，包括开展相应深度的现状调查和勘查，规模大的规划根据需要进行专题研究；阐明开展专项规划的必要性，确定规划范围、规划水平年，进行现状评价与需求分析，确定规划目标、任务，论证工程规模，提出措施总体布局和规划方案，确定规划实施意见和进度安排，匡（估）算投资，进行效益分析或经济评价，拟定实施保障措施。

3.2.1.2 依据与范围、规划期

以水土保持综合规划为依据，结合编制任务以及工作基础、工程建设条件等分析确定专项规划的范围。规划期宜为 5～10 年。

3.2.1.3 目标、任务和规模

水土保持专项规划的目标与任务，与综合规划内容基本一致，详见第 3 章水土保持综合规划第 1 节中有关规划目标与任务的内容。

专项规划的规模主要指特定区域包括预防保护面积和综合治理面积的综合防治面积，或特定工程的改造面积或建设数量。规划规模主要根据规划目标和任务、资金投入分析，结合现状评价和需求分析等，经过分析、论证确定。

3.2.1.4 规划方案

根据规划目标、任务和规模，结合现状评价和需求分析，按照水土保持区划以及各级人民政府划定，并公告的水土流失重点预防区和水土流失重点治理区，进行预防和治理规

划总体布局。

专项工程规划，根据综合规划的区域布局，结合水土保持区划主导功能及专项规划任务和要求，分区提出水土流失治理技术途径和防治对策。专项工作规划因各区域内容基本一致，无须进行分区布局，但有区域特点的工作规划，要根据情况以水土保持区划为基础进行分区布局。

根据总体布局，结合工程规划特点和水土流失重点预防区、重点治理区，按照轻重缓急，提出重点布局。特定区域的专项规划需进行重点布局，针对特定区域存在的水土流失主要问题，结合区域水土保持主导基础功能，提出预防及治理措施与重点工程布局。

3.2.1.5 近期重点建设内容和投资估算

在总体布局的基础上，根据水土保持近期工作需要的迫切性，拟定近期重点建设内容安排。

通过不同地区典型小流域或工程调查，测算单项措施投资指标，进行投资估算；对于设计深度接近项目建议书的专项规划，根据水土保持工程概（估）算编制规定按工程量编制投资估算。必要时可对资金筹措做出初步安排。

专项规划需在效益分析的基础上进行国民经济评价。

3.2.2 案例

3.2.2.1 东北黑土区水土流失综合防治规划

（1）规划背景。东北黑土区分布于松辽流域黑龙江省、吉林省、辽宁省、内蒙古自治区，是世界的三大黑土带之一，也是我国重要的商品粮基地。多年来，由于自然因素和人类生产经营活动的影响，黑土区的水土流失日益加剧，国家粮食生产安全受到威胁。为了全面贯彻党的十六大精神，落实中央有关精神及水利部党组可持续发展的治水思路，加快东北黑土区水土流失治理步伐，保护珍贵的黑土资源，在总结"试点工程"经验的基础上，水利部松辽水利委员会组织编制《东北黑土区水土流失综合防治规划》。本次规划水平年为 2005 年，规划范围涉及黑龙江、吉林、辽宁、内蒙古 4 省（自治区），20 个重点流域，总面积 27.71km²。

（2）基本情况。东北黑土区北起大小兴安岭，南至辽宁省盘锦市，西到内蒙古东部的大兴安岭山地边缘，东达乌苏里江和图们江，行政区包括黑龙江、吉林、辽宁、内蒙古等 4 省（自治区）的部分地区。总面积 103.00 万 km²，其中，黑龙江省 45.25 万 km²，吉林省 18.70 万 km²，辽宁省 12.29 万 km²，内蒙古自治区 26.76 万 km²。

1）自然条件。东北黑土区地貌为西、北、东三面环山，南部临海，中南部为松辽平原，东北部为三江平原。地势大致由北向南、由东西向中部倾斜。主要河流有松花江、辽河及黑龙江、图们江、鸭绿江以及部分独流入海河流。气候类型从东往西依次是中温带湿润区、半湿润区、半干旱区，西北部大兴安岭地区属寒温带湿润区。区内年均降雨量从东南部辽东山区的 1000mm 递减到大兴安岭以西地区和辽河平原西部的 300mm。植被类型以寒温带针叶林、温带针阔混交林、暖温带落叶阔叶林为主。地带性土壤主要有寒温带的棕色针叶林土、山地灰色森林土；温带的暗棕壤、黑土、黑钙土，此外，还有一些白浆土、草甸土、风沙土、沼泽土和水稻土等。

2）社会经济。东北黑土区共有 41 个市（州、盟），总人口 1.17 亿人。东北黑土区 103.00 万 km² 的面积中，总耕地面积 2139.83 万 hm²，占黑土区总面积的 20.78%。林地、草地、果园、荒山荒地、水域和其他用地面积分别占总面积的 50.00%、11.11%、0.80%、5.52%、11.79%。东北黑土区粮食总产量 627.02 亿 kg，占当年全国粮食总产量的 14.56%，其中大豆产量占全国总产量的 41.30%，玉米产量占全国总产量的 29.00%。水果主要有苹果、梨、桃、杏等树种。

3）水土流失现状。据第二次全国土壤侵蚀遥感调查，东北黑土区水土流失面积 27.59 万 km²，占黑土区总面积的 27%。按行政区域划分，黑龙江省 11.52 万 km²，吉林省 3.11 万 km²，辽宁省 3.41 万 km²，内蒙古自治区 9.55 万 km²。按侵蚀类型划分，水蚀面积 17.70 万 km²，风蚀面积 4.13 万 km²，冻融侵蚀面积 5.76 万 km²。水土流失主要来源坡耕地，坡耕地水土流失面积占整个黑土区水土流失面积的 46.39%。

4）水土保持现状。新中国成立以来，累计完成水土流失综合治理 18.64 万 km²。先后开展了国家工程有柳河上游国家水土保持重点治理工程、小流域综合治理试点工程、国债水土保持重点防治工程、"试点工程"。各项工作效益显著，探索了黑土区不同类型区水土流失有效防治措施，总结出一套科学的治理模式。

（3）现状评价与需求分析，主要包括以下几个方面。

1）现状评价。东北黑土区坡耕地面积占耕地总面积的 59.38%，坡耕地水土流失面积占整个黑土区水土流失面积的 46.39%。坡耕地水土流失主要表现在剥蚀和沟蚀。东北黑土区目前有 25 万条大型侵蚀沟，导致大量耕地被沟壑切割而被迫弃耕；通过典型调查推算，沟壑吞噬农田超过 47.12 万 hm²，每年损失粮食约 14 亿 kg。

东北黑土区虽然经过"试点工程"治理，局部治理效果明显，就整个东北黑土区而言，仍有水土流失面积 27.59 万 km²，其中 6.50 万 km² 水土流失面积需要抢救性治理。若以试点工程 600km²/a 的治理速度，在不产生新的水土流失情况下，仅这 6.50 万 km² 的水土流失面积得到初步治理就需要 100 多年，因此，黑土区的广大群众迫切要求加大投资，加快治理。

2）水土保持需求分析。长期以来，由于不合理地开发利用水土资源，超载过牧、滥垦乱伐、乱挖滥弃等，导致黑土区土层变薄，土地退化，土地生产力逐年下降；严重的水土流失，直接影响着水土资源的综合利用，恶化了生态环境，造成自然灾害频繁，危及当地群众的生产生活条件，制约了当地经济社会的可持续发展。因此，加快东北黑土区水土流失综合防治，建立不同侵蚀类型区的水土流失防治体系，保护珍贵的黑土资源，减少水土流失及其引起的自然灾害发生频繁，保证国家粮食生产安全和可持续发展，必须尽快实施东北黑土区水土流失治理。

3）开展黑土区水土流失治理的有利条件。多年来，东北地区的地方政府也十分重视水土流失的治理。松辽水利委员会组织东北 4 省（区）作了大量的前期规划设计工作和研究课题，针对不同侵蚀类型区水土保持措施对位配置研究和优化配置，探索出不同类型区的治理模式，为治理水土流失奠定了坚实的基础。

4）探索了建管机制，工程建设有保证。黑土区水土流失防治试点工程开始以来，建立了一套行之有效的管理制度。制定了试点工程管理、验收和档案管理等办法。

（4）规划目标、任务和规模。规划区总面积 27.71km²，涉及黑龙江、吉林、辽宁、内蒙古 4 省（自治区），20 个重点流域，50 个项目区，通过治理使 22.25 万 km² 的黑土地资源得到有效的保护，治理程度达到 80％以上，年均减少土壤流失量 0.52 亿 m³，使黑土区严重的水土流失恶化趋势得到遏制，黑土资源得到可持续利用，为稳固和提高国家商品粮基地的生产能力提供保障。

（5）分区及总体布局。按照地貌类型及水土流失特点，将黑土区分为漫川漫岗区（Ⅰ）、丘陵沟壑区（Ⅱ）、风沙区（Ⅲ）、中低山区（Ⅳ）、平原区（Ⅴ）等 5 个水土保持类型区并制定每个区的防治策略。

Ⅰ——漫川漫岗区。本区总面积 11.41 万 km²，主要是大小兴安岭和长白山延伸的山前台地。由于开发较早，土地开垦指数高，地面植被率低，沟壑密度在 2.0km/km² 以上，年土壤侵蚀模数平均为 0.7 万 t/km²。本区要坚持沟坡兼治，以治理坡耕地为重点。在措施的布设上，坡顶植树戴帽，林地与耕地交界处挖截水沟，就地拦蓄坡面径流、泥沙。坡面采取改顺坡垄为水平垄，修地埂植物带、坡式梯田和水平梯田等工程措施，调节和拦蓄地表径流，控制面蚀的发展。同时，结合水源工程等小型水利水土保持工程，建设高标准基本农田。侵蚀沟的治理采用植物跌水和沟坡植树等措施，防止沟道发展。

Ⅱ——丘陵沟壑区。本区总面积 43.37 万 km²。主要分布在嫩江、第二松花江的支流和辽河的中上游及东辽河，其中分布在嫩江、第二松花江的支流和东辽河的丘陵沟壑区为Ⅱ1 区，该区主要为农区；分布在辽河的中上游地区的丘陵沟壑区为Ⅱ2 区，该区主要为农牧结合区。丘陵沟壑区共有 3°以上的坡耕地 1.9 万 km²，坡耕年平均流失表土厚层 0.2～0.7cm，沟壑密度 1.5～2.0km/km²，年土壤侵蚀模数平均为 0.5 万 t/km²。主要把治坡和治沟结合起来。林区要以预防为主，坚持合理采伐，积极采取封山育林等措施，荒山荒坡要大力营造水土保持林，对现有的疏林地进行有计划的改造，采取生态修复等措施，提高林草覆盖率，增强蓄水保土和抗蚀能力。Ⅱ1 区大力开展小流域综合治理，以治理坡耕地和荒山为突破口，大力改造中低产田。降雨少的地区要全面推广旱作农业高产技术，建设旱作农业高产田，增强农业综合生产能力。Ⅱ2 区重点是营造防护林和种草，增加地面植被，建设稳定草场。搞好旱作农业和集水灌溉措施，适当发展果树。沟壑要采取沟头防护、修谷坊和小塘坝等措施进行治理，对于较大的侵蚀沟要修建拦沙坝等控制骨干工程，以达到控制和治理水土流失的目的。

Ⅲ——风沙区。本区总面积 10.30 万 km²，主要分布在松花江流域的中游和西辽河中上游地带，其中松花江流域的中游的风沙区为Ⅲ1 区，特点是风沙干旱和土地的盐碱化，年风蚀表土厚度 0.6cm 左右，年土壤侵蚀模数 0.6 万 t/km²；西辽河中上游地带的风沙区为Ⅲ2 区，特点是土地沙化和草场退化并伴随着流动沙丘的发生。本区水土流失应防治结合，结合"三北"防护林建设，采取植物固沙和沙障固沙措施，建立农田防护林体系。Ⅲ1 区结合水土流失的治理，推广节水灌溉技术和建立抗旱防蚀耕作制度为主，注意搞好盐碱地的中低产田的改造。Ⅲ2 区治理的重点是防风固沙，植物措施以草、灌为主，配以速生乔木，大搞草、田、林网建设，并结合轮牧，舍饲等措施，发展高效牧业，为保护草原和大面积植被恢复创造条件。

Ⅳ——中低山区。本区总面积 29.29 万 km²，又分为两个亚区Ⅳ1 和Ⅳ2 区，Ⅳ1 区主要分布在嫩江和东辽河上游，特点是山地绵延。Ⅳ2区主要分布二松的上游，地势较陡。中低山区内主要是林区，及部分农区和半农半牧区。水土流失程度以农区和半农半牧区较为严重。本区森林覆被率高，但由于多年大量采伐，迹地更新跟不上，局部水土流失比较严重，潜在危险性很大。本区治理开发方向要以预防保护为重点，认真执行《中华人民共和国水土保持法》《中华人民共和国森林法》和有关的地方性法规，地面坡度25°以上的森林不准砍伐，25°以下森林可以采取间伐，做到采育结合。对现有的疏林地，进行有计划的改造和保护，提高林草覆盖率，增强蓄水保土和抗蚀能力，防止疏林地水土流失。Ⅳ1区重点是搞好预防保护工作。Ⅳ2在搞好预防保护的同时，要重点搞好局部严重水土流失地区沟蚀的综合治理工作，实现青山常在，永续利用。

Ⅴ——平原区。本区总面积8.63万 km²，主要是指三江平原和松辽平原和辽河流域的中下游平原。其中，三江平原和松辽平原为Ⅴ1区，这里地势平坦，有大片沼泽，在生物多样性保护方面起着重要作用；辽河流域的中下游平原为Ⅴ2区，这里地势低洼，荒源多，且分布大片的盐碱地和芦苇塘。平原区水土保持工作的重点是合理保护和开发利用农业资源，大力营造网、带、片相结合的农田防护林，建立合理的耕作制度，大力提倡深松少耕，秸秆还田，增施有机肥料，改良土壤，增强土壤的抗蚀能力。

（6）综合治理，主要包括以下几个方面。

1）耕地治理。禁垦坡度以下的坡耕地，根据坡度和土层厚度等实际，因地制宜地布设水平梯田、坡式梯田、地埂植物带、改垄等措施，修梯田时，田埂根据当地资源状况修筑石埂或土埂，土埂需栽植灌木植物护埂；禁垦坡度以上坡耕地及已不适宜耕作的坡耕地退耕，因地制宜地还林（果）、还草，营建水土保持林时，进行水平槽、鱼鳞坑整地措施，营建经济林时，应配置果树台田。同时，要结合农事耕作，因地制宜采取草田轮作、间作、套种、合理密植、少耕免耕、增施有机肥、留茬播种等保水保土耕作法。

2）荒山荒坡治理。根据立地条件和社会经济情况，对荒山荒坡配备林草措施，"宜林则林，宜果则果，宜草则草"。营造水土保持林（草）时，要进行整地措施，坡面较为平整的，采用水平沟、水平阶整地；坡面较为破碎的，采用鱼鳞坑或穴状整地；营造经济林时，要进行果树台田（果树梯田）整地。

3）沟道治理。在沟头上方，修沟头防护工程，防止沟头发展。在沟底修谷坊、拦沙坝等沟床固定工程，防止沟床冲刷和泥石流灾害的发生；谷坊修建在下切侵蚀活跃的支毛沟，特别是发育旺盛的"Ⅴ"形沟道内；拦沙坝修建在有季节性水流的沟道中。对潜在危险性大的溪沟，通过工程措施进行整治，在村庄或耕地较薄弱地段修筑护村护地坝。

4）疏林、草地治理。水土流失严重、生态修复措施已不能满足水土保持需要的疏林、草地，对土层较厚、坡度较缓的疏林地和退化严重、产草量低的天然草场，直接进行补植；对土层浅薄、坡度较陡的疏林地，要进行工程整地后开展补植补种。无工程整地措施的坡地果园全部建造果树台田；二类蚕场通过补植增加蚕场墩数，防止沙化；三类蚕场退蚕还林。

5）风蚀治理。在风口处造林，造林前先设置与主害风向相垂直的带状沙障，沙障内呈块状营造紧密型乔灌混交林，迎风面栽灌木，背面栽乔木。在农田绿洲内设置防护林网，同时，耕种时采取水土保持耕作措施，防止风蚀发生。在农田林网外围的沙丘前沿地带及流沙边缘与农田绿洲交界处，设置防风固沙基干林带。在风蚀较轻的沙地或稳定的低沙丘、半流动沙丘，可以直接成片造林。对流动沙丘，应当首先设置沙障或化学固沙，减缓沙丘前移，然后成片造林，在背风坡丘间低地栽植乔木林带，阻挡流沙前移，在迎风坡脚下种植灌木，拉低沙丘。在林带与沙障已基本控制风蚀和流沙移动的沙地上，大面积成片人工种草，进一步改造并利用沙地。对地广人稀、固沙种草任务较大的地方，采用飞播种草。

6）小型蓄排引水工程。蓄水池、塘坝等蓄水工程，主要配置在降雨少、水源条件差的地区，工程选址应距耕地、果园较近，方便发展灌溉；在坡面上部为荒地或者人工草地、灌木林地、无措施的坡耕地，而下部为梯田、保土耕作或林草地区，应在其交界处布设截水沟；当坡面上的蓄水池、截水沟不能全部拦截暴雨径流时，或上部的保土耕作不能全部入渗拦蓄暴雨径流时，布设排水沟，排水沟需种植草皮防冲，并尽量与蓄水池、水窖、塘坝等蓄水工程或天然水道连接。

7）其他措施。在开展综合治理的同时，根据水土保持工程建设、管理需要，因地制宜修建作业路、农道桥（涵），配置水井、小型灌溉设备等辅助设施。

（7）水土保持监测。在"试点工程"监测工作的基础上，初步建立起布局合理、覆盖松辽流域的水土保持监测网络，对水土流失状况实施及时、准确、持续的监测，形成标准统一、定量准确、技术先进、时效性强的水土保持监测系统。通过遥感遥测、对比结合抽样调查，开展重点治理区内水土流失的分布、面积、危害、强度等的影响及其变化趋势、水土流失成因、水土保持治理措施的动态监测。

第 2 篇　设　计　篇

第 4 章
设计概述

4.1 设计基本要求

规划是融合多要素、多数人看法的某一特定领域的发展愿景，意即进行比较全面的长远的发展计划，是对未来整体性、长期性、基本性问题的思考、考量和设计未来整套行动的方案。

工程设计是根据建设工程的要求，对建设工程所需的技术、经济、资源、环境等条件进行综合分析、论证，编制建设工程设计文件的活动。工程设计是指对工程项目的建设，提供有技术依据的设计文件和图纸的整个活动过程，是建设项目生命期中的重要环节，是建设项目进行整体规划、体现具体实施意图的重要过程，是科学技术转化为生产力的纽带，是处理技术与经济关系的关键性环节，是确定与控制工程造价的重点阶段。

4.1.1 设计对象和内容

生态建设项目水土保持设计主要是面向小流域（一般不超过 $50km^2$）或片区，也有针对崩岗、侵蚀沟、淤地坝、监测等专项设计。

设计主要内容，包括开展小流域或片区调查、勘测，根据水土流失特点和土地利用现状，拟定总体布局和措施体系，以及工程、林草和封禁措施设计等。

4.1.2 设计特点与基本要求

生态建设项目水土保持设计特点主要是综合性，体现工程与林草、封禁治理措施、耕作性措施的有机结合，开展设计工作的基本要求是有效性、安全性和技术经济合理性。

4.1.3 设计技术依据

水土保持设计的技术依据主要是技术标准，包括规程、规范和标准，也有相关设计指南与手册可作为参考和借鉴。

目前水土保持规划设计主要技术依据如下。

（1）《水土保持规划编制规范》（SL 335—2014）。

（2）《水土保持工程项目建设书编制规程》（SL 447—2009）。

（3）《水土保持工程可行性研究报告编制规程》（SL 448—2009）。

（4）《水土保持工程初步设计报告编制规程》（SL 449—2009）。

（5）《水土保持工程设计规范》（GB 51018—2014）。

（6）《水土保持工程调查与勘测规范》（即将颁布）。

（7）《水利水电制图标准　水土保持图》（SL 73.6—2015）。

（8）其他水土保持技术规范，如《水土保持治沟骨干工程技术规范》（SL 289—2003）、水坠坝设计规范（SL 302—2004）、《土壤侵蚀分类分级标准》（SL 190—2007）、《水土保持监测技术规程》（SL 277—2002）等。

（9）其他水利工程设计规范，如《小型水利水电工程碾压式土石坝设计导则》（SL 189—96）、《水利水电工程等级划分及洪水标准》（SL 252—2017）、《水工挡土墙设计规范》（SL 379—2007）、《水利水电工程边坡设计规范》（SL 386—2007）、《防洪标准》（GB 50201—2014）。

（10）《生产建设项目水土保持设计指南》（中国水利水电出版社，2011）。

（11）《水工手册第三卷·移民　环境　水土保持》（中国水利水电出版社，2013）。

（12）与水土保持工程设计有关的技术规范和标准：《主要造林树种苗木质量分级标准》（GB 6000—1999）、《禾本科主要栽培牧草种子质量分级标准》（GB 6142—2008）、《豆科主要栽培牧草种子质量分级标准》（GB 66142—1985）、《造林技术规程》（GB/T 776—2016）、《封山育林技术规程》（GB/T 15163—2004）等。

设计依据中的技术标准，大约15%是强制性标准，实际属于技术法规性质；85%是推荐性或指导性标准，行业自愿性标准是一致的。凡经过批准后颁布的标准，并标明是强制性的，无特殊理由，一般不得与之违背；推荐性标准一经法规或合同引用也具有强制性。

4.1.4　水土保持设计理念

设计理念，即设计中所遵循的主导思想，对工程设计而言尤为重要，是设计思想的精髓所在，从更深层次讲，即通过设计理念的应用和贯彻，赋予工程设计个性化、专业化的独特内涵、风格和效果。水土保持的最终目的是以水土资源的可持续利用支撑经济社会的可持续发展，其设计理念的内涵，就是将水土流失防治、水土资源合理利用、农业生产、生态改善与恢复、景观重建与工程设计紧密结合起来，通过抽象和归纳形成水土保持总体思路，指导工程规划、总体布置和设计，使得工程设计遵循水土保持理念，符合水土保持要求。针对水土保持生态建设项目，可概括为以下几个方面。

4.1.4.1　服务民生，促进农村经济发展

我国山丘区面积约占国土面积的69%，是水土流失的主要策源地，区内坡耕地广泛分布、侵蚀沟道众多，水土资源时空分布不相匹配，耕地破碎化问题突出，配套基础设施薄弱。水土保持生态建设根本任务之一是解决农业生产问题，必须坚持以人为本，服务民生，统筹工程、林草和农业耕作措施，协调好工程短期效益和长期效益的关系，将水土保持与农村产业发展结合，培育农村特色产业，促进农村经济发展，为农民群众带来实惠，以实现经济效益和社会效益的最大化。

4.1.4.2　预防为主，保护优先

"预防为主，保护优先"是水土保持方针之一，也是水土流失防治的基本要求，即要求水土流失防治由被动治理向事前控制转变，严格控制人为水土流失，加强潜在水土流失地区的监管，防患于未然。因此，水土保持生态建设应遵循"预防为主，保护优先"的方针，突出对水源涵养、水质维护、生态维护为主导功能的三级区、国家重要生态功能区、江河源头区、重要水源地、水蚀风蚀交错区等区域的保护，同时，加强对森林、灌丛、草原、荒漠植被，以及已建成水土保持设施的封育和管护。

4.1.4.3　合理利用水土资源，提高土地生产力

水土保持生态建设项目，以防治水土流失为切入点，以水土资源的保护、改良和合理利用，以及土地生产力的提高为最终目标。因此，水土保持生态建设项目，应系统分析项目区水土资源利用方面存在的问题，在土地利用结构优化调整的基础上，因地制宜、因害设防，实施小流域综合治理，开展坡耕地和侵蚀沟道治理，加强对耕作土壤和耕地资源的保护，配套灌溉、排水和田间道路，提高土地生产力，有条件地区加强农林特色产业发展，提高土地的产出效益，以促进退耕还林还草和现有林草植被的保护。

4.1.4.4　维护和提高水土保持功能，改善生态

水土资源的保护与合理利用和经济社会发展水平密切联系，不同社会发展阶段和经济发展水平，对水土保持的需求差异明显。水土保持设施在不同自然和经济社会条件发挥着不同的功能，根据全国水土保持区划水土保持基础功能，包括水源涵养、土壤保持、蓄水保水、防风固沙、生态维护、防灾减灾、农田防护、水质维护、拦沙减沙和人居环境维护，水土保持生态建设项目设计，应根据不同三级区水土保持基础功能，本着维护和提高水土保持功能，改善生态的理念，确定防治目标、总体布局和措施体系，维护和提高水土保持功能，改善生态。及防治方向、主要途径和技术体系。在经济发达的地区，尤其要重视水源地保护、河道生态、人居环境整治与水土保持的结合，将清洁小流域作为一项维护和提高水质功能的重要措施。

4.1.5　水土保持工程设计原则

（1）确保水土流失防治基本要求，保障工程安全。水土保持法赋予任何单位或个人都有保护水土资源、预防和治理水土流失的义务。对于生态建设项目，工程主要建设目标涉及水土流失治理、耕地资源保护、水源涵养、减轻山地和风沙灾害、改善农村生产生活条件等方面，主要指标包括水土流失治理程度、水土流失控制量、林草覆盖率、人均基本农田等。从维护和改善水土保持功能角度，确定生态建设项目防治标准和目标是发展趋势。

在满足水土保持基本要求的同时，必须保障工程安全。首先，保障主体工程构筑物和设施自身安全，并对周边区域的安全影响控制在标准允许范围内，最后，水土保持工程或设施也要符合上述安全要求，要严格按照工程级别划分与设计标准的规定进行设计，对于淤地坝、拦沙坝等，必须满足相应规范给定的防洪排水及稳定安全要求。

（2）坚持因地制宜，因害设防。"因地制宜"就是根据项目所在地理区位、气候、气象、水文、地形、地貌、土壤、植被等具体情况，合理布设工程、植物和临时防护措施。不同区域工程的措施设计在满足设防标准要求的情况，工程地质条件、建筑材料及施工组

织设计的地域性要求更强。植物措施尤其要注重"因地制宜"原则，这是我国幅员辽阔、气候类型多样，地域自然条件差异显著，景观生态系统呈现明显的地带性分布特点所决定的，应按照适地（生境）适树（草）的基本原则，合理选择林草种，提高林草适应性，保证植物生长、稳定和长效。"因害设防"，指系统调查和分析项目区水土流失现状及其危害，采取相应的综合防治措施。

（3）坚持工程与植物相结合，维护生态和植物多样性。坚持工程措施与植物措施相结合，是水土保持工程区别于一般土木工程的最大特点。生态建设项目注重林草措施，并兼顾经济效益，与农村产业和特色农业发展相结合，注重经济林、草、药材、作物的开发与利用，合理配置高效植物，加强水土保持与资源开发利用建设，充分发挥水土保持设施的生态效益和经济效益。水土保持工程，在本质上是一项生态工程。因此，水土保持工程，必须从生态角度出发，注重工程与林草措施的结合，合理巧妙运用林草措施，寓林草设计于工程设计，同时合理配置乔灌草，既维护生态和植物多样性，提升项目区生态功能，又使工程与周边生态景观协调。

（4）坚持技术可行，经济合理。经济合理是任何建设项目立项建设的先决条件，项目的产出和投入，必须符合国家有关技术规定和经济政策的要求。因此，工程设计要确立技术可行和经济合理的原则，在满足有关安全、环保、社会稳定要求的前提下，以期实现项目效益的最大化。水土保持生态建设项目工程措施大多小而分散，要本着经济实用、实施简单、操作方便、后期维护成本低的原则进行设计；植物措施特别是经济林果应按照适应强、技术简便易行、经济效益高的原则进行设计。

4.2　水土保持各设计阶段的要求

水土保持规划编制内容参考《水土保持规划编制规范》（SL 335—2014）附录 A、附录 B 要求编写。附录 A 适用于水土保持综合规划的编写，附录 B 适用于水土保持专项工程规划的编写。

水土保持生态建设项目的项目建议书、可行性研究、初步设计阶段，报告书编制分别执行《水土保持工程项目建议书编制规程》（SL 447—2009）、《水土保持工程可行性研究报告编制规程》（SL 448—2009）和《水土保持工程初步设计报告编制规程》（SL 449—2009），具体工程设计执行《水土保持工程设计规范》（GB 51018—2014）。水土保持实施方案按水利部水土保持司印发的《关于印发〈水土保持小流域综合治理项目实施方案编写提纲（试行）〉的通知》（水保生函〔2010〕22 号）编制。

4.2.1　水土保持规划

（1）水土保持综合规划。根据《水土保持规划编制规范》（SL 335—2014），水土保持综合规划编写主要内容包括以下几方面。

1）阐述规划区基本情况，包括说明规划区经济社会现状，分析评价水土流失和水土保持现状，水土保持监测站网及监管现状等。

2）根据规划区社会经济发展要求，进行现状评价及水土保持需求分析。

3）根据规划区基本情况、现状评价及需求分析结果，确定水土流失防治目标、任务和规模。

4）根据水土保持区划，结合规划区特点，进行水土保持总体布局；并根据划定的水土流失重点预防区和重点治理区，明确重点布局。

5）提出预防、治理、监测、综合监管等规划方案。

6）提出规划分期实施方案和近期重点项目安排；匡算近期拟实施的重点项目投资；进行实施效果分析；拟定实施保障措施。

水土保持综合规划的编写内容，可根据规划工作任务、规划范围等，对规划内容、编制深度进行适当调整。

（2）水土保持专项工程规划。根据《水土保持规划编制规范》（SL 335—2014），水土保持专项工程规划编写主要内容如下。

1）简述规划背景，论述规划的必要性。

2）阐述规划区自然条件、社会经济等基本情况，以及水土流失和水土保持现状。

3）对规划区进行现状评价，根据评价结果，阐述存在的水土流失及其防治主要问题；在现状评价基础上，进行需求分析，并提出防治途径。

4）确定规划范围，提出规划目标、任务和规模。

5）说明规划区涉及全国水土保持区划和其他各级区划的分区情况，根据总体布局，拟定措施体系。

6）选择典型小流域或片区，开展预防保护与综合治理的典型设计，确定分区预防或治理措施配置，提出措施数量。

7）提出水土保持监测方案，包括监测项目、内容与方法、监测点的布置等。

8）阐述综合监管、技术支持及建设与运行管理等内容。

9）说明规划实施进度；提出说明近期重点项目范围、规模和建设内容，并确定其实施安排。

10）统计各类措施的数量及工程量，进行投资估算；提出资金筹措建议方案。

11）进行规划的效益分析与经济评价。

12）提出规划实施的组织、政策、投入、技术等方面的保障措施。

4.2.2 项目建议书阶段

（1）项目建议书编制依据。项目建设的依据，包括项目所在区域综合规划、江河流域（河段）规划、水土保持综合规划、水土保持专项规划。重点说明项目与上述规划有关的主要内容和审批意见，以及项目在规划中所处的地位。

设计依据，包括《水土保持工程项目建议书编制规程》（SL 447—2009）及其他有关技术规范和标准。

（2）设计水平年。设计水平年应根据实际情况确定。对于需要进行较为长期建设的项目，可分期编制项目建议书，并确定现状水平年、近期设计水平年和远期设计水平年。

（3）设计深度、内容与重点。项目建议书阶段应基本查明项目区自然条件、社会经济条件、水土流失及其防治等基本情况，涉及工程地质问题需进行初步勘察，了解并说明影响工程的主要地质条件和工程地质问题；论证项目建设的必要性；基本确定工程建设主要任务，初步拟定建设目标，初步确定建设规模；基本选定项目区；初步划分水土流失分区，通过典型小流域的治理方案，初步确定工程总体方案；对选定的典型小流域，进行典型设计，推算工程量。对大中型淤地坝、拦沙坝等沟道治理工程应做重点论证，单独设计，初步计算工程量；初步拟定施工组织形式以及总工期和进度安排；初步拟定水土保持监测计划、技术支持方案；初步提出管理机构、项目管理模式和运行管护方式；估算工程投资，初步提出资金筹措方案；进行国民经济评价，提出综合评价结论。对利用外资项目，还应提出融资方案并评价项目的财务可行性。

项目建议书阶段的工作重点是优选建设项目、选择项目建设区，并论证项目建设的必要性和合理性，拟定建设规模（治理面积与工程量）与措施布局、初拟建设期、估算投资并进行经济评价。

4.2.3　可行性研究阶段

（1）设计依据。项目建设的依据与项目建议书基本一致。

可行性研究报告书编制依据如下：

1）批复的项目建议书及其批复意见。

2）《水土保持工程可行性研究报告编制规程》（SL 448—2009），以及其他有关标准。

对于中央补助小型水土保持项目，库容在 10 万 m^3 以上的淤地坝工程一般不编制项目建议书，根据批复的水土保持专项规划，直接编制可行性研究报告。

（2）设计水平年。可行性研究的工作范围应与项目建议书基本保持一致，建设期一般不超过 10 年，设计水平年应与项目建议书保持一致。

（3）设计深度、内容和重点。可行性研究阶段应在项目建议书的基础上进一步深化设计。明确现状水平年和设计水平年，查明并分析项目区自然条件、社会经济技术条件、水土流失及其防治状况等基本建设条件；水土保持单项工程涉及工程地质问题，查明主要工程地质条件。论述项目建设的必要性；确定项目建设任务、建设目标和规模；选定项目区，明确重点建设小流域（或片区），对水土保持单项工程应明确建设规模。提出水土保持分区，确定工程总体布局，根据建设规模和分区，选择一定数量的典型小流域进行措施设计，并推算措施数量或工程量；对单项工程应确定位置，并初步明确工程形式及主要技术指标。估算工程量，基本确定施工组织形式、施工方法和要求、总工期及进度安排；初步确定水土保持监测方案；基本确定技术支持方案。明确管理机构，提出项目建设管理模式和运行管护方式。估算工程投资，提出资金筹措方案。分析主要经济评价指标，评价项目的国民经济合理性和可行性。对利用外资项目，提出融资方案并评价项目的财务可行性。

工作重点是阐述分析项目的技术、经济、社会、环境可行性；确定项目区、建设地点，确定防治总体布局；选定典型小流域或片区，进行措施设计，确定不同水土保持分区的措施各类和配置，并推算出各类型区的防治措施及工程量，基本确定技术支持、施工组织方案、项目管理方案，较准确估算项目投资，并进行经济评价（一般为国民经济评价）。

4.2.4　初步设计阶段

（1）设计依据。初步设计报告书编制依据：

1）为批复的可行性研究报告及其批复意见。

2）《水土保持工程初步设计编制规程》（SL 449—2009）、《水土保持工程设计规范》（GB 51018—2014），以及其有关标准。

（2）设计深度、内容和重点。水土保持初步设计工作范围由可行性研究的区域范围细化到具体的小流域，建设目标要量化，防治方案、总体布局、措施配置要落实到地块（小班、工点）。初步设计阶段要复核项目建设任务和规模；查明小流域（或片区）自然、社会经济、水土流失的基本情况；水土保持工程措施应确定工程设计标准及工程布置，做出相应设计，对于水土保持单项工程应确定工程的等级。水土保持林草措施应按立地条件类型选定树种、草种并做出典型设计；封育治理等措施应根据立地条件类型和植被类型分别做出典型设计；确定施工布置方案、条件、组织形式和施工方法，确定进度安排；提出工程的组织管理方式和监督管理办法；编制设计概算，明确资金筹措方案；分析项目的调水保土、经济效益、生态效益和社会效益。

初步设计的重点是各项措施的典型设计、单项设计和专项设计，并落实施工组织设计（含分年实施进度）、项目组织管理，核定投资概算等。水土保持措施现状图和总体布置图的精度，一般在农区图的比例尺为 1：5000～1：10000，在林区图的比例尺为 1：25000，在牧业（风沙草原区）图的比例尺为 1：50000～1：100000。

对治沟骨干工程、小型蓄水工程等按水利工程设计深度要求进行设计。

4.2.5　实施方案

水土保持实施方案一般是在规划批复后，按项目区直接开展水土保持设计，实际上相当于项目建议书、可行性研究阶段和设计阶段的合并，因此，设计内容基本包括 3 个阶段，设计深度基本为初步设计阶段的深度。2010 年 9 月 3 日，水利部水土保持司印发了《关于印发〈水土保持小流域综合治理项目实施方案编写提纲（试行）〉的通知》（水保生函〔2010〕22 号）。

根据该规范性文件要求，水土保持实施方案的设计深度：具体设计应以小流域为单元开展，原则上按图斑进行逐一设计，达到初步设计深度。

实施方案主要设计内容，包括阐述项目前期规划基本情况，以及批复情况，说明任务来源、工程建设必要性；说明选定的项目区及涉及小流域的自然概况、水土流失及防治、土地利用、社会经济等基本情况；拟定项目建设的任务，确定的目标和综合治理规模；进行水土保持分区，提出小流域综合治理和单项工程总体布置，并进行工程措施、林草措施和封育措施设计，统计各项措施数量和工程量；提出施工组织设计，说明施工条件、施工工艺和施工方法、施工布置及施工进度安排；提出水土保持监测方案；涉及技术支持内容，提出技术培训和技术推广等；明确工程建设管理和运行管理内容；进行投资概算，确定分项投资和总投资，提出资金筹措比例与方案。

4.2.6 施工图设计阶段

目前，水土保持生态建设工程设计规范尚在制定过程中，小流域综合治理的施工图设计相当于林业部门的作业设计。治沟骨干工程、小型蓄水工程等施工图设计，可参照水利工程施工图设计规范。个别水土保持项目涉及园林，可参照园林设计规范执行。

4.3 工程级别与设计标准

4.3.1 梯田工程

4.3.1.1 工程级别

根据地形、地面组成物质等条件，将全国的梯田划分为 4 个大区，其中：Ⅰ区包括西南岩溶区、秦巴山区及其类似区域；Ⅱ区包括北方土石山区、南方红壤区和西南紫色土区（四川盆地周边丘陵区及其类似区域）；Ⅲ区包括黄土覆盖区，土层覆盖相对较厚及其类似区域；Ⅳ区主要为黑土区。

梯田工程级别分为三级，根据梯田所在分区域，按梯田面积、土地利用方向或水源条件等因素，确定其工程级别，分区梯田工程级别划分，见表 4-1。

表 4-1　　　　　　　　　分 区 梯 田 工 程 级 别 划 分

分区	级别	面积/hm²	水源条件	土地利用方向	备　　注
Ⅰ区	1	>10	—	口粮田、园地	以梯田设计单元面积作为级别划分首要条件，当交通和水源条件较好时，提高一级；当无水源条件或交通条件较差时，降低一级
	2		—	一般农田、经果林	
	2	3～10	—	口粮田、园地	
	3		—	一般农田、经果林	
	3	≤3	—		
Ⅱ区	1	>30	—	口粮田、园地	以梯田设计单元面积作为级别划分首要条件，当交通和水源条件较好时，提高一级；当无水源条件或交通条件较差时，降低一级
	2		—	一般农田、经果林	
	2	10～30	—	口粮田、园地	
	3		—	一般农田、经果林	
	3	≤10	—		
Ⅲ区	1	>60	—	口粮田、园地	以梯田设计单元面积作为级别划分首要条件，当交通和水源条件较好时，提高一级；当无水源条件或交通条件较差时，降低一级
	2		—	一般农田、经果林	
	2	30～60	—	口粮田、园地	
	3		—	一般农田、经果林	
	3	≤30	—		
Ⅳ区	1	>50	好		以水源条件作为首要条件
	2	20～50	一般		
	3	≤20	差		

其中，东北黑土区所指水源条件好，是指引水条件良好，或地下水充沛可实施井灌。

4.3.1.2 梯田工程设计标准

梯田工程设计标准依据所在分区及相应梯田工程级别确定，主要涉及梯田的净田面宽度、排水标准和灌溉设施等，见表4-2。

表4-2　　　　　　　　　　　　梯田工程设计标准

分区	级别	净田面宽/m	排水设计标准	灌溉设施	备注
I区	1	6～10	10年一遇～5年一遇短历时暴雨	灌溉保证率P≥50%	云贵高原、秦巴山区净田面宽取低限或中限；其他地方视具体情况取高限或中限
	2	5～6	5年一遇～3年一遇短历时暴雨	具有较好的补灌设施	
	3	3～5	3年一遇短历时暴雨	—	
II区	1	>10	10年一遇～5年一遇短历时暴雨	灌溉保证率P≥50%	
	2	5～10	5年一遇～3年一遇短历时暴雨	具有较好补灌设施	
	3	<5	3年一遇短历时暴雨	—	
III区	1	>20	10年一遇～5年一遇短历时暴雨	有	
	2	15～20	5年一遇～3年一遇短历时暴雨	—	
	3	<15	3年一遇短历时暴雨	—	
IV区	1	>30	10年一遇～5年一遇短历时暴雨	灌溉保证率P≥75%	地形条件具备的净田面宽取高限，地形条件不具备的取低限
	2	10～30	5年一遇～3年一遇短历时暴雨	灌溉保证率P为50%～75%	
	3	<5	3年一遇短历时暴雨	—	

4.3.2 淤地坝工程

4.3.2.1 工程级别

淤地坝工程等别及建筑物级别划分，根据淤地坝库容确定，见表4-3。

表4-3　　　　　　　　淤地坝工程等别及建筑物级别划分

工程等别	工程规模		总库容/万 m³	永久性建筑物级别		临时性建筑物级别
				主要建筑物	次要建筑物	
I	大型淤地坝	1型	100～500	1	3	4
		2型	50～100	2	3	4
II	中型淤地坝		10～50	3	4	4
III	小型淤地坝		<10	4	4	4

失事后损失巨大或影响十分严重的淤地坝工程2级、3级主要永久性水工建筑物，经过论证，可提高一级。永久性水工建筑物基础的工程地质条件复杂或采用新型结构时，对2级、3级建筑物可提高一级。

4.3.2.2 工程设计标准

淤地坝工程设计标准应根据建筑物级别确定，见表4-4。

表 4 - 4　　　　　　　　　　　　　淤地坝建筑物设计标准

建筑物级别	洪水重现期/年	
	设计	校核
1	30～50	300～500
2	20～30	200～300
3	20～30	50～200
4	10～20	30～50

淤地坝坝坡抗滑稳定的安全系数，不应小于规定的数值，见表 4 - 5。

表 4 - 5　　　　　　　　　　淤地坝坝坡抗滑稳定的安全系数

荷载组合或运用状况	建 筑 物 级 别	
	1～2	3～4
正常运用	1.25	1.20
非常运用	1.15	1.10

总库容大于 500 万 m^3 以及土石（浆砌石）坝坝高大于 30m 的具有淤地功能的沟道治理工程，应按水利工程土石坝、浆砌石坝等规范设计。

4.3.3　拦沙坝工程

4.3.3.1　工程级别

拦沙坝工程等别及建筑物级别应符合下列规定：拦沙坝坝高宜为 3～15m，库容宜小于 10 万 m^3，工程失事后对下游造成的影响较小，其工程等别确定，见表 4 - 6。

表 4 - 6　　　　　　　　　　　　拦沙坝工程等别

工程等别	坝高/m	库容/万 m^3	保 护 对 象		
			经济设施的重要性	保护人口/人	保护农田/亩
I	10～15	10～50	特别重要经济设施	≥100	≥100
II	5～10	5～10	重要经济设施	<100	10～100
III	<5	<5			<10

并规定：当坝高大于 15m，库容大于 50 万 m^3 时，应作专门论证。当条件不一致时取高限，等别划分不同时按最高等别来确定。

拦沙坝建筑物级别应根据工程等别和建筑物的重要性确定，见表 4 - 7。

表 4 - 7　　　　　　　　　　　　拦沙坝建筑物级别

工 程 等 别	主 要 建 筑 物	次 要 建 筑 物
I	1	3
II	2	3
III	3	3

同时要求，若失事后损失巨大或影响十分严重的拦沙坝工程，对于 2～3 级的主要建筑物，经论证可提高一级；失事后损失不大的拦沙坝工程，对于 1～2 级主要建筑物，经论证可降低一级；建筑物级别提高或降低，其洪水标准可不提高或降低。

4.3.3.2　工程设计标准

拦沙坝工程建筑物防洪标准应根据级别确定，见表 4－8。

表 4－8　　　　　　　　　　　拦沙坝工程建筑物防洪标准

建筑物级别	洪水标准（重现期）/年		
	设　计	校　核	
		重力坝	土石坝
1	20～30	100～200	200～300
2	20～30	50～100	100～200
3	10～20	30～50	50～100

进行拦沙坝稳定安全分析，根据坝型不同遵循下列规定：

（1）土坝、堆石坝的坝坡稳定计算应采用刚体极限平衡法。采用不计条块间作用力的瑞典圆弧法计算坝坡稳定性时，坝坡抗滑稳定安全系数不应小于规定的数值，见表 4－9。采用其他精确计算方法时，抗滑稳定安全系数数值应提高 8%。

表 4－9　　　　　　　　土坝、堆石坝的坝坡抗滑稳定安全系数

荷载组合或运用状况		拦沙坝建筑物级别		
		1	2	3
基本组合（正常运用）		1.25	1.20	1.15
特殊组合（非常运用）	非常运用条件Ⅰ（施工期及洪水）	1.15	1.10	1.05
	非常运用条件Ⅱ（正常运用＋地震）	1.05	1.05	1.05

同时要求荷载计算及其组合，应满足现行行业标准《碾压式土石坝设计规范》（SL 274—2001)的有关规定，特殊组合Ⅰ的安全系数，适用于特殊组合Ⅱ以外其他非常运用荷载组合。

（2）重力坝坝体抗滑稳定计算主要核算坝基面滑动条件，应按抗剪断强度或抗剪强度计算坝基面的抗滑稳定安全。抗滑稳定安全系数不应小于规定的数值，见表 4－10。除深层抗滑稳定以外的坝体抗滑稳定计算的情况，应分析：沿垫层混凝土与基岩接触面滑动；沿砌石体与垫层混凝土接触面滑动；砌石体之间的滑动。当坝基岩体内存在软弱结构面、缓倾角结构面时，应计算深层抗滑稳定。根据滑动面的分布情况又可分为单滑面、双滑面和多滑面计算模式，采用刚体极限平衡法计算。

溢洪道控制段及泄槽抗滑稳定安全系数要求应符合规定，见表 4－11。

表 4-10 　　　　　　　　重力坝稳定计算抗滑稳定安全系数

安全系数	采用公式	荷 载 组 合		1、2、3 级坝	备注
K'	抗剪断公式	基本		3.00	
		特殊	非常洪水状况	2.50	
			设计地震状况	2.30	
K	抗剪公式	基本		1.20	软基
		特殊	非常洪水状况	1.05	
			设计地震状况	1.00	
K	抗剪公式	基本		1.05	岩基
		特殊	非常洪水状况	1.00	
			设计地震状况	1.00	

表 4-11 　　　　　　　　　抗 滑 稳 定 安 全 系 数

安全系数	采用公式	荷 载 组 合		1、2、3 级坝
K'	抗剪断公式	基本		3.00
		特殊	非常洪水状况	2.50
			设计地震状况	2.30
K	抗剪公式	基本		1.05
		特殊	非常洪水状况	1.00
			设计地震状况	1.00

4.3.4 塘坝和滚水坝

4.3.4.1 塘坝

塘坝工程级别依据库容、坝高等指标确定，根据库容和坝高确定工程级别时就高不就低，见表 4-12。

表 4-12 　　　　　　　塘 坝 工 程 级 别

工 程 级 别	级 别 指 标	
	库容/万 m^3	坝高/m
1	5～10	5～10
2	<5	<5

对有防洪任务和要求的塘坝，确定其防洪标准，见表 4-13。

表 4-13 　　　　　　　塘 坝 工 程 防 洪 标 准

工 程 级 别	防洪标准（重现期）/年	
	设计	校核
1	10	20
2	5	10

4.3.4.2　滚水坝

滚水坝工程级别依据坝高指标确定，见表 4－14。

表 4－14　　　　　　　　　　　　滚水坝工程级别

工程级别	坝高/m	工程级别	坝高/m
1	5～10	2	<5

滚水坝工程防洪标准确定，见表 4－15。

表 4－15　　　　　　　　　　　　滚水坝工程防洪标准

工程级别	防洪标准（重现期）/年	工程级别	防洪标准（重现期）/年
1	10	2	5

稳定计算中，基底应力计算应满足下列要求：

（1）土质地基及软质岩石地基在各种计算情况下，平均基底应力不应大于地基允许承载力，最大基底应力不应大于地基允许承载力的 1.2 倍；基底应力的最大值和最小值之比不应大于规定的允许值，见表 4－16。

表 4－16　　　　　　　　基底应力的最大值和最小值之比的允许值

地 基 土 质	荷 载 组 合	
	基本组合	特殊组合
松软	1.50	2.00
中等坚实	2.00	2.50
坚实	2.50	3.00

注　地震区基底应力最大值与最小值之比的允许值可按表列数值适当增大。

（2）硬质岩石地基在各种计算情况下，最大基底应力不应大于地基允许承载力；除施工期和地震情况外，基底应力不应出现拉应力；在施工期和地震情况下，基底拉应力不应大于 100kPa。

对于均质土坝、土质防渗体土石坝、人工防渗体土石坝，其稳定计算，应按刚体极限平衡理论采用瑞典圆弧法进行计算，其坝坡抗滑稳定安全系数不应小于规定的数值，见表4－17。采用其他精确计算方法时，最小抗滑稳定安全系数可适当提高。

表 4－17　　　　　　　　　　土石坝坝坡抗滑稳定安全系数

运 用 条 件		1～2 级坝最小安全系数
正常运用	稳定渗流期	1.25
	库水位正常降落	
非正常运用	施工期	1.15
	库水位非常降落	
	正常运用条件加地震	1.10

重力坝（滚水坝）坝体抗滑稳定按抗剪断强度和按抗剪强度计算时，其抗滑稳定安全

系数不应小于规定的数值,见表 4－18。

表 4－18　　　　　　　　　**重力坝（滚水坝）抗滑稳定安全系数**

安全系数名称	荷　载　组　合		1～2级坝安全系数
抗剪断稳定安全系数	基本		3.00
	特殊	校核洪水情况	2.50
		地震状况	2.30
抗剪稳定安全系数	基本		1.05
	特殊	校核洪水状况	1.00
		地震状况	1.00

4.3.5　沟道滩岸防护工程

沟道滩岸防护工程的防洪标准,应根据防护区耕地面积和所在区域划分为两个等级,相应防洪标准应按规定确定,见表 4－19。

表 4－19　　　　　　　　　**沟道滩岸防护区的等级和防洪标准**

等　　　级			Ⅰ	Ⅱ
防护区耕地面积/hm²	区域	Ⅰ区	≥100	<100
		Ⅱ区	≥10	<10
		其他区	≥5	<5
防洪标准（洪水重现期）/年			10	5

表 4－19 在使用中还规定:①涉及影响人口时,可适当调高标准;②汇水面积在 50km² 以下小流域采用此标准,其他采用堤防标准;③Ⅰ区是指东北黑土区,Ⅱ区是指北方土石山区、南方红壤区和四川盆地周边丘陵区及其类似区域。

护地堤上的闸、涵、泵站等建筑物及其他构筑物的设计防洪标准,不应低于护地堤的防洪标准,护地堤级别应符合规定,见表 4－20。

表 4－20　　　　　　　　　**护 地 堤 级 别**

防洪标准（洪水重现期）/年	10	5
护地堤级别	1	2

土堤的抗滑稳定安全系数,不应小于规定,见表 4－21。

表 4－21　　　　　　　　　**土堤的抗滑稳定安全系数**

护地堤级别	1～2	安全系数	1.10

防洪墙抗滑稳定安全系数,不应小于规定,表 4－22。
防洪墙抗倾稳定安全系数,不应小于规定,表 4－23。

表 4 - 22   防洪墙抗滑稳定安全系数

地 基 性 质	岩 基	土 基
护地堤级别	1～2	1～2
安全系数	1.00	1.15

表 4 - 23   防洪墙抗倾稳定安全系数

护地堤级别	1～2	安全系数	1.40

4.3.6 坡面截排水工程

坡面截排水工程的等级分为三级：配置在坡地上具有生产功能的 1 级林草工程、1 级梯田的截排水沟列为 1 级；配置在坡地上具有生产功能的 2 级林草工程、2 级梯田的截排水沟列为 2 级；配置在坡地上具有生产功能的 3 级林草工程、3 级梯田以及其他设施的截排水沟列为 3 级。

坡面截排水工程设计标准确定，见表 4 - 24。

表 4 - 24   坡面截排水工程设计标准

级别	排 水 标 准	超高/m
1	5 年一遇～10 年一遇短历时暴雨	0.3
2	3 年一遇～5 年一遇短历时暴雨	0.2
3	3 年一遇短历时暴雨	0.2

4.3.7 土地整治工程

4.3.7.1 引洪漫地工程

引洪漫地工程级别划分依据淤漫面积指标，按规定确定并执行相应洪水设计标准，见表 4 - 25。

表 4 - 25   引 洪 漫 地 工 程 级 别

工程级别	淤漫面积/hm²	设计洪水标准/年
1	5～20	10～20
2	<5	5～10

引坡洪漫地时可控制引用的集水面积宜在 1～2km²，引河洪漫地时宜引用是中、小河流。

4.3.7.2 引水拉沙造地工程

引水拉沙造地工程应根据工程规模（造地面积）、工程所在区域防洪安全和水土保持重要性划分为 3 级，并应按规定确定。若 2 级、3 级引水拉沙造地工程所在区域为国家水土流失重点防治区，工程级别相应提高 1 级；2 级、3 级的工程，若所在区域防洪安全特别重要时，工程级别相应提高 1 级，见表 4 - 26。

表 4 - 26
引水拉沙造地工程级别

工程级别	造 地 面 积/hm²	
	风沙区	河流滩地
1	≥100	≥50
2	100～30	50～10
3	<30	<10

各级别引水拉沙造地工程设计应符合下列要求:

1 级:田块布设和道路设计应满足大型机械化生产的要求,水利灌溉及防洪设施完善,工程区及其周边防风防沙林带全面配置。

2 级:田块布设和道路设计应基本满足机械化生产的要求,因地制宜配套水利灌溉设施,工程区内防风、防沙、防洪措施完善,并应结合周边地域的风沙防护。

3 级:应满足工程区内的防洪要求,配套田块内外生产道路及防护林带。

河流滩地引水拉沙造地的防洪堤设计洪水标准应按规定确定,见表 4 - 27。

表 4 - 27　　　　　　　　引水拉沙造地工程设计标准

工程级别	河流滩地防洪堤设计洪水重现期/年	工程级别	河流滩地防洪堤设计洪水重现期/年
1	10	2～3	5

4.3.8　支毛沟治理工程

沟头防护工程设计标准,应根据各地水文手册结合具体情况选择相应历时暴雨。谷坊工程溢流口的设计,应根据各地水文手册结合具体情况选择相应历时暴雨。选择相应历时暴雨时,应根据各地降雨情况分别采用当地最易产生严重水土流失的短历时、高强度暴雨。

4.3.9　固沙工程

防风固沙工程级别,应根据风沙危害程度、保护对象、所处位置、工程规模、治理面积等因素,按规定确定,见表 4 - 28。

表 4 - 28　　　　　　　　　防 风 固 沙 工 程 级 别

防 护 对 象		严重	中等	轻度
绿洲规模 /hm²	≥20000	1	2	3
	20000～666	2	3	3
	<666	2	3	3
园区	国家级	1	2	3
	省级	2	3	3
	地方	2	3	3
居民点	县（市）	1	2	3
	镇	2	3	3
	乡村	3	3	3

防风固沙带宽度，应根据防风固沙工程级别、所处风向方位，按规定确定，见表4-29。

表 4-29　　　　　　　　　　　　　防 风 固 沙 带 宽 度

防风固沙工程级别	防风固沙带宽/m	
	主害风上风向	主害风下风向
1	200～300	100～200
2	100～200	50～100
3	50～100	20～50

对防风固沙带宽大于300m的工程项目，应经论证确定其宽度。

4.3.10　林草工程

涉及生态公益林建设的区域，林草工程级别应按《生态公益林建设导则》（GB/T 18337.1）有关规定执行，并根据其建设规模、所处位置、生态脆弱性、生态重要性及景观作用合理确定。

坡地上具有生产功能的林草工程级别应按规定确定，见表4-30。坡地上具有生产功能的林草工程设计应根据其级别，按下列规定执行：

1级应采取措施建设高标准梯田，并配套相应灌溉设施，灌溉保证率不应小于75％。

2级应采取措施建设水平梯田，并配套相应灌溉设施，灌溉保证率不应小于50％。

3级应采取水土保持措施，并辅以雨水集蓄利用措施。

表 4-30　　　　　　　　坡地上具有生产功能的林草工程级别

级别	类　　别	规模化经营程度
1	果园、经济林栽培园	规模化集约经营
2	果园、经济林栽培园、刈割草场	规模化经营
3	果园、经济林栽培园、经济林、刈割草场	其他

4.3.11　封育工程

封育工程级别应按工程区域水土保持和生态功能的重要性确定。水土流失重点防治区、重要生态功能区或重要饮用水水源地和生态移民地区执行1级标准，其他区域执行2级标准。

封育设计标准应符合下列规定：

1级采取适宜的封育方式，以全封禁措施为主，并应配套生态移民、以煤电气代薪柴、沼气池、节柴灶等措施。

2级采取适宜的封育方式，以半封和轮封为主。在能源紧缺地区，应辅以煤电气代薪柴、沼气池、节柴灶等措施。在人口密集地区，应辅以生态移民。

4.4 设 计 计 算

4.4.1 水文计算

4.4.1.1 水文计算的任务和内容

水文计算是为防洪、水资源开发和某些工程的规划、设计、施工和运行，提供水文数据的各类水文分析和计算的总称。主要内容，包括设计暴雨计算、设计洪水计算、设计年径流计算、设计固体径流计算和其他特殊情况下的水文计算等。

水文计算的基本方法，主要是根据水文现象的随机性质，应用概率论、数理统计的原理和方法，通过实测水文资料的统计分析，估算指定设计频率的水文特征值。

本节主要介绍基本资料收集、设计洪水计算、排水水文计算、调洪演算、输沙量计算及淤地坝水文计算。

4.4.1.2 基本资料的收集

（1）水文资料。水文资料包括国家基本站网及专用水文站、水位站的实测资料，历史洪水调查资料和文献，以及有关单位以往进行的水文分析资料等。这些资料主要从水文年鉴、水文图集、各省（自治区）及流域机构编制的水文统计、水文手册、历史洪水整编成果、暴雨洪水图集和有关历史文献档案中收集。

为了保证计算成果质量，对收集到的水文资料，根据需要应进行代表性、可靠性和一致性的检查。

（2）气象资料。主要收集降雨资料，除水文年鉴外，还注意收集暴雨图集和可能最大暴雨等值线图，历史暴雨调查资料，以及记载有雨情、水情、灾情的历史文献等。收集水文、气象系统以外其他部门的观测资料，以及各地群众性或专用气象哨观测资料，后者对观测站点稀少的地区尤其重要。

4.4.1.3 设计洪水计算

（1）一般规定，主要包括以下几个方面。

1）水土保持工程的水文计算应符合国家现行有关标准的规定。计算设计洪水时，应从实际出发，深入调查了解流域特性，注重基本资料的可靠性。

2）对于来水面积较大以及重要的防洪排导工程，必须进行防洪排水水文计算，以确定设计洪水成果，满足防洪排导工程水利和水力计算的需要。当有洪水实测资料时，应根据资料条件及工程设计要求，采取多种方法计算设计洪水，经论证后选用。

3）设计洪水应充分利用实测水文资料，依据《水利水电工程设计洪水计算规范》（SL 44—2006）进行分析计算，当洪水资料缺乏时，可利用同类地区或工程附近地区的径流站、水文站实测资料，或调查洪水资料，通过综合分析来计算设计洪水。对于无资料地区小流域的设计洪水，可依据《水利水电工程设计洪水计算规范》（SL 44—2006）、各省（自治区、直辖市）编制的暴雨洪水图集，以及各地编制的水文手册所提供的方法进行计算，经分析论证后合理选用计算成果。

4）应按当地试验数值，确定梯田和林草对设计洪水的影响；对于小型淤地坝、塘坝、谷坊等沟道工程对设计洪水的影响一般不考虑。截（排）水工程根据确定的排水标准，按短历时设计暴雨计算排水流量。

（2）设计洪水计算。设计洪水包括设计洪峰流量、不同时段设计洪量，以及设计洪水过程线 3 个要素。根据工程所在地区或流域的资料条件，设计洪水计算可采用下列方法。

工程地址或上、下游邻近地点具有 30 年以上实测和插补延长的流量资料，应采用频率分析法计算设计洪水。

工程所在地区具有 30 年以上实测和插补延长的暴雨资料，并有暴雨洪水对应关系时，可采用频率分析法计算设计暴雨，并由设计暴雨计算设计洪水。

工程所在流域内洪水和暴雨资料短缺时，可利用邻近地区实测或调查洪水和暴雨资料，进行地区综合分析，计算设计洪水。

1）由流量资料推求设计洪水（直接法），主要有以下几种方法。

a. 设计洪峰及洪量推求。由流量资料推求设计洪峰及不同时段的设计洪量，可以使用数理统计方法，计算符合设计标准的数值，一般也称为洪水频率分析。

依据《水利水电工程设计洪水计算规范》（SL 44—2006）中的规定，当工程所在地区具有 30 年以上实测和插补延长洪水流量资料，并具有历史洪水资料时，应采用频率分析法计算设计洪水。

频率计算中的洪峰流量和不同时段的洪量系列，应由每年最大值组成。当洪水特性在一年内随季节或成因明显不同时，应分别进行选样统计。

在 n 项连序洪水系列中，按大小顺序排位的第 m 项洪水的经验频率 P_m，可采用下列数学期望公式计算。

$$P_m = \frac{m}{n+1} \quad (m = 1, 2, \cdots, n) \tag{4-1}$$

在调查考证期 N 年中有特大洪水 a 个，其中有 1 个发生在 n 项连序系列内，这类不连序洪水系列中各项洪水的经验频率可采用下列数学期望公式计算。

a 个特大洪水的经验频率为

$$P_M = \frac{M}{N+1} \quad (M = 1, 2, \cdots, n) \tag{4-2}$$

$n-1$ 个连续洪水的经验频率为

$$P_m = \frac{a}{N+1} + \left(1 - \frac{a}{N+1}\right)\frac{m-l}{n-l+1} \quad (m = l+1, \cdots, n) \tag{4-3}$$

或
$$P_m = \frac{m}{n+1} \quad (m = 1, 2, \cdots, n)$$

频率曲线的线型一般采用皮尔逊 Ⅲ 型。

频率曲线的统计参数采用均值 X、变差系数 C_v 和偏态系数 C_s 表示。统计参数的估计可采用矩法或其他参数估计法初步估算统计参数，而后采用适线法调整初步估算的统计参数。当采用经验适线法时，应尽可能拟合全部点距，拟合不好时可侧重考虑较可靠的大洪水点距。

b. 设计洪水过程线推求。是指具有某一设计标准的洪水过程线。目前一般采用放大典型洪水过程线的方法，使其洪峰流量和时段洪量的数值等于设计标准的频率值，即认为所得的过程线是待求的设计洪水过程线。在选定典型洪水过程线的基础上,目前采用的典型放大方法有峰量同频率控制方法(简称同频率放大法)和按峰或量同倍比控制方法(简称同倍比放大法)。具体计算可参见 SL 44—2006。

2)由暴雨资料推求设计洪水(间接法)。我国大部分地区的洪水主要由暴雨形成。在实际工作中,中小流域常因流量资料不足无法直接用流量资料推求设计洪水,而暴雨资料一般较多,因此可用暴雨资料推求设计洪水。设计暴雨及产流计算,详见前述章节内容。

洪水汇流可采用净雨单位线、瞬时单位线和推理公式计算。其中推理公式法较为常用。在第 5 章也介绍过推理公式,本节重点推荐中国水利水电科学研究院水文研究所提出的推理公式。

推理公式的一般表达式为

$$Q_m = 0.278 \left(\frac{S_p}{\tau^n} - \mu \right) F \qquad (全面汇流, t_c \geqslant \tau) \qquad (4-4)$$

$$Q_m = 0.278 \left(\frac{S_p (t_c^{1-n} - \mu t_c)}{\tau} \right) F \qquad (部分汇流, t_c < \tau) \qquad (4-5)$$

$$\tau = \frac{0.278L}{m J^{1/3} Q_m^{1/4}} \qquad (4-6)$$

$$t_c = \left[(1-n) \frac{S_p}{\mu} \right]^{1/n} \qquad (4-7)$$

式中　Q_m——设计洪峰流量,m^3/s;

　　　F——汇水面积,km^2;

　　　S_p——设计雨力,即重现期(频率)为 p 的最大 1h 降雨强度,mm/h;

　　　τ——流域汇流历时,h;

　　　t_c——净雨历时,或称产流历时,h;

　　　μ——损失参数,即平均稳定入渗率,mm/h;

　　　n——暴雨衰减指数,反映暴雨在时程分配上的集中(或分散)程度指标;

　　　m——汇流参数,在一定概化条件下,通过对该地区实测暴雨洪水资料综合分析得出;

　　　L——河长,即沿主河道从出口断面至分水岭的最长距离,km;

　　　J——沿河长(流程)L 的平均比降(以小数计)。

推理公式中的参数 m,n,μ 等一般通过实测暴雨洪水资料经分析综合得出,或查找最新出版的《中国暴雨统计参数图集》和各省(自治区、直辖市)最新出版的《暴雨统计参数图集》得到。对于无条件进行地区综合的流域,可参考汇流参数 m 查用表,见表 4-31。

推理公式法推算设计洪水总量,可按式(4-8)计算。

$$W_p = a H_p F \qquad (4-8)$$

式中　W_p——设计洪水总量,万 m^3;

　　　a——洪水总量径流系数,可采用当地经验值;

　　　其他符号含义同前。

3)地区综合分析法计算设计洪水。地区综合分析法推算洪峰流量 Q_p,可采用洪峰面积相关法或综合参数法。

表 4 - 31　　　　　汇 流 参 数 *m* 查 用 表

类别	雨洪特性、河道特性、土壤植被条件	推理公式洪水汇流参数 m 值（$\theta=L/J^{1/3}$）			
		$\theta=1\sim10$	$\theta=10\sim30$	$\theta=30\sim90$	$\theta=90\sim400$
I	北方半干旱地区，植被条件较差，以荒坡、梯田或少量的稀疏林为主的土石山区，旱作物较多，河道呈宽浅型，间隙性水流，洪水陡涨陡落	$1.00\sim1.30$	$1.30\sim1.60$	$1.60\sim1.80$	$1.80\sim2.20$
II	南北方地理景观过渡区，植被条件一般，以稀疏、针叶林、幼林为主的土石山区或流域内耕地较多	$0.60\sim0.70$	$0.70\sim0.80$	$0.80\sim0.90$	$0.90\sim1.30$
III	南方、东北湿润山丘区，植被条件良好，以灌木林、竹林为主的石山区，或森林覆盖度达 40%～50%，或流域内多为水稻田、卵石，两岸滩地杂草丛生，大洪水多为尖瘦型，中小洪水多为矮胖型	$0.30\sim0.40$	$0.40\sim0.50$	$0.50\sim0.60$	$0.60\sim0.90$
IV₁、IV₂	雨量丰沛的湿润山区，植被条件优良，森林覆盖度可高达 70% 以上，多为深山原始森林区，枯枝落叶层厚，壤中流较丰富，河床呈山区型，大卵石、大砾石河槽，有跌水，洪水多为陡涨缓落	$0.20\sim0.30$	$0.30\sim0.35$	$0.35\sim0.40$	$0.40\sim0.80$

采用洪峰面积相关法，可按式（4-9）计算。

$$Q_p = CF_n \tag{4-9}$$

式中　F——流域面积，km^2；

C、n——经验参数和指数，可采用当地经验值。

采用综合参数法，可按式（4-10）～式（4-12）计算：

$$Q_p = C_1 H_p \alpha\lambda\beta J_m F_n \tag{4-10}$$

$$\lambda = \frac{F}{L^2} \tag{4-11}$$

$$H_p = K_p \overline{H}_{24} \tag{4-12}$$

式中　　C_1——洪峰地理参数；

H_p——频率为 P 的流域中心点 24h 雨量，mm；

λ——流域形状系数；

J——主沟道平均比降；

F——流域面积，km^2；

L——流域长度，m；

α、β、m、n——经验参数，可采用当地经验值；

K_p——频率为 P 的模比系数，由 C_v 及 C_s 的皮尔逊 III 型曲线表中查得；

$\overline{H}_{24}$——流域最大暴雨均值，mm，可由当地水文手册或暴雨洪水图集中查得。

经验公式法推算设计洪水总量，可按式（4-13）计算。

$$W_p = AF_m \qquad (4-13)$$

式中 A、m——洪水总量地理参数及指数，可由当地水文手册中查得；

其他符号含义同前。

4）无实测资料中小流域设计洪水过程线推算。推算方法如下：

a. 宜采用概化三角形过程线法推算设计洪水过程线，如图 4-1 所示。

b. 洪水总历时可按式（4-14）计算。

$$T = 5.56 \frac{W_p}{Q_p} \qquad (4-14)$$

式中 T——洪水总历时，h；

W_p——设计洪水总量，万 m^3；

Q_p——设计洪峰流量，m^3/s。

涨水历时可按式（4-15）计算。

$$t_1 = a_{t1} T \qquad (4-15)$$

式中 t_1——涨水历时，h；

a_{t1}——涨水历时系数，视洪水产汇流条件而异，其值变化为 0.1～0.5，可根据当地情况取值；

T——洪水总历时，h。

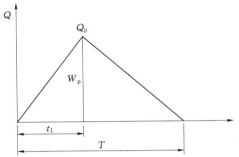

图 4-1 概化三角形洪水过程线

4.4.1.4 排水水文计算

（1）永久截（排）水沟设计排水流量采用式（4-16）计算。

$$Q_m = 16.67 \phi q F \qquad (4-16)$$

式中 q——设计重现期和降雨历时内的平均降雨强度，mm/min；

其他符号含义同前。

若汇水面积内有两种或两种以上不同地表种类时，应按不同地表种类面积加权求得平均径流系数，径流系数 ϕ 按照要求确定，见表 4-32。

表 4-32 径 流 系 数 ϕ 参 考 值

地表种类	径流系数 ϕ	地表种类	径流系数 ϕ
沥青混凝土路面	0.95	起伏的山地	0.60～0.80
水泥混凝土路面	0.90	细粒土坡面	0.40～0.65
粒料路面	0.60～0.80	平原草地	0.40～0.65
粗粒土坡面和路肩	0.10～0.30	一般耕地	0.40～0.60
陡峻的山地	0.75～0.90	落叶林地	0.35～0.60
硬质岩石坡面	0.70～0.85	针叶林地	0.25～0.50
软质岩石坡面	0.50～0.50	粗砂土坡地	0.10～0.30
水稻田、水塘	0.70～0.80	卵石、块石坡地	0.08～0.15

（2）当工程场址及其邻近地区有 10 年以上自记雨量计资料时，应利用实测资料整理分析得到设计重现期的降雨强度。当缺乏自记雨量计资料时，可利用标准降雨强度等值线

图和有关转换系数，按式（4-17）计算降雨强度。

$$q = C_p C_t q_{5,10}$$

$$(4-17)$$

式中　$q_{5,10}$——5 年重现期和 10min 降雨历时的标准降雨强度，mm/min，可按工程所在地区，查中国 5 年一遇 10min 降雨强度（$q_{5,10}$）等值线图；

C_p——重现期转换系数，为设计重现期降雨强度 q_p 同标准重现期降雨强度比值（q_p/q_5），按工程所在地区，见表 4-33 确定；

C_t——降雨历时转换系数，为设计重现期降雨历时 t 的降雨强度 q_t 同 10min 降雨历时的降雨强度 q_{10} 的比值（q_t/q_{10}），按工程所在地区的 60min 转换系数（C_{60}）可查取，C_{60} 可查中国 60min 降雨强度转换系数（C_{60}）等值线图，见表 4-34。

表 4-33　　　　　　　　　　　　重现期转换系数 C_p 表

地　　区	重现期 P/年			
	3	5	10	15
海南、广东、广西、云南、贵州、四川（东）、湖南、湖北、福建、江西、安徽、江苏、浙江、上海、台湾	0.86	1.00	1.17	1.27
黑龙江、吉林、辽宁、北京、天津、河北、山西、河南，山东、四川（西）、西藏	0.83	1.00	1.22	1.36
内蒙古、陕西、甘肃、宁夏、青海、新疆（非干旱区）	0.76	1.00	1.34	1.54
内蒙古、陕西、甘肃、宁夏、青海、新疆（干旱区，约相当于 5 年一遇 10mm 降雨强度小于 0.5mm/min 的地区）	0.71	1.00	1.44	1.72

表 4-34　　　　　　　　　　　　降雨历时转换系数 C_t 表

C_{60}	降雨历时 t/min										
	3	5	10	15	20	30	40	50	60	90	120
0.30	1.40	1.25	1.00	0.77	0.64	0.50	0.40	0.34	0.30	0.22	0.18
0.35	1.40	1.25	1.00	0.8	0.68	0.55	0.45	0.39	0.35	0.26	0.21
0.40	1.40	1.25	1.00	0.82	0.72	0.59	0.50	0.44	0.40	0.30	0.25
0.45	1.40	1.25	1.00	0.84	0.76	0.63	0.55	0.50	0.45	0.34	0.29
0.50	1.40	1.25	1.00	0.87	0.8	0.68	0.60	0.55	0.50	0.39	0.33

（3）降雨历时一般取设计控制点的汇流时间，其值为汇水区最远点到排水设施处的坡面汇流历时 t_1 与在沟（管）内的沟（管）汇流历时 t_2 之和。在考虑路面表面排水时，可不计沟（管）内的汇流历时 t_2。t_1 及其相应的地面粗度系数 m_1 按式（4-18）计算。

$$t_1 = 1.445 \left(\frac{m_1 L_s}{\sqrt{i_s}} \right)^{0.467}$$

$$(4-18)$$

式中　t_1——坡面汇流历时，min；

L_s——坡面流的长度，m；

i_s——坡面流的坡降，以小数计；

m_1——地面粗度系数，可按地表情况确定，见表 4-35。

表 4-35

表 4-35　　　　　　　　　　　　　地面粗度系数 m_1 参考值

地表状况	地面粗度系数 m_1	地表状况	地面粗度系数 m_1
光滑的不透水地面	0.02	牧草地、草地	0.40
光滑的压实地面	0.10	落叶树林	0.60
稀疏草地、耕地	0.20	针叶树林	0.80

（4）计算沟（管）内汇流历时 t_2 时，先在断面尺寸、坡度变化点或者有支沟（支管）汇入处分段，分别计算各段的汇流历时后再叠加而得，即

$$t_2 = \sum_{i=1}^{n} \left(\frac{l_i}{60 v_i} \right) \qquad (4-19)$$

式中　t_2——沟（管）内汇流历时，min；

　　n、i——分段数和分段序号；

　　l_i——第 i 段的长度，m；

　　v_i——第 i 段的平均流速，m/s。

沟（管）的平均流速 v 可按式（4-20）计算。也可采用 Rziha 公式 $v = 20 i_g^{3/5}$ 近似估算沟（管）的平均流速，其中，i_g 为该段排水沟（管）的平均坡度。

$$v = \frac{1}{n} R^{2/3} I^{1/2} \qquad (4-20)$$

式中　n——排水沟（管）壁的粗糙系数，按表 4-36 确定；

　　R——水力半径，m；$R = A/\chi$（A 为过水断面面积，m^2；χ 为过水断面湿周，m）；

　　I——水力坡度，可取沟（管）的底坡，以小数计。

表 4-36　　　　　　　　　　　　　排水沟（管）壁的粗糙系数 n 值

排水沟（管）类别	粗糙系数 n	排水沟（管）类别	粗糙系数 n
塑料管（聚氯乙烯）	0.010	植草皮明沟（$v = 1.8\text{m/s}$）	0.050~0.090
石棉水泥管	0.012	浆砌石明沟	0.025
铸铁管	0.015	浆砌片石明沟	0.032
波纹管	0.027	水泥混凝土明沟（抹面）	0.015
岩石质明沟	0.035	水泥混凝土明沟（预制）	0.012
植草皮明沟（$v = 0.6\text{m/s}$）	0.035~0.050		

4.4.1.5　输沙量计算

（1）输沙量应包括悬移质输沙量和推移质输沙量两部分，可按式（4-21）计算。

$$\overline{W}_{sb} = \overline{W}_s + \overline{W}_b \qquad (4-21)$$

式中　$\overline{W}_{sb}$——多年平均输沙量，万 t/a；

　　$\overline{W}_s$——多年平均悬移质输沙量，万 t/a；

　　$\overline{W}_b$——多年平均推移质输沙量，万 t/a。

（2）悬移质输沙量可采用以下两种方法之一计算：

1）输沙模数图查算法。

$$\overline{W}_s = \sum F_i M_{si}$$

$$(4-22)$$

式中 M_{si}——分区输沙模数，万 $t/(km^2 \cdot a)$，可根据输沙模数等值线图确定；

F_i——分区面积，km^2；

其他符号含义同前。

2）输沙模数经验公式法。

$$\overline{W}_s = K \overline{M}_0^b$$

$$(4-23)$$

式中 $\overline{W}_s$——多年平均输沙模数，万 t/km^2；

$\overline{M}_0$——多年平均径流模数，万 m^3/km^2；

b、K——指数和系数，可采用当地经验值。

（3）推移质输沙量可采用以下两种方法之一计算：

1）比例系数法：见 7.3.2.3 小节。

2）已成坝库淤积调查法。

$$\overline{W}_b = W_1 - (\overline{W}_s - W_2)$$

$$(4-24)$$

式中 W_1——多年平均坝库拦沙量，万 t/a；

W_2——多年平均坝库排沙量，万 t/a；

其他符号含义同前。

（4）缺乏资料地区可采用侵蚀模数计算输沙量。

4.4.1.6 淤地坝水文计算

（1）设计洪水标准与淤积年限。根据坝型确定设计洪水标准与淤积年限，见表 4－37。

表 4－37   淤地坝设计洪水标准与淤积年限

项　目		单位	淤　地　坝　类　型			
			小型	中型	大（2）型	大（1）型
库容		万 m^3	<10	10～50	50～100	100～500
洪水重现期	设计	年	10～20	20～30	30～50	30～50
	校核	年	30	50	50～100	100～300
淤积年限		年	5	5～10	10～20	20～30

注 大型淤地坝坝下游如有重要经济建设交通干线或居民密集区应根据实际情况适当提高设计洪水标准。

（2）洪水总量与洪峰流量计算。根据当地不同条件分别采取不同方法。对大型（和接近大型的中型）淤地坝一般应采用两种以上方法进行计算，并将其结果进行综合分析选定。

各种方法都应以设计频率的暴雨为基础。根据流域面积大小，分别确定设计频率下不同的设计暴雨历时（一般常用 3h、6h、12h、24h；流域面积较大的，采用较长的历时），以设计暴雨控制洪水总量（W），合理确定造峰历时控制洪峰。

1）查阅图表法。当小流域所在的省、地区或县各级水利部门已有《水文手册》时，应按照各类淤地坝的设计频率和已确定的暴雨历时，查阅《水文手册》中相应的暴雨洪峰模数（M_q）与洪量模数（M_w）乘以坝库以上集水面积（F）即

$$Q = FM_q$$

$$(4-25)$$

$$W = FM_w \qquad (4-26)$$

式中 Q——设计洪峰流量，m^3/s；

$\quad\quad W$——设计洪水总量，m^3；

$\quad\quad M_q$——洪峰模数，$m^3/(s \cdot km^2)$；

$\quad\quad M_w$——洪量模数，m^3/km^2；

$\quad\quad F$——坝库以上集水面积，km^2。

2）用设计暴雨推算设计洪水。可采用推理公式法计算。

3）流域年均输沙量计算。

$$S = FM_s \qquad (4-27)$$

式中 S——年均输沙量，t；

$\quad\quad M_s$——年均侵蚀模数，t/km^2；

$\quad\quad F$——坝库以上集水面积，km^2。

4）分析坝库以上水土保持措施对洪水泥沙的影响，在进行坝库水文计算时，如其上游已有其他坝库，或集水面积上已有不同程度的水土保持措施，则应考虑其减小洪峰、洪量和年输沙量的作用，对上述关系式中的 M_q、M_w 和 M_s 等参数给予适当调整。具体要求如下：

a. 如设计坝库上游有其他坝库且能全部拦蓄洪水、泥沙，则从设计坝库的集水面积中减去其上游坝库的集水面积，再进行前述各项计算。

b. 如上游坝库不能全部拦蓄洪水、泥沙，则应在上述计算基础上，再增加上游坝库排出的洪水、泥沙。

c. 对集水面积上现有水土保持措施减少地表径流和土壤侵蚀作用的计算，参见 GB/T 15774—2008。

【案例 1】 湖南省湘江某支流欲修建一座以灌溉为主的小（1）型水库，工程位于北纬 28°以南，流域面积 $2.93km^2$，干流长度 $2.65km$，河道坡率 0.033，用推理公式推求坝址处 100 年一遇设计洪水洪峰流量。

（1）求 S_p、n。由《湖南省小型水库水文手册》（湖南省水文总站）中的雨量参数图表，查得该流域中心多年平均 24h 暴雨量均值 $\overline{H}_{24}=120mm$，变差系数 $C_v=0.4$，偏态系数与变差系数之比 $C_s/C_v=3.5$，$n_2=0.76$，$n_1=0.62$。

按 $C_s=3.5C_v=3.5\times0.4=1.4$，查 ϕ 值表得离均系数 $\phi_{1\%}=3.27$，据此计算得 100 年一遇最大 24h 暴雨量为 $H_{24,1\%}=\overline{H}_{24}(\phi_{1\%}\times C_v+1)=277(mm)$，100 年一遇最大 1h 设计雨力 $S_p=H_{24,1\%}/24^{1-n_2}=277/24^{(1-0.76)}=129(mm/h)$。

（2）求 μ。由 μ 值等值线图查得该流域中心 μ 为 $2mm/h$。

（3）净雨历时 t_c 为

$$t_c = \left[(1-n)\frac{S_p}{\mu}\right]^{1/n} = \left[(1-0.67)\frac{129}{2}\right]^{1/0.76} = 36.8(h)$$

（4）汇流参数 m。根据《湖南省小型水库水文手册》中的经验公式计算汇流参数 m。

$$m = 0.54\left(\frac{L}{J^{1/3}F^{1/4}}\right)^{0.15} = 0.71 \qquad (4-28)$$

（5）Q_m 的试算。将有关参数代入式（4-4）～式（4-6）为

$$\tau = \frac{0.278L}{mJ^{1/3}Q_m^{1/4}} = 3.235Q_m^{-0.25} \qquad (4-29)$$

当 $t_c \geqslant \tau$ 时

$$Q_m = 0.278\left(\frac{S_p}{\tau^n} - \mu\right)F = 95.03\tau^{-0.76} - 1.47 \qquad (4-30)$$

当 $t_c < \tau$ 时

$$Q_m = 0.278\left(\frac{S_p(t_c^{1-n} - \mu t_c)}{\tau}\right)F = 64.74\tau^{-1} \qquad (4-31)$$

假设 $Q_m = 90\text{m}^3/\text{s}$，代入式（a）得 $\tau = 1.05\text{h} < t_c$，由式（b）得 $Q_m = 90.1\text{m}^3/\text{s}$，两者相对误差为 0.1%，故 $Q_m = 90\text{m}^3/\text{s}$，$\tau = 1.05\text{h}$ 为本算例所求。

4.4.2　水力计算

4.4.2.1　水力计算的任务和内容

（1）水力计算的任务：根据水文计算成果，结合地形地质条件，通过计算，确定沟渠建筑物、泄（放）水建筑物及护岸工程的规模大小。

（2）水力计算的主要内容如下：

1）沟渠建筑物水力计算，推求沟渠建筑物的规模。

2）泄（放）水建筑物水力计算，确定泄洪布置规模及相关设计参数。

3）沟道丁坝水力计算，确定丁坝的布置间距及局部冲坑深度等参数；泥石流水力计算，确定其主要设计参数。可参见相关规范。

4.4.2.2　沟渠建筑物

沟渠建筑物水力计算主要是根据截排流量的大小，选用渠道衬砌材料，确定沟渠断面形式、尺寸及纵坡等。

（1）沟渠常用断面形式。水土保持工程中沟渠常用断面形式有矩形断面、梯形断面和复式断面，如图 4-2～图 4-4 所示。

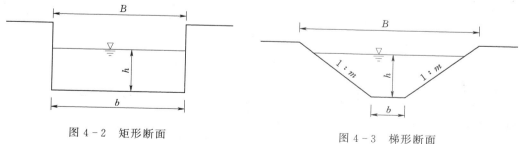

图 4-2　矩形断面　　　　　　　　　　图 4-3　梯形断面

（2）沟渠材料。沟渠根据成渠材料一般有土渠、石渠；根据衬砌形式可分为浆砌石沟渠和混凝土沟渠。

（3）水力最佳断面。主要是针对梯形断面，在已知 Q、m、i、n 和宽深比 β_m 的情况

下，求正常水深 h_0 和底宽 b，则有以下计算公式。

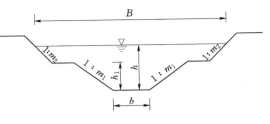

$$\beta_{\mathrm{m}}=\frac{b_{\mathrm{m}}}{h_{\mathrm{m}}}=2(\sqrt{1+m^2}-m) \qquad (4-32)$$

$$R_{\mathrm{m}}=\frac{h_{\mathrm{m}}}{2} \qquad (4-33)$$

$$h_{\mathrm{m}}=\left(\frac{nQ}{\sqrt{i}}\right)^{3/8}\frac{(\beta_{\mathrm{m}}+2\sqrt{1+m^2})^{1/4}}{(\beta_{\mathrm{m}}+m)^{5/8}}$$

$$(4-34)$$

图 4 - 4　复式断面

$$b_{\mathrm{m}}=\beta_{\mathrm{m}}h_{\mathrm{m}} \qquad (4-35)$$

式中　Q——流量，$\mathrm{m^3/s}$；

　　m、i、n——渠道边坡系数、底坡及糙率；

　　β_{m}——水力最佳断面的宽深比；

　　h_{m}——水力最佳断面的水深，m；

　　b_{m}——水力最佳断面的底宽，m；

　　R_{m}——水力最佳断面的水力半径，m。

通常水力最佳断面计算出来的断面形式是一种底宽较小、水深较大的窄深型断面。

（4）实用经济断面。是一种宽深比 β 大于 β_{m} 以满足工程需要的断面，通常比水力最佳断面宽浅很多，但过水断面 A 仍然十分接近水力最佳断面的断面面积 A_{m}，两者之间关系有

$$\frac{A}{A_{\mathrm{m}}}=\frac{V_{\mathrm{m}}}{V}=\left(\frac{R_{\mathrm{m}}}{R}\right)^{2/3}=\left(\frac{\chi}{\chi_{\mathrm{m}}}\right)^{2/5} \qquad (4-36)$$

$$\frac{h}{h_{\mathrm{m}}}=\left(\frac{A}{A_{\mathrm{m}}}\right)^{5/2}\left[1-\sqrt{1-\left(\frac{A_{\mathrm{m}}}{A}\right)^4}\right] \qquad (4-37)$$

$$\beta=\left(\frac{h_{\mathrm{m}}}{h}\right)^2\frac{A}{A_{\mathrm{m}}}(2\sqrt{1+m^2}-m)-m \qquad (4-38)$$

式中　β、A、V、R、χ、h——实用经济断面的宽深比、过水面积、断面流速、水力半径、湿周及水深；

　　A_{m}、V_{m}、R_{m}、χ_{m}、h_{m}——水力最佳断面的过水面积、断面流速、水力半径、湿周及水深。

通常计算中，A/A_{m} 的值在 $1.00\sim1.04$ 时，渠道较为经济。

4.4.2.3　泄（放）水建筑物

水土保持工程中涉及的泄（放）水建筑物主要有溢洪道，卧管式或竖井式取水口与输水涵洞组成放水建筑物。

（1）溢洪道水力计算。主要包括闸室溢流堰宽度计算、泄槽水面线计算、出口消能计算。

1）溢流堰宽度计算。溢洪道溢流堰通常采用宽顶堰，无闸门控制，采用公式计算堰顶宽度为

$$B = \frac{Q}{m\sqrt{2g}H_0^{3/2}} = \frac{Q}{MH_0^{3/2}} \tag{4-39}$$

$$H_0 = H + \frac{V_0^2}{2g} \tag{4-40}$$

式中　H_0——计入行近流速在内的堰上水头，m；

　　　H——堰顶水头，即设计的滞洪水位 $h_{滞}$，m；

　　　V_0——堰顶上游（3~4）H 处的行近流速，m/s；

　　　m——宽顶堰流量系数；

　　　g——重力加速度，取为 9.81m/s^2；

　　　M——流量系数，$M = m\sqrt{2g}$；

　　　B——溢洪道闸室宽度，m。

2）泄槽水面线计算，包括以下 3 个方面：

a. 临界水深。临界水深的计算可按公式进行。

$$1 - \frac{\alpha Q^2 B_k}{g A_k^3} = 0 \tag{4-41}$$

或

$$h_k = \sqrt[3]{\frac{\alpha q^2}{g}} \tag{4-42}$$

式中　A_k、B_k——水深为 h_k 时的过水断面面积及水面宽度；

　　　　　α——流速系数。

b. 泄槽水力计算。泄槽水面线应根据能量方程，用分段求和法计算，可按下列公式进行。

$$\Delta L_{1-2} = \frac{\left(h_2\cos\theta + \frac{\alpha_2 v_2^2}{2g}\right) - \left(h_1\cos\theta + \frac{\alpha_1 v_1^2}{2g}\right)}{i - \bar{J}} \tag{4-43}$$

$$\bar{J} = \frac{n^2 \bar{V}^2}{\bar{R}^{4/3}} \tag{4-44}$$

式中　ΔL_{1-2}——分段长度，m；

　　　α_1、α_2——流速分布不均匀系数；

　　　$\bar{J}$——分段内平均摩阻坡降；

　　　h_1、h_2——分段始末断面水深，m；

　　　v_1、v_2——分段始末断面流速，m/s；

　　　θ——泄槽底坡角度，（°）；

　　　i——泄槽底坡；

　　　n——泄槽槽身糙率系数；

　　　$\bar{V}$——分段内平均流速，m/s，$\bar{v} = (v_1 + v_2)/2$；

　　　$\bar{R}$——分段内平均水力半径，m，$\bar{R} = (R_1 + R_2)/2$。

溢洪道闸室控制段通常为平底宽顶堰，下游泄槽底坡较陡，基本上水流在陡槽内产生降水曲线，随着陡槽底部高程的降低，槽内水深逐渐减小，因此，陡槽内水深的变化为明渠非均匀流。通常认为变坡处的水深为临界水深 h_k，把泄槽长度均分 n 等份；每小段内，假定水深变化 Δh，计算段尾水深，以此类推，计算泄槽水面线。

c. 泄槽段掺气水深计算。如果泄槽流速超过 $10\mathrm{m/s}$，应考虑水流掺气的影响。掺气水深可按下列公式计算。

$$h_\mathrm{b}=\left(1+\frac{\zeta V}{100}\right)h \tag{4-45}$$

式中　h_b——泄槽计算断面掺气后水深，m；

　　　　ζ——流速修正系数。

3）出口消能计算，有底流消能和挑流消能两种。

a. 底流消能，包括以下 4 个方面：

（a）消力池池深计算。消力池深度计算，可按下列公式计算。

$$d=\sigma_0 h_\mathrm{c}''-h_\mathrm{s}''-\Delta Z \tag{4-46}$$

$$h_\mathrm{c}''=\frac{h_\mathrm{c}}{2}\left(\sqrt{1+\frac{8\alpha q^2}{g h_\mathrm{c}^3}}-1\right)\left(\frac{b_1}{b_2}\right)^{0.25} \tag{4-47}$$

$$h_\mathrm{c}^3-T_0 h_\mathrm{c}^2+\frac{\alpha q^2}{2g\varphi^2}=0 \tag{4-48}$$

$$\Delta Z=\frac{\alpha q^2}{2g\varphi^2 h_\mathrm{s}'^2}-\frac{\alpha q^2}{2g h_\mathrm{c}''^2} \tag{4-49}$$

式中　d——消力池深度，m；

　　　　q——单宽流量，$\mathrm{m^2/s}$；

　　　　σ_0——淹没系数；

　h_c、h_c''——跃前收缩水深、跃后水深，m；

　　　　α——水流动能校正系数；

　　　　g——重力加速度，取为 $9.81\mathrm{m/s^2}$；

　　　　φ——流速系数；

　　　　h_s'——消力池下游河道水深，m；

　　　　T_0——由消力池底板算起的总势能，m；

　b_1、b_2——消力池首末端宽度，m；

　　　　ΔZ——出池水面落差，m。

（b）消力池长度计算。消力池长度可按下列公式计算。

$$L_\mathrm{sj}=L_\mathrm{s}+\beta L_\mathrm{j} \tag{4-50}$$

$$L_\mathrm{j}=6.9(h_\mathrm{c}''-h_\mathrm{c}) \tag{4-51}$$

式中　L_sj——消力池长度，m；

　　　　L_s——消力池斜坡段水平投影长度，m；

　　　　L_j——水跃长度，m；

　　　　β——水跃长度校正系数。

（c）消力池底板厚度计算。消力池底板厚度应满足抗冲和抗浮要求，按下列公式计算：

抗冲
$$t = k_1 \sqrt{q \sqrt{\Delta H'}} \qquad (4-52)$$

抗浮
$$t = k_2 \frac{U - W \pm P_m}{\gamma_b} \qquad (4-53)$$

式中　t——消力池底板始段厚度，m；

k_1——消力池底板计算系数；

$\Delta H'$——上、下游水位差，m；

k_2——消力池底板安全系数；

U——作用在消力池底板底面的扬压力，kPa；

W——作用在消力池底板顶面的水重，kPa；

P_m——作用在消力池底板上的脉动压力（kPa），其值可取跃前收缩断面流速水头值的5%；

γ_b——消力池底板的饱和重度，kN/m³。

（d）海曼长度计算。海曼长度计算可按下式计算。
$$L_p = K_s \sqrt{q_s \sqrt{\Delta H'}} \qquad (4-54)$$

式中　L_p——海漫长度，m；

K_s——海漫长度计算系数；

q_s——消力池末端单宽流量，m²/s。

b. 挑流消能，主要包括确定挑流水舌挑距和最大冲坑深度。

（a）挑流水舌挑距计算。挑流水舌外缘挑距可按下式计算。
$$L = \frac{1}{g} \left[v_1^2 \sin\theta\cos\theta + v_1\cos\theta \sqrt{v_1^2 \sin^2\theta + 2g(h_1\cos\theta + h_2)} \right] \qquad (4-55)$$

式中　L——挑流水舌外缘挑距，m，自挑流鼻坎末端算起至下游沟床床面的水平距离；

v_1——鼻坎坎顶水面流速，m/s，可取鼻坎末端断面平均流速 v 的1.1倍；

θ——挑流水舌水面出射角，（°），可近似取鼻坎挑角；

h_1——挑流鼻坎末端法向水深，m；

h_2——鼻坎坎顶至下游沟床高程差，m，如计算冲刷坑最深点距鼻坎的距离，该值可采用坎顶至冲坑最深点高程差。

其中鼻坎末端断面平均流速 v，可按流速公式计算（适用范围 $S < 18q^{2/3}$）。
$$v = \phi \sqrt{2gZ_0} \qquad (4-56)$$
$$\phi^2 = 1 - \frac{h_f}{Z_0} - \frac{h_j}{Z_0} \qquad (4-57)$$
$$h_f = 0.014 \times \frac{S^{0.767}Z_0^{1.5}}{q} \qquad (4-58)$$

式中　v——鼻坎末端断面平均流速，m/s；

q——泄槽单宽流量，m³/(s·m)；

ϕ——流速系数；

Z_0——鼻坎末端断面水面以上的水头，m；

h_f——泄槽沿程损失，m；

h_j——泄槽各局部损失水头之和，m，h_j/Z_0 可取 0.05；

S——泄槽流程长度，m。

(b) 冲坑深度计算。冲刷坑深度可按公式计算：

$$T = kq^{1/2}Z^{1/4} \qquad (4-59)$$

式中　T——自下游水面至坑底最大水垫深度，m；

　　　k——综合冲刷系数；

　　　q——鼻坎末端断面单宽流量，$m^3/(s \cdot m)$；

　　　Z——上、下游水位差，m。

(2) 竖井水力学计算。竖井水力学计算有放水孔口面积计算和消力井的容积计算两部分。

1) 放水孔面积计算，主要包括以下两个方面：

a. 单层放水孔放水情况。放水孔尺寸按孔口出流公式计算。

$$\omega = \frac{Q}{2\mu \sqrt{2gH_1}} = 0.174 \frac{Q}{\sqrt{H_1}} \qquad (4-60)$$

式中　ω——一级放水孔的孔口面积，m^2；

　　　Q——设计放水流量，m^3/s；

　　　μ——流量系数；

　　　H_1——孔口中心至水面距离，m。

b. 如果采用上下两级放水孔同时放水，则有

$$\omega = \frac{Q}{2\mu \sqrt{2g}(\sqrt{H_1} + \sqrt{H_2})} = 0.174 \frac{Q}{\sqrt{H_1} + \sqrt{H_2}} \qquad (4-61)$$

式中　H_2——第二级孔口中心至水面距离，m。

2) 消力井容积计算。消力井的断面尺寸根据放水流量及竖井高度来计算确定。计算公式为

$$E = 9.81QH \qquad (4-62)$$

$$V = \frac{E}{8} = \frac{9.81QH}{8} = 1.23QH \qquad (4-63)$$

式中　E——放水水流能量，kW；

　　　H——作用水头，近似采用正常蓄水位与竖井底部高程的差值，m；

　　　V——消力井最小容积，m^3。

(3) 卧管水力计算，主要包括以下 5 个方面：

1) 设计放水流量的确定。放水建筑物的放水流量的大小，主要根据放空库容和防洪保收的要求确定。对于淤满年限在 5 年以上的淤地坝，根据调洪计算的结果，在 3~5d 内放完相当于拦泥库容的 10%~20% 的水量或者 4~7d 内放完一次设计洪水总量，作为设计放水流量，计算公式计算为

$$Q = \frac{(0.1~0.2)V_拦}{(3~5) \times 86400} \qquad (4-64)$$

或

$$Q=\frac{V_{拦}}{(4\sim7)\times86400} \tag{4-65}$$

式中　$V_{拦}$——淤地坝设计拦水总量，m^3，由水文计算确定。

2）卧管放水孔尺寸的确定。水流从放水孔流入卧管，水流状态为自由孔口出流；一般卧管放水时，多以每次同时开启上下两孔为宜，两孔同时放水流量计算公式为

$$Q=\mu\omega\sqrt{2g}(\sqrt{H_1}+\sqrt{H_2}) \tag{4-66}$$

式中　H_1——第 1 孔的作用水头，m；

　　　H_2——第 2 孔的作用水头，m；

　　　ω——一个放水孔的面积，m^2。

放水孔一般采用圆形，孔口直径为 D，侧孔口面积有

$$\omega=\frac{1}{4}\pi D^2 \tag{4-67}$$

且有 $\sqrt{2g}=4.43$，代入上式推求圆形放水孔的直径 D 为

$$D=\sqrt{\frac{Q}{2.17(\sqrt{H_1}+\sqrt{H_2})}}=0.68\sqrt{\frac{Q}{\sqrt{H_1}+\sqrt{H_2}}} \tag{4-68}$$

3）卧管加大流量的确定。如果采用上下开启两孔的运用方式，则需要按 3 孔调节法计算卧管的加大流量；这种调节方法，能保证在任何库水位时，放出的流量均接近或稍大于设计流量，故称为卧管的加大流量 Q_B。为简化计算，可近似采用设计流量加大 $20\%\sim25\%$ 来考虑，并以此流量设计卧管、涵洞及消力池断面尺寸。

4）卧管断面尺寸的确定。卧管内的水流流态为无压流，卧管的断面形式有方形、圆形两种，其断面尺寸大小与流量、卧管的纵坡及糙率有关。水流在卧管内流动，一般采用明渠均匀流公式进行计算。

$$Q_B=\omega C\sqrt{Ri} \tag{4-69}$$

式中　i——卧管的纵坡，一般为 $1:2\sim1:4$；

　　　ω——卧管的过水断面面积，卧管断面一般采用矩形，卧管宽度一般采用放水孔直径的 1.5 倍；

　　　C——曼宁系数；

　　　R——水力半径，m。

为保证水柱跃高不淹没进水孔，卧管高度应较正常水深加高 3～4 倍，以保持管内通气顺畅。对于混凝土圆管，正常水深为管径的 0.4 倍。

5）消力池断面尺寸的确定。消力池是卧管与涵管的连接建筑物。消力池是浆砌石筑成的，流速较高，在水流长方形结构中，其水力计算与溢洪道下游消力池的计算相同。

为保证产生淹没水跃，还应满足 $\dfrac{d+h_t}{h''}\geqslant1.05\sim1.1$（$h_t$ 为涵洞的均匀流水深，设计涵洞时求得，m），跃后水深为

$$h''=\frac{h'}{2}\left(\sqrt{1+8\frac{\alpha Q_B^2}{gB^2h'^3}}-1\right) \tag{4-70}$$

式中　h'——跃前水深，近似采用卧管均匀流水深，m；

B——卧管的宽度，m；

α——动能系数；

Q_B——卧管的加大流量，m^3/s。

卧管消力池宽度应满足 $B_0 = B + 0.4m$。

（4）输水涵洞水力计算。水流经卧管或竖井消能后，即通过埋设在坝下的涵洞输入坝体下游，输水涵洞常用的断面形式有圆形、矩形和拱顶矩形三种。根据其水流状态可分为有压和无压输水涵洞两种。在淤地坝和小型水库中多采用无压输水涵洞，其中方形涵洞是采用较多的一种形式，它适用于流量较小，洞身填土较低的中小型淤地坝；拱形涵洞，多适用于流量较大，洞身填土较高的大型淤地坝，一般多为等截面半圆形砌拱涵，如图 4-5 所示。

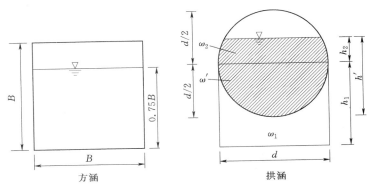

图 4-5　方涵及拱涵水力学计算简图

水流在涵洞内要求保持无压状态，洞内水深不应超过涵洞净高的 75%。涵洞断面开头确定后，其尺寸大小主要根据设计加大流量及坡度确定，一般按明渠均匀流公式试算确定。

方形和拱顶矩形砌石涵洞，其水力要素可按以下简化方法确定。

1）方涵。如图 4-5 所示，当充水度（即水深与涵洞高的比值）为 3/4 时，方涵水力要素为

$$\omega = 0.75B^2 \qquad (4-71)$$

$$R = 0.3B \qquad (4-72)$$

式中　ω——过水断面面积，m^2；

　　　R——水力半径，m。

2）拱涵。如图 4-4 和图 4-5 所示，当水流未充满整个断面时，试算比较复杂。为简化计算，可采用下列计算公式：

a. 按拟定拱涵矩形部分高度（h_1）计算矩形及半圆形过水断面的水深值拱涵的水深为其高度的 3/4，即

$$h = 0.75\left(h_1 + \frac{d}{2}\right) \qquad (4-73)$$

式中　d——拱涵的净宽，m。

b. 计算圆断面充水度为

$$\frac{h'}{d}=\frac{\frac{d}{2}+h_2}{d} \qquad (4-74)$$

式中 h'——拱涵内圆断面的水深，m。

c. 按拟定的拱涵净宽 d 分别计算圆形断面各水力要素。

圆形断面积为

$$\omega_{\mathrm{d}}=\frac{\pi}{4}d^2=0.78d^2 \qquad (4-75)$$

圆断面湿周为

$$\chi_{\mathrm{d}}=\pi d \qquad (4-76)$$

圆断面水力半径为

$$R_{\mathrm{d}}=\frac{\omega_{\mathrm{d}}}{\chi_{\mathrm{d}}} \qquad (4-77)$$

d. 拱涵过水断面面积为

$$\omega=\omega_1+\omega_2=h_1d+\omega'-\frac{\pi}{8}d^2 \qquad (4-78)$$

式中 ω_1——拱涵矩形面积，m^2；

   ω_2——拱涵拱形部分的过水面积，m^2；

   ω'——圆形断面阴影部分面积，m^2。

e. 求拱涵过水断面湿周 χ 为

$$\chi=\chi_1+\chi_2=d+2h_1+\chi'-\frac{\pi}{2}d \qquad (4-79)$$

式中 χ_1——矩形部分湿周，m，$\chi_1=d+2h_1$；

   χ_2——矩形部分湿周，m，$\chi_2=\chi'-\frac{\pi}{2}d$；

   χ'——圆形断面阴影部分的湿周，m。

f. 计算拱涵过水断面的水力半径为

$$R=\frac{\omega}{\chi} \qquad (4-80)$$

g. 校核拟定的拱涵断面所通过的流量 Q，根据确定的水力要素 ω、R 及糙率 n、坡度 i，代入公式 $Q=\omega C\sqrt{Ri}$ 计算，如果通过流量等于或稍大于设计加大流量，则拟定的断面尺寸合适；反之，需调整拱涵断面尺寸，重新计算。

（5）泄（放）水建筑物工程算例，可见下例。

【案例 2】 某淤地坝工程，坝址以上集水面积为 $5.0\mathrm{km}^2$；20 年一遇洪水流量 $Q_{20}=105\mathrm{m}^3/\mathrm{s}$，洪水总量 $W_{20}=10$ 万 m^3，200 年一遇洪水流量 $Q_{200}=180\mathrm{m}^3/\mathrm{s}$，洪水总量 $W_{20}=17$ 万 m^3；经水文计算分析，溢洪道设计泄量为 $41.19\mathrm{m}^3/\mathrm{s}$。溢洪道由闸室段、泄槽段及出口消能段组成。溢洪道闸室采用平底堰，堰顶高程为 820.5m，堰上设计水深为 2.6m；泄槽底坡 $i=0.3333$，泄槽长度为 35.0m，试进行溢洪道设计。

解：

（1）溢洪道闸室宽度计算由公式（4－39）得

$$B=\frac{Q}{m\sqrt{2g}H_0^{3/2}}=\frac{Q}{MH_0^{3/2}}=\frac{41.19}{1.6\times2.6^{3/2}}=6.14(\mathrm{m})$$

（2）计算临界水深由公式（4－42）得

$$h_\mathrm{k}=\sqrt[3]{\frac{\alpha q^2}{g}}=\sqrt[3]{\frac{1.0\times(41.19/6.14)^2}{9.81}}=1.66(\mathrm{m})$$

（3）计算临界底坡由公式 $Q=AC\sqrt{Ri}$ 可知

$$i_\mathrm{k}=\frac{Q_\mathrm{k}^2}{A_\mathrm{k}^2C_\mathrm{k}^2R_\mathrm{k}}$$

$$A_\mathrm{k}=B\times h_\mathrm{k}=6.14\times1.66=10.19(\mathrm{m}^2)$$

$$\chi_\mathrm{k}=B+2h_\mathrm{k}=6.14+2\times1.66=9.46(\mathrm{m})$$

$$R_\mathrm{k}=\frac{A_\mathrm{k}}{\chi_\mathrm{k}}=\frac{10.19}{9.46}=1.08(\mathrm{m})$$

$$C_\mathrm{k}=\frac{1}{n}R^{1/6}=\frac{1}{0.014}\times1.08^{1/6}=72.35$$

$$i_\mathrm{k}=\frac{Q_\mathrm{k}^2}{A_\mathrm{k}^2C_\mathrm{k}^2R_\mathrm{k}}=\frac{41.19^2}{10.19^2\times72.35^2\times1.08}=0.00289$$

$i>i_\mathrm{k}$，则水流为急流，按陡坡计算。

（4）水面线计算。水流出闸室后接陡坡，认为泄槽段起始水深为临界水深 1.66m，把泄槽长度均分 n 等份；每小段内，假定水深变化 Δh，计算段尾水深；采用式（4－41）和式（4－42）计算泄槽水面线。

根据计算，泄槽尾端水深 h 为 0.47m，对应流速 $V=14.358\mathrm{m/s}$，由式（4－43）计算的掺气水深为

$$h_\mathrm{b}=\left(1+\frac{\zeta V}{100}\right)h=\left(1+\frac{1.2\times14.358}{100}\right)\times0.47=0.55(\mathrm{m})$$

（5）下游消能计算。根据溢洪道下游地形地质条件，消能采用底流消能。

由式（4－47）计算共轭水深为

$$h_\mathrm{c}''=\frac{h_\mathrm{c}}{2}\left(\sqrt{1+\frac{8\alpha q^2}{gh_\mathrm{c}^3}}-1\right)\left(\frac{b_1}{b_2}\right)^{0.25}$$

$$h_\mathrm{c}=0.47(\mathrm{m})$$

$$q=\frac{Q}{B}=\frac{41.19}{6.14}=6.71[\mathrm{m}^3/(\mathrm{s}\cdot\mathrm{m})]$$

$$h_\mathrm{c}''=\frac{0.47}{2}\left(\sqrt{1+\frac{8\times1.03\times6.71^2}{9.81\times0.47^3}}-1\right)=4.27(\mathrm{m})$$

下游河道宽度不变，底坡为 0.01，按明渠均匀流计算正常水深 $h_0=1.09\mathrm{m}$。

由于 $h_\mathrm{c}''>h_0$，水流发生远趋水跃，需修建消力池。

由式（4－46）、式（4－48）和式（4－49）计算消力池深度：

计算选用下游尾水渠水深为 2.0m，计算的消力池深度 $d=1.958\mathrm{m}$，设计选用 2.0m。

由式（4-50）和（4-51）计算消力池长度为

$$L_j = 6.9(h''_c - h_c) = 6.9 \times (4.27 - 0.47) = 26.24(\text{m})$$

$$L_{sj} = L_s + \beta L_j = 35.0 + 0.75 \times 26.24 = 54.68(\text{m})$$

设计选用消力池长度为 20.0m。

由式（4-52）和（4-53）计算消力池底板厚度为

$$t_{\text{冲}} = k_1 \sqrt{q \sqrt{\Delta H'}} = 0.2 \times \sqrt{6.71 \times \sqrt{10.31}} = 0.93(\text{m})$$

$$t_{\text{浮前}} = k_2 \frac{U - W - P_m}{\gamma_b} = 1.2 \times \frac{41.0 - 23.69 - 0.525}{24} = 0.84(\text{m})$$

$$t_{\text{浮后}} = k_2 \frac{U - W - P_m}{\gamma_b} = 1.2 \times \frac{43.0 - 14.18 - 0.525}{24} = 1.47(\text{m})$$

设计中前段底板厚度取为 1.0m，后半段取为 1.5m。

4.4.3 稳定计算

4.4.3.1 稳定计算的任务和内容

（1）稳定计算的任务：通过稳定计算，验证建筑物体型设计的合理性，确保建筑物的安全稳定。

（2）稳定计算的内容主要如下：

1）土石坝稳定计算分析，包含坝坡抗滑稳定计算和坝体渗流稳定计算。

2）边坡稳定计算分析。

3）重力坝稳定计算分析。

4）泄水建筑物稳定计算分析，主要为溢洪道闸室段抗滑稳定计算。

5）拦渣工程稳定计算。

2）～5）有关内容可参见相关规范。

4.4.3.2 土石坝稳定计算分析

在水土保持工程中，淤地坝和拦沙坝工程中挡水建筑物多采用土石坝、堆石坝。

土石坝稳定计算分析，包括土石坝坝坡稳定计算和坝体渗流稳定计算两部分。

（1）土石坝坝坡稳定计算分析。具体分析如下：

1）计算理论和方法。土石坝、堆石坝的坝坡稳定计算应采用刚体极限平衡法。刚体极限平衡分析法是建立在摩尔—库仑强度准则基础上的，不考虑土体的结构特性，只考虑静力（力和力矩）平衡条件的稳定分析方法。

原水土保持设计手册中采用瑞典圆弧法计算坝坡稳定，结合计算理论的发展，参考《碾压式土石坝设计规范》（SL 274—2001）相关计算方法，本手册采用简化毕肖普法和摩根斯坦-普莱斯法。

a. 简化毕肖普法。简化毕肖普法的基本假定有：

（a）剖面上剪切面是个圆弧。

（b）条间力的方向为水平方向。该法通过垂直方向力的平衡求条底反力，通过对同一点的力矩平衡求解安全系数。

其计算如图 4-6 所示，安全系数计算公式为

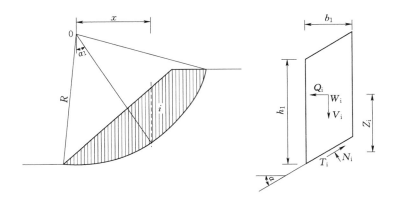

图 4 - 6　简化毕肖普法计算简图

$$K = \cfrac{\sum\left\{\left[(W_i+V_i)\sec\alpha_i - u_ib_i\sec\alpha_i\right]\tan\varphi_i' + c_i'b_i\sec\alpha_i\right\}\cfrac{1}{1+\cfrac{\tan\varphi_i'}{K}\tan\alpha_i}}{\sum\left[(W_i+V_i)\sin\alpha_i + \cfrac{M_{Q_i}}{R}\right]} \qquad (4-81)$$

式中　W_i——第 i 滑动条块重量；

Q_i、V_i——作用在第 i 滑动条块上的外力（包括地震力、锚索、锚桩提供的加固力和表面荷载）在水平向和垂直向分力（向下为正）；

u_i——第 i 滑动条块底面的孔隙水压力；

α_i——第 i 滑动条块底滑面的倾角；

b_i——第 i 滑动条块的宽度；

c_i'、φ_i'——第 i 滑动条块底面的有效黏聚力和内摩擦角；

M_{Q_i}——第 i 滑动条块水平向外力 Q_i 对圆心的力矩；

R——滑动圆弧半径；

K——抗滑稳定安全系数。

b. 摩根斯坦-普莱斯法。摩根斯坦-普莱斯法要求的力学平衡条件为：分条底面的法向力平衡，分条底面的切向力平衡，关于分条底面中点的力矩平衡。该法假设条块的竖直切向力与水平推力之比为条间力函数 $f(x)$ 和待定常数 λ 的乘积。

其计算如图 4 - 7 所示，计算公式为

$$\int_a^b p(x)s(x)\mathrm{d}x = 0 \qquad (4-82)$$

$$\int_a^b p(x)s(x)t(x)\mathrm{d}x - M_e = 0 \qquad (4-83)$$

其中

$$p(x) = \left(\frac{\mathrm{d}W}{\mathrm{d}x} + \frac{\mathrm{d}V}{\mathrm{d}x}\right)\sin(\widetilde{\varphi}' - \alpha) - u\sec\alpha\sin\widetilde{\varphi}' + \widetilde{c}'\sec\alpha\cos\widetilde{\varphi}' - \frac{\mathrm{d}Q}{\mathrm{d}x}\cos(\widetilde{\varphi}' - \alpha) \qquad (4-84)$$

$$s(x) = \sec(\widetilde{\varphi}' - \alpha + \beta) \times \exp\left[-\int_a^x \tan(\widetilde{\varphi}' - \alpha + \beta)\frac{\mathrm{d}\beta}{\mathrm{d}\zeta}\mathrm{d}\zeta\right] \qquad (4-85)$$

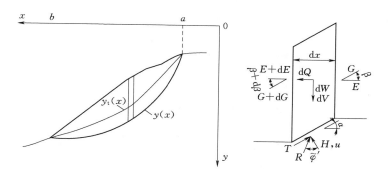

图 4-7　摩根斯坦-普莱斯法计算简图

$$t(x) = \int_a^x (\sin\beta - \cos\beta\tan\alpha)\exp\left[\int_a^\zeta \tan(\tilde{\phi}' - \alpha + \beta)\frac{\mathrm{d}\beta}{\mathrm{d}\zeta}\mathrm{d}\zeta\right]\mathrm{d}\zeta \qquad (4-86)$$

$$M_e = \int_a^b \frac{\mathrm{d}Q}{\mathrm{d}x}h_e\mathrm{d}x \qquad (4-87)$$

$$\tilde{c}' = \frac{c'}{K} \qquad (4-88)$$

$$\tan\tilde{\varphi}' = \frac{\tan\tilde{\varphi}'}{K} \qquad (4-89)$$

$$\tan\beta = \lambda f(x) \qquad (4-90)$$

式中　$\mathrm{d}x$——条块宽度；

　　　$\mathrm{d}W$——条块重量；

　　　u——作用于条块底面的孔隙水压力；

　　　α——条块底滑面与水平面的夹角；

$\mathrm{d}Q$、$\mathrm{d}V$——作用在条块上的外力（包括地震力、锚索、锚桩提供的加固力和表面荷载）在水平向和垂直向分力；

　　　M_e——$\mathrm{d}Q$ 对条块中点的力矩；

　　　h_e——$\mathrm{d}Q$ 的作用点到条块底面中点的垂直距离；

　　　$f(x)$——$\tan\beta$ 在 x 方向的分布形状函数；

　　　λ——确定 $\tan\beta$ 值的待定系数。

2）计算程序。目前，实际工作中，利用计算机进行土石坝抗滑稳定安全系数的计算，找出潜在滑面及对应的最小安全系数。

随着计算机技术的快速发展，近年来开发出较多的土石坝边坡稳定分析软件。目前国内常用的土石坝边坡计算软件有中国水利水电科学研究院陈祖煜院士的《土质边坡稳定分析程序 STAB》、黄河勘测规划设计有限公司和河海大学共同编写的《土石坝稳定分析系统 HH-Slope》《水利水电工程设计计算程序集——土石坝边坡稳定分析程序》等。

（2）土石坝的坝体渗流稳定计算分析包括以下两个方面。

1）计算要求。对无黏性土的允许比降宜采用下列方法确定。

以土的临界水力比降除以 1.5～2.0 的安全系数；当渗透稳定对建筑物的危害较大时，取 2.0 的安全系数。

无试验资料时，可选用经验值，见表 4-38。

表 4-38　　　　　　　　　　　　　无黏性土允许水力比降

允许水力比降	渗透变形类型					
	流土型			过渡型	管涌型	
	$C_u \leqslant 3$	$3 < C_u \leqslant 5$	$C_u > 5$		级配连续	级配不连续
$J_{允许}$	0.25~0.35	0.35~0.50	0.50~0.80	0.25~0.40	0.15~0.25	0.10~0.20

注　本表不适用于渗流出口有反滤层的情况。

2）计算理论和方法。根据工程布置，主要介绍不透水地基上均质土坝、不透水地基上的斜墙土坝、不透水地基上的心墙土坝及无限深透水地基上均质土坝等，渗流稳定计算理论和方法。

a. 不透水地基上的均质土坝的渗流。主要针对下游坝坡有无表面排水的均质土坝。

计算简图，如图 4-8 所示。

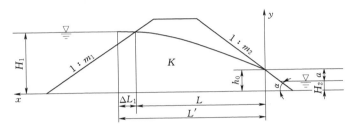

图 4-8　不透水地基上的均质土坝

计算公式为

$$\Delta L_1 = \frac{m_1}{2m_1 + 1} H_1 \tag{4-91}$$

$$L' = \Delta L_1 + L \tag{4-92}$$

$$q = K \left[\frac{(H_1 - H_2)^2}{(L' - m_2 H_2) + \sqrt{(L' - m_2 H_2)^2 - m_2^2 (H_1 - H_2)^2}} + \frac{(H_1 - H_2) H_2}{L' - 0.5 m_2 H_2} \right] \tag{4-93}$$

当 $H_2 = 0$ 时，

$$q = K \frac{H_1^2}{L' + \sqrt{L'^2 - (m_2 H_1)^2}} \tag{4-94}$$

$$h_0 = \frac{[2(m_2 + 0.5)^2 a + m_2 H_2] (m_2 + 0.5)}{2(m_2 + 0.5)^2 (a + H_2) + m_2 H_2} \frac{q}{k} + H_2 \tag{4-95}$$

当 $H_2 \neq 0$ 时，

$$h_0 = \frac{q}{K} (m_2 + 0.5) \tag{4-96}$$

$$y = \sqrt{h_0^2 + (H_1^2 - h_0^2) \frac{x}{L' - m_2 h_0}} \tag{4-97}$$

当 $H_2 = 0$ 时，浸润线渗出点处水力比降为

$$J = \frac{1}{\sqrt{1 + m_2^2}} \tag{4-98}$$

在坝趾处为

$$J = \frac{1}{m_2} \tag{4-99}$$

当 $H_2 \neq 0$ 时，出渗段水力比降为

$$J = \frac{1}{\sqrt{1+m_2^2}} \left[\frac{h_0 - H_2}{y - H_2} \right]^{0.25} \frac{H_2}{h_0} \tag{4-100}$$

下游水面以下坝坡部分水力比降为

$$J = \frac{(m_2 + 0.5) \dfrac{h_0 - H_2}{H_2}}{\alpha \sqrt{1+m_2^2} \left[m_2 + 2(m_2 + 0.5)^2 \dfrac{h_0 - H_2}{H_2} \right]} \left[\frac{H_2}{y} \right]^{1-\frac{1}{2\alpha}} \tag{4-101}$$

式中　H_1——土坝上游计算水深，m；

$\quad\quad H_2$——土坝下游计算水深，m；

$\quad\quad \Delta L_1$——虚拟垂直坡至库水面与土坝上游坡交点间的水平距离，m；

$\quad\quad L$——不透水体的水平长度，m；

$\quad\quad h_0$——棱体排水上游端渗流水深，m；

$\quad\quad q$——渗流量，$\mathrm{m^3/(s \cdot m)}$；

$\quad x$、y——浸润线方程对应的坐标；

$\quad\quad a$——出渗点至下游水面的高差，m；

$\quad\quad J$——水力比降；

m_1、m_2——土坝上、下游坝坡；

$\quad\quad \alpha$——下游坝坡坡角，弧度。

b. 不透水地基上的斜墙土坝的渗流计算简图，如图 4-9 所示。

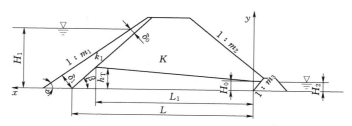

图 4-9　不透水地基上的斜墙土坝

无论坝体采用何种形式的排水设备，通过斜墙的渗透量按公式计算。

$$q = K_1 \left[\frac{(H_1 - h_T)^2 - (\delta \cos\alpha)^2}{\delta_0 + \delta_c} + \frac{2(H_1 - h_T) h_T}{\delta_c + \delta_1'} \right] \frac{\cos(\beta - \alpha)}{\sin\beta} \tag{4-102}$$

其中

$$\delta_c = \delta_1 - h_T \frac{\sin(\beta - \alpha)}{\sin\beta} \tag{4-103}$$

$$\delta_1' = \delta_1 + \frac{K_1}{K} h_T \operatorname{ctg}\beta \tag{4-104}$$

式中　δ_0——上游水位处斜墙的厚度，m；

$\quad\quad \delta_1$——不透水地基计算长度处斜墙的厚度，m；

$\quad\quad \alpha$——上游坝坡坡角，弧度；

β——斜墙下游坡坡角，弧度；

K_1、K——斜墙及墙后坝体的渗透系数；

h_T——斜墙墙后对应的最大渗透水头，m。

通过墙后坝体部分的渗流量计算，按其排水的形式与相应均质坝计算式相同，只需将式中的 H_1、L' 以 h_T 与 L_1 代替即可。

斜墙后坝体浸润线及无排水时坝坡出渗坡降的计算与均质土坝计算公式相同，只需将式中 H_1 及 L' 以 h_T 与 L_1 代替即可。

c. 不透水地基上的心墙土坝的渗流计算简图，如图 4-10 所示。

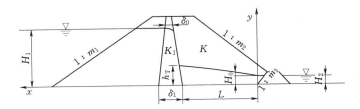

图 4-10　不透水地基上的心墙土坝

忽略心墙上游坝体部分的水头损失，通过心墙的渗流量可按公式计算。

$$q=K_1\left[\frac{(H_1-h_T)^2}{\delta_0+\delta_c}+\frac{2(H_1-h_T)h_T}{\delta_c+\delta_1}\right] \tag{4-105}$$

其中

$$\delta_c=\delta_1-(\delta_1-\delta_0)\frac{h_T}{H_1} \tag{4-106}$$

式中　K_1——心墙的渗透系数。

通过心墙下游坝体部分的渗流量计算，与相应均质坝计算式相同，只需将式中的 H_1、L' 以 h_T 与 L 代替即可。

墙后坝体浸润线及无排水时坝坡出渗坡降的计算与均质土坝计算公式相同，只需将式中 H_1 及 L' 以 h_T 与 L 代替即可。

d. 无限深透水地基上均质土坝的渗流，主要针对有无表面排水均质土坝计算。

（a）无限深透水地基上的均质土坝。当坝体与地基渗透系数相同时，可用阿拉文、努麦罗夫建议的方法进行计算。

计算简图，如图 4-11 所示。

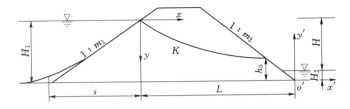

图 4-11　无限深透水地基上的均质土坝

其浸润线方程为

$$\frac{x}{H}=\frac{y}{m_1 H}\left(1-\frac{y}{2H}\right)+\left(\frac{L}{H}-\frac{1}{2m_1}\right)\sin^2\frac{\pi y}{2H} \tag{4-107}$$

上游有限长地段 s 内的渗流量 q_s 按公式计算为

$$\frac{s}{H}=\frac{q_s}{KH}\left(1-\frac{q_s}{2m_1 KH}\right)+\left(\frac{L}{H}-\frac{1}{2m_1}\right)\sin^2\frac{\pi q_s}{2KH} \tag{4-108}$$

$$h_0=\frac{(1.2m_2+0.5)H_1^2}{L'+\sqrt{L'^2-m_2^2 H_1^2}} \tag{4-109}$$

$$\Delta L_1=\frac{m_1}{2m_1+1}H_1 \tag{4-110}$$

$$L'=\Delta L_1+L \tag{4-111}$$

沿渗出段的出渗坡降为

$$J=\frac{1}{\sqrt{1+m_2^2}}\left[\frac{h_0-H_2}{y'-H_2}\right]^{0.25} \tag{4-112}$$

沿下游地基表面为

$$J=\frac{1}{2\sqrt{m_2}}\sqrt{\frac{h_0-H_2}{x'}} \tag{4-113}$$

式中　m_1、m_2——土坝上、下游坝坡；

　　　　H——土坝上、下游水位差，m；

　　　　s——上游有限地段长度，m；

　　　　h_0——土坝下游坡出逸高度，m。

其余同上。

（b）有限深透水地基上的均质土坝计算简图如图 4-12 所示。

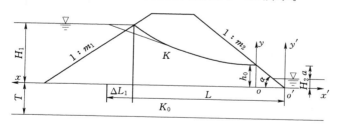

图 4-12　有限深透水地基上的均质土坝

通过坝体及地基的渗流量为

$$q_D=q+K_0\frac{H_1-H_2}{L+m_1 H_1+0.88T}T \tag{4-114}$$

渗流水深 h_0 的计算为

当 $K\le K_0$ 时，

$$h_0=q\div\left\{\frac{K}{m_2}\left[1+\frac{(m_2+0.5)H_2}{(m_2+0.5)a+0.5H_2}\right]+\frac{K_0 T}{m_2(a+H_2)+0.44T}\right\}+H_2 \tag{4-115}$$

当 $K>K_0$ 时，

$$h_0 = q \div \left\{ \frac{K}{m_2+0.5} \left[1 + \frac{(m_2+0.5)H_2}{(m_2+0.5)a + \frac{m_2 H_2}{2(m_2+0.5)}} \right] + \frac{K_0 T}{(m_2+0.5)a + m_2 H_2 + 0.44T} \right\} + H_2$$

(4 - 116)

浸润线方程为

$$x = K_0 T \frac{y-h_0}{q'} + K \frac{y^2-h_0^2}{2q'}$$

(4 - 117)

$$q' = K_0 T \frac{H_1-h_0}{L+\Delta L_1-m_2 h_0} + K \frac{H_1^2-h_0^2}{2(L+\Delta L_1-m_2 h_0)}$$

(4 - 118)

沿渗出段的出渗坡降为

$$J = \frac{1}{\sqrt{1+m_2^2}} \left[\frac{h_0-H_2}{y'-H_2} \right]^{0.25}$$

(4 - 119)

沿坝坡淹没部分出渗坡降为

$$J = \frac{0.5\alpha_1 \frac{a}{H_2}}{\sqrt{1+m_2^2} \left[\left(1+\frac{a}{H_2} \right)^{\alpha_1} - 1 \right]} \frac{\left[\frac{H_2}{y'} \right]^{\alpha_1}}{\sqrt{1 - \left(\frac{H_2}{y'} \right)^{-\alpha_1}}}$$

(4 - 120)

$$\alpha_1 = \frac{1}{1+\alpha}$$

(4 - 121)

沿下游地基表面的出渗坡降为

$$J = \frac{\pi a}{2T \operatorname{arch} \left[\exp \left(\frac{\pi m_2 h_0}{2T} \right) \right]} \frac{1}{\sqrt{\exp \left(\frac{\pi x'}{T} \right) - 1}}$$

(4 - 122)

式中　　q——坝体部分渗流量，按不透水地基上的均质土坝计算；

K_0——透水地基的渗透系数。

其余同上。

4.4.4　工程量计算

4.4.4.1　概述

（1）工程量计算项目划分。水土保持工程各设计阶段的工程量，是设计工作的重要成果和编制水土保持工程投资概（估）算的重要依据。水土保持工程可分为水土保持生态建设项目和生产建设项目水土保持工程两大类，依据水土保持工程的特点和水土保持工程概（估）算编制的要求，水土保持工程量的统计可按工程措施、林草措施（植物措施）、施工临时措施、封育措施和监测措施等分项统计。水土保持工程量计算简要项目划分，见表4-39。

（2）各设计阶段工程量计算的阶段系数。水土保持工程措施、监测措施中的土建工程及临时措施的工程量计算应按 SL 328 执行，林草措施工程量计算阶段调整系数项目建议书阶段、可行性研究阶段、初步设计阶段按 1.08、1.05、1.03 计取。水土保持工程各设计阶段工程量计算阶段系数，见表 4 - 40。

表 4 - 39 水土保持工程量计算简要项目划分

工程类型	项目划分	工程量计算主要内容
水土保持生态建设项目	工程措施	土方工程、石方工程、砌石工程、混凝土工程、砂石备料工程、基础处理工程、机械固沙工程、梯田工程、谷坊（水窖、蓄水池）工程等
	林草措施	水土保持整地工程、种草工程、造林工程、栽植工程、抚育工程、人工换土工程、假植及树木支撑（绑扎）工程
	封育措施	围栏设施、补植补种、辅助（舍饲、节柴灶、沼气池）设施
	监测措施	监测土建工程、设备及安装工程、观测人工数量
生产建设项目水土保持工程	工程措施	土方工程、石方工程、砌石工程、混凝土工程、砂石备料工程、基础处理工程、机械固沙工程、小型蓄排水工程等
	植物措施	水土保持整地工程、种草工程、造林工程、栽植工程、抚育工程、人工换土工程、假植及树木支撑（绑扎）工程
	施工临时措施	临时防护工程、其他临时工程
	监测措施	监测土建工程、设备及安装工程、观测人工数量

4.4.4.2 工程措施工程量计算

（1）土石方开挖工程量，按岩土分类级别计算，并将明挖、暗挖分开。明挖宜分一般、坑槽、基础、坡面等；暗挖宜分平洞、斜井等。

（2）土石方填（砌）筑、疏浚工程的工程量计算，并应符合下列规定：

1）土石方填筑工程量，根据建筑物设计断面中不同部位不同填筑材料的设计要求分别计算，以建筑物实体方计量。

2）砌筑工程量按不同砌筑材料、砌筑方式（干砌、浆砌等）和砌筑部位分别计算，以建筑物砌体方计量。

3）疏浚工程量的计算，宜按设计水下方计量，开挖过程中的超挖及回淤量不应计入。

（3）土工合成材料工程量宜按设计铺设面积或长度计算，不应计入材料搭接及各种形式嵌固的用量。

（4）混凝土工程量计算应以成品实体方计量，并应符合下列规定。

1）项目建议书阶段混凝土工程量，宜按工程各建筑物分项、分强度和分级配计算。

2）可行性研究和初步设计阶段混凝土工程量，应根据设计图纸分部位、分强度、分级配计算。

3）碾压混凝土宜提出工法，沥青混凝土宜提出开级配或密级配。

4）钢筋混凝土的钢筋可按含钢率或含钢量计算。混凝土结构中的钢衬工程量应单独列出。

5）混凝土地下连续墙的成槽和混凝土浇筑工程量应分别计算。并应符合下列规定：成槽工程量按不同墙厚、孔深和地层以面积计算；混凝土浇筑的工程量，按不同墙厚和地层以成墙面积计算。

6）喷混凝土工程量应按喷射厚度、部位及有无钢筋以体积计，回弹量不应计入。喷

表 4-40

水土保持工程各设计阶段工程量计算阶段系数

类别	设计阶段	土石方开挖填筑工程量/万 m³				混凝土工程量/万 m³				钢筋 /t	钢材 /t	其他
		>500	500~200	200~50	<50	>300	300~100	100~50	<50			
工程措施	项目建议书	1.03~1.05	1.05~1.07	1.07~1.09	1.09~1.11	1.03~1.05	1.05~1.07	1.07~1.09	1.09~1.11	1.08	1.06	
	可行性研究	1.02~1.03	1.03~1.04	1.04~1.06	1.06~1.08	1.02~1.03	1.03~1.04	1.04~1.06	1.06~1.08	1.06	1.05	
	初步设计	1.01~1.02	1.02~1.03	1.03~1.04	1.04~1.05	1.01~1.02	1.02~1.03	1.03~1.04	1.04~1.05	1.03	1.03	
林草（植物）措施	项目建议书											1.08
	可行性研究											1.05
	初步设计											1.03
临时措施	项目建议书	1.05~1.07	1.07~1.10	1.10~1.12	1.12~1.15	1.05~1.07	1.07~1.10	1.10~1.12	1.12~1.15	1.10	1.10	
	可行性研究	1.04~1.06	1.06~1.08	1.08~1.10	1.10~1.13	1.04~1.06	1.06~1.08	1.08~1.10	1.10~1.13	1.08	1.08	
	初步设计	1.02~1.04	1.04~1.06	1.06~1.08	1.08~1.10	1.02~1.04	1.04~1.06	1.06~1.08	1.08~1.10	1.05	1.05	
监测措施	项目建议书	1.03~1.05	1.05~1.07	1.07~1.09	1.09~1.11	1.03~1.05	1.05~1.07	1.07~1.09	1.09~1.11	1.08	1.06	
	可行性研究	1.02~1.03	1.03~1.04	1.04~1.06	1.06~1.08	1.02~1.03	1.03~1.04	1.04~1.06	1.06~1.08	1.06	1.05	
	初步设计	1.01~1.02	1.02~1.03	1.03~1.04	1.04~1.05	1.01~1.02	1.02~1.03	1.03~1.04	1.04~1.05	1.03	1.03	
封育措施	项目建议书											1.08
	可行性研究											1.05
	初步设计											1.03

注 工程量计算应按 SL 328—2005 执行。

浆工程量应根据喷射对象以面积计算。

（5）混凝土灌注桩的钻孔和灌筑混凝土工程量应分别计算，并应符合下列规定。

1）钻孔工程量按不同地层类别以钻孔长度计。

2）灌筑混凝土工程量按不同桩径以桩长度计。

（6）梯田工程量按不同坡度下水平投影面积计算，包括田面、田坎、蓄水埂、边沟及田间作业道路。并应符合下列规定：

1）隔坡梯田面积不含隔坡坡地面积。

2）石坎梯田中石坎石料来源为拣集的不再计算石料量，外购的要单独计算石料用量。

（7）砂石备料工程中砂石骨料、块石、条石和覆盖层剥离分别计列，覆盖层工程量按土石方开挖计算，砂石骨料、块石、条石按所采成品方计算。

（8）机械固沙工程中土石压盖工程，按措施实施区域的水平投影面积计算，防沙墙工程依据建筑物设计断面，按压实方计量，柴草沙障、黏土埂、草把沙障及防沙格栅其他类型沙障以长度计算或按延长米计量。

（9）谷坊工程中土谷坊和砌石谷坊按谷坊的高度和顶宽尺寸分类统计，工程量以谷坊顶长长度计算，植物谷坊按柳（杨）杆（桩）排数分类统计，工程量以谷坊顶长长度计算。

（10）水窖、沉沙池、涝池和蓄水池以不同容积分类计算数量。

（11）道路工程量，项目建议书和可行性研究阶段，可根据 1/50000～1/10000 的地形图按设计推荐（或选定）的线路，分等级以长度计算工程量。初步设计阶段应根据不小于1/5000 的地形图按设计确定的公路等级提出长度或具体工程量。桥梁、涵洞按工程等级分别计算，提出延米或具体工程量。供电线路工程量，按电压等级、回路数以长度计算。

4.4.4.3　林草（植物）措施工程量计算

（1）整地工程工程量计算应符合下列规定。

1）整地工程中土壤的分类按土、石十六级分类法的Ⅰ～Ⅳ级划分。

2）水平阶整地依据不同的地面坡度和不同阶宽，分别统计整地个数；反坡梯田和水平沟整地，按不同的地面坡度分别统计整地个数；鱼鳞坑整地，按不同长径、短径、坑深的尺寸分别统计整地个数。

3）水平犁沟整地和全面整地，按整地区域的水平投影面积计算。

（2）林草措施所需的树草种（籽），按照所需数量统计工程量，造林所需苗木数量，按不同的苗木规格统计所需苗木株数。

（3）林草措施栽种工程工程量统计应符合下列规定。

1）种草按不同的播种方式统计种草面积，草皮铺种按铺种形式和植草方式统计草皮铺种的面积，喷播植草按喷播不同区域统计植草面积。

2）苗圃育苗，按不同育苗年限统计育苗面积。

3）直播造林，按不同的播种形式和播种株行距统计造林面积；植苗造林乔木按地径或胸径统计植苗株数，灌木按丛高统计植苗株数；分殖造林根据苗木形式和种植方式统计植苗株数；大坑栽植果树和经济林，按不同的挖坑大小统计苗木株数，普通果木和经济林，可参照植苗造林统计工程量。

4）飞播种林（草），按实施面积统计工程量。

5）栽植带土球乔（灌）木，按不同的土球直径和坑穴规格统计栽植苗木株数。

6）栽植单（双排）绿篱，按不同绿篱高度和挖沟尺寸统计栽植绿篱的长度。

7）花卉栽植，按草本、木本、球（块）根类、花坛等不同栽植形式，统计花卉栽植的面积。

8）抚育工程，按每年抚育幼林或成林抚育面积计算抚育工程量。

9）人工换土工程量，可参照不同林草栽植方式统计。

10）假植乔木，按不同地径或胸径统计假植株数，假植灌木按不同灌丛高统计假植株数。

11）树木支撑工程，按不同树棍长度和支撑形式统计支撑树木株数，树干绑扎按草绳所绕树干得不同胸径统计绑扎的树长。

4.4.4.4 施工临时措施工程量计算

（1）临时工程工程量计算要求与工程措施和林草措施计算要求相同，其中永久与临时结合的部分应计入永久工程量中，阶段系数按施工临时工程计取。

（2）临时施工设施及施工机械布置所需土建工程量，按工程措施的要求计算工程量，阶段系数按施工临时工程计取。

（3）施工临时公路的工程量，可根据相应设计阶段施工总平面布置图或设计提出的运输线路分等级计算公路长度或具体工程量。

（4）施工供电线路工程量，可按设计的线路走向、电压等级和回路数计算。

（5）临时苫盖、拦挡等措施工程量计算，按工程措施的要求计算工程量，阶段系数按施工临时工程计取。

第5章
水土保持调查与勘测

水土保持调查与勘测是保证水土保持工程设计质量的基础性技术工作。

水土保持调查是通过询问、收集资料、普查、典型调查、重点调查、抽样调查、遥感调查等方法，对相关的自然、社会、经济条件、水土流失形式及危害、水土保持措施、水土流失防治效果、水土保持项目管理、执法监督等情况进行全面接触和了解，掌握水土保持各方面的资料，力求真实客观地反映水土保持现实状况，为水土保持规划设计、动态监测等服务。

水土保持勘测是指针对具体工程进行的勘探与测量工作。由于水土保持生态建设工程多为小型工程，因此主要是进行测量工作。

5.1 调 查

5.1.1 调查内容与方法

5.1.1.1 调查内容

（1）一般调查内容。调查范围应根据项目任务和规模确定，调查可按流域或片区、生产建设项目防治责任范围为单元开展。水土流失综合治理调查，包括地理位置、地质、地形地貌、气象、水文、土壤、植被等自然条件；社会经济及土地利用情况；水土流失类型、分布、强度及危害，区域内发生的自然灾害情况；水土流失综合治理情况；工程施工条件。

（2）具体调查内容。具体分述如下。

1）地质。包括工程区地质构造、地层岩性及其分布情况、物理地质现象、水土保持单项工程的工程地质条件。

2）地形地貌。包括地貌单元及分布，小流域的特征与形态，其中小流域的特征与形态，包括小流域的面积、流域平均长度、流域平均宽度、流域形状系数、沟道比降、沟谷裂度、沟壑密度、地面坡度组成等。

3）气象。包括系列降雨特征值、降水年内分布、年均蒸发量、年均气温、大于等于10℃的年活动积温、极端最高气温、极端最低气温、年均日照时数、无霜期、最大冻土深度、年均风速、瞬时最大风速、主导风风向、大风日数等。主要气象特征，见表5-1。

表 5-1　　　　　　　　　　　　　　　主 要 气 象 特 征

多年平均降水量/mm	多年平均蒸发量/mm	气温/℃			≥10℃积温/℃	年日照时数/h	无霜期/d	最大冻土深度/m	大风日数/d	平均风速/(m/s)	主导风风向
		年最高	年最低	年平均							

4）水文。包括工程区所属流域（水系）、地表径流量、年径流系数、年内分配情况、含沙量、输沙量、地下水位等状况。水土保持单项工程和沟道弃渣场还应根据流域特征及水文条件进行专门调查。水文情况，见表 5-2。

表 5-2　　　　　　　　　　　　　　　水 文 情 况

所属流域	水系	地表径流量/m³	年径流系数/%	年内分配情况	含沙量/(kg/m³)		输沙量/t	地下水		
					平均	最高		地下水位/m	储量/m³	可开采量/m³

5）土壤。包括工程区地面组成物质、土壤类型及其分布、土壤厚度、土壤养分含量等。

6）植被。包括工程区主要植被类型，林草覆盖率和主要树（草）种等，特别是乡土适生种和引进适生种。植被调查，见表 5-3～表 5-7。

表 5-3　　　　　　　　　　　　　　　植 被 调 查

土地利用类型		地貌类型	
海拔/m		坡向	
坡度/(°)		地表组成物质	
基岩种类		土壤类型	
其他			
线路调查线号		调查点	离起点距离/m

表 5-4　　　　　　　　　　　　　　　乔 木 林 调 查

树种组成	林龄	$\overline{H}$/m	$\overline{D}_{1.3}$/cm	郁闭度	下层灌木		下地被物	
					高度/cm	覆盖度/%	草被覆盖度/%	枯枝落叶层厚度/cm

表 5-5　　　　　　　　　　　　　　　灌 木 林 调 查

树种组成	高度/m	覆盖度/%	生长状况	灌下草被及枯落物	
				草被覆盖度/%	枯枝落叶层厚度/cm

表 5-6　　　　　　　　　　　　　　　草 坡 调 查

主要草种	高度/m	覆盖度/%	生长状况	分布情况	利用形式

表 5 - 7 植 物 样 方 调 查 记 录

样地号		地点	
样地面积/m²		经纬度	
海拔/m		坡向	
坡度/(°)		群落高/m	
总盖度/%		土壤类型	
乔木层高度/m		乔木层郁闭度	
灌木层高度/m		灌木层盖度/%	
草本层高度/m		草本层盖度/%	

7）社会经济。包括工程区行政区划、人口总数、人口密度、人口自然增长率、农业人口、劳力总数、农村经济总收入、农村能源结构、农作物、经济作物、种植结构、农林牧渔产业结构、农业主导产业、人均耕地、人均基本农田、人均粮食产量、农民人均纯收入等情况、交通条件及水利设施现状，以及当地居民意愿等。社会经济情况，见表 5 - 8。

8）土地利用。包括工程区土地利用现状及其存在的主要问题、土地利用规划等，土地利用现状，见表 5 - 9。

9）水土流失。包括工程区水土流失类型、面积、强度、分布、土壤侵蚀模数，以及对当地及下游生产生活和生态环境造成的危害等。水土流失现状，见表 5 - 10。

10）水土流失综合治理。包括工程区已实施的水土保持措施类型、分布、面积、保存情况、防治效果、监督管理，水土流失防治主要经验及其存在的问题等。水土保持措施现状，见表 5 - 11。

11）工程施工条件。包括交通、材料、通信、供水、供电等情况。

5.1.1.2　典型类型区特殊调查内容

典型类型区特殊调查内容，见表 5 - 12。不同类型区的调查，应根据东北黑土区、北方风沙区、北方土石山区、西北黄土高原区、南方红壤区、西南紫色土区、西南岩溶区和青藏高原区等不同类型区的特殊要求，对可能影响水土保持工程设计的要素开展调查。

5.1.1.3　调查方法

调查包括询问调查、收集资料、典型调查、重点调查普查、抽样调查、遥感调查等方法，不同设计阶段各要素调查具体采用方法如下。

（1）地形地貌调查在项目建议书和可行性研究阶段，宜采用收集资料和典型调查，初步设计阶段可进一步辅以地形图调绘、遥感解译等手段进行调查。

（2）土壤调查在项目建议书和可行性研究阶段，宜采用收集资料调查，初步设计阶段宜采用收集资料和普查相结合的调查方法。

（3）植被调查在项目建设书和可行性研究阶段，可采用询问调查、典型调查、抽样调查或收集资料等调查方法，初步设计阶段应辅以样线调查或样方调查等手段。

（4）土地利用现状调查在项目建议书和可行性研究阶段，应以现有土地利用现状调查成果为基础开展工作，初步设计阶段应进行现场调绘和核查，也可辅以遥感解译等手段进行调查。

表 5-8　社会经济情况

项目区 土地总面积/km²	辖区 县	乡/个	村/个	户/户	人口 总人口/万人	人口自然增长率/‰	农业人口/万人	农业劳力/万个	农业人口密度/(人/km²)	人均基本农田/亩	农业人均耕地/亩	粮食总产/(万kg)	农业人均产粮/kg	农业总产值 小计/万元	农业/万元	林业/万元	牧业/万元	副业/万元	其他/万元	农村经济总收入/万元	农业人均年纯收入/元

表 5-9　土地利用现状

单位：hm²

工程区	耕地 水浇地	旱地 坡耕地	旱平地	沟川坝地	小计	水田	小计	园地	林地 有林地	灌木林地	其他林地	小计	草地 天然牧草地	人工牧草地	其他草地	小计	水域及水利设施用地 河流湖库水面	其他水面	小计	交通运输、城镇村及工矿用地 交通运输用地	住宅用地	工矿仓储用地	特殊用地	其他用地	小计	其他土地 沼泽地	沙地	盐碱地	裸地	小计

表 5-10　水土流失现状

小流域	总面积/km²	水土流失面积/hm² 合计	轻度	占比例/%	中度	占比例/%	强烈	占比例/%	极强烈	占比例/%	剧烈	占比例/%	侵蚀模数/(t/km²·a)	沟壑密度/(km/km²)

表 5-11　水土保持措施现状

小流域名称	水土流失面积/hm²	治理面积/hm²	治理程度/%	工程措施 梯田 土坎梯田/hm²	石坎梯田/hm²	塘坝 座数/座	总库容/万m³	谷坊/座	淤地坝 骨干工程 座数/座	总库容/万m³	淤地坝 座数/座	总库容/万m³	蓄水池(窖) 数量/座	容量/万m³	拦沙坝/座	排灌渠道/m	沟头防护工程/m	排洪沟/m	林草措施 水土保持林 乔木林/hm²	灌木林/hm²	经济林 经济林/hm²	栽培园和果园/hm²	种草/hm²	封育措施 面积/hm²	围栏/m

表 5 – 12   典型类型区特殊调查内容

典型类型区	特 殊 调 查 内 容
东北黑土区	（1）侵蚀沟沟壑密度、沟头前进情况； （2）冻土深度和冻融情况； （3）农业机械化耕作条件、耕作制度
北方风沙区	（1）主害风向、年沙尘暴日数； （2）地面覆盖明沙的程度、地表结皮和沙化土地扩大情况； （3）风沙区的沙土厚度、土壤盐碱度、次生盐碱化情况和地下水位； （4）适生抗旱、耐盐碱植物种
北方土石山区	（1）地面组成物质情况； （2）裸岩面积比例； （3）水源条件，降水蓄渗工程类型及雨水利用方式，污水处理现状及设施等
西北黄土高原区	（1）第四纪红黏土出露面积比例； （2）侵蚀沟沟壑密度、沟头前进情况及沟岸扩张情况； （3）现有淤地坝建设及运行情况； （4）雨洪利用设施建设和利用情况； （5）适生抗旱植物种
南方红壤区	（1）林下水土流失情况； （2）岩石风化程度、崩岗侵蚀及分布； （3）台风、梅雨的影响范围、时段、强度和可能引发的次生灾害及影响区域等
西南紫色土区	（1）耕地中岩石出露面积比例； （2）灌溉水源及排水条件； （3）植物篱类型及建设情况
西南岩溶区	（1）石漠化现状及耕地中岩石出露面积比例； （2）地表物质组成情况； （3）岩溶泉水、小溪流、小泉水、地下河出口、地表水资源枯竭及内涝情况； （4）适宜于石灰岩区生长的植物种
青藏高原区	（1）河谷农田左右岸坡一侧水土流失危害情况； （2）建立人工草场土壤及水源条件； （3）适生于高原高寒条件下的植物种； （4）植被破坏后自然恢复的能力

（5）水土流失和水土保持现状调查在项目建议书和可行性研究阶段，宜采用收集资料、典型调查的方法，宜辅以遥感解译等手段进行调查；初步设计阶段应进行抽样调查和现场核查。

（6）水土流失综合治理工程规划阶段各要素的调查方法和内容，应根据规划任务书的要求确定；施工图阶段各要素的调查方法和内容，应以小班为单元或按水土保持单项工程逐一开展。

（7）开展专项调查，包括崩岗治理、石漠化治理、滑坡和泥石流治理工程等。

5.1.2 水土流失综合治理工程调查

水土流失综合治理工程调查应选择典型小流域（或片区）进行，单项工程调查按数量比例选取。水土流失综合治理各阶段的调查内容包括以下几个方面。

（1）规划阶段应根据规划区域的大小、工作任务和精度要求确定调查深度，原则上应在区划或分区的基础上进行，每一个区应不少于 1 个典型小流域（或片区），并对其进行措施配置和比例等调研分析。

（2）项目建议书阶段，典型小流域（或片区）的数量和面积应占治理小流域（或片区）总数量和总面积的 3%～5%，且每个水土保持类型分区小流域（或片区）数量不应少于 1 条。水土保持单项工程应选择典型工程，典型工程数量应占水土保持单项工程总数量的 5%～10%。

（3）可行性研究阶段，典型小流域（或片区）的数量和面积应占治理小流域（或片区）总数量和总面积的 10%～15%，且每个水土保持类型分区小流域（或片区）数量应有 1～3 条。水土保持单项工程应选择典型工程，典型工程数量应占水土保持单项工程总数量的 10%～15%。

（4）典型小流域（或片区）调查应按不小于 1∶10000 比例尺精度开展逐个小班调查。

5.1.2.1　淤地坝工程

（1）调查项目。淤地坝工程调查范围，包括工程所在沟道及其下游可能影响区，调查内容如下。

1）暴雨、洪水、泥沙资料。

2）筑坝区地质条件及筑坝材料的分布与储量。

3）现有淤地坝、小型水库、塘坝、谷坊的数量、分布以及工程控制流域面积、库容及运行情况等。

（2）技术要求。工作底图应采用 1∶10000～1∶5000 地形图。淤地坝（拦沙坝）建坝条件调查，见表 5 - 13。

表 5 - 13　　　　　　　　　　　淤地坝（拦沙坝）建坝条件调查

序号	项　目　类　别	调查内容
1	坝　名	
2	建设地点（所在沟道名称及所处行政村）	
3	坝址断面形状（V 形或 U 形）	
4	坝址处沟道平均底宽及沟槽深、宽（m）	
5	右岸坡比	
6	左岸坡比	
7	沟道有无基岩出露两岸有无滑坡体	
8	左岸坡基岩出露高度/m	
9	右岸坡基岩出露高度/m	
10	左右岸地质情况（土或岩石覆盖厚度）/m	
11	取土情况（单面取土还是双面取土）	
12	料场位置及运距/m	
13	放水工程设置位置（左岸、右岸）	
14	有无溢洪道及设置位置	
15	可能淹没损失情况（农田、居民点、道路、输电线路种类及数量）	

续表

序号	项 目 类 别	调查内容
16	坝址距最近输电线路的距离	
17	坝址上、下游距居民点距离	
18	需要新修施工临时道路长度/km	
19	沟道有无常流水及施工方式	

5.1.2.2　拦沙坝工程

（1）调查项目。拦沙坝工程调查范围，包括工程所在沟道及其下游可能影响区，调查内容如下。

1）暴雨、洪水、泥沙资料。

2）筑坝区地质条件及筑坝材料的分布与储量。

3）崩岗类型、形态、分布、滑塌范围。

4）现有拦沙坝、小型水库、塘坝、谷坊的数量、分布以及工程控制流域面积、库容和运行情况等。

（2）技术要求。工作底图应采用 1:10000～1:5000 地形图。淤地坝（拦沙坝）建坝条件调查，见表 5-13。

5.1.2.3　塘坝工程

（1）调查项目。塘坝工程调查范围包括工程所在汇水区及其下游可能影响区，调查内容包括来水量和需水量，建筑材料来源，现有水源工程数量、蓄水量和运行情况等。

（2）技术要求。工作底图应采用 1:10000～1:5000 地形图。塘坝工程设计现状情况调查，见表 5-14。

表 5-14　　　　　　　　　塘坝工程设计现状情况调查

村名	编号（小班号-塘坝编号）	来水量/m³	需水量/m³	上游汇水面积/hm²	现有水源工程数量/处	现有水源工程蓄水量/m³	现有水源工程运行情况	建筑材料来源

注　1. 现有水源工程运行情况填"正常""损毁"或"部分损毁"。
　　2. 建筑材料来源填"外运"或"就地取材"。

5.1.2.4　谷坊工程

（1）调查项目。谷坊工程调查范围包括小流域支、毛沟实施工程区域及汇水区域，调查内容如下。

1）沟道比降、长度、宽度、坝址以上汇水面积及来水、来沙情况。

2）沟坡治理情况及自然植被覆盖情况。

3）沟底与岸坡地形。

4）建筑材料情况。

（2）技术要求。工作底图应采用 1:10000～1:5000 地形图。谷坊工程设计现状情况调查，见表 5-15。

表 5-15 谷坊工程设计现状情况调查

村名	编号 (小班号- 谷坊编号)	上游汇 水面积 /hm²	沟道 比降 /%	沟道 长度 /m	沟道 宽度 /m	上游沟坡 治理程度 /%	植被覆 盖度 /%	来水量 /m	年输 沙量 /t	建筑 材料 来源

注 建筑材料来源填"外运"或"就地取材"。

5.1.2.5 沟头防护工程

（1）调查项目。沟头防护工程调查范围包括侵蚀沟头及其以上汇水区域，调查内容如下。

1）沟头形态、溯源速度、沟壁扩张速度。

2）侵蚀沟头以上汇水范围水土保持设施情况及来水、来沙情况。

3）土地利用情况。

4）建筑材料情况及周边适生植物。

（2）技术要求。工作底图应采用 1:10000～1:5000 地形图。沟头防护工程设计现状情况调查，见表 5-16。

表 5-16 沟头防护工程设计现状情况调查

村名	编号 (小班号-沟头 防护工程编号)	上方汇水 面积 /hm²	溯源速度 /(m/a)	沟壁扩张 速度 /(m/a)	来水量 /m	年输沙量 /t	建筑材料 来源	水土保持 情况	周边适生 植物	土地利用 类型

注 建筑材料来源填"外运"或"就地取材"。

5.1.2.6 坡面排水和小型蓄水工程

（1）调查项目。坡面水系工程调查范围包括项目实施区及周边来水、排水涉及范围，调查内容如下。

1）坡面现有引、蓄、截（排）水情况。

2）农用道路布设。

3）耕地、园地及林（草）地分布。

4）坡度、坡长、土层厚度、汇水面积。

5）下游排水通道。

6）需布设小型蓄水工程的，还应调查需水量和天然水源等情况。

（2）技术要求。工作底图应采用 1:10000～1:5000 地形图。梯田及坡面排水和小型蓄水工程设计现状情况调查，见表 5-17。

表 5-17 梯田及坡面排水和小型蓄水工程设计现状情况调查

村名	小班（地 块）号	原土地 类型	面积 /hm²	上方汇水 面积 /hm²	坡长 /m	坡度 /(°)	土壤 类型	土层 厚度 /m	排水 通道	道路 情况	水源 情况	土石料 来源	土地 利用情况

注 1. 道路情况填"有"或"无"。

2. 排水通道填"有"或"无"。

3. 水源情况填有无山泉水、浅层地下水和荒溪水等。

4. 土石料来源填"外运"或"就地取材"。

5. 1. 2. 7　梯田工程

（1）调查项目。梯田工程调查范围包括项目实施区及周边来水、排水涉及范围，调查内容包括地形、下伏基岩、土层厚度、土（石）料来源、地面坡度、汇水面积、排水通道、降水及水源条件、道路等情况。

（2）技术要求。梯田实施区工作底图应采用 1：2000，汇水区工作底图应采用 1：10000～1：2000 地形图。梯田工程设计现状情况调查，见表 5－17。

5. 1. 2. 8　防风固沙工程

（1）调查项目。防风固沙工程调查范围包括项目实施区及周边影响区，调查内容包括沙丘、沙地形态，风沙移动速度，主导风向、风速、地下水、沙障材料来源。

（2）技术要求。工作底图应采用 1：10000～1：5000 地形图。防风固沙工程设计现状情况调查，见表 5－18。

表 5－18　　　　　　　　　　　防风固沙工程设计现状情况调查

村名	小班（地块）号	面积/hm²	可造林种草面积/hm²	原土地类型	沙丘形态	沙丘高度/m	坡长/m	坡向	坡度/(°)	坡位	地下水位/m	风速/(m/s)	风沙移动速度/(m/a)	主导风向	沙障材料及来源

调查人：　　　　　　填表人：　　　　　　核查人：　　　　　　填写日期：　　　　　　年　月　日

注　沙障材料来源填"外运"或"就地取材"。

5. 1. 2. 9　林草工程

（1）调查项目。林草工程调查范围包括工程建设区及周边影响区，调查内容包括：立地类型及立地条件，当地适生树（草）种、病虫害防治情况。

（2）技术要求。工作底图应采用 1：10000～1：5000 地形图。林草工程设计现状情况调查，见表 5－19。

表 5－19　　　　　　　　　　　林草工程设计现状情况调查

村名	小班（地块）号	面积/hm²	可造林种草面积/hm²	原土地类型	坡向	坡度/(°)	坡位	土壤类型	土层厚度/m	地下水位/m	植被盖度/%	适生树草种	主要病虫害

调查人：　　　　　　填表人：　　　　　　核查人：　　　　　　填写日期：　　　　　　年　月　日

5. 1. 2. 10　封育措施

（1）调查项目。封育工程调查范围包括工程建设区及周边影响区，调查内容如下。

1）主要的现有林地与草地的分布、现存主要树（草）种。

2）周边居民分布及畜牧情况，饲料、燃料、肥料条件。

（2）技术要求。工作底图应采用 1：10000～1：5000 地形图。封育措施设计现状情况调查，见表 5－20。

表 5-20　　　　　　　　　　　　　封育措施设计现状情况调查

村名	小班（地块）号	面积/hm²	林地面积/hm²	草地面积/hm²	居民人口/个	畜牧情况	饲料条件	燃料条件	肥料条件

调查人：　　　　　　填表人：　　　　　　核查人：　　　　　　填写日期：　　　年　月　日

5.1.3　专项调查

5.1.3.1　石漠化调查

石漠化是指在热带、亚热带湿润、半湿润气候条件和岩溶及其发育的背景下，受人为活动的干扰，使地表植被遭受破坏，导致土壤严重流失，熔岩大面积裸露或砾石堆积的土地退化现象。石漠化是岩溶地区土地退化的极端形式。

（1）调查内容。石漠化调查内容主要包括石漠化基本特征调查、地表堆积物特征调查、石漠化成因调查和石漠化危害调查。

（2）调查方法与成果如下。

1）土壤侵蚀调查和石漠化调查应采用现场调查的方法进行，有条件的宜采用遥感调查方法。

2）土壤侵蚀调查和石漠化调查成果应包括小流域土壤侵蚀强度图、土壤侵蚀程度图、石漠化图和潜在石漠化图，以及各级土壤侵蚀强度、土壤侵蚀程度、石漠化和潜在石漠化面积表。

5.1.3.2　崩岗调查

（1）调查内容。调查崩岗发生的部位、类型、形态特征、崩岗面积、影响崩岗发育诸因素以及预测崩岗侵蚀的趋势，从而为制定合理的预防和治理措施提供科学依据。

（2）调查方法。收集资料和典型调查结合。

1）基本情况调查、崩岗坡面调查、崩岗堆积物调查及崩岗类型及形态特征调查采用典型调查方法为主。

2）崩岗危害、崩岗水土流失防治现状以收集资料为主。

5.1.3.3　滑坡调查

（1）调查内容。滑坡调查的主要内容，包括滑坡区调查、滑坡体调查、滑坡成因调查、滑坡危害调查及滑坡防治情况调查。

（2）调查方法。滑坡调查以收集资料、典型调查为主，适当结合测绘与勘查手段。

5.1.3.4　泥石流调查

（1）调查内容。泥石流野外调查的主要内容，包括地质条件、泥石流特征、诱发因素等。

（2）调查方法如下。

1）收集资料。

2）典型调查。

3）遥感调查。

5.2　水土保持勘测

5.2.1　测量方法和应用范围

5.2.1.1　概述

（1）常用的测量方法。常用的测量方法有两种：一种是常规的地面测量；另一种是利用全球卫星定位系统（GPS）测量。

（2）常规测量。包括角度测量、距离测量、高差测量、方位角测量等。

5.2.1.2　测量方法

（1）水平角度测量。

（2）水平距离测量。

（3）高差和方位角测量。

（4）面积测量。

（5）坡度、坡向、比降量测。

（6）土方量的计算。

（7）淤地坝汇水边界测量及库容计算。

5.2.2　水土保持测量的重点和要求

水土保持工程测量内容包括地形和断面测量。同一工程不同测量阶段的测量工作宜采用同一坐标系统。

5.2.2.1　水土保持测量的基本要求

（1）测量的地物和地貌要素，根据水土保持工程的特点和任务要求确定。

（2）测量工作前，收集测区已有的地形图及平面、高程控制资料。

（3）平面基准宜采用 1980 西安坐标系。在已有平面控制网的地区，可沿用已有的坐标系统。需要时，提供采用的坐标系统对当地统一坐标系统的换算关系。

（4）高程基准采用 1985 国家高程基准，当采用其他高程基准时，应求得其与 1985 国家高程基准的关系。对远离国家水准点地区、引测困难和尚未建立高程系统的地区，可采用独立高程系统或以气压计测定临时起算高程。

5.2.2.2　水土流失综合治理工程测量的重点和要求

（1）测量坐标系统可采用相对坐标、高程系统。

（2）各阶段水土保持工程测量工作深度要求如下。

1）项目建议书和可行性研究阶段，以收集已有测量资料为主，典型小流域或片区水土保持单项工程应开展测量，初步设计和施工图设计阶段各项工程均应开展测量。

2）各阶段的测量方法，根据水土保持工程的规模和测量精度要求确定，其中水窖、蓄水池、沉沙池、涝池和其他雨水集蓄利用工程、支毛沟治理工程等，单个规模较小的水土保持工程地形测量可采用 1∶10000 地形图作为底图开展工作，并应根据需要进行补充测量；梯田及坡面水系工程、引洪漫地、引水拉沙、经济林及果园工程测图中，对于地形变化较小的区域，可采用分类典型图班的测量方式，采用1：10000地形图作底图，实测标注相应特征地物及特征。

3）总平面布置的地形图测量比例尺，项目建议书和可行性研究阶段为1：50000～1：10000；初步设计阶段为1：10000～1：2000，单项工程的库区地形图比例尺为1：5000～1：2000；施工图阶段为1：5000～1：500。

4）主要建筑物的地形图测量比例尺，项目建议书和可行性研究阶段应为1：10000～1：2000；初步设计和施工图阶段应为1：2000～1：500，断面比例尺应为1：500～1：100。

（3）小沟道及坡面治理工程测量内容和要求如下。

1）沟头防护工程测量可沿工程布置的轴线测出地形起伏变化点的坐标和高程。

2）小型蓄水工程及配套措施测量需测出汇水口、沉沙池、蓄水池的中心点及输水渠沿线地形起伏变化点的坐标和高程，并测出汇水区域面积。

3）谷坊工程需测量沟道地形起伏变化点的坐标和高程，各测点之间水平距离宜为5～20m，并测量各谷坊坝轴线断面特征。

4）截洪排水工程集水面积的地形测量比例尺不小于1：10000，沟渠沿线地形图测量比例尺不小于1：2000，测量范围应沿轴线两侧外扩10～20m；测量截洪排水渠纵断面，需根据地形起伏情况布置横断面，比例尺为1：500～1：100。

5）梯田及坡面水系工程需测量地形图，测量范围包括规划田块，并适当外延，比例尺不小于1：2000。需测量蓄水池中心点、沉沙池中心点及生产道路、连接道路、排水渠系等线性工程沿线地形起伏变化点的坐标和高程。规划田块纵向骨干排水渠应测纵断面，比例尺应为1：500～1：100。

（4）引洪漫地和引水拉沙工程测量内容和要求如下。

1）引洪漫地测量范围应根据拦洪坝、引洪渠（洞）、顺坝、格子坝、进出水口门总体布置情况扩大。拦洪坝可按现行行业标准《水利水电工程测量规范》（SL 197—2013）中有关枢纽（坝）的规定执行。

2）引水拉沙测量范围需根据水源地、沙丘、渠道、顺坝、格子坝、进出水口门总体布置情况扩大。顺坝、渠道可按现行行业标准《水利水电工程测量规范》的有关规定执行。

（5）塘坝、沟道（小河道）滩岸防护工程测量内容和要求如下。

1）塘坝可参照《水利水电工程测量规范》的有关规定执行。

2）沟道（小河道）滩岸防护工程需测量带状地形图，测量范围应为沟道中心线至耕地界以内10～20m，比例尺应为1：2000～1：500；应根据地形起伏情况布置横断面，比例尺应为1：500～1：100。

（6）淤地坝工程测量内容和要求如下。

1）小型淤地坝的坝址测量可测量坝轴线处沟道断面，包括沟底宽度和两岸坡度。坝轴线上、下游10m范围内两岸岸坡有较大变化时，需在变化处增测1～2个断面。

2）大中型淤地坝的坝址地形图测量，包括淤地坝、放水建筑物、溢洪道布置区域及坝顶高程以上一定范围，并标出料场的位置，比例尺应为1：1000～1：500。坝址需测横断面图和纵断面图。纵断面需沿坝轴线布置，比例尺应为 1∶500～1∶100；横断面测量包括上下坝脚线以外一定范围，比例尺应为 1∶200～1∶100。

3）小型淤地坝库区测量，需测出库区沟底比降和平均宽度。

4）大中型淤地坝库区测量，需高出坝顶高程一定范围。若测库区地形图，比例尺不小于 1∶2000；若测地形断面，断面间距为 10～50m。

（7）拦沙坝工程测量内容和要求如下。

1）拦沙坝需测量坝址、库区地形图及坝址纵横断面。

2）坝址地形图测量，包括拦沙坝、放水建筑物、溢洪道布置区域及坝顶高程以上一定范围，比例尺为 1∶1000～1∶500。纵断面沿坝轴线布置，比例尺为 1∶500～1∶100；横断面测量包括上下坝脚线以外一定范围，比例尺为 1∶200～1∶100。

3）库区地形图测量范围，需高出坝顶高程一定范围，比例尺应为 1∶2000～1∶1000。

（8）滑坡防治工程测量内容和要求如下。

1）测量范围包括后缘壁至前缘剪出口及两侧缘壁之间的整个滑坡，并外延到滑坡可能影响的一定范围。

2）地形图比例尺为 1∶2000～1∶500。

（9）泥石流灾害防治工程测量内容和要求如下。

1）泥石流区地形图比例尺为 1∶10000～1∶5000；形成区中堆积物沟道地形图比例尺为 1∶5000～1∶1000。

2）拦挡工程和排导工程测量比例尺为 1∶2000～1∶500。

5.3 工程地质勘测方法与应用范围

5.3.1 工程地质测绘

工程地质测绘的比例尺分为小比例尺（1∶100000、1∶50000）、中比例尺（1∶25000、1∶10000）、大比例尺（1∶5000、1∶1000 或更大）三类。使用的地形图必须是符合精度要求的同等或大于地质测绘比例尺的地形图，并必须在图上注明实际的地质测绘比例尺。

地质测绘时，地层的分层要与地质测绘的比例尺相适应。中小比例尺测绘时，地层的分类应与一般区域测绘的要求相同。大比例尺地质测绘的分层，按岩性和工程地质岩组分层；对水文地质和工程地质有重大意义的岩层或岩组，更需单独划分。第四纪地层的划分，一般应按地层时代、岩性及成因类型划分。

5.3.2 工程地质测绘方法

（1）地层剖面实测。

（2）地质点的观测。

（3）野外地质观察。

5.3.3　遥感技术应用

（1）区域地质构造稳定性确定的十分重要的手段。

（2）崩塌、滑坡、泥石流调查。

（3）岩溶调查。

（4）中小比例尺地质测绘填图。

（5）岩土工程开挖面地质编录。

5.4　水土保持勘察的重点和要求

水土保持工程勘察内容包括工程区的基本地质条件、主要工程地质问题评价，以及天然建筑材料的分布、储量、质量等。

5.4.1　水土保持勘察的基本要求

（1）勘察工作需按勘察任务书（或勘察合同）的要求进行。勘察任务书需明确设计阶段、规划设计意图、工程规模、天然建筑材料需用量及有关技术指标、勘察任务和对勘察工作的要求。

（2）在开展勘察工作前，需收集和分析已有资料，进行现场踏勘，了解自然条件和工作条件，结合勘察任务书与工程设计方案，编制工程地质勘察大纲。在勘察过程中，需要根据具体情况的变化，适时对工程地质勘察大纲进行调整。

（3）工程地质勘察大纲主要内容如下。

1）工程概况、任务来源、勘察阶段、勘察目的和任务。

2）勘察地区的地形地质概况及工作条件。

3）已有地质资料、前阶段勘察成果的主要结论及审查、评估的主要意见。

4）勘察工作依据的规程、规范及有关规定。

5）勘察范围、勘察内容与方法、重点研究的技术问题与主要技术措施。

6）勘探工作布置及计划工作量。

7）质量、环境与职业健康安全管理措施。

8）组织措施、资源配置及勘察进度计划。

9）提交成果内容、形式、数量和日期。

（4）建（构）筑物区勘察工作内容和要求如下。

1）勘察工作应根据工程的类型和规模、地形地质条件的复杂程度综合运用各种勘察方法，勘察方法要注重针对性和有效性。

2）在工程地质测绘基础上，要优先采用轻型勘探和现场简易试验，必要时可布置重型勘探工作。

3）要抓住主要工程地质问题，充分运用已有经验，重视采用工程地质类比和经验分析方法。

（5）基岩的物理力学参数，可采用工程地质类比和经验判断方法确定，必要时进行室内试验或现场试验。土的物理力学参数、渗透系数、允许渗透比降需在试验成果的基础上，结合工程地质类比方法确定。岩土渗透性分级要符合《中小型水利水电工程地质勘察规范》（SL 55—2005）的有关规定。

（6）对地震动峰值加速度在 0.1g 及以上地区的饱和无黏性土、少黏性土地基的振动液化需作出评价。土的液化判别要符合现行标准《水利水电工程地质勘察规范》（GB 50487—2008）的有关规定。

（7）在勘察工作中要及时整理和分析取得的地质资料，工作结束后需提交工程地质勘察报告。

（8）水土保持单项工程各阶段的勘察工作内容和要求

1）项目建议书和可行性研究阶段，需初步查明各类工程的地质条件及主要工程地质问题，宜采用工程地质测绘。若存在区域工程地质问题或滑坡等不良地质现象时需辅以勘探工作。

2）初步设计阶段要查明各类工程的地质条件及主要工程地质问题，并作出评价，要结合措施总体布局，开展地质测绘、勘探、试验等工作。

3）施工图设计阶段工程地质勘察，根据初步设计审查意见和设计要求，补充论证专门性工程地质问题；并要进行施工地质预测预报工作。

（9）滑坡治理工程按《滑坡防治工程勘查规范》（DZ/T 0218—2006），泥石流治理工程按《泥石流灾害防治工程勘查规范》（DZ/T 0220—2006）执行。

5.4.2　拦沙坝工程勘察的内容和要求

（1）库区工程地质勘察内容和要求如下。

1）要以调查为主，查明汇水面积及固体堆积物的来源、分布、储量等。

2）对居民点、道路、桥梁等有影响的库岸变形段，需进行专门性工程地质勘察，其勘察内容与勘察方法要符合《中小型水利水电工程地质勘察规范》（SL 55—2005）的有关规定。

（2）土石坝工程勘察内容和要求如下。

1）查明坝基基岩面起伏变化情况，沟谷谷底深槽的范围、深度及形态。

2）查明坝基地层岩性，覆盖层的层次、厚度和分布。土质坝基要重点查明软土层、粉细砂、湿陷性黄土、膨胀土、架空层、漂孤石层等不良土层的分布情况；岩质坝基要重点查明坝基软弱岩体、断层破碎带、强风化带或强溶蚀风化层的分布特征。

3）查明岩溶塌陷或土洞、膨胀土胀缩性、地裂缝、滑坡体等不良地质作用及地质灾害的分布情况，评价其对工程的影响。

4）查明坝址区主要构造发育特征，岸坡风化卸荷带、风化带的分布、深度。

5）查明坝区岩溶发育规律，坝基主要岩溶洞穴的发育特性及分布。

6）查明坝基水文地质结构，地下水埋深，土体与断层破碎带、强风化带或强溶蚀风化带的透水性。

7）重点查明可能导致强烈渗透变形的集中渗漏带，提出处理的建议。

8）提出有关岩土体物理力学参数、渗透系数以及主要土体、断层破碎带等的允许水力比降参数。对坝基不均匀沉陷、抗滑稳定、渗透变形、边坡稳定等问题作出评价。

（3）土石坝勘察方法和要求如下。

1）坝址区工程地质测绘比例尺宜选用 1：1000～1：500，测绘范围包括建（构）筑物场地和对工程有影响的地段。

2）宜采用电法、地震波法探测覆盖层厚度、基岩面起伏情况及断层破碎带的分布；根据需要进行孔内电视等方法探查喀斯特洞穴分布、含水层和集中渗漏带的位置。

3）勘探内容和要求包括 3 点：

a. 沿建筑物轴线布置主勘探剖面线，地质条件复杂时可布置辅助勘探剖面线。主勘探剖面上坑、孔间距不宜大于 100m，可根据地质条件变化加密或放宽，且勘探点不宜少于 3 个；辅助勘探剖面上的坑、孔间距可根据具体需要确定。

b. 当坑槽等轻型勘探方法无法揭示不良土层、基岩强风化或强溶蚀风化带时，在主勘探剖面上要有钻孔控制。

c. 基岩坝基钻孔深度需揭穿强风化或强溶蚀风化带，进入下部岩体深度不小于 5m。土质坝基钻孔深度，当基岩埋深小于 1 倍坝高时，钻孔深度要进入基岩不小于 5m；当基岩埋深大于 1 倍坝高时，钻孔深度要根据不良土层的埋深、厚度等综合确定，钻孔深度能满足稳定、变形和渗透计算要求。

（4）砌石或混凝土重力坝工程勘察内容和方法如下。

1）土质坝基的重力坝勘察应查明下游冲刷区的覆盖层分层、厚度变化及其性状。

2）岩质坝基的重力坝勘察内容应包括：

a. 查明坝基强风化带、强溶蚀风化带、软弱夹层等的分布、性状、延续性及工程特性。

b. 查明断层、破碎带、裂隙密集带的具体位置、规模和性状，特别是顺沟断层和缓倾角断层的分布和特征。

c. 查明坝基、坝肩主要结构面的产状、延伸长度、充填物性状及其组合关系。确定坝基、坝肩稳定分析的边界条件。

d. 在喀斯特发育地区，查明坝区喀斯特发育规律，主要喀斯特洞穴和通道的分布、规模与充填状况，喀斯特泉的位置和补径、排特征，重点查明坝基应力影响范围内分布的喀斯特洞穴与通道。

e. 确定可利用岩面的高程，评价坝基工程地质条件，并提出对重大地质缺陷处理的建议。

f. 查明泄流冲刷地段工程地质条件，评价泄流冲刷和雾化对坝基及岸坡稳定的影响。

g. 根据需要提出主要岩体物理力学参数、断层破碎带的渗透系数与允许水力比降参数、主要软弱夹层与结构面的力学参数等。针对坝基变形与抗滑稳定、渗透变形、边坡稳定等问题作出评价，提出处理的建议。

（5）砌石或混凝土重力坝勘察方法及要求如下。

1）坝址区工程地质测绘比例尺宜选用 1：1000～1：500，测绘范围包括建（构）筑物场地和下游冲刷区。

2）宜进行钻孔声波、孔内电视、孔间层析成像、综合测井等方法，探查结构面、喀斯特洞穴、软弱带的产状、分布、含水层和渗漏带的位置等。

3）勘探剖面线根据具体地质条件结合建（构）筑物特点布置，主勘探剖面线应沿坝轴线布置，勘探点间距宜为 30～50m，且勘探点不少于 3 个，地质条件复杂区勘探点应适当加密。溢流坝段、非溢流坝段宜有代表性勘探纵剖面，纵剖面线下游延伸范围包括下游冲刷区，勘探点间距可根据具体情况确定。

4）坝轴线上要有钻孔控制。基岩坝基钻孔深度不小于坝高的 1/2，需揭穿强风化或强溶蚀层，进入下部岩体的深度不小于 5m；覆盖层坝基钻孔深度，当下伏基岩埋深小于坝高时，钻孔进入基岩深度不小于 5m；当下伏基岩埋深大于坝高时，钻孔深度为建基面以下 1.0 倍坝高，在钻探深度内如遇有对工程不利影响的特殊性土层时，需要有一定数量的控制性钻孔，钻孔深度能满足稳定、变形和渗透计算要求。

5）勘探纵剖面上宜布置适量的钻孔，钻孔深度根据具体地质条件与所处工程部位确定。

6）对两岸岩体风化带、卸荷带、强溶蚀风化带以及对坝肩稳定有影响的断层破碎带等，宜布置平洞或探槽。

（6）岩土及水文地质试验内容和要求如下。

1）要利用钻孔或探坑采取有代表性的原状土样，测定设计需要的物理、力学性质指标。坝基主要土层的物理力学性质试验累计有效组数不宜少于 6 组。

2）根据需要进行岩体物理力学试验，对坝基主要软弱夹层、主要结构面进行力学性质试验。

3）细粒土及粉土、粉细砂层，宜结合钻探进行标准贯入试验及静力触探，粗粒土层宜进行动力触探试验，软土层宜进行十字板剪切试验。

4）对于覆盖层要进行钻孔注水或试坑注水试验。

5）根据需要取地表与地下水样进行水质分析。

5.4.3　大型淤地坝勘察内容和要求

（1）勘察方法及要求如下。

1）坝址区工程地质测绘比例尺宜为 1∶1000～1∶500，测绘范围包括淤地坝、溢洪道及下游冲刷区等。

2）非均质黄土覆盖层分布区宜采用电法、地震波法探测覆盖层厚度、基岩面起伏情况。

3）勘探方法及要求包括 3 点。

a. 勘探方法以轻型勘探为主，除均质黄土外，其余覆盖层坝基可辅以适量的重型勘探工作。

b. 沿建（构）筑物轴线要布置主勘探剖面线，地质条件复杂时可布置辅助勘探剖面线。主勘探剖面上坑、孔间距，丘陵峡谷区不宜大于 50m，平原区不宜大于 100m，可根据地质条件变化加密或放宽孔距，且勘探点不少于 3 个；辅助勘探剖面上的坑、孔间距可根据具体需要确定。

c. 覆盖层坝基钻孔深度，当基岩埋深小于 1 倍坝高时，钻孔深度要进入基岩不小于

5m；当基岩埋深大于 1 倍坝高时，钻孔深度需要穿过对工程有不利影响的特殊性土层。溢洪道钻孔深度要进入设计建基面以下 5～10m。

（2）岩土及水文地质试验内容和要求，参见砌石或混凝土重力坝有关试验内容。黄土地区需取样进行室内湿陷性试验。

第6章
工程总体配置

6.1 基本要求和措施体系

6.1.1 基本要求

水土保持总体布局是以区划为依据，分区提出水土保持对策、技术体系和重点工作内容，并针对某一区域进行的区域宏观布局与重点布局；配置则是在总体布局的指导下，针对具体某个小流域或片区的水土保持生态建设工程、某一生产建设项目防治责任范围内水土流失采取相应措施。

水土保持生态建设工程设计，是在区域或中大流域的专项工程规划总体布局的基础上进行，而具体针对一个小流域（或片区）时总体布置重点是措施配置。总体布局与配置，以水土流失和土地利用现状评价、经济社会发展要求和水土保持需求分析为基础，以"治理水土流失，保护和合理利用水土资源，提高土地生产力，改善农村生产生活条件及生态环境"为基本出发点，遵循"预防为主、保护优先、因地制宜、分区防治、因害设防、注重生态"原则。小流域或片区的水土流失防治措施体系应以总体布局为依据。

6.1.2 措施体系

6.1.2.1 预防

综合规划或专项工程规划中水土流失预防总体布局，应明确水土流失重点预防区，确定预防范围、保护对象、项目布局或重点工程布局、措施体系及配置等内容。综合规划中的预防总体布局以"预防为主、保护优先"为原则，主要针对水土流失重点预防区、重点生态功能区、生态敏感区，以及水土保持主导基础功能为水源涵养、生态维护、水质维护、防风固沙等区域，提出预防措施和项目布局。专项工程规划，针对特定区域存在的水土流失主要问题，结合区域水土保持主导基础功能，提出预防措施与重点工程布局。

（1）预防范围。包括以下两个方面。

1）国家水土保持规划，包括国家级水土流失重点预防区，大江大河的两岸以及大型湖泊和水库周边，长江、黄河等大江大河源头、国务院公布的饮用水水源保护区，全国水土保持区划三级区中以水源涵养、生态维护、水质维护等为水土保持主导基础功能的区域，国家划定的水土流失严重、生态脆弱的地区，山区、丘陵区、风沙区其他重要的生态功能区、生态敏感区域等需要预防的区域，上述山区、丘陵区、风沙区以外，容易发生水土流失的其他区域，以及上述区域中侵蚀沟的沟坡和沟岸。

2）流域和省级水土保持规划在上述范围的基础上，还应包括省级水土流失重点预防区，大江大河一级支流的两岸，以及中型湖泊和水库周边、七大江河一级支流源头、省级人民政府划定并公告的崩塌、滑坡危险区和泥石流易发区，以及公布的重要饮用水水源保护区，省级划定的水土流失严重、生态脆弱的地区，以及规划区内山区、丘陵区、风沙区以外，容易发生水土流失的其他区域，以及上述区域中侵蚀沟的沟坡和沟岸。

（2）预防保护对象。预防保护对象主要包括天然林、郁闭度高的人工林以及覆盖度高的草原、草地；植被或地形受人为破坏后，难以恢复和治理的地带；侵蚀沟的沟坡和沟岸、河流的两岸以及湖泊和水库周边的植物保护带；水土流失严重、生态脆弱地区的植物、沙壳、结皮、地衣；水土流失综合防治成果等其他水土保持设施。

（3）总体布局。预防总体布局是针对不同预防范围和保护对象，根据经济社会发展趋势与水土保持需求分析，提出预防项目或重点工程及其布局，预防项目或重点工程主要考虑3个方面：保障水源安全、维护水质和区域生态系统稳定的重要性；生态、社会效益明显，有一定示范效应；当地经济社会发展需求，有条件实施。

（4）预防措施体系及配置。预防措施主要包括封禁管护、植被恢复、抚育更新、农村能源替代、农村垃圾和污水处置设施、人工湿地及其面源污染控制措施，以及局部区域的水土流失治理措施等。预防措施的配置要求，所选择的措施，能够有效缓解潜在水土流失问题，并具有明显的生态、社会效益；江河源头和水源涵养区，注重封育保护和水源涵养植被建设；饮用水水源保护区应以清洁小流域建设为主，局部水土流失，根据具体情况采取相应治理措施；水土流失重点预防区采取生态修复、坡耕地改梯田、淤地坝等措施对局部水土流失进行治理；以生态维护、防风固沙等其他功能为水土保持主导基础功能的区域应突出维护和提高其功能的措施。

6.1.2.2　治理

综合规划中的治理规划以突出综合治理、因地制宜为原则，主要针对水土流失重点治理区及其水土流失严重地区，以及主导基础功能为土壤保持、拦沙减沙、蓄水保水、防灾减灾、防风固沙等区域，提出治理措施和项目布局。

专项工程规划主要针对特定区域存在的水土流失主要问题，结合区域水土保持主导基础功能，提出重点工程布局与治理措施。

（1）治理范围。包括以下两个方面。

1）国家水土保持规划，包括国家级水土流失重点治理区，全国水土保持区划三级区水土保持主导基础功能为土壤保持、拦沙减沙、蓄水保水、防灾减灾、防风固沙等区域，除此以外，水土流失严重的老、少、边、穷等区域，水土流失程度高、危害大的其他区域。

2）流域和省级水土保持规划在上述治理范围基础上，还应包括省级水土流失重点治理区。

（2）治理对象。在确定的治理范围内，根据规划规模要求，选择治理对象，包括坡耕地、"四荒"地、水蚀坡林（园）地，规模较大的重力侵蚀坡面、崩岗、侵蚀沟道、山洪沟道，沙化土地、风蚀区和风蚀水蚀交错区的退化草（灌草）地等，石漠化、沙砾化等侵蚀劣地。

综合规划的治理规划要在确定治理范围、对象的基础上，根据经济社会发展趋势与水土保持需求分析，按照区域布局和重点布局，提出治理项目或重点工程及其布局。工程项目及布局应有利于维护国家或区域生态安全、粮食安全、饮水安全和防洪安全；重点治理项目或工程应根据轻重缓急的原则，综合分析确定。

（3）措施体系及配置。综合治理规划的水土流失综合治理措施体系，根据区域水土保持主导基础功能、水土流失情况和区域经济社会发展需求等制定。专项规划的治理措施体系根据工程特点和任务拟定。

治理措施体系，包括工程措施、林草措施和耕作（或农艺）措施。工程措施包括梯田，沟头防护、谷坊、淤地坝（含治沟骨干工程）、拦砂（沙）坝、塘坝、滚水坝、坡面水系工程、小型蓄排引水工程、土地平整、引水拉沙造地等；林草措施包括营造水土保持林、建设经果林，水蚀坡林地整治、网格林带建设、灌溉草地建设、人工草场建设、复合农林业建设、高效水土保持植物利用与开发等；耕作措施包括沟垄、坑田、圳田种植（也称掏钵种植）、水平防冲沟、免耕少耕、等高耕作、轮耕轮作、草田轮作、间作套种等。不同分区因水土流失类型、形式、特点及其防治要求不同而不同。

1）东北黑土区以保护黑土资源和保障粮食安全为主，以防治坡耕地和侵蚀沟水土流失为重点，主要治理措施，包括梯田、等高耕作、垄向区田、地埂植物带、谷坊、沟头防护、塘坝、水土保持林和经果林建设等。

2）北方风沙区以保护绿洲、重要基础设施和防止草场退化为主，以水蚀风蚀交错区以及绿洲农区周边的防风固沙为重点，主要治理措施，包括轮封轮牧、人工沙障、网格林带建设、引水拉沙造地、雨水集蓄利用，以及以灌溉草地建设、经济林果为主的植被恢复与建设措施。

3）北方土石山区以保育土壤和保护耕地资源为主，以水源地水土流失治理、黄泛区风蚀治理以及局部区域山洪灾害防治为重点，水源地应以清洁小流域建设为重点，防治水土流失和减轻面源污染。主要治理措施，包括梯田、雨水集蓄利用、护地堤、拦沙坝、滚水坝、谷坊、水土保持林和经果林建设，以及黄泛区土地平整、翻淤压沙、网格林带建设、农业耕作措施等。

4）西北黄土高原区以蓄水保土、拦沙减沙为主，以沟道治理和坡耕地改造为重点，主要治理措施，包括梯田、淤地坝、谷坊及沟头防护工程、雨水集蓄利用、引洪漫地、引水拉沙造地、水土保持林和经果林建设等。

5）南方红壤区以保持土壤、防治崩岗危害为主，以坡耕地、水蚀坡林（园）地、崩岗和侵蚀劣地治理为重点，主要治理措施，包括梯田及坡面水系工程、谷坊、拦沙坝、截流沟、护岸、水土保持林和经果林建设等。

6）西南紫色土区以保持土壤、防治山地灾害为主，以坡耕地综合治理为重点，主要治理措施，包括梯田及坡面水系工程、护地堤、塘坝、水土保持林和经果林建设、复合农林业建设等。

7）西南岩溶地区以保护耕地和土壤资源为主，以坡耕地综合治理为重点，主要治理措施，包括梯田及坡面水系工程、岩溶表层泉和地表水利用工程（塘坝、蓄水池）、岩溶落水洞治理工程、水土保持林和经果林建设等。

8）青藏高原区以生态维护、防灾减灾为主，以河谷农业区及周边水土流失治理为重点，主要治理措施，包括梯田、人工草场建设、径流排导、谷坊、拦沙坝等。

6.2　总　体　布　置

6.2.1　一般要求

水土流失综合防治工程以小流域（或片区）为单元，统筹山、水、田、林、路、渠、村进行总体布置，做到坡面与沟道、上游与下游、治理与利用、植物与工程、生态与经济兼顾，使各类措施相互配合，发挥综合效益。

（1）坚持沟坡兼治，坡面以梯田、林草工程为主，沟道以淤地坝坝系、拦沙坝、塘坝、谷坊等工程为主。

（2）坚持生态与经济兼顾，梯田与林草工程布置根据其生产功能，加强降水资源的合理利用，在少雨缺水地区配置雨水集蓄利用工程，多雨地区配置蓄排结合的蓄水排水工程，使梯田与坡面水系工程相配套，经济林、果园、设施农业与节水节灌、补灌相配套。

（3）坚持自然修复和人工治理相结合，在江河源头区、远山边山地区根据实际情况，充分利用自然修复能力，合理布置封育及其配套措施。

（4）重要水源地按生态清洁小流域进行布置，合理布置水源涵养林，并配置面源污染控制措施。

（5）在山洪灾害、泥石灾害、崩岗灾害严重的地区，合理配置防灾减灾措施。

（6）在城郊地区要充分利用区域优势，注重生态与景观结合，措施配置应满足观光农业、生态旅游、科技示范、科普教育需求。

6.2.2　分区总体布置

6.2.2.1　东北黑土区

以保护黑土资源、保障粮食生产为核心，以防治侵蚀沟和缓坡耕地水土流失为重点。治理措施包括梯田、等高耕作、垄向区田、地埂植物带、谷坊以及农业机械道路、灌溉渠系、坡面排水、侵蚀沟消坡和填埋、谷坊、沟道造林种草措施。具体以东北农垦区为例，水土流失综合治理措施体系如图 6－1 所示。

6.2.2.2　北方风沙区

以建设生态屏障和防沙带、修复和改良草场、保护绿洲为核心，重视水蚀风蚀交错区的水蚀和风蚀防治。治理措施以防风固沙、草场修复建设与保护、绿洲防护、林草措施、封育及其配套措施为主。多年平均降水量 250mm 以上地区应充分利用小泉小水，加强雨

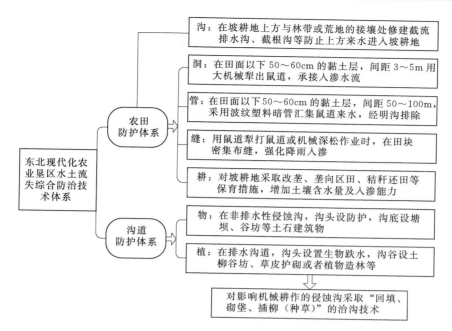

图 6-1　东北农垦区水土流失综合治理措施体系

水集蓄利用，采取砂田与覆盖措施，保持土壤水分，合理配置坡改梯及配套措施。多年平均降水量 250mm 以下地区以封禁措施为主，有灌溉条件的可建设人工草场，并以绿洲为核心设置防护措施。具体以阿拉善高原山地防沙生态维护区为例，水土保持措施总体布局，见表 6-1。

表 6-1　　　　　阿拉善高原山地防沙生态维护区水土保持措施总体布局

类型	总 体 布 局
绿洲风沙危害地区	(1) 加大禁育力度，保护荒漠植被，严厉禁止滥挖苁蓉、锁阳、甘草、发菜等； (2) 全面实行退牧还林封育保护，积极采取围封、人工种植和飞播林草等措施，配置植物沙幛和机械沙幛，建立带、片、网和乔灌草相结合的防风固沙阻沙体系
沙漠滩地、农田	(1) 通过引洪滞沙、引水拉沙，改造沙漠滩地，减少洪水泥沙危害，合理利用水资源，保护和改良农田； (2) 大力开展沙地林果生产，开发生态型产业，推进水土保持产业化发展
牧场	合理开发水资源，因地制宜兴修水利，发展农田草牧场建设，推行农业节水高效灌溉

6.2.2.3　北方土石山区

以改善生态、保护与涵养水源、发展农林特色产业为核心，根据所处地区生态功能，注重保护土壤和耕地资源，防治局部区域山洪和泥石流灾害。治理措施应以梯田、雨水集蓄利用、沟道治理工程、经济林果种植以及林草措施为主。梯田以石坎梯田为主，并与特色经济林果工程结合，注重山区沟道小泉、小水和雨水集蓄利用，配套节水型灌溉措施。水源地应配置水源涵养林以及面源污染控制措施。具体以太行山西南部山地丘陵保土水源涵养区为例，小流域综合防治总体布局，见表 6-2。

表 6－2   太行山西南部山地丘陵保土水源涵养区小流域综合防治总体布局

类型	措施总体布局
土石山丘陵沟壑地区	（1）以荒山、荒坡、沟壑、残源治理、农田林网和道路建设为重点，工程措施与生物措施相结合，将山、水、林、田、路综合治理； （2）水蚀严重山地丘陵坡面水土保持林、草、水源涵养林等植物措施，沟道采取小型蓄水工程； （3）侵蚀严重的、或农业耕作地段上游的沟道，建设沟头防护、谷坊工程、拦沙工程等措施
土石山区水源地	（1）利用自然条件优势，发展水土保持生态林，乔、灌、草相结合，保持水土，涵养水源； （2）建设生态清洁型小流域，以林草措施为主，谷坊、梯田等工程措施为辅，拦蓄泥沙，涵养水源，控制农村生活垃圾和污水排放，防治面源污染，保护水源
土石山低山丘陵地区	（1）石质、土石质地区，以小流域为单元，发展水果、畜牧等主导产业，修建小型水利水土保持工程，为农牧业及林果业发展创造条件，提高治理效益； （2）黄土丘陵地段，以农林为主导产业，建设基本农田，加强梯田建设，发展坝系农业，建设小塘坝、滚水坝、蓄水池、小泵站等，实施集雨节灌，促进农林牧全面发展

6.2.2.4 西北黄土高原区

以提高综合农业生产能力和改善生态为核心，以保护土壤、增加植被覆盖、蓄水保水、拦沙减沙为重点。治理措施以梯田、淤地坝、治沟造地、林草工程、封育及配套措施为主，多年平均降水量400mm以下地区林草工程以灌草措施为主。沟道应布置坝系，坡面应布置梯田与林草工程，远山边山地区应布置封育及配套措施。梯田和淤地坝工程布置应与雨水集蓄利用、高效高产规模特色农业或经果林发展结合；淤地坝工程坝系布置应妥善处理小流域内大、中、小型淤地坝与塘坝、小水库之间的关系，合理配置，联合运用；单坝规模确定应分析坝系中各单坝的相互作用。以陕北丘陵沟壑拦沙保土区为例，综合治理措施配置，见表6－3。

表 6－3   陕北丘陵沟壑拦沙保土区综合治理措施配置

地形部位	措施配置
梁峁顶	营造防护林带、种植牧草；当地势开阔时，可适当发展种植业，并适当布设水窖和节灌设施
梁峁坡	（1）在25°以下缓坡耕地上修筑水平梯田，梯田埂采取植物防护，栽桑、紫穗槐，种植苜蓿； （2）近村、背风向阳地栽经济林，在坡度较大的地方营造水土保持林
峁缘线	以沟头防护为主，营造防护林、修筑防护埂
沟坡	（1）采用水平沟、水平阶、反式梯田和大鱼鳞坑等整地，营造经济林和用材林； （2）在陡峻破碎的沟坡地上营造柠条、沙棘等灌木林或种植优良牧草
沟底	以改造沟台地为主，修建淤地坝，兴修小型水利工程，同时营造沟底防冲林和护岸林

6.2.2.5 南方红壤区

以保护土壤资源、防治崩岗灾害、改善农业生产条件、促进高产高效农业发展为核心，重点开展坡改梯、崩岗治理、侵蚀劣地治理和园地及林下水土流失治理。治理措施应以拦沙坝、截流沟、林草措施、梯田与坡面水系工程、田间道路、特色亚热带和热带经济林果建设、封育及配套措施为主。崩岗治理应采取"上截、中林草、下堵"的综合措施体系，保障下游村庄和农业生产的安全。综合防治总体布局是：25°以下条件适宜的坡耕地进行坡改梯，实施保土耕作，配套坡面水系，修建排灌沟渠、蓄水池、沉沙池等，要结合地形进行布设，便于排洪、拦沙和蓄水；对现有的疏幼林地和荒山荒坡实行封育管护，营造混交林，改造品种单一的次生林；对崩岗地带采取工程措施和植物措施结合的措施，"上截、中削、下堵、内外绿化"进行治理，治理后的崩岗侵蚀地种植水土保持先锋树种或经济林果等。

6.2.2.6　西南紫色土区

以保护土壤资源、充分利用降水资源、改善农业生产条件、促进农业发展为核心，以坡改梯及坡面水系工程为重点。治理措施应包括梯田及坡面水系工程、田间道路、塘坝、经济林果种植、林草措施、高效复合农林业建设、封育及配套措施为主。梯田工程应根据实际情况选择土坎与石坎梯田，配置"以排为主、蓄排结合"的蓄排水工程，特色经济林果宜配置灌溉设施。以四川盆地北部中部高中丘保土人居环境维护区为例，综合防治总体布局，见表 6-4。

表 6-4　　　　四川盆地北部中部高中丘保土人居环境维护区综合防治总体布局

类型	总　体　布　局
山丘区	（1）按照"山上戴帽，山腰穿裙，山下拴带"的思路： 山顶栽植以刺槐、杨树和马桑为主的乔灌混交林。 （2）山腰利用土层厚、水热条件兴修梯田，配套坡面蓄水、拦沙、排洪、引水等坡面水系工程，发展特有经济林果； （3）山下改造中低产田
城镇周边地区	（1）通过水土资源的优化配置，调整农村产业结构，利用埂坎，搞好经济林果高效开发，发展特有经济林果和旅游观光的治理模式； （2）加强农村新能源建设力度，发展沼气及节柴灶，促进农村面源污染治理

6.2.2.7　西南岩溶地区

以抢救和保护土壤资源、充分利用降水资源、改善农业生产条件为核心，以坡改梯及坡面水系工程为重点，对植被覆盖度低的岩溶山体配置林草及封育措施。治理措施应以梯田及坡面水系工程、田间道路、林草措施、岩溶地表水利用及岩溶落水洞治理工程为主。梯田以石坎梯田为主；对于田面出露裸岩，可通过爆破破碎挖除凸露岩石，回覆周边土壤，增加可耕种面积，并配置"以排为主、蓄排结合"的蓄排水设施。充分利用溪流及小泉、小水配置塘坝、滚水坝以及引水设施，并配套农田灌溉或补充灌溉设施。以滇黔川高原山地保土蓄水区为例，综合防治总体布局，见表 6-5。

表 6-5　　　　滇黔川高原山地保土蓄水区综合防治总体布局

类型	总　体　布　局
母岩以碎屑岩、变质岩为主的地区	（1）坡面：对于坡度在 25°以下、土层较深的缓坡耕地改造以土坎坡改梯为主的基本农田，农田内推广分带轮作、地膜覆盖、绿肥横坡聚垄免耕等保土耕作措施；地坎栽植灌木，坡面种植绿肥植物，稳固地坎；配套建设蓄水池，铺设浇灌管道，完善灌排体系；完善生产道路，增设道路排水沟及水平排水沟； （2）沟道：在沟的中上部修筑谷坊、拦沙坝，并与群众交通、引水需求结合，建设成为群众的交通便道或取水口；沟的中下部疏通、整治沟道； （3）总体布局上应做到水土流失治理与发展小流域生态经济和特色产业相结合。荒山造水土保持林，林下种植苜蓿，林业与畜牧业结合；不适宜建设农田的坡耕地发展以梨（滇红）、油桃等为主的经济果木林，初期套种花卉、药材，提高土地利用效率，推行科学种植和管理

续表

类型	总 体 布 局
母岩以碳酸盐岩为主地区	（1）山沟、山凹建塘堰，保证基本农田、果木林的灌溉，同时兼顾人畜饮水； （2）缓坡耕地修建梯田，配套坡面水系、机耕路、作业便道，改善农业生产条件； （3）结合产业结构调整，坡耕地大力发展金秋梨、黄花梨、布朗李等经果林，林间套种生姜、花生、土豆，提高土地利用效率； （4）山脚平地整治沟渠，疏通排水通道，保护有限的土地资源； （5）对林地、草地加大封育治理力度，促进植被自我修复，遏制土地石漠化，抢救土地资源； （6）将小流域综合治理与建设社会主义新农村结合，改善人居环境，美化村容村貌

6.2.2.8　青藏高原区

以保护生态、修复和改良草场、改善河谷农业生产条件为核心，重点开展轮封轮牧、冬储的人工草场建设，影响河谷农业生产的山洪灾害沟道治理，以及坡耕地治理。林草工程应根据高原气候、地理位置、土壤、生态系统等地域特点和立地条件进行配置。

6.3　案　　例

6.3.1　东北黑土区——黑龙江省鹤岗市石头河小流域治理

6.3.1.1　基本情况

石头河小流域位于黑龙江省鹤岗市东方红乡，距市区25km，地形呈缓岗阶地，属中纬度低山丘陵地貌类型区。流域面积为26.34km²，其中耕地、林地、荒地、其他用地面积分别为957.28hm²、137.44hm²、101.14hm²、1438.14hm²。

治理前水土流失面积962.00hm²，占流域总面积的36.50％，各强度级别面积为：轻度侵蚀64.14hm²，中度侵蚀687.86hm²，强度侵蚀209.54hm²。该流域土壤侵蚀类型以片状细沟状侵蚀为主，沟蚀发生强度高。沟蚀多发生于坡耕地、荒山荒坡、疏幼林地，在侵蚀坡面上均有不同程度分布。受降水、地形和人为因素的复合作用，沟壑发育，沟壑直接占地面积8.03hm²，沟壑密度为0.22km/km²。

6.3.1.2　防治方向和措施体系

水土流失治理以坡耕地为主攻方向，兼顾侵蚀沟治理。以治理水土流失为中心，以有效保护和合理开发利用水土资源为目标，做到治理保护与产业结构调整、发展经济、新农村建设相结合。在保护好现有的林木植被的基础上，采用"坡面＋侵蚀沟"防治技术体系。坡面采用坡改梯，配以地埂植物带、改垄措施；侵蚀沟道采用沟头埂、谷坊、削坡造林、沟渠及跌水等措施；并配置水土保持林和封禁治理等措施。

防治措施：共治理水土流失面积925.42hm²，治理度达到96％，其中梯田21.54hm²，地埂植物带299.32hm²，水土保持林87.48hm²，封禁治理50.11hm²，改垄407.88hm²，沟渠6km，跌水12座，谷坊107座，沟头埂0.6km，削坡造林工程土方0.7万m³，涵洞4座，整治作业6.59km。同时大力推进生态修复、营造水土保持林等一系列治理措施的实施，建封禁标志牌3座，小流域宣传碑1座。

6.3.2　西北黄土高原区——阳曲县阳坡小流域

6.3.2.1　基本情况

阳坡小流域位于西北黄土高原区的汾河中游丘陵沟壑保土蓄水区,流域总面积 18.09km²,该流域地势北高南低,海拔 1320～1950m,流域内沟壑纵横,山高坡陡,地形复杂,自然条件较差。项目区年均降水量 500mm,5—9 月降水量 375.2mm,占全年降水量的占 80.38%,年大于 10mm 的降水日数为 14d。暴雨主要发生在 7—8 月。区内自然植被主要有油松针叶林、杨树(少量桦)阔叶林,或杨桦与油松混交林。土壤特征为褐土,主要有淋溶褐土和山地褐土。流域内水土流失面积 17.73km²,强烈以上水土流失面积占到流失总面积的 66.4% 以上,年土壤侵蚀量约 7.95 万 t。

流域涉及阳曲县北小店乡 2 个村,人口 413 人,其中劳动力 150 人,人口密度 23 人/km²,耕地 75hm²。由于土地贫瘠,生产条件差,农民经济和群众生活水平相对较差。

6.3.2.2　防治措施

总体布置:源头区,在流域上游设置预防保护区,通过封禁治理方式,围栏禁牧,减少人类对当地自然生态环境的干扰,利用自然自我修复能力,促进植被恢复,为植物生长创造良好条件,减少源头水土流失。山坡,流域内的沟坡为冲刷侵蚀的重点区域,植被稀少,水土流失严重。山坡治理主要针对山谷两侧坡度较缓的山坡进行植树造林,减少雨水造成的溅蚀和沟蚀,蓄水保土。沟谷,在流域沟谷内建设谷坊和下游滩地进行整理,并配套排洪渠系及道路建设。沟口,在沟口新建淤地坝等工程措施,减少水土流失,减轻下游沟浊拦泥淤地。

治理措施:完成水土保持综合治理面积 1612.15hm²。实施封育治理 1343.25hm²,营造油松、侧柏、云杉、黄刺梅、杨柳树等水土保持林 218.01hm²,垫滩造地 50.89hm²,建成淤地坝 2 座、谷坊 4 座、塘坝 1 座,修蓄水池 1 座,修筑排洪渠系 7.8 公里,修道路 10 公里。建成阳坡和九股泉 2 个养殖场,养鸡 6000 只、养羊 300 只,建成鱼塘等水面养殖场 2.56hm²,年生产成鱼 20 吨。

6.3.3　西南紫色土区——四川省安县马道梁子小流域

6.3.3.1　基本情况

马道梁子小流域位于安县乐兴镇境内,面积 29.34km²,最低海拔 510m,属深丘地貌。该流域属于亚热带湿润气候区,年均日照 1376.6h,年平均气温 17.2℃,年降水量 963mm,无霜期 240d,土壤为紫色土,主要植被种类有松、柏、泡桐、竹、柏、杨、柑橘等。耕地 1417.77hm²(其中坡耕地 604.97hm²),林地 1199.88hm²,裸地 42.68hm²,水域 123.02hm²,其他用地 96.99hm²。流域内水土流失面积 15.49km²,其中轻度流失 6.61km²,中度流失 7.33km²,强烈流失面积 1.41km²,极强烈流失面积 0.14km²,土壤侵蚀模数 3578t/(km²·a)。

流域总人口 5087 人,乡村人口 2752 人,劳动力 2014 人,人口密度 173 人/km²,人均耕地面积 0.09hm²,农民人均年纯收入 5135 元,主要种植作物为水稻、玉米、小麦、红薯等。

6.3.3.2　措施配置

针对该流域人口密度大，坡耕地面积广，农民收入低的情况。治理措施配置：对坡耕地分布集中的区域，实施坡改梯，配套坡面水系和田间道路，水源和交通条件好的区域发展葡萄、桃树、皂角等经果林；田面坡度较缓地区实施以改变微地形的保土耕作，采取带状间作，增加地面植物覆盖；中高山地带栽植水土保持林，并采取封禁治理措施，保护和巩固退耕还林成果。

治理措施包括坡改梯 110.6hm²，营造水土保持林 307.2hm²，栽植经果林 114.5hm²，保土耕作 154.8hm²，封禁治理 861.9hm²，配套修建蓄水池 224 座，沉沙凼 797 个，排灌沟渠 52.2km，田间道路 3.8km，谷坊 2 座。

第7章
耕作与工程措施设计

7.1 耕 作 措 施

7.1.1 措施分类及作用

水土保持耕作措施主要有三类措施：一是改变微地形；二是增加地面覆盖；三是改良土壤。目的是增加土壤入渗、保蓄水分、提高土壤抗蚀力，减轻土壤侵蚀，提高作物产量。

7.1.1.1 改变微地形的措施

改变微地形的措施主要有等高耕作（横坡耕作）、沟垄种植、垄向区田、地埂植物带、坑田（掏钵）种植、休闲地水平犁沟、蓄水聚肥改土耕作法（抗旱丰产沟）、半旱式耕作、防沙产业技术等。主要是通过耕作改变坡耕地的微地形，增加地面粗糙度，强化降水就地入渗、拦蓄、削减或制止冲刷土体的耕作措施。

7.1.1.2 增加地面覆盖的措施

增加地面覆盖的措施主要有草田轮作、间作、套种、带状（等高）种植、合理密植、休闲地种绿肥、残茬覆盖、秸秆覆盖、覆膜种植、砂田和少耕免耕等，国外称为覆盖耕作技术。主要是通过增加地面植被覆盖（活地被——牧草、死地被——秸秆、残茬、砂石等），改善和增强地面抗蚀性能，控制水蚀、风蚀的一种水土保持措施。

7.1.1.3 改良土壤的措施

改良土壤的措施主要有深耕、松土、增施有机肥、留茬播种等。主要是通过增施有机肥、深耕改土、培肥地力等措施改变土壤物理化学性质，增加土壤入渗和提高土壤抗蚀力，以减轻土壤冲刷蚀。

水土保持耕作措施一般同时具有多种功能，分类时是根据其主要功能确定的。实际上各项措施根据实际应用条件可以联合使用。如少耕免耕既有增加地面覆盖的作用，同时也有改变土壤物理化学性质的作用；蓄水聚肥改土耕作法则是由第一类与第二类相结合，或再加上改土培肥的复合式耕作措施；聚土免耕沟垄种植法就是等高垄作与免耕覆盖措施相结合的耕作方法。

为了便于在实际生产中应用，本教材将以上措施分为保护型耕作法、保护种植法和二者复合来讨论。

7.1.2　设计要求与内容

7.1.2.1　保护型耕作法

以改变微地形、强化降水就地入渗，拦蓄、消减径流冲刷动能为基本原理的耕作法，主要包括等高耕作、水平沟、垄向区田和格网式耕作等。

（1）等高耕作法。是沿坡地等高线进行耕作的方法，也称横坡耕作法。它是改变传统性顺坡耕作最基本、最简单的水土保持耕作法，也是衍生和发展其他水土保持耕作法的基础。在我国的南方地区，由于雨量大，土质黏重，耕作方向宜与等高线成 1‰～2‰ 的比降，以适应排水，并防止冲刷。凡是坡度在 2°～25° 的坡耕地都可采用横坡耕作技术，但以小于 10° 的缓坡地上效果最佳，随着坡度的增加，它的水土保持作用降低。

等高耕作一定要由下向上进行翻耕，这样做可使坡度变缓，为坡地逐渐改变成水平梯田创造条件。

（2）深耕。耕翻深度涉及土质、地形、作物生态特征和遗传特性等多因素综合影响的复杂问题，是影响耕作措施效果的重要因素。在等高耕作的条件下，耕层浅不易蓄积更多的水分和充分供给作物的矿物质养分，适度深耕对减少地表径流和减轻土壤冲刷有很大作用。

（3）平翻耕作。世界上应用历史最久、采用最普遍的一种耕作技术。我国北方绝大部分地区都采用此法。在水土流失地区采取平翻耕作可以创造一个平坦松软、上虚下实的耕作表层，此种耕层结构具有良好的保水保肥和作物生长的优良条件。平翻耕作包括翻耕、耙、耱、镇压和中耕等环节。

（4）沟垄耕作。在等高耕作的基础上改进的一种耕作措施，即在坡面上沿等高线开犁，形成较大的沟和垄，在沟内或垄上种植作物。这是一种更为有效控制水土流失的耕作方法，适用于 2°～20° 的坡地。因沟垄耕作改变了坡地微地形，每条沟垄都发挥就地拦蓄水土的作用，同时增加了降水的入渗。

1）水平沟。适用于黄土高原的梁峁坡面、塌地、湾地，坡度以不超过 20° 为宜。在坡耕地上沿等高线用套二犁播种，开沟深度在地面以下 17cm，沟垄高差以播种盖土后 10cm、沟距 60cm 为宜，将种子播在沟底或垄的下半坡。坡地水平沟在川台塬上的应用，称为沟垄种植法。

2）垄向区田（又称垄作区田）。东北黑土区治理坡耕地的一种措施，即在作物最后一次中耕（趟地）或秋整地时，沿着垄向每隔一定距离在垄沟内修筑高度略低于垄高的土埂，成为区田，相邻垄沟间的土埂要错开，分散径流，增强降雨入渗。

3）格网式垄作。针对川中丘陵紫色土坡耕地，在等高耕作的基础上创造了格网式垄作制，其基本原理类同于北方的垄向区田，仅在操作和作物布局上有所不同。

（5）地埂植物带。东北黑土区治理坡耕地的一种措施，主要布设在 3°～5° 的坡耕地。坡耕地沿横向培修土埂，土埂上种植灌木或多年生草本植物，以截短坡长、拦截径流，有效防止坡耕地水土流失的发生。经过多年耕作和土埂的逐年加高，会形成坡式梯田，并可发展成为水平梯田。根据土埂的数量将地埂分为单埂和复合式地埂两种。

1）单埂。主要布设在降水量 500mm 以下，坡度在 3°左右的坡耕地。土埂间距以保证两埂之间坡面不发生径流冲刷为宜，斜坡田面宽度还应满足耕作的需要。地面坡度越陡，土埂间距越小；坡度越缓，土埂间距越大。雨量和强度大的地区土埂间距宜小，雨量和强度小的地区土埂间距宜加大。

2）复合式地埂。是截流沟和地埂植物带的结合体，具有蓄排结合、抗蚀能力强、防御标准高、增加林草覆盖等多重功效。主要应用在坡面相对较陡（坡度多为 5°，有些地区可达到 8°以上），土层相对较薄，降水量相对较大，易产生坡面径流，不适合实施水平梯田的地区。

7.1.2.2 保护型种植法

农作物（含耕地上人工种植的牧草）实际上是一种人工覆被物，与自然植被一样具有防止水土流失的作用。保护型种植法是通过调整作物结构、增加作物覆盖空间和延长覆盖时间的水土保持种植法，例如间作套种、草粮带状间作等。保护型种植法与等高耕作的水土保持耕作法相结合，可充分发挥制止或削弱水力和风力对地面的侵蚀作用。

（1）间作套种。间作是指在同一地块，成行或成带（厢式）间隔种植两种或两种以上发育期相近的作物；套种是指在前茬作物的发育后期，于其行间播种或栽植后茬作物的种植方式。间作套种作物的选择，应具备生态群落和生长环境的相互协调与互补性，例如高秆与低秆作物、深根与浅根作物、早熟与晚熟作物、密生与疏生植物、喜光与喜阴作物，以及禾本科与豆科作物的优化组合和合理配置。黄土高原及东北等地区，间作套种多以等高条状布设；南方地区实施水土保持耕作时应考虑必要的排水，多以厢式结合排水沟布设。

（2）等高带状间作和轮作包括以下 3 种方式。

1）等高带状间作。垂直坡向将坡耕地划分成若干条带，又称等高条状种植。主要是多年生牧草和作物的草粮带状间作。

2）传统轮作和草粮带状间轮作。传统轮作是指不同作物之间轮作，如黄土高原小麦→谷子→大豆的轮作，以及将地面划分成若干基本相同的小区，进行作物和牧草的轮作。坡地上采用作物与牧草轮作或间作的方式称为草粮带状间轮作，如紫花苜蓿＋马铃薯的轮作或间作，该种植方式可在大于 20°的坡地实施。

3）草田轮作。现代轮作常指作物与牧草的轮作，也称草田轮作，是采用短期牧草、绿肥作物和大田作物轮换，恢复土壤肥力和提高大田作物产量的一种轮作类型，如大豆→草木樨→冬小麦→谷子轮作。草田轮作中安排多年生牧草，特别是豆科和禾本科牧草混播，有着特殊的作用。实行草田轮作时，为了使作物与牧草的生物产量最高和控制土壤侵蚀作用最大，应注意作物种类与牧草种类的选择和配置。

（3）少耕、免耕和覆盖。少耕是指在传统耕作基础上，尽可能减少整地次数和减少土层翻动的耕作技术；免耕是指作物播种前不单独进行耕作，直接在前茬地上播种，在作物生育期间不使用农具进行中耕松土的耕作方法。西北地区的砂田法、华北地区的茬地直播法等都属于少耕、免耕。少耕、免耕与农业机械化作业相结合在美国、澳大利亚、欧洲等地广泛应用，我国从 20 世纪 70 年代开始进行试验推广，黄土高原地区在少耕、免耕方面做了不少工作，但受土地条件的限制，至今尚没有得到广泛应用。东北地区是我国有条件实施机械化作业的地区，值得试验和推广。

覆盖种植法主要有残茬覆盖、砂石覆盖和地膜覆盖等方法。砂石覆盖法是用砂砾石覆盖农田、多年不犁耕的一种耕作法，在宁夏、甘肃干旱地区有悠久历史。地膜覆盖种植法则是我国近年来大面积推广的一种技术，在保水和提高水分利用率方面效果明显。

7.1.2.3　复式水土保持耕作法

复式水土保持耕作法是保护型耕作法和保护型种植法的组合及发展。

（1）川地垄沟种植。在川地平地，包括旱地和川水地，都可实行垄沟种植。垄沟种植要求垄复均匀，梁直沟端。因使用农机具不同，沟的深宽有所差异。

（2）水平沟种植。小于 20°的坡地可实行水平沟种植。要求沿等高线自上而下开沟，沟深均匀，保持水土。因使用农机具不同，水平沟的深度和垄距亦有不同。

（3）水平沟粮草带状间轮作。20°～25°坡地可实行粮、草带状间轮作，要求粮、草呈水平带状间作种植，带宽根据地块坡长而定，坡长的地块，带可宽一些；坡短的地块，带可窄一些。一般以 20m 左右为宜，最窄不宜小于 10m。

（4）草、灌带状间作。大于 25°坡地可实行草、灌带状间作。草、灌带状间作要求草、灌呈水平带状间作种植，草带一般宽 4m，灌木带一般宽 2m。

（5）蓄水聚肥改土耕作法（抗旱丰产沟）。山西省水土保持研究所在总结坑田、沟垄种植、覆盖等方法上提出的一种复式耕作法。要求生土部位深翻并取土培垄，集两份带宽的表土和施肥量回填一份带宽的沟内，形成蓄水聚肥的新型沟垄相间的复式耕作体系。用塑膜或秸秆覆盖沟或垄，可形成"垄盖膜""全盖垄半盖沟""垄盖膜沟盖秸秆"的集雨抗旱丰产沟覆盖耕作体系。

（6）聚土改土垄作和聚土免耕法。是西南紫色土丘陵区试验与推广的一种新型复式耕作法。具体做法是聚表层土成垄，沟内深翻或深凿施肥，每年垄沟互换，以达到促进紫色土风化熟化，全面改良土壤的目的。聚土免耕法与聚土改土垄作法具体技术上基本相似，不同的是垄沟免耕，连续种植 3～5 年后垄沟互换。

7.2　梯　田　工　程

梯田是在坡地上沿等高线修筑成台阶式或坡式断面的田地，也是山区、丘陵区常见的一种农田，因地块排列呈阶梯状而得名。

梯田是改造坡地，保持水土，全面发展山丘区农业生产的一项措施。修建梯田可以改变地形，滞蓄地表径流，增加土壤水分，减少水土流失，达到保水、保土、保肥之目的。梯田同耕作技术相结合，能大幅度地提高作物产量；梯田也可为山区植草种树创造前提条件。

7.2.1　梯田分类

7.2.1.1　按断面形式分类

梯田按断面形式可分为水平梯田、坡式梯田和隔坡梯田。水平梯田田面呈水平，适宜于种植农作物和果树等；坡式梯田是顺坡向每隔一定间距沿等高线修筑田坎而成的梯田，依靠逐年耕翻、径流冲淤并加高田坎，使田面坡度逐年变缓，最终形成水平梯田，也是一种过渡的形式；隔坡梯田是在相邻两水平台阶之间隔一斜坡段的梯田，从斜坡段流失的水土可被截留于水平台阶，有利于农作物生长，斜坡段则种草、种经济林或林粮间作。三类梯田断面示意图如图 7-1 所示。

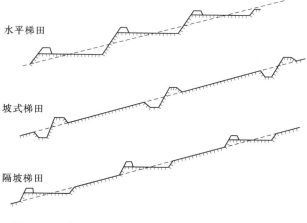

图 7-1　水平梯田、坡式梯田、隔坡梯田断面示意图

7.2.1.2　按田坎建筑材料分类

按田坎建筑材料分类，可分为土坎梯田、石坎梯田、植物田坎梯田。土层深厚，年降水量少，主要修筑土坎梯田。土石山区，石多土薄，主要修筑石坎梯田。丘陵地区，地面广阔平缓，采用以灌木、牧草为田坎的植物田坎梯田。

7.2.2　设计要求与内容

7.2.2.1　梯田布置原则

（1）梯田规划是小流域综合治理规划的组成部分，坡耕地治理可根据不同条件，选择坡改梯、坡面小型蓄排水工程和保土耕作法等措施。修建梯田的区域（梯田区）既要符合综合治理规划的要求，也要符合修建梯田的要求。

（2）梯田布置时应充分考虑小流域内其他措施配合。如梯田区以上坡面为坡耕地或荒地时，应部署坡面小型蓄排工程。年降水量在 250～800mm 地区宜利用降水资源，配套蓄水设施；年降水量大于 800mm 地区宜以排为主、蓄排结合，配套蓄排设施。我国南方雨多量大地区，梯田区内应布置小型排水工程，妥善处理周边来水和梯田不能容蓄的雨水。

（3）梯田区应选在土质较好、坡度相对较缓，邻近水源的地方。北方有条件的应考虑小型机械耕作和提水灌溉。南方应以水系和道路为骨架，选择具有一定规模、集中连片的梯田区，梯田区特别是水稻梯田区规划还应考虑自流灌溉。

（4）梯田区布置还需考虑距村庄的距离、交通条件等，以方便耕作，有利于机械化作业。

7.2.2.2　梯田类型的选择

（1）黄土高原地区坡耕地应优先采用水平梯田，土层深厚，坡度 15° 以下的地方，可利用机械一次修成标准土坎水平梯田（田面宽度为 10m）；坡度在 15°～25° 的地方可修筑非标准土坎水平梯田，也可以采用隔坡梯田型式，平台部分种植农作物，斜坡部分种栽林木或牧草，利用坡面径流增加平台部分土壤水分。

（2）东北黑土漫岗区（坡度大于 3°、土层厚度不小于 0.3m）和西北黄土高原区（坡度不小于 8°、土层厚度不小于 0.3m）的塬面，以及零星分布在河谷川台地上的缓坡耕地，宜采用水平或坡式梯田。

（3）坡面土层较薄或坡度太陡，坡面降雨量较少的地区，可以先修筑坡式梯田，经逐年向下方翻土耕作，减缓田面坡度，逐步变成水平梯田。

（4）南北方土石山区或石质山区，坡耕地中夹杂大量石块、石砾的，应就地取材，并结合地中石块、石砾处理，修成石坎梯田。南方地区，特别是西南地区，因人多地少，陡坡地全面退耕困难时，可以建设窄条石坎梯田。

7.2.2.3 梯田设计

（1）设计原则。包括以下内容。

1）根据地形条件，大弯就势、小弯取直，便于耕作和灌溉。黑土区及其他地面坡度平缓的区域田块布置应便于机械作业。

2）应配套田间道路、坡面小型蓄排工程等设施，并根据拟定的梯田等级配套相应灌溉设施。

3）充分利用土地资源。梯田田埂通常选种具有一定经济价值的植物，且应胁地较小。

4）缓坡梯田区应以道路为骨架划分耕作区，在耕作区内布置宽面（20～30m 或更宽）、低坎（1m 左右）地埂的梯田，田面长 200～400m，以便于大型机械耕作和自流灌溉。耕作区宜为矩形，有条件的应结合田、路、渠布设农田防护林网。

对少数地形有波状起伏的，耕作区应顺总的地势呈扇形，区内梯田坎线亦随之略有弧度，不要求一律成直线。

5）陡坡地区，梯田长度一般在在 100～200m。陡坡梯田区从坡脚到坡顶、从村庄到田间的道路规划，宜采用 S 形，盘绕而上，以减小路面比降。路面一般宽 2～3m，比降不超过 15%。在地面坡度超过 15% 的地方，可根据耕作区的划分规划道路，耕作区应结合四面或三面通路，路面 3m 以上，道路应与村、乡、县公路相连。

6）北方土石山区与石质山区的石坎梯田规划（如太行山区），主要根据土壤分布情况划定梯田区，还应结合地形、下伏基岩、石料来源、土层厚度确定梯田的各项参数。原则上应随形就势，就地取材，田面宽度、田块长度不作统一要求。

7）南方土石山区与石质山区在梯田区划定后，应根据地块面积、用途、降雨和水源条件布设。南方土石山区梯田设计的关键是排水，坡面的横向、纵向均需规划设计排水系统。排水系统应结合山沟、排洪沟、引水沟布置，出水口处应布设沉沙凼（池）、水塘，纵向沟与横向沟交汇处可考虑布设蓄水池，蓄水池的进水口前酌情配置沉沙凼（池），纵向沟坡度大或转弯处，应酌情修建消力池。

（2）土坎梯田。相关内容如下。

1）水平梯田的断面设计包括以下 3 个方面内容。

a. 水平梯田的断面要素，如图 7-2 所示。

b. 各要素间关系如下。

田坎高度 $\qquad\qquad H = B_x \sin\theta \qquad\qquad (7-1)$

原坡面斜宽 $\qquad\qquad B_x = H/\sin\theta \qquad\qquad (7-2)$

田坎占地宽 $\qquad\qquad b = H\cot\alpha \qquad\qquad (7-3)$

田面毛宽　　$B_m = H\cot\theta$ 　　　　　(7-4)

田坎高度　　$H = B_m \tan\theta$ 　　　　　(7-5)

田面净宽　$B = B_m - b = H(\cot\theta - \cot\alpha)$
　　　　　　　　　　　　　　　　(7-6)

c. 土坎水平梯田断面主要尺寸经验参考值，见表 7-1。

d. 机修梯田最优断面应满足机械施工、机械耕作及灌溉要求的最小田宽和保证梯田稳定的最陡坎坡，以减少修筑工作量和埂坎占地。通常缓坡地田宽 20～30m、一般坡地田宽 8～20m；陡坡地田宽 5～8m 即可满足机械施工和耕作要求，黄土高原地区田坎安全坡度为 60°～80°。

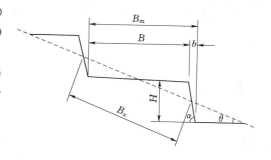

图 7-2　水平梯田断面要素

θ—原地面坡度；α—梯田田坎坡度；H—梯田田坎高度；B_x—原坡面斜宽；B_m—梯田田面毛宽；B—梯田田面净宽；b—梯田田坎占地宽

表 7-1　　　　　　　　土坎水平梯田断面主要尺寸经验参考值

适应地区	地面坡度 $\theta/(°)$	田面净宽 B/m	田坎高度 H/m	田坎坡度 $\alpha/(°)$
北方	1～5	30～40	1.1～2.3	85～70
	5～10	20～30	1.5～4.3	75～55
	10～15	15～20	2.6～4.4	70～50
	15～20	10～15	2.7～4.5	70～50
	20～25	8～10	2.9～4.7	70～50
南方	1～5	10～15	0.5～1.2	90～85
	5～10	8～10	0.7～1.8	90～80
	10～15	7～8	1.2～2.2	85～75
	15～20	6～7	1.6～2.6	75～70
	20～25	5～6	1.8～2.8	70～65

注　本表中的田面宽度与田坎坡度适用于土层较厚地区和土质田坎。至于土层较薄地区其田面宽度应根据土层厚度适当减小。

2）水平梯田工程量的计算方法如下。

a. 当挖填方量相等时，挖方或填方量计算公式为

$$V = \frac{1}{2}\left[\frac{B}{2}\frac{H}{2}L\right] = \frac{1}{8}BHL \qquad (7-7)$$

式中　V——梯田挖方或填方的土方量；

　　　L——梯田长度；

　　　H——田坎高度；

　　　B——田面净宽。

若面积以公顷计算，1公顷梯田的挖、填方量为

$$V = \frac{1}{8}H \times 10^4 = 1250H(\text{m}^3/\text{hm}^2) \qquad (7-8)$$

若面积以亩计算，1 亩梯田的挖、填方量为

$$V = \frac{1}{8}H \times 666.7 = 83.3H \text{（m}^3\text{/亩）} \tag{7-9}$$

b. 当挖、填方相等时，单位面积土方移运量为

$$W = V \times \frac{2}{3}B = \frac{1}{12}B^2HL \tag{7-10}$$

式中　W——土方移运量，m³·m。其他符号意义同上。

土方移运量的单位为 m³·m，是一复合单位，即需将若干立方米的土方量运若干米距离。

若面积以公顷计算，1 公顷梯田的土方移运量为

$$W = \frac{BH}{12} \times 104 = 833.3BH \text{（m}^3 \cdot \text{m/hm}^2\text{）} \tag{7-11}$$

若面积以亩计算，1 亩梯田的土方移运量为

$$W = \frac{BH}{12} \times 666.7 = 55.6BH \text{（m}^3 \cdot \text{m/亩）} \tag{7-12}$$

c. 此外，田边应有蓄水埂，埂高 0.3～0.5m，埂顶宽 0.3～0.5m，内外坡比约 1∶1；我国南方多雨地区，梯田内侧应有排水沟，其具体尺寸根据各地降雨、土质、地表径流情况而定，所需土方量根据断面尺寸计算。上述各式不包括蓄水埂。

（3）石坎梯田。设计石坎梯田时，田面宽度和田坎高度应考虑地面坡度、土层厚度、梯田级别等因素合理确定。田坎高度一般 1.2～2.5m 为宜，田坎顶宽度常取 0.3～0.5m，当与生产路、灌溉系统结合布置时适当加宽，田坎外侧坡比一般为 1∶0.1～1∶0.25，内侧接近垂直，田坎基础应尽量置于硬基之上，当置于软基基础上时，埋深不应小于 0.5m。石坎梯田田埂高度 0.3～0.5m，田坎高加上田埂高（蓄水埂）即为埂坎高。修平后，后缘表层土厚应大于 30cm。

1）石坎梯田田面宽度按下式计算。

$$B = 2(T-h)\cot\theta \tag{7-13}$$

式中　B——田面净宽度，m；

　　　T——原坡地土层厚度，m；

　　　h——修平后挖方处后缘土层厚度，m；

　　　θ——地面坡度，(°)。

2）田坎高度按下式计算。

$$H = \frac{B}{\cot\theta - \cot\alpha} \tag{7-14}$$

式中　H——田坎高度，m；

　　　B——田面宽度，m；

　　　θ——地面坡度，(°)；

　　　α——田坎坡度，(°)。

3）石坎梯田断面主要尺寸参考值，见表 7-2。石坎梯田断面如图 7-3 所示。

表 7-2　　　　　　　　　　石坎梯田断面主要尺寸经验参考值

地面坡度 θ/(°)	田面净宽 B/m	田坎高度 H/m	田坎外侧坡度 α/(°)	土石方量/(m³/hm²)
10	10~12	1.9~2.2	75	2370~2745
10	10~12	1.8~2.1	85	2250~2625
15	8~10	2.3~2.9	75	2880~3630
15	8~10	2.2~2.7	85	2754~3375
20	6~8	2.4~3.2	75	3000~4005
20	6~8	2.3~3.0	85	2880~3750
25	4~6	2.1~3.2	75	2625~4005
25	4~6	1.9~2.9	85	2370~3630

主要适用于长江流域以南地区，北方土石山区或石山区可参考。

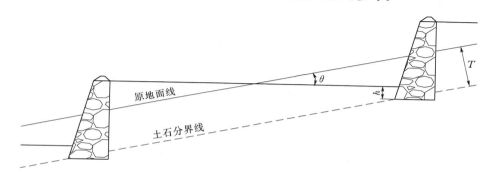

图 7-3　石坎梯田断面

（4）坡式梯田示意图如图 7-4 所示。

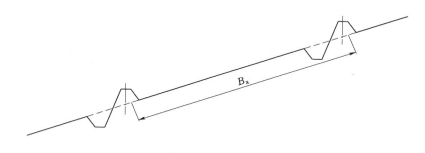

图 7-4　坡式梯田

1）确定等高沟埂间距。每两条沟埂之间斜坡田面长度称为等高沟埂间距（B_x），如图 7-4 所示，根据地面坡度、降雨、土壤渗透性等因素确定。一般情况，地面坡度越陡，沟埂间距越小；降雨量和降雨强度越大，沟埂间距越小；土壤渗透性越差，沟埂间距越小。确定沟埂间距应综合分析地面坡度情况、降雨情况、土质情况（土壤入渗性能）情况，并应满足耕作需要。设计时可参考当地梯田断面设计的 B_x 值。坡式梯田经过逐年加高土埂后，最终达成水平梯田时的断面，并应与一次修成水平梯田的断面相近。

2）等高沟埂断面尺寸。等高沟埂断面尺寸设计要求应满足：一般情况下埂高 0.5～0.6m，埂顶宽 0.3～0.5m，外坡比约 1：0.5，内坡比约 1：1，如图 7-4 所示。降水量介于 250～800mm 地区，田埂上方容量应满足拦蓄与梯田级别对应的设计暴雨所产生的地表径流和泥沙。降水量 800mm 以上地区，田埂宜结合坡面小型蓄排工程，妥善处理坡面径流与泥沙。

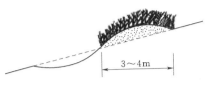

图 7-5　草带（或灌木带）坡式梯田

3）草带（或灌木带）坡式梯田。可在种草带（或灌木带）之前，先修宽浅式软埂（不夯实）将草或灌木种在埂上；草带或灌木带的宽度一般为 3～4m。草带（或灌木带）坡式梯田如图 7-5 所示。

（5）隔坡梯田断面示意图，如图 7-6 所示。

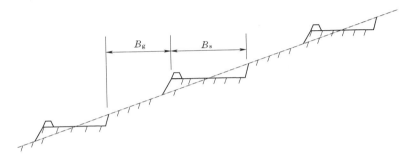

图 7-6　隔坡梯田的断面

隔坡梯田适应的地面坡度（15°～25°），其断面设计是确定梯田的斜坡部分 B_g 与平台宽度 B_s。

水平田面宽度 B_s 确定应考虑耕作要求，应兼顾拦蓄暴雨径流要求 B_s 与 B_g 的比值一般取 1：1～1：3。

实际操作中应根据经验，初步拟定 B_g 和 B_s，结合土壤渗透性，设计暴雨径流量、设计暴雨所产生的泥沙量等因素，通过试算确定。田面应能接受降雨后，再接受隔坡部分径流和泥沙，且不发生漫溢。平台田面宽度一般 5～10m，坡度缓的可宽些，坡度陡的可窄些。

7.3　淤 地 坝 工 程

7.3.1　淤地坝分类与作用、组成与布置

7.3.1.1　淤地坝分类与作用

淤地坝按筑坝材料可分为土坝、石坝、土石混合坝等；按筑坝施工方式可分为碾压坝、水坠坝、定向爆破坝、浆砌石坝等。黄土高原淤地坝多数为碾压土坝和水坠坝，另有少数定向爆破坝。以下主要介绍碾压坝及其配套建筑物的设计。

淤地坝是指在水土流失地区的沟道中兴建的以拦泥、淤地为主，兼顾滞洪的坝工建筑物。主要作用是：调节径流泥沙，控制沟床下切和沟岸扩张，减少沟谷重力侵蚀，防止沟

道水土流失，减轻下游河道及水库泥沙淤积，变荒沟为良田，改善生态环境。淤地坝设计主要任务是选择坝址位置，论证确定建筑物布置方案，确定建筑物的等别和设计标准，拟定建筑物的结构型式及尺寸，提出建筑材料、劳动力等需要量，编制工程概算，进行工程效益分析和经济评价。设计是淤地坝建设的关键环节，是坝系可行性研究的细化和落实，是工程招标和施工的依据。

7.3.1.2 建筑物组成

淤地坝建筑物由坝体、放水工程、溢洪道组成，如图 7 - 7 所示；在经济合理、一次设计、分期建设原则指导下，合理选定淤地坝建设方案。经黄土高原多年实际表明，初期建设时可采用以下 3 种方案：

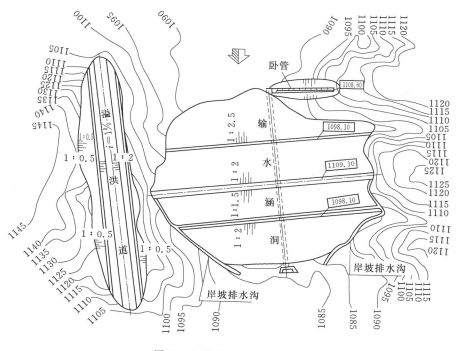

图 7 - 7 淤地坝建筑物组成

"三大件"方案，即由坝体、放水工程、溢洪道三部分组成。该方案对洪水处理以排为主，工程建成后运用较安全，上游淹没损失小，但工程量较大，工程建设、维修及运行费均较高。

"两大件"方案，即包括坝体、放水工程。该方案对洪水泥沙处理以滞蓄为主，无溢洪道，库容大，坝较高，工程量大，上游淹没损失大，但石方和混凝土工程量小，工程总投资较小。此类工程一般有一定风险，库容和放水建筑必须配合得当，保证在设计频率洪水条件下的安全。

"一大件"方案，即仅有坝体。该方案全拦全蓄洪水和泥沙，仅适用于集水面积较小的小型淤地坝。为了增加其安全性，一般坝顶布设浆砌石溢流口。

坝系是指以小流域为单元，合理布设淤地坝等工程而形成的沟道工程防治体系。目的是提高沟道整体防御能力，实现流域水土资源的合理开发和利用。

7.3.2　设计要求与内容

7.3.2.1　方案选择和工程规模

（1）方案选择。淤地坝建筑物布设方案应根据自然条件、流域面积、暴雨特点、建筑材料、周边环境状况（如道路、村庄、工矿等）和施工等因素，考虑防洪、生产、水资源利用等要求，按有关规范合理确定。"三大件"方案适用于流域面积较大，下游有重要的交通设施、工矿或村镇等，起控制性的大型淤地坝。"两大件"方案适用于流域面积一般在 $3\sim5km^2$，坝址下游无重要设施，或者当地无石料，以滞蓄为主的情况。具体方案的选择，必须进行技术经济比较方可确定。

（2）工程规模。坝高与库容应通过水文计算确定，同时应综合考虑各方面的因素。应特别注意：对于沟深坡陡、地形破碎且局部短历时的暴雨，雨洪径流一般峰高量小，采用较大库容的办法，易取得较好的效果。

7.3.2.2　坝型选择

坝型选择应本着因地制宜、就地取材的原则，结合当地的自然经济条件、坝址地形地质条件以及施工技术条件，进行技术经济比较，合理选择。不同坝型特点和适用范围，见表 7-3。

一般来说，当地材料是决定坝型的主要因素。当沟道两岸及河床均为岩石基础，石料丰富，相对容易采集，设计中多采用浆砌石重力坝或砌石拱坝。反之，土料丰富时多采用均质土坝。

表 7-3　　　　　　　　　　　　　　　不同坝型特点和适用范围

坝型		特　　点	适　用　范　围
均质土坝	碾压坝	就地取材，结构简单，便于维修加高和扩建；对土质条件要求较低，能适应地基变形，但造价相对水坠坝要高，坝身不能溢流，需另设溢洪道。小型的碾压均质土坝可设浆砌石溢流口	黄土高原地区
	水坠坝	就地取材，结构简单，施工技术简单，造价较低；但建坝工期较长，对土料的粘粒含量有要求（一般要低于20%），且水源充足	黄河中游多沙粗沙区的陕西、内蒙古、山西和甘肃的部分地区得到广泛应用
	定向爆破一水坠筑坝	就地取材，结构简单，建坝工期短，对施工机构和交通条件要求较低；但对地形条件和施工技术要求较高	黄河中游交通困难、施工机械缺乏、干旱缺水的贫困山区
土石混合坝		就地取材，充分利用坝址附近的土石料和弃渣，但施工技术比较复杂，坝身不能溢流，需另设溢洪道	山西、陕西、河南3省的黄河干流和渭河干流沿岸，当地石料、土料丰富，适合修建土石坝
浆砌石拱坝		坝体较薄，轻巧美观，可节省工程量；但施工工艺较难，对地形、地质条件要求较高，施工技术复杂	适用于山西、峡西、河南3省的黄河干流沿岸，当地沟床较窄，多为石沟库，石料丰富，砌筑拱坝条件优越

7.3.2.3　调洪演算

淤地坝建筑物组成为"一大件"，全拦全蓄，一般标准较低，不参与调洪；"两大件"

工程时，由于放水工程的泄洪量较小，调洪演算也不予考虑，滞洪库容只计算坝控流域面积内的一次暴雨洪水总量；"三大件"工程需要进行调洪演算，主要是计算溢洪道的下泄流量、洪水总量和泄洪过程线。

（1）单坝调洪演算。计算公式为

$$\left.\begin{array}{l} q_{\mathrm{p}} = Q_{\mathrm{p}}\left(1 - \dfrac{V_{\mathrm{z}}}{W_{\mathrm{p}}}\right) \\[2mm] q_{\mathrm{p}} = Mbh_0^{1.5} \end{array}\right\} \tag{7-15}$$

式中　q_{p}——频率为 P 的洪水时溢洪道最大下泄流量，m^3/s；

Q_{p}——频率为 P 的设计洪峰流量，m^3/s；

V_{z}——滞洪库容，万 m^3；

W_{p}——频率为 P 的设计洪水总量，万 m^3；

M——溢流堰流量系数，可按式（7-20）确定；

b——溢流堰底宽，m；

h_0——包含行进流速的堰上水头，m。

（2）淤地坝淤积（拦泥）库容的确定方法如下：

1）淤地坝淤积（拦泥）库容按式（7-16）计算。

$$V_{\mathrm{L}} = \frac{\overline{W}_{\mathrm{sb}}(1 - \eta_{\mathrm{s}})N}{\gamma_{\mathrm{d}}} \tag{7-16}$$

式中　$\overline{W}_{\mathrm{sb}}$——坝址以上流域的多年平均输沙量，万 $\mathrm{t/a}$；

η_{s}——淤地坝排沙比，可采用当地经验值；

N——设计淤积年限，a；大Ⅰ型淤地坝取 20～30 年，大Ⅱ型淤地坝取 10～20 年；中型淤地坝取 5～10 年，小型淤地坝取 5 年；

γ_{d}——土的干容重，$\mathrm{t/m}^3$。

2）输沙量计算。工程输沙量计算一般包括多年平均输沙量和某一频率输沙量及过程计算，目的是推算淤积库容和一次洪水排沙量。

输沙量计算包括悬移质沙量和推移质沙量两个部分，可按式（7-17）计算。

$$\overline{W}_{\mathrm{sb}} = \overline{W}_{\mathrm{s}} + \overline{W}_{\mathrm{b}} \tag{7-17}$$

式中　$\overline{W}_{\mathrm{sb}}$——多年平均输沙量，万 $\mathrm{t/a}$；

$\overline{W}_{\mathrm{s}}$——多年平均悬移质输沙量，万 $\mathrm{t/a}$；

$\overline{W}_{\mathrm{b}}$——多年平均推移质输沙量，万 $\mathrm{t/a}$。

a．悬移质输沙量计算。小流域一般无泥沙观测资料，多采用间接方法进行估算。常用的方法有：

输沙模数（侵蚀模数）图查算法为

$$\overline{W}_{\mathrm{s}} = \sum M_{\mathrm{si}} F_{\mathrm{i}} \tag{7-18}$$

式中　M_{si}——分区输沙模数，万 $\mathrm{t}/(\mathrm{km}^2 \cdot \mathrm{a})$，可根据土壤侵蚀普查数据和省、地有关水文图集、手册的输沙模数等值线图相互印证确定；

F_{i}——分区面积，km^2；

其他符号含义同前。

输沙模数经验公式法为

$$\overline{W}_s = K\,\overline{M}_0^b \qquad\qquad (7-19)$$

式中　M_0——多年平均径流模数，万 $m^3/(km^2 \cdot a)$；

　　　b——指数，采用当地经验值；

　　　K——系数，采用当地经验值；

其他符号含义同前。

b. 推移质输沙量计算。目前小流域推移质输沙量缺乏实测资料，通常采用比例系数法估算。计算公式为

$$\overline{W}_b = \beta\,\overline{W}_s \qquad\qquad (7-20)$$

式中　β——比例系数，可采用当地调查值或采用相似流域实测值，黄土丘陵型区 β 一般可采用 0.05～0.15。

其他符号含义同前。

7.3.2.4　淤地坝坝体设计

坝体设计主要是通过稳定分析、渗流计算、固结计算等，确定淤地坝的基本体型。对于蓄水运用或坝高大于 30m，库容大于 100 万 m^3 的淤地坝，坝体设计计算包括稳定分析、渗流计算、沉降计算。对于小型淤地坝可参照同类工程采用类比法设计。

(1) 淤地坝坝体设计。包括坝体基本剖面、坝体构造以及淤地坝配套建筑物设计等内容。

1) 淤地坝断面。坝体的断面一般为梯形，应根据坝高、建筑物级别、坝基情况及施工、运行条件等，参照现有工程的经验初步拟定，然后通过稳定分析和渗流计算，最终确定合理的剖面形状。

淤地坝库容由拦泥库容、滞洪库容组成，因此习惯上坝高由拦泥坝高、滞洪坝高加上安全超高确定，即

$$H = H_L + H_Z + \Delta H \qquad\qquad (7-21)$$

式中　H——坝高，m；

　　　H_L——拦泥坝高，m；

　　　H_Z——滞洪坝高，m；

　　　ΔH——安全超高，m。

a. 拦泥坝高。淤地坝以拦泥淤地为主，坝前设计淤积高程以下为拦泥库容量，拦泥库容量对应的坝高 (H_L) 即拦泥坝高。拦泥坝高一般取决于淤地坝的淤积年限、地形条件、淹没情况等，应根据设计淤积年限和多年平均来沙量，计算出拦泥库容，再由坝高-库容曲线查出相应的拦泥坝高。

b. 滞洪坝高。即滞洪库容所对应的坝高。淤地坝多修建成"两大件"形式，库容组成除考虑拦泥库容外，一般还要考虑一次校核标准情况下的洪水总量作为其滞洪库容。滞洪坝高 H_Z 的确定如下：当工程由"三大件"组成时，滞洪坝高等于校核洪水位与设计淤泥面之差，通常是溢洪道最大过水深度；当工程为"两大件"时，滞洪坝高为设计淤泥面上一次校核洪水总量所对应的水深。

c. 安全超高。为了保障淤地坝安全，校核洪水位之上应留有足够的安全超高，通常

情况下淤地坝不能长期蓄水，因此不考虑波浪爬高。安全超高是根据各地淤地坝运用的经验确定的，设计时参考值见表 7-4。

表 7-4 碾压土坝安全超高参考值

坝高/m	10～20	>20
安全超高/m	1.0～1.5	1.5～2.0

淤地坝的设计坝高是针对坝沉降稳定以后的情况而言的，因此，竣工时的坝顶高程应预留足够的沉降量，根据淤地坝建设的实际情况，碾压土坝坝体沉降量取设计坝高（三部分坝高之和）的 1%～3%，水坠坝较碾压坝沉陷量大，一般应按设计坝高的 3%～5% 增加施工高度。

2）坝顶宽度。土坝的坝顶宽度应根据坝高、施工条件和交通等方面的要求综合考虑后确定。无交通要求时，见表 7-5 确定。

表 7-5 碾压坝顶宽度

坝高/m	10～20	20～30	30～40
碾压坝顶宽度/m	3	3～4	4～5

3）坝顶、护坡与排水。内容如下。

a. 坝顶。淤地坝一般对坝顶构造无特殊要求，可直接采用碾压土料，如兼作乡村公路，可采用碎石、粗砂铺坝面，厚度 20～30cm。为了排除雨水，坝顶面应向两侧或一侧倾斜，做成 2%～3% 的坡度。

b. 护坡。①土坝表面宜设置护坡。护坡包括植物护坡、砌石护坡、混凝土或者混凝土框格与植物相结合护坡等形式，可因地制宜选用。②护坡的形式、厚度及材料粒径等应根据坝的级别、运用条件和当地材料情况，经技术经济比较后确定。③护坡的覆盖范围应符合以下要求：上游面自坝顶至淤积面，下游面自坝顶至排水棱体，无排水棱体时应护至坝脚。

c. 坝坡排水。下游坝坡应设纵横向排水沟。横向排水沟一般每隔 50～100m 设置 1 条，其总数不少于 2 条；纵向排水沟设置高程与马道一致并设于马道内侧，尺寸和底坡按集水面积计算确定。纵向排水沟应从中间向两端倾斜（坡度 $i=0.1\%～0.2\%$），以便将雨水排向横向排水沟。坝体与岸坡连接处也必须设置排水沟。排水沟一般采用浆砌石、现浇混凝土或预制件拼装等。

d. 坝体排水。坝体排水主要有棱体排水、贴坡排水和褥垫排水等形式，如图 7-8 所示，可结合工程具体条件选定。

（a）棱体排水。棱体排水又称滤水坝趾，它是在下游坝脚处用块石堆成的棱体，如图 7-8（a）所示。棱体顶宽不小于 1.0m，排水体高度可取坝高的 1/5～1/6，顶面高出下游最高水位 0.5m 以上，而且应保证浸润线位于下游坝坡面的冻层以下。棱体内坡根据施工条件决定，一般为 1:1.0～1:1.5，外坡取为 1:1.5～1:2.0。棱体与坝体以及土质土基之间均应设置反滤层，在棱体上游坡脚处应尽量避免出现锐角。

棱体排水是一种可靠的、被广泛应用的排水设施，它排水效果好，可以降低浸润线，

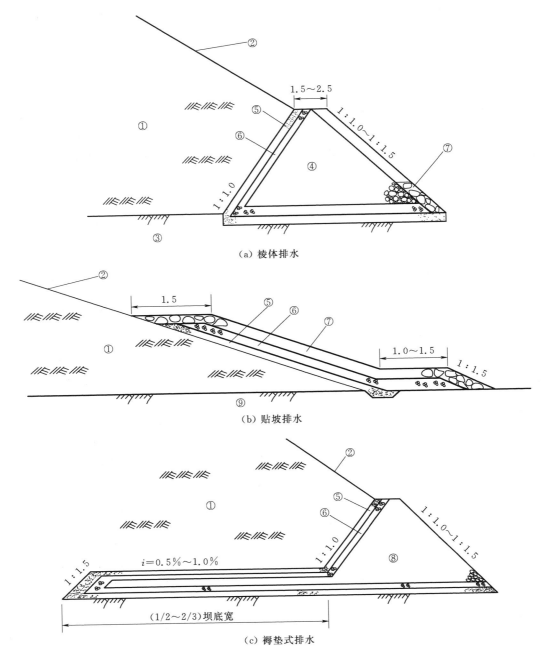

图 7-8　坝体排水形式

①—坝体；②—坝坡；③—透水地基；④—卵石；⑤—粗沙；⑥—小砾石；
⑦—干砌块石；⑧—非岩石地基；⑨—块石

能防止坝坡遭受渗透和冲刷破坏，且不易冻损，但用料多，费用高，施工干扰大，堵塞时
检修困难。在松软地基上棱体易发生不均匀沉陷而损坏。

(b) 贴坡排水。贴坡排水又称表面式排水，它是用堆石或干砌石加反滤层直接铺设在下游坝坡表面，不伸入坝体的排水设施，如图 7-8 (b) 所示。排水体顶部需高出浸润线逸出点 1.5m 以上，排水体的厚度应大于当地的冰冻深度。排水底脚处应设置排水沟或排水体，并具有足够的深度，以便在水面结冰后，下部保持足够的排水断面。

这种形式的排水结构简单，用料少，施工方便，易于检修，能保护边坡土壤免遭渗透破坏，但对坝体浸润线不起降低作用，且易因冰冻而失效。

(c) 褥垫式排水。褥垫式排水是沿坝基面平铺的水平排水层、外包反滤层，如图 7-8 (c) 所示。伸入坝体内的深度一般不超过坝底宽的 1/2~2/3，块石层厚约 0.4~0.5m。这种排水倾向下游的纵坡一般为 0.005~0.1。这种形式的排水能更好的降低坝体浸润线，适用于下游无水的情况下布设，当下游水位高于排水设备时，降低浸润线的效果将显著降低。其缺点是施工复杂，易堵塞和沉陷断裂，检修较困难。

(2) 坝体稳定计算和渗流计算。最终确定的淤地坝坝形，必须满足坝体抗滑稳定和渗流稳定要求。抗滑和渗流稳定计算方法与水利工程土石坝相同，具体计算方法参考相关内容。

7.3.2.5　基础处理

做好淤地坝的坝基处理以及坝同岸坡和混凝土建筑物的连接设计，目的是使坝内蓄水后不会发生管涌、流土、接触冲刷、不均匀沉降等现象，确保土坝安全运行。对于有蓄水要求的淤地坝，渗流量不应超过允许值，以满足用水要求。

(1) 基本要求。土坝的底面积较大，坝基应力较小，加之坝身具有一定的适应变形的能力，因此对坝基处理的要求相对较低。黄土高原地区的淤地坝大多为直接修建在不透水地基上的均质土坝，在坝体填筑前，一般可以不采取专门的防渗措施，只对坝基的草皮、腐殖土等进行开挖清除，深度 0.5~1.0m 即可满足施工要求。但对坝基透水或是其他松软坝基，则应进行技术处理，处理的主要要求是：控制渗流，避免管涌等有害的渗流变形；保持坝体和坝基的稳定，不产生明显的不均匀沉陷，竣工后坝基和坝体的总沉陷量一般不宜大于坝高的 3%；在保证坝体安全运行的情况下节省投资。

(2) 土基处理。土坝经常修建在黏土、壤土、砂壤土、砾石土等土基上。要求沿土基的渗流量及渗流出逸比降不超过允许值，筑坝后不会产生过大沉降变形，不会因土基剪切破坏导致土坝滑坡。

要做好土基表面清理：挖除树根草皮、表层腐殖土、淤泥、粉粒砂、乱石砖瓦等，对水井、泉眼、洞穴、地道、冲沟、凹塘应进行开挖，回填上坝土料并夯实。清基厚度视需求而定，一般为 0.5~1.0m。沿经过表面清理后的土基挖若干小槽，用土回填夯实，以利接合。经表面清理后，用碾压机具压实土基表层，加水湿润至适宜含水量，并进行刨毛后，填筑坝体第一层填土。

如土基透水性过大，可开挖截水槽，以透水性较小的土料回填夯实，槽底最好位于相对不透水层，以切断渗流，如相对不透水层埋藏较深，挖槽不经济，可改用混凝土防渗墙或高压喷射灌浆穿透地基，与相对不透水层连接；也可做成悬挂式截水槽或修建铺盖以延长渗径，减少渗流量。在土基与下游透水坝壳接触面，或在下游坝脚以外一定范围内，渗流出逸比降超过允许值的土基表面，都应铺设反滤层。均质土坝，一般要设坝体排水，以降低浸润线。

（3）砂砾石地基处理。许多土坝建在砂砾石地基上，对这类地基的处理主要解决渗流问题，控制渗流量，保证地基的稳定性。一般需同时采取防渗及排渗措施。

1）防渗措施。一般有水平及垂直两种方案，前者如水平铺盖，用以延长砂砾坝基渗径，适用于组成比较简单的深厚砂砾层上的中低坝；后者为截水槽、混凝土防渗墙等，完全切断砂砾层，防渗最为彻底，适用于多种地层组成的坝基或对坝基渗漏量控制比较严的情况。

a. 水平铺盖。是一种水平防渗措施，其结构简单，造价较低，当采用垂直防渗设施有困难或不经济时，可采用这种形式。这种处理方式不能完整截断渗流，但可延长渗径，降低渗透比降，减少渗流量。铺盖由黏土和壤土组成，其渗透系数与地基渗透系数之比最好在 1000 倍以上。铺盖的合理长度应根据允许渗流量以及渗流稳定条件，与排水设备配合起来，由计算决定，一般为 4～6 倍水头。铺盖的长度由允许渗透坡降决定。铺盖上游端部按构造要求不得小于 0.5m。填筑铺盖前清基，在砂砾石地基上设反滤层，铺盖上面可设保护层。

淤地坝以拦泥为主，可以利用拦蓄的泥沙作为水平铺盖防渗，但必须论证其可行性，并加强淤地坝的运行管理和渗流观测。

b. 截水槽。在砂砾覆盖层中开挖明槽，切断砂砾层，再用筑坝土料回填压实，同坝体相连，形成可靠的垂直防渗，效果显著。

截水槽底宽应根据回填土的允许渗透比降而定。回填黏土及重壤土，底宽不小于 $(1/10～1/8)H$，中、轻壤土不小于 $(1/6～1/5)H$（H 为上下游水头差）。为满足施工要求，槽宽不应小于 3m。截水槽上下游坡度取决于开挖时边坡稳定要求，一般采用 1:1～1:2。截水槽位置视工程地质和水文地质及坝型而定。均质坝常将截水槽设在坝轴上游，一般离上游坝脚不小于 1/3 坝底宽。

2）排渗措施。砂砾石坝基除了采取上述的防渗措施外，尚需针对不同防渗方案，采取各种排渗措施，安全排泄渗水，保证坝基渗流稳定。对于垂直防渗方案，砂砾层渗水被完全截断，坝基渗流得到较彻底控制，下游排渗措施可适当简化，而水平铺盖由于砂砾覆盖层未被截断，一般在下游设水平褥垫排水、反滤排水沟、减压井或透水盖重等。

（4）湿陷性黄土地基处理。天然黄土遇水后，其钙质胶结物被溶解软化，颗粒之间的黏聚力遭到破坏，强度显著降低，土体产生明显沉陷变形，作为坝基时应进行处理，否则蓄水后将由于坝基湿陷使坝体开裂甚至塌滑，引起坝体失事。处理湿陷性黄土坝基应综合考虑黄土层厚、黄土性质和湿陷特性、施工条件及运行要求。常用的处理方法有开挖回填、预先浸水及强力夯实等。

1）开挖回填。将坝基湿陷性黄土全部或部分清除，然后以含水量接近于最优含水量的土回填压实，以消除湿陷性。回填后干密度以及填筑质量控制同坝体一样。一般适用于需要处理的土层不太厚的情况。

2）预先浸水法。该法可用以处理强或中等湿陷而厚度又较大的黄土地基。在坝体填筑前，将待处理坝基划分条块，沿其四周筑小土埂，灌水对湿陷性黄土层进行预先浸泡，使其在坝体施工前及施工过程中消除大部分湿馅性，保证坝库蓄水后的第二次湿陷变形为最小。

3）强力夯实。可增加黄土密实度，改善其物理力学性质，减少或消除坝基黄土的湿陷性。

（5）软土地基相关内容如下。

1）软土地基作为坝基存在的问题。软土是指天然含水量大于液限，孔隙比大于 1 的黏性土。其抗剪强度低，压缩性高，透水性小，灵敏度高，工程特性恶劣。作为坝基可能产生以下问题：

a. 由于强度低，使坝基产生局部塑性破坏和大坝整体滑坡。

b. 出现较大沉降和不均匀沉陷，使坝体出现大的纵横向裂缝，破坏整体性。

c. 透水性小，固结缓慢，竣工后坝的沉降将持续很长时间。

d. 因为灵敏度高，施工期间由于扰动会使坝基软土强度迅速降低，导致剪切破坏。

2）软土地基处理方法。软土地基常用的处理方法有：开挖换土、打砂井等。

a. 开挖换土。如软土不厚，可全部或部分挖除，用土料回填并夯实。

b. 打砂井。在软土中打孔，用砂土回填形成砂井，上接排水褥垫，分别通向上下游，以缩短软土层排水距离，改善排水条件，使软土中的水通过砂井和排水垫层排出，使大部分沉降在填土过程中完成。软土深厚时，打砂井是较为有效的处理措施。

7.3.2.6　放水建筑物设计

（1）放水建筑物的组成及位置选择。相关内容分别如下：

1）放水建筑物的组成。淤地坝放水建筑物由取水建筑物、涵洞、消能等设施组成。取水建筑物通常采用卧管或竖井，并通过消力池（井）与之连接。涵洞位于坝下，一般与坝轴线基本垂直；涵洞出口通常与明渠相接，出口流速较小（如低于 6m/s 时），通常采用防冲铺砌与沟床连接；出口流速较大时，应设置消能设施，通常采用底流消能。

2）放水建筑物的位置选择。放水建筑物总体布局的任务是：在实地勘察的基础上，根据设计资料，选定放水建筑物的位置及取水建筑物、涵洞、出口建筑物和消能防冲设施的布置形式、尺寸和高程，总体布局需经济合理。放水建筑物位置选择应满足以下条件：

a. 放水建筑物应设置在基岩或质地均匀而坚实的土基上，以免由于地基沉陷不均匀而发生洞身断裂，引起漏水，影响工程的安全。

b. 放水卧管与涵洞的轴线夹角应不小于 90°；涵洞的轴线应当与坝轴线基本垂直，并尽量使其顺直，避免转弯。

c. 涵洞有灌溉任务时，其位置应布置在靠近灌区的一侧，出口高程应能满足自流灌溉的要求。进口高程应根据地质、地形、施工、淤积运用情况等要求确定。

d. 对于分期加高的淤地坝，竖井或卧管等建筑物的布置要为改建和续建留有余地。

（2）取水建筑物的结构型式与材料。取水建筑物通常采用卧管或竖井。

1）卧管。卧管是一种斜置于库岸坡或坝坡上的台阶式取水工程，如图 7-9 所示。可以分段放水，放水孔可通过人工或机械进行启闭，一般采用方形砌石或钢筋混凝土结构。卧管上端高出最高蓄水位，习惯上每隔 0.3~0.6m（垂直距离）设一放水孔，人工启闭时，平时用孔盖（或混凝土塞）封闭，用水时，随水面下降逐级打开。卧管下端用消力池与泄水涵洞连接。孔盖打开后，库水就由孔口流入管内，经过消力池消能后由泄水涵洞放出库外。为防止放水时卧管发生真空，其上端设有通气孔。

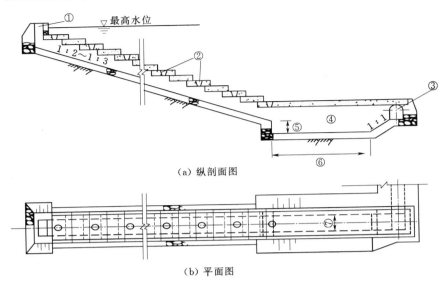

（a）纵剖面图

（b）平面图

图 7-9　卧管结构图

①—通气孔；②—放水孔；③—涵洞；④—消力池；⑤—池深；⑥—池长；⑦—池宽

a. 卧管放水孔直径确定。按小孔出流公式计算。计算时一般按开启一级或同时开启两级或三级计算，如图 7-10 所示。卧管放水孔孔口直径不应大于 0.3m，否则按每台设置两个放水孔设计。放水孔直径可按式（7-22）～式（7-24）进行计算。

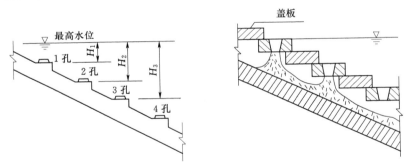

图 7-10　卧管放水孔

开启一级孔

$$d = 0.68 \sqrt{\dfrac{Q}{\sqrt{H_1}}} \tag{7-22}$$

同时开启两级孔

$$d = 0.68 \sqrt{\dfrac{Q}{\sqrt{H_1} + \sqrt{H_2}}} \tag{7-23}$$

同时开启三级孔

$$d = 0.68 \sqrt{\dfrac{Q}{\sqrt{H_1} + \sqrt{H_2} + \sqrt{H_3}}} \tag{7-24}$$

式中　　　d——放水孔直径，m；

Q——放水流量，m^3/s；

H_1、H_2、H_3——孔上水深，m。

b. 卧管断面型式。卧管有圆管和方管（正方形和长方形）两种型式，材料常用浆砌石、混凝土和钢筋混凝土。当采用方管时，盖板修成台阶状，如系圆卧管，则应在管上或管旁另筑台阶。

c. 卧管断面尺寸。卧管断面尺寸确定应考虑水位变化而导致的流态变化，设计流量比正常运用时加大 $20\%\sim30\%$。按明渠均匀流公式计算其所需过水断面。为保证卧管及涵洞内为无压流，卧管下部的消力池跃后水位应不淹没涵洞进口，卧管高度应较正常水深加高 $3\sim4$ 倍。

$$A=\frac{Q_{\text{加}}}{C\sqrt{Ri}}\qquad(7-25)$$

式中　$Q_{\text{加}}$——通过卧管的流量，m^3/s；

　　　A——卧管断面面积，m^2；

　　　C——谢才系数，$C=\dfrac{1}{n}R^{1/6}$，其中 n 为糙率，混凝土 $n=0.014\sim0.017$，浆砌石 $n=0.02\sim0.025$；

　　　i——卧管纵坡，$1:2\sim1:3$；

　　　R——水力半径，m。

d. 卧管消力池水力计算。卧管消力池采用矩形断面，一般采用浆砌石或钢筋混凝土结构，其水力设计主要是确定池深和池长。

消力池深度可按式（7-26）和式（7-27）进行计算。

$$d=1.1h_2-h\qquad(7-26)$$

$$h_2=\frac{h_0}{2}\left[\sqrt{1+\frac{8q^2}{gh_0^3}}-1\right]\qquad(7-27)$$

式中　d——消力池深度，m；

　　　h_2——第二共轭水深，m；

　　　h——下游水深，m；

　　　h_0——卧管正常水深，m；

　　　q——卧管单宽流量，$\text{m}^3/(\text{s}\cdot\text{m})$；

　　　g——重力加速度，取 9.81m/s^2。

消力池长 L_2 可按式（7-28）计算。

$$L_2=(3\sim5)h_2\qquad(7-28)$$

式中　L_2——消力池长度，m；

其他符号含义同前。

e. 卧管与消力池结构尺寸。卧管与消力池主要承受外水压力和泥沙压力，其结构尺寸取决于它在水下的位置、跨度以及卧管使用的材料，其结构计算公式可参考本书盖板涵结构尺寸计算公式。卧管断面尺寸可参考有关规范和书籍。

2）竖井。竖井结构布置，如图 7 - 11 所示。竖井一般采用浆砌石修筑，断面形状采用圆形或方形，内径取 0.8～1.5m，井壁厚度取 0.3～0.6m，沿井壁垂直方向每隔 0.3～0.5m 可设一对放水孔；井底设消力井，井深为 0.5～2.0m；上、下层放水孔应交错布置（上、下两层孔垂直中心线不在同一平面上），孔口处设门槽，下部与涵洞相连，当竖井高度较大或地基较差时，应再砌筑 1.5～3.0m 高的井座。竖井的井壁厚度应通过结构计算确定，竖井的优点是结构简单，工程量少；缺点是闸门关闭困难，管理不便。

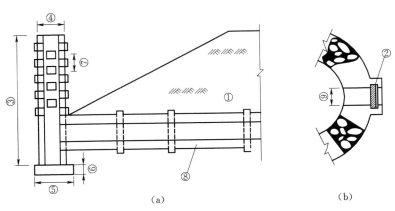

图 7 - 11　竖井结构图

①—土坝；②—插板闸门；③—竖井高；④—竖井外径；⑤—井座宽；⑥—井座厚；

⑦—放水孔距；⑧—涵洞；⑨—放水孔径

a. 竖井放水孔面积计算。竖井放水孔布置如图 7 - 12 所示，孔口面积按式（7 - 29）～式（7 - 31）进行计算。

设一层放水孔放水为

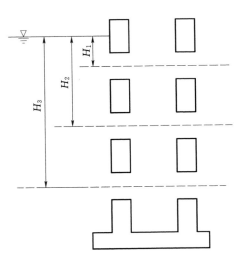

图 7 - 12　竖井放水孔面积计算

$$\omega = \frac{Q}{n\mu \ \sqrt{2gH_1}} \qquad (7-29)$$

式中　ω——放水孔形式相同、面积相等时，一个放水孔过水断面面积，m^2；

　　　Q——放水流量，m^3/s；

　　　n——放水孔数，个；

　　　μ——流量系数，取 0.65；

　　　H_1——水面至孔口中线的距离，m。

设二层放水孔放水为

$$\omega = \frac{Q}{n\mu \ \sqrt{2gH_1} + \sqrt{2gH_2}} \qquad (7-30)$$

式中　H_2——水面至第二层孔口中线的距离，m；

其他符号含义同前。

设三层放水孔放水为

$$\omega=\frac{Q}{n\mu\left(\sqrt{2gH_1}+\sqrt{2gH_2}+\sqrt{2gH_3}\right)}\qquad(7-31)$$

式中　H_3——水面至第三层孔口中线的距离，m；

其他符号含义同前。

孔口可做成圆形和方形，在求出面积后再进一步确定放水孔具体尺寸。

b. 竖井结构尺寸。竖井除应选在岩石或硬土地基上，较高的竖井或地基较差时，还应在其底部修筑井座，以减小对地基的压力，其厚度为 1.0～3.0m，厚度可为井壁的 2 倍。竖井结构和不同井深的各部分断面尺寸，可参考《淤地坝设计》（中国计划出版社）。

（3）输水涵洞。包括以下 4 个方面内容。

a. 结构型式。主要有方涵、圆涵和拱涵 3 种结构型式。

方涵。由洞底、两侧边墙及顶部盖板组成，如图 7-13 所示。两侧边墙与洞底可做成整体式，如图 7-13（a）所示，也可做成分离式，如图 7-13（b）所示，当洞内流速不大时也可不做洞底，仅采用简单护砌，如图 7-13（c）所示。

（a）整体基础方涵　　　　（b）分离基础方涵　　　　（c）护底方涵

图 7-13　方涵

方涵的洞底、边墙多采用浆砌石或素混凝土建造。盖板则多采用钢筋混凝土板。当跨径较小时，在盛产料石地区也可采用石盖板。

圆涵。多采用钢筋混凝土预制管，目前一般采用的标准直径主要有 0.6m、0.75m、0.8m、1.0m、1.25m，钢筋混凝土圆涵可根据基础情况选择采用有底座基础或直接放在地基上，如图 7-14 所示。

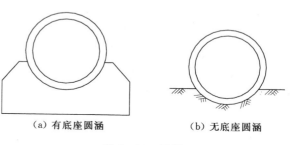

（a）有底座圆涵　　　　（b）无底座圆涵

图 7-14　圆涵

当涵洞直径很小时，也可用混凝土制作的圆涵，但直径不宜超过 0.4m。

拱涵。淤地坝中的拱涵多为平拱或半圆拱，采用平拱和半圆拱，可根据跨度大小和地基情况采用分离式或整体式基础，如图 7-15 所示。拱涵一般采用石砌体或素混凝土建造。

b. 涵洞洞型选择。有石料的地区一般采用石砌拱涵和石砌盖板涵，在缺乏石料的地区采用圆涵或混凝土盖板涵。一条小流域内可采用同一洞型，如统一集中预制圆涵，较经济。

在寒冷地区修建拱涵要求做好基础防冻处理，以免由于不均匀冻胀或沉降使拱涵遭到

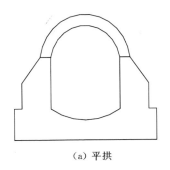　　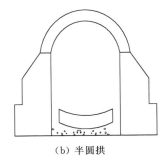

（a）平拱　　　　　　　　　　　（b）半圆拱

图 7-15　拱涵

破坏。

　　当设计流量较小时，一般宜采用预制圆涵或石（混凝土）盖板方涵；当设计流量较大时，宜采用钢筋混凝土盖板涵或石（混凝土）拱涵。

　　c. 过水能力计算。过水能力计算的目的是确定涵洞过水断面的尺寸。淤地坝的涵洞一般为无压流，其过水能力计算公式按均匀流公式计算（即 $Q_c = V_c F_c$）。选定的涵洞尺寸应能满足设计流量和选定流态，洞内流速应不超过洞身材料允许抗冲流速，净空面积应不少于涵洞断面的 $10\% \sim 30\%$。洞身材料不应大于允许抗冲流速，涵洞流量与涵洞尺寸、洞内的净空高度等参考《淤地坝设计》（中国计划出版社）。

　　d. 涵洞出口的消能防冲设计。淤地坝涵洞出口水流的流速一般不大于 6m/s，涵洞或明渠出口可采用防冲铺砌消能；当涵洞出口接陡坡明渠时，水流流速较大，防冲措施不能满足要求时宜采用消能设施。

　　涵洞出口消能多采用底流式消能，主要有挖深式消力池、消力墙和综合式消力池三种型式。消能水力设计的主要内容：计算、分析水流的衔接形式，判别是否需要采取消能措施，确定消能设计的结构型式与尺寸。

　　（4）放水建筑物设计流量。放水设计流量是设计放水工程断面尺寸的依据，其大小应根据下游灌溉、施工导流、排沙以及泄空库容等所需要的流量来确定。

　　1）灌溉流量计算。灌溉流量 Q 可根据灌溉方式按式（7-32）进行计算。

$$连续灌溉\qquad Q = \frac{q_k A}{\eta}$$
$$轮流灌溉\qquad Q = \frac{q_k \overline{A}}{\eta}\qquad\qquad (7-32)$$

式中　　Q——灌溉流量，$\mathrm{m^3/s}$；

　　　　q_k——设计灌水率，$\mathrm{m^3/(s \cdot hm^2)}$；

　　　　A——灌溉面积，$\mathrm{hm^2}$；

　　　　$\overline{A}$——轮灌组平均灌溉面积或最大轮灌面积，$\mathrm{hm^2}$；

　　　　η——灌溉水利用系数，对于小灌区 $\eta = 0.7$。

　　当轮灌面积相等时，轮灌组数 $N = A/\overline{A}$。

　　2）施工导流流量。当施工期间用涵洞导流时，放水流量应当满足施工导流要求。

　　3）泄空拦洪库容的放水流量。放水建筑物的设计放水流量一般应满足 7 天腾空拦洪库容，达到安全保坝的要求。同时根据运行方式不同，还应考虑高秆作物保收要求。对某一具体工程，应根据淤地坝所担负任务（如灌溉、导流、泄空）分别计算其所需要的流量，取最大值（还要考虑加 20%～30% 的保证系数）。

7.3.2.7　溢洪道设计

淤地坝多为土坝和土石混合坝，多采取岸边溢洪道形式，需在坝体以外的岸坡或天然垭口处建造溢洪道。

（1）溢洪道的类型与位置选择包括以下内容。

1）溢洪道的类型。溢洪道按其构造类型可分为开敞式和封闭式两种类型。开敞式河岸溢洪道泄洪时水流具有自由表面，它的泄流量随库水位的增高而增大很快，运用安全可靠，因而被广泛应用。开敞式溢洪道根据溢流堰与泄槽相对位置的不同，又分为正槽式溢洪道与侧槽式溢洪道。

淤地坝一般采用正槽溢洪道，其优点是构造简单，水流顺畅，施工和运用都比较简便可靠，当坝址附近有天然马鞍形哑口时，修建这种型式更为有利。本书仅讨论正槽式溢洪道平面布置，如图 7-16 所示。

2）溢洪道位置选择与布置。溢洪道位置应根据坝址地形、地质条件，进行技术经济比较来确定。

a.尽量利用天然的有利地形条件，如分水鞍（或山坳）以减少开挖土石方量，缩短工期，降低造价。

b.溢洪道位置最好选在两岸山坡比较稳定的岩石和红胶土上，以耐冲刷，降低工程造价。若为土基，应选择坚实地基，将溢洪道全部筑在挖方的地基上，并采用浆砌石或混凝土衬砌，防止泄洪时对土基的冲刷。

c.在平面布置上，溢洪道应尽量做到直线布置，如必须设弯道，则应力求泄洪时水流顺畅。

溢洪道进口离坝端应不小于 10m，出口应离下游坝脚至少 20m 以上。如地形限制，进口引水渠可采用圆弧形曲线布置，弯道凹岸做好护砌，而其他部分应尽量做到直线布置。

（2）溢洪道结构布置。淤地坝溢洪道通常由进口段、泄槽和消能设施三部分组成，如图 7-17 所示。

1）进口段。由引洪渠、渐变段和溢流堰组成。

a.引洪渠长度应尽量缩短，以减少工程量和水头损失；过水断面一般采用梯形，边坡坡比根据地质条件确定，中等风化岩石可取 1:0.5～1:0.2，微风化岩石 1:0.1，新鲜岩石可直立，土质边坡设计水面以下不陡于 1:1.0，以上应不陡于 1:0.5。

b.进口渐变段断面应由梯形变为矩形的扭曲面。其作用是使水流平顺地流入溢流堰。若进口渐变段所处岩基和土基条件差时，应进行砌护。

c.溢流堰形式常用宽顶堰，由浆砌石做成，堰顶长度一般为堰上水深的 3～6 倍，堰底靠上游端应设齿墙，尺寸视具体情况而定，常用尺寸为深 1.0m、厚 0.5m，溢流堰两端应布设与岸坡或土坝连接的边墩，当边墩与坝肩相连时，墩顶和坝顶同高。

2）泄槽。溢流堰下游衔接一段坡度较大的急流渠道称为泄槽，泄槽在平面上宜对称布置，轴线常布置成直线。一般情况下，泄槽坡度大于临界坡度，坡度 1:3～1:5，岩

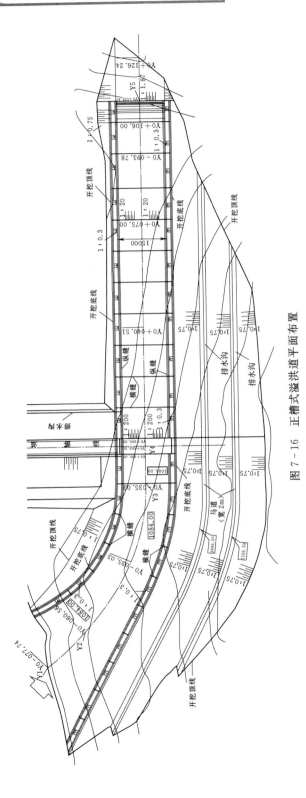

图 7-16　正槽式溢洪道平面布置

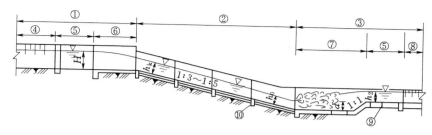

（a）A—A 剖面图

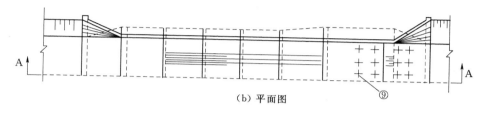

（b）平面图

图 7-17　溢洪道结构布置

①—进水段；②—泄槽；③—消能设施；④—引水渠；⑤—渐变段；⑥—溢流堰；
⑦—消力池；⑧—护坦；⑨—排水孔；⑩—截水齿墙

基上可达 1:1。泄槽布置应根据当地的地形和地质情况，进行必要的方案比较后确定，以衬砌工程量和开挖量小，与地面坡度相适应为好。

　　布设在岩基上的泄槽，断面为矩形；布设在土基上的泄槽，断面通常为梯形，边坡坡比应根据地质专业提供数值确定，无地质资料时可取 1:1～1:2。黄土高原地区，因黄土直立性好，水深不大时，也可考虑矩形断面；泄槽宽度一般与溢流堰堰顶长度相同。底板衬砌厚度可取 0.3～0.5m，顺水流方向每隔 5～8m 设沉陷缝，土基时每隔 10～15m 设一道齿墙，深度不小于 0.8m。

　　泄槽两边边墙高度应根据水面曲线来确定。当槽内水流流速大于 10m/s 时，水流中会产生掺气作用，边墙高度应以计算断面处的水深加掺气水深再加安全超高 0.5m 确定。

　　3）消能防冲设施。溢洪道的消能一般采用消力池消能或挑流消能，在土基或破碎软弱的岩基上应采用消力池消能（见涵洞出口的消能防冲设计），而在较好的岩基上可采用挑流消能。

　　（3）溢洪道水力计算方法如下。

　　1）溢流堰长度确定。淤地坝溢流堰常用宽顶堰。堰长按公式计算确定为

$$B = \frac{q}{MH_0^{3/2}} \qquad (7-33)$$

$$H_0 = h + \frac{v_0^2}{2g} \qquad (7-34)$$

式中　B——溢流堰宽，m；

　　　q——溢洪道设计流量，m^3/s；

　　M——流量系数，随溢流堰进口形式而异，可参考表 7-6 取值；

　　H_0——计入行进流速的水头，m；

h——溢洪水深，m，即堰前溢流坎以上水深；

v_0——堰前流速，m/s；

g——重力加速度，9.81m/s²。

表 7-6 宽顶堰不同进口出流条件时 M 取值参考表

进口出流条件	进口形式示意图	M 值
堰顶入口直角形状		1.42
堰顶入口钝角形状		1.48
堰顶入口边缘做成圆形		1.55
具有很好的圆形入口和光滑的路径		1.62

2）泄槽水深及墙高计算。参看其他相关手册。

3）出口段挑流式消能计算方法如下：

a. 挑流式消能计算公式。挑流消能与底流消能相比，能减少开挖方量，挑流消能水力设计主要包括确定挑距和最大冲坑深度，如图 7-18 所示。

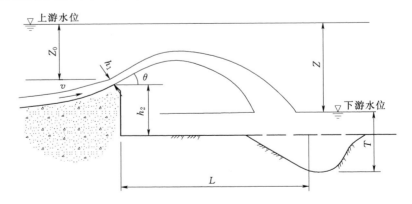

图 7-18 溢洪道挑流消能示意图

（a）挑流水舌外缘挑距 L 可按下式计算。

$$L = \frac{1}{g} \left[v_1^2 \sin\theta\cos\theta + v_1\cos\theta \ \sqrt{v_1^2\sin^2\theta + 2g(h_1\cos\theta + h_2)} \right] \tag{7-35}$$

式中　L——挑流水舌外缘挑距，m，自挑流鼻坎末端算起至下游沟床床面的水平距离；

　　　v_1——鼻坎坎顶水面流速，m/s，可取鼻坎末端断面平均流速 v 的 1.1 倍；

　　　θ——挑流水舌水面出射角，(°)，可近似取鼻坎挑角，挑射角度应经比较选定，可采用 $15°\sim35°$，鼻坎段反弧半径可采用反弧最低点最大水深的 $6\sim12$ 倍；

　　　h_1——挑流鼻坎末端法向水深，m；

　　　h_2——鼻坎坎顶至下游沟床高程差，m，如计算冲刷坑最深点距鼻坎的距离，该值可采用坎顶至冲坑最深点高程差。

（b）鼻坎末端断面平均流速 v，可按下列两种方法计算。

按流速公式计算。使用范围，$S<18q^{2/3}$，即

$$v=\phi \sqrt{2gZ_0} \tag{7-36}$$

$$\phi^2=1-\frac{h_f}{Z_0}-\frac{h_j}{Z_0} \tag{7-37}$$

$$h_f=0.014\frac{S^{0.767}Z_0^{1.5}}{q} \tag{7-38}$$

式中　v——鼻坎末端断面平均流速，m/s；

　　　q——泄槽单宽流量，$\text{m}^3/(\text{s}\cdot\text{m})$；

　　　ϕ——流速系数；

　　　Z_0——鼻坎末端断面水面以上的水头，m；

　　　h_f——泄槽沿程损失，m；

　　　h_j——泄槽各局部损失水头之和，m，h_j/Z_0 可取 0.05；

　　　S——泄槽流程长度，m。

按推算水面线方法计算，鼻坎末端水深可近似利用泄槽末端断面水深，按推算泄槽段水面线方法求出；单宽流量除以该水深，可得鼻坎断面平均流速。

b. 最大冲刷坑深度可按式（7-39）计算。

$$T=kq^{1/2}Z^{1/4} \tag{7-39}$$

式中　T——下游水面至坑底最大水垫深度，m；

　　　k——综合冲刷系数，见表 7-7；

　　　q——鼻坎末端断面单宽流量，$\text{m}^3/(\text{s}\cdot\text{m})$；

　　　Z——上、下游水位差，m。

表 7-7　　　　　　　　　　岩基综合冲刷系数 k 值表

类别		Ⅰ	Ⅱ	Ⅲ	Ⅳ
节理裂隙	间距/cm	>150	50~150	20~50	<20
	发育程度	不发育。节理（裂隙）1~2组，规则	较发育。节理（裂隙）2~3组，X形，较规则	发育。节理（裂隙）3组以上，不规则，呈X形或米字形	很发育。节理（裂隙）3组以上，杂乱，岩体被切割成碎石状
	完整程度	巨块状	大块状	块（石）碎（石）状	碎石状

类 别		Ⅰ	Ⅱ	Ⅲ	Ⅳ
岩基构造特征	结构类型	整体结构	砌体结构	镶嵌结构	碎裂结构
	裂隙性质	多为原生型或构造型，多密闭，延展不长	以构造型为主，多密闭，部分微张，少有充填，胶结好	以构造或风化型为主，大部分微张，部分张开，部分为黏土填充，胶结较差	以风化或构造型为主，裂隙微张或张开，部分为黏土填充，胶结很差
k	范围	0.6～0.9	0.9～1.2	1.2～1.6	1.6～2.0
	平均	0.8	1.1	1.4	1.8

7.4 拦沙（砂）坝工程

7.4.1 拦沙（砂）坝工程分类与作用

7.4.1.1 拦沙（砂）坝工程分类

（1）**按结构分类可分为以下 6 种。**

1）土石坝。指由当地土料、石料或混合料，经过抛填、辗压等方法堆筑成的挡水坝。

2）重力坝。是依自重在地基上产生的摩擦力来抵抗坝后泥石流产生的推力和冲击力。重力坝的优点是结构简单、施工方便、就地取材及耐久性强。

3）切口坝。又称缝隙坝，是重力坝的变形。即在坝体上开一个或数个泄流缺口，有拦截大砾石、滞洪和调节水位关系等特点。

4）拱坝。是建在沟谷狭窄、两岸基岩坚固的坝址处。拱坝可充分利用石料和混凝土很高的抗压强度，具有省工省料等特点，但坝址地质条件要求很高，设计和施工较为复杂，溢流孔口布置较为困难。

5）格栅坝。具有良好的透水性，可选择性的拦截泥沙，还具有坝下冲刷小，坝后易于清淤等优点。格栅坝的缺点是坝体的强度和刚度较重力坝小，易被高速流动的泥石流龙头和大砾石击损，施工条件要求较高。

6）钢索坝。是采用钢索编制成网，固定在沟床上而构成。这种结构有良好的柔性，能消除泥石流巨大的冲击力，促使泥石流在坝上游淤积。这种坝结构简单、施工方便，但耐久性差，目前使用得很少。

（2）**按建材分类可分为以下 3 种。**

1）砌石坝。①浆砌石坝属重力坝，多用于泥石流或山洪冲击力大的沟道，结构简单，断面一般为梯形。②干砌石坝只适用于小型山洪沟道，断面为梯形。

2）混合坝。①土石混合。当坝址附近土料丰富而石料不足时，可选用土石混合坝型，断面为梯形，坝顶宽为 2～3m。②木石混合坝。木石混合坝的坝身由木框架填石构成。为了防止上游坝面及坝顶被冲坏，常加砌石防护。

3）铅丝石笼坝。这种坝型适用于南方小型荒溪，其优点是修建简易、施工快捷及造价低；缺点是使用期短，坝的整体性较差。

7.4.1.2　拦沙（砂）坝的作用

（1）拦沙坝。拦沙坝是在沟道中以拦截泥沙为主要目的而修建的横向拦挡建筑物，主要适用于南方崩岗治理，以及土石山区多沙沟道的治理。拦沙坝坝高一般在 3～15m，库容一般小于 10 万 m³。拦沙坝的主要作用是拦蓄泥沙，减免泥沙对下游的危害，利于下游河道的整治、开发；提高侵蚀基准面，固定沟床，防止沟底下切，稳定山坡坡脚；淤出的沙地可复垦作为生产用地。

（2）拦沙坝。拦沙坝是以拦蓄山洪泥石流沟道中固体物质为主要目的的拦挡建筑物，主要用于山洪泥石流的防治。多建在主沟或较大的支沟内，坝高一般大于 5m，拦沙量在 0.1 万～100 万 m³。拦沙坝的主要作用是拦蓄泥沙（包括块石），调节沟道内水沙，以免除对下游的危害，便于下游河道的整治；提高坝址的侵蚀基准，减缓坝上游淤积段河床比降，加宽河床，减小流速，从而减小水流侵蚀能力；稳定沟岸崩塌及滑坡，减小泥石流的冲刷及冲击力，防止溯源侵蚀，抑制泥石流发育规模。

7.4.2　设计要求与内容

7.4.2.1　坝址与坝型选择

（1）坝址选择遵循坝轴线短、库容大，便于布设排洪泄洪设施的原则。

（2）崩岗地区拦沙坝坝址根据崩岗、崩塌体和沟道发育情况，以及周边地形、地质条件进行选择。

（3）土石山区拦沙坝坝址根据沟道堆积物状况、两侧坡面风化崩落情况、滑坡体分布、上游泥沙来量及地形地质条件等选定。

（4）拦沙坝坝型根据当地建筑材料状况、洪水、泥沙量、崩塌物的冲击条件，以及地形地质条件确定。

（5）坝轴线宜采用直线。当采用折线型布置时，转折处设曲线段。

7.4.2.2　坝体设计

（1）坝高与拦沙量的确定方法分别如下：

1）坝高确定。坝高等于坝顶高程与坝轴线原地貌最低点高程之差。拦沙坝坝高 H 由拦泥坝高 H_L、滞洪坝高 H_z 和安全超高 ΔH 三部分组成，拦泥坝高为拦泥高程与坝底高程之差，滞洪坝高为校核（设计）洪水位与拦泥高程之差，拦泥高程和校核洪水位高程由相应库容、查水位库容关系曲线确定。坝顶高程为校核洪水位加坝顶安全超高，坝顶安全超高值可取 0.5～1.0m。

2）拦沙量计算方法如下。

a. 在方格纸上绘出坝址以上沟道纵断面图，并按洪水的回淤特点画出淤积线。

b. 在库区回淤范围内，每隔一定间距绘制横断面图。

c. 根据横断面的形状，计算出每个横断面的淤积面积。

d. 求出相邻两断面之间的体积。计算公式为

$$V=\left(\frac{W_1+W_2}{2}\right)L \tag{7-40}$$

式中　V——相邻两横断面之间的体积，m^3；

W_1、W_2——相邻横断面面积，m^2；

　　L——相邻横断面之间的水平距离，m。

e. 将各部分体积相加，即为拦沙坝的拦沙量。

（2）坝体设计。以最常用的浆砌石重力坝为例说明。土石坝设计请参考淤地坝。

1）断面轮廓尺寸的初步拟定。浆砌石拦沙坝一般建在坚固基岩上，断面多为梯形，根据拦沙坝坝高初拟坝顶宽度、坝底宽度以及上下游边坡等，见表 7-8。坝址部位为松散的堆积层时，应加拦沙坝底宽，增加垂直荷重（运行中上游面的淤积物亦作为垂直荷重），以保证坝体抗滑稳定性。上下游坝坡与坝体稳定性关系密切，m 值越大，坝体抗滑稳定安全系数越大，但筑坝成本越高。因此，m 值应根据稳定计算结果确定。为降低水压力，可在坝内埋设一定数量的排水管，排水管可沿坝体高度方向分排布置，从坝后至坝前应设不小于 3% 的纵坡。

表 7-8　　　　　　　　　　浆砌石坝断面轮廓尺寸

坝高/m	坝顶宽度/m	坝底宽度/m	坝坡	
			上游	下游
5	2.0	5.5	1>0	1:0.7
8	2.5	8.9	1:0	1:0.8
10	3.0	12.0	1:0	1:0.9

2）稳定与应力计算。拦沙坝稳定与应力计算可参考挡渣墙计算方法。

作用在坝上的荷载，按其性质分为基本荷载和特殊荷载。基本荷载有：①坝体自重；②淤积物重力；③设计洪水位时的静水压力；④相应于设计洪水位时的扬压力；⑤泥沙压力。特殊荷载有：⑥校核洪水位时的静水压力；⑦相应于校核洪水位时的扬压力；⑧地震荷载。

荷载组合分为基本组合和特殊组合。基本组合属设计情况或正常情况，由同时出现的基本荷载组成，特殊组合属校核情况或非常情况，由同时出现的基本荷载和一种或几种特殊荷载所组成。拦沙坝的荷载组合，见表 7-9。

表 7-9　　　　　　　　　　拦沙坝的荷载组合

荷载组合	主要考虑情况	荷载					
		自重	淤积物重力	静水压力	扬压力	泥沙压力	地震荷载
基本组合	设计洪水位情况	①	②	③	④	⑤	—
特殊组合	核洪水位情况	①	②	⑥	⑦	⑤	—
	地震情况	①	②	③	④	⑤	⑧

注　表中数字序号为对应的荷载序号。

（3）溢流口设计方法如下。

1）溢流口形状，一般多采用矩形，也有采用梯形的，边坡坡度为 1:0.75～1:1。

2）坝址处设计洪峰流量，即为溢洪道最大下泄流量。

3）溢流口宽度，根据坝下的地质条件，选定单宽溢流流量 q，估算溢流口宽度为

$$B=\frac{Q}{q}$$

$$(7-41)$$

式中　　q——单宽流量，$\text{m}^3/(\text{s}\cdot\text{m})$；

Q——溢流口通过的流量，m^3/s；

B——溢流口的底宽，m。

4）溢流口水深为

$$Q=MBH_0^{1.5}$$

$$(7-42)$$

式中　　Q——溢流口通过的流量，m^3/s；

B——溢流口的底宽，m；

H_0——溢流口的过水深度；

M——流量系数，通常选用 $1.45\sim1.55$，溢流口表面光滑者用较大值，表面粗糙者用较小值，一般取 1.50。

当溢流口为梯形断面，且边坡比为 $1:1$ 时：

$$Q=(1.77B+1.42H_0)H_0^{1.5}$$

$$(7-43)$$

根据上述公式进行试算，如水深过高或过低时，可调整底宽重新计算，直到满意。

5）溢流口高度为

$$H_0=h_c+\Delta h$$

$$(7-44)$$

式中　　Δh——安全超高，可取 $0.5\sim1.0\text{m}$。

（4）坝下消能与冲刷深度计算方法如下。

1）坝下消能。一般采用护坦消能。针对大流量的山洪，且坝高较大时采用，是坝下消能的重要措施。它是在主坝下游修建消力池来消能。消力池由护坦和齿坎组成，齿坎的坎顶应高出原沟床 $0.5\sim1.0\text{m}$，坎顶宽 0.3m，齿坎到主坝设护坦，长度一般为 $2\sim3$ 倍主坝高。

护坦厚度按经验公式估算为

$$b=\sigma\sqrt{q\sqrt{z}}$$

$$(7-45)$$

式中　　b——护坦厚度，m；

q——单宽流量，$\text{m}^3/(\text{s}\cdot\text{m})$；

z——上、下游水位差，m；

σ——经验系数，取 $0.175\sim0.2$。

2）坝下冲刷深度估算为

$$T=3.9q^{0.5}\left(\frac{z}{d_\text{m}}\right)^{0.25}-h_\text{t}$$

$$(7-46)$$

式中　　T——从坝下原沟床面起算的最大冲刷深度，m；

q——单宽流量，$\text{m}^3/(\text{s}\cdot\text{m})$；

d_m——坝下沟床的标准粒径，mm，一般可用泥石流固体物质的 d_{90} 代替，以重量计，有 90% 的颗粒粒径比 d_{90} 小；

h_t——坝下沟床水深，m。

7.5　滚 水 坝 和 塘 坝 工 程

滚水坝和塘坝主要用于拦蓄山丘间的泉水和小洪水，通过壅高水位和汇集水量，以方便自流或抽水供水，供水对象可以是小型灌区，也可以是人畜饮水等。

7.5.1　滚水坝

7.5.1.1　滚水坝的布置

滚水坝的坝型主要为浆砌石坝和混凝土坝，通常情况下，因工程规模较小，常用浆砌石坝。滚水坝上游有取水建筑物时，布置在岩基或稳定坚实的原状土基上。最终确定的坝址和坝型，应当综合考虑地形、地质、水源、建筑材料、建筑物布置等因素，经两个以上方案的技术和经济比较后确定。

7.5.1.2　坝体设计

（1）坝高、坝顶宽度。滚水坝的坝顶高程由校核洪水位加安全超高确定，坝顶安全超高值采用 0.5～1.0m。坝基的建基面，根据坝址地质条件确定，当坝址区为岩基时，使坝体座在弱风化层或以下。坝高为坝顶高程减去坝基建基面高程。

坝顶宽度满足施工和运行期检修要求，有交通要求时坝顶宽度按公路标准确定。

（2）结构计算和荷载。滚水坝抗滑稳定和应力计算的方法同重力坝，当坝高低于 5m 时，可适当简化。

荷载组合分为基本组合和特殊组合。常用的荷载及其组合，见表 7-10，设计时根据具体情况对荷载进行取舍。抗滑稳定和应力计算的结果，应当满足《水土保持工程设计规范》（GB 51018—2014）的相关规定。

表 7-10　　　　　　　　　　滚 水 坝 荷 载 组 合

荷载组合	主要考虑情况	荷　载										附　注
		自重	静水压力	扬压力	淤沙压力	浪压力	冰压力	地震荷载	动水压力	土压力	其他荷载	
基本组合	正常蓄水位情况	√	√	√	√	√				√	√	土压力根据坝体外是否有土石而定
	设计洪水位情况	√	√	√	√	√			√	√	√	土压力根据坝体外是否有土石而定
	冰冻情况	√	√	√	√		√			√	√	静水压力及扬压力按相应冬季库容水位计算
特殊组合	地震情况	√	√	√	√	√		√		√	√	静水压力、扬压力和浪压力按正常蓄水位计算

注　1. 应根据各种荷载同时作用的实际可能性，选择计算中最不利的荷载组合。
　　2. 分期施工的坝应按相应的荷载组合分期进行计算。
　　3. 施工期的情况进行必要的核算，作为特殊组合。
　　4. 地震情况，如按冬季及考虑冰压力，则不计浪压力。

7.5.2 塘坝

7.5.2.1 塘坝的布置

塘坝坝体可以是土石坝，也可以是砌石坝和混凝土坝，其规模的确定和滚水坝相同，当采用坝体是砌石坝或混凝土坝时稳定计算和应力计算方法也和滚水坝相同。塘坝规定有设计和校核防洪标准，而滚水坝仅规定了设计防洪标准。

当坝体是土坝时，一般情况下塘坝由坝体、溢洪道和放水建筑物组成，此时，溢洪道尽量修建在天然垭口上，无天然垭口时，溢洪道布置在靠近坝肩处，放水建筑物则尽量布置在岩基或稳定坚实的原状土基上。

塘坝的坝址、坝型选择，应当综合考虑地形、地质、水源、建筑材料、建筑物布置等因素，经技术和经济比较后确定，布置力求紧凑，满足功能要求，节省工程量，并方便施工和运行管理。

7.5.2.2 坝体设计

（1）坝高确定。塘坝的坝顶高程、坝顶安全超高和坝高的确定与滚水坝相同。

（2）坝顶宽度。坝顶宽度的确定与滚水坝相同。对于心墙坝或斜墙坝，坝顶宽度应当能满足心墙、斜墙及反滤过渡层的布置要求。

（3）建筑物结构设计。塘坝坝体为土石坝时，坝体抗滑稳定按照本书第 5 章提供的方法计算，计算工况和稳定安全系数应当满足《水土保持工程设计规范》（GB 51018—2014）的相关规定。

7.5.2.3 塘坝相关要求

（1）坝体是砌石坝和混凝土坝时，构造要求和滚水坝相同。

（2）坝体是土石坝时要求如下：

1）土石坝心墙顶部厚度不小于 0.8m，底部厚度不小于 2.0m；斜墙顶部厚度不小于 0.5m，底部不小于 2.0m。心墙和斜墙防渗土料渗透系数不大于 1×10^{-5} cm/s。防渗体与坝基、岸坡或其他建筑物形成封闭的防渗系统，其顶部一般高出正常蓄水位 0.3m 以上。

2）反滤层的渗透性要大于被保护土，能通畅地排出渗透水流，使被保护土不发生渗透变形。同时反滤层还需耐久、稳定，不致被细粒土堵塞失效。

3）岸坡处理时，坝断面范围内岸坡应当尽量平顺，不应成台阶状、反坡或突然变坡；与防渗体接触的岩石岸坡不宜陡于 1:0.5，土质岸坡不宜陡于 1:1.5。

4）土石坝地基处理时要满足渗流控制和允许沉降量等方面的要求。

5）导流建筑物度汛洪水重现期取 1～3 年。

7.5.2.4 山塘蓄水容积计算

（1）死库容和死水位。滚水坝按下述公式确定死库容和死水位。死库容确定后，可查水位—库容曲线求得死水位 $Z_{死}$。

$$V_{死} = N \frac{V_{淤} - \Delta V}{\gamma_d} \qquad (7-47)$$

$$V_{淤} = \frac{\overline{W} \eta F}{100 \gamma_d} \qquad (7-48)$$

式中　$V_{死}$——死库容，m^3；

$\qquad$ N——淤积年限，年；

$\qquad$ $V_{淤}$——年淤积量，m^3；

$\qquad$ ΔV——年均排沙量，m^3；

$\qquad$ γ_d——淤积泥沙干容重，可取 $1.2t/m^3 \sim 1.4t/m^3$；

$\qquad$ $\overline{W}$——多年平均年侵蚀模数 $t/(km^2 \cdot a)$；

$\qquad$ η——输移比，可根据经验确定；

$\qquad$ F——流域集水面积，hm^2。

（2）兴利库容和正常蓄水位计算方法如下：

1）当根据多年平均来水量确定兴利库容时，兴利库容按下式计算。

$$V_{兴} = \frac{10h_0 F}{n} \qquad\qquad (7-49)$$

式中　$V_{兴}$——兴利库容，m^3；

$\qquad$ h_0——流域多年平均径流深，mm；

$\qquad$ n——系数，根据实际情况确定，取 $1.5 \sim 2.0$。

此时，由 $V_{死}$、$V_{兴}$ 之和查水位—库容曲线求得正常蓄水位 Z。

2）由用水量确定滚水坝的兴利库容时，兴利库容可视具体情况按计算的总用水量的 $40\% \sim 50\%$ 选定，正常蓄水位 Z 由兴利库容、$V_{死}$ 之和查水位—库容曲线求得。

（3）滞洪库容和设计洪水位。滚水坝的调洪演算可用简化方法计算，假定来水过程线为三角形，滞洪库容可按下式计算。

$$q_{泄} = Q \frac{1 - V_{滞}}{W} \qquad\qquad (7-50)$$

式中　$q_{泄}$——溢流坝段和放水建筑物最大下泄流量之和，m^3/s；

$\qquad$ Q——校核洪峰流量，m^3/s；

$\qquad$ $V_{滞}$——校核洪水条件下的滞洪库容，m^3；

$\qquad$ W——校核洪水总量，m^3。

由公式（7-50）求得滞洪库容后，由滚水坝库容曲线查算设计洪水位 $Z_{校}$。

7.6　沟道滩岸防护工程

7.6.1　分类与作用

沟道滩岸防护工程一般可选用丁坝、顺坝的形式，护岸工程以生态护岸为主。防护工程主要是利用护地堤（顺坝）抵抗水流冲刷，控制沟岸侵蚀，保护农田。护地堤及沟道滩岸受风浪、水流作用可能发生冲刷破坏的堤段，采取护岸防护工程。

7.6.2　设计要求与内容

7.6.2.1　顺坝

（1）工程布置及堤型选择要求如下。

1）护地堤堤线要与河势流向相适应，并与洪水主流线大致平行。堤线力求平顺，各堤段平缓连接，不得采用折线或急弯，并尽可能利用现有堤防和有利地形，修筑在土质较好、比较稳定的滩岸上，尽可能避开不良地质条件区。

2）一个河段的护地堤堤距大致相等，不要差异过大。护地堤堤距根据地形、地质条件，水文泥沙特性，综合分析确定，并考虑滩区长期的滞洪、淤积作用及生态环境保护等因素，留有余地。

3）护地堤的堤型需因地制宜、就地取材，根据地质、筑堤材料、水流和风浪特性、施工条件、运用和管理要求、环境景观、工程造价等因素分析确定。

（2）堤身设计要求如下：

1）护地堤堤身结构一般可采用土堤或防洪墙结构。土堤堤身设计包括确定堤身断面的填筑标准、堤顶高程、顶宽和边坡、护坡等。必要时应考虑防渗、排水等设施。

2）土堤的填筑密度根据堤身结构、土料特性、自然条件、施工条件等因素分析确定。

黏性土土堤的填筑标准按压实度确定，护地堤压实度不应小于 0.90。无黏性土土堤的填筑标准按相对密度确定，护地堤相对密度不应小于 0.60。

3）堤顶高程按设计洪水位加堤顶超高确定。设计洪水位按国家现行有关标准的规定计算，堤顶超高应按式（7－51）计算确定。

$$Y = R + e + A \qquad (7-51)$$

式中　Y——堤顶超高，m；

　　　R——设计波浪爬高，m；

　　　e——设计风壅增水高度，m；

　　　A——安全加高，m，根据堤防工程级别确定，不允许越浪时取 0.3～0.5；允许越浪时取 0.2～0.3m。

波浪爬高、风壅增水高度按《堤防工程设计规范》（GB 50286—2013）附录 C 计算确定。

4）土堤的堤顶宽度及边坡坡度根据抗滑稳定计算确定。抗滑稳定计算可采用瑞典圆弧法或简化毕肖普法，当堤基存在较薄软弱土层时，宜采用改良圆弧法。抗滑稳定安全系数不应小于《水土保持工程设计规范》（GB 51018—2014）第 4 章表 7.5.5 规定的数值。

5）土堤受限制的地段，宜采用防洪墙。防洪墙稳定计算及设计执行相关标准规定。

7.6.2.2　丁坝

（1）定义与作用。丁坝是由坝头、坝身和坝根三部分组成的一种建筑物，其坝根与河岸相连，坝头伸向河槽，在平面上与河岸连接起来呈丁字形，坝头与坝根之间的主体部分为坝身，其特点是不与对岸连接。

丁坝的作用包括以下几点。

1）改变山洪流向，防止横向侵蚀，避免山洪冲淘坡脚，降低山崩的可能性。

2）缓和山洪流势，使泥沙沉积，并能将水流挑向对岸，保护下游的护岸工程和堤岸不受水流冲击。

3）调整沟宽，迎托水流，防止山洪乱流和偏流，阻止沟道宽度发展。

（2）分类与适用范围。丁坝可按建筑材料、高度、长度、透水性能与流水所形成的角度进行分类。

1）按建筑材料不同，可分为石笼丁坝、梢捆丁坝、砌石丁坝、混凝土丁坝、木框丁坝、石柳坝及柳盘头等。

2）按高度不同，即山洪是否能漫过丁坝，可分为淹没丁坝和非淹没丁坝两种。

3）按长度不同，丁坝分为短丁坝与长丁坝。

4）按丁坝与水流所成角度不同，可分为垂直布置形式（即正交丁坝）、下挑布置形式（即下挑丁坝）、上挑布置形式（即上挑丁坝）。

5）按透水性能不同，可分为不透水丁坝与透水丁坝。

（3）工程布置与设计分别如下。

1）丁坝的布置包括如下 3 个方面。

a. 丁坝的间距。丁坝的布置一般为丁坝群的方式。一组丁坝的数量要考虑几个因素：一是视保护段的长度而定，一般弯顶以下保护的长度占整个保护长度的 60%，弯顶以上占 40%；二是丁坝的间距与淤积效果有密切的关系。间距过大，不能起到互相掩护的作用，间距过小，丁坝数量多，造成浪费。

合理的丁坝间距，可通过以下两个方面来确定：

（a）应使下一个丁坝的壅水刚好达到上一个丁坝处，避免在上一个丁坝下游发生水面跌落现象，既充分发挥每一个丁坝的作用，又能保证两坝之间不发生冲刷。

（b）丁坝间距 L 应使绕过上一个坝头之后形成的扩散水流的边界线，大致达到下一个丁坝的有效长度 L_P 的末端，以避免坝根的冲刷。此关系一般为

$$\left.\begin{aligned} L_P &= \frac{2}{3}L_0 \\ L &= (2\sim 3)L_P（凹岸段） \\ L &= (3\sim 5)L_P（凸岸段） \end{aligned}\right\} \tag{7-52}$$

式中 L_0——坝身长度；

         L_P——丁坝的有效长度；

         L——丁坝间距。

丁坝的理论最大间距 L_{max}，可按下式求得。

$$L_{max} = \cot\beta \frac{B-b}{2} \tag{7-53}$$

式中 β——水流绕过丁坝头部的扩散角，据试验 $\beta = 6°6'$；

   B、b——沟道及丁坝的宽度。

b. 丁坝的布置形式。丁坝多设在沟道下游部分，必要时也可在上游设置。在有崩塌危险一侧起点附近，修非淹没的下挑丁坝，将山洪引向对岸的坚固岸石。丁坝的高度，在靠山一面宜高，缓缓向下游倾斜到丁坝头部。

c. 丁坝轴线与水流方向的关系。非淹没丁坝均设计成下挑形式，坝轴线与水流的夹角以 70°~75° 为宜；而淹没丁坝则与此相反，一般都设计成上挑丁坝，坝轴线与水流的夹角为 90°~105°。

2）丁坝的结构。丁坝的坝型及结构的选择，根据水流条件、河岸地质及丁坝的工作条件，按照因地制宜、就地取材的原则进行选择。有石丁坝、土心丁坝、石柳坝和柳盘头等。

3）丁坝的高度和长度。丁坝坝顶高程按历年平均水位设计，但不得超过原沟岸的高程。在山洪沟道中，以修筑不漫流丁坝为宜，坝顶高程一般高出设计水位 1m 左右。

丁坝坝身长度和坝顶高程有一定的联系，淹没丁坝可采用较长的坝身，而非淹没丁坝坝身都是短的。对坝身较长的淹没丁坝可将丁坝设计成两个以上的纵坡，一般坝头部分较缓，坝身中部次之，近岸部分较陡。

4）丁坝坝头冲刷深度的估算。沟道中修建丁坝后，常形成环绕坝头的螺旋流，在坝头附近形成了冲刷坑。一般水流与坝轴线的交角越接近 90°，坝身越长，沟床沙性越大，坝坡越陡，冲刷坑也越深。冲刷深度可采用公式计算或根据经验确定。

7.6.2.3　顺坝

顺坝坝身直接布置在整治线上，具有导引水流、调整河岸等作用。

（1）土顺坝。一般用当地现有土料修筑。坝顶宽度可取 2～4.8m，一般为 3m 左右，外坡边坡系数因有水流紧贴流过，不应小于 2，并设抛石加以保护；内坡边坡系数可取 1～1.5。

（2）石顺坝。一般用在河道断面较窄、流速比较大的山区河道。坝顶宽度可取 1.5～3.0m，坝的边坡系数，外坡可取 1.5～2，内坡可取 1～1.5。外坡也应设抛石加以保护。

顺坝因阻水作用较小，坝头冲刷坑较小，无须特别加固，但边坡系数应加大，一般不小于 3。

7.6.2.4　生态护岸

（1）生态护岸形式。生态护岸集防洪效应、生态效应、景观效应、自净效应于一体，代表着护岸技术的发展方向。现常用的生态护岸工程主要有原型植物护岸、天然材料护岸和复合材料护岸等。

原型植物护岸是采用本土树草种绿化岸坡，优点是纯天然，无污染，投资低廉，方便施工。缺点是沟坡抗冲刷能力差，且不能常年处于淹没状态，适应沟岸缓，沟道比降小，滩岸较宽，汛期水流冲刷能力较弱的支毛沟。

天然材料护岸是利用木材或石材等天然材料，采用木桩或干砌石保护沟坡坡脚，在木桩或干砌石空隙间和顶部栽植本土树草种。该护岸形式较原型植物护岸提高了岸坡的抗冲刷能力，稳定性较好，但是建设投资较高。

复合材料护岸是利用人工新材料修筑的新型护坡型式，如生态袋护坡、格宾网护坡、高效三维网护坡、植物性生态混凝土护坡、土壤固化护坡等。复合材料护岸是一种新形式、利用新材料的护坡形式，具有较强的抗冲刷能力，但是建设及维护投资高，施工工艺较为复杂，适用于多数沟道。

（2）一般要求如下。

1）为提高水土保持效果，宜采取木本和草本相结合的植物措施。宜优先选择乡土树（草）种。

2）在水流条件和土质较好的区域，可采用固土植物护岸。依据岸坡土质覆 20～30cm 壤土，采用挂网植草。

3）在滩岸坡度较陡和水流条件较差的区域，可采用网石笼结构生态护岸。型式可选择网笼、木石笼等。

4）在岸坡冲刷较轻且兼顾景观的区域可采用土工网垫固土种植、土工格栅固土种植及土工单元固土种植等土工材料复合种植护岸型式。

5）在有条件的地区，可采用预制的商品化生态护岸构件。

7.7　支毛沟治理工程

7.7.1　分类与作用

支毛沟治理工程主要适用于我国北方山地区、丘陵区、高塬区和漫川漫岗区以及南方部分沟蚀严重地区。支毛沟治理工程主要有沟头防护、谷坊工程，其他还有削坡、堡带、秸秆填沟和暗管排水等。

7.7.1.1　谷坊

谷坊工程，又名闸山沟、砂土坝、垒坝阶或浮沙凼，高一般为2～5m。根据谷坊的建筑材料分土谷坊、石谷坊和植物谷坊三类。土谷坊由填土夯实而成，适宜于土质丘陵区；石谷坊由浆砌或干砌石砌筑而成，适宜于石质或土石山区；植物谷坊，通称柳谷坊，由柳桩和编柳篱内填土或石而成。主要任务是巩固并抬高沟床，制止沟底下切，同时，也稳定沟坡、制止沟岸扩张（沟坡崩塌、滑塌、泻溜等）。谷坊适用于有沟底下切危害的沟壑治理地区。

7.7.1.2　沟头防护工程

（1）工程类型。沟头防护工程分为蓄水型与排水型两类。应根据沟头以上来水量情况和沟头附近的地形、地质等因素，因地制宜地选用。

1）当沟头以上坡面来水量不大，沟头防护工程可以全部拦蓄时，采用蓄水型。如降水量少的黄土高原多以蓄水型为主。

2）当沟头以上坡面来水量较大，蓄水型防护工程不能完全拦蓄或由于地形、土质限制不能采用蓄水型时，应采用排水型沟头防护。

3）降水量大的地区，当沟头溯源侵蚀对村镇、交通设施构成威胁时，多采用以排水型沟头防护工程。

（2）作用和适用范围。沟头防护工程，是指为了制止坡面暴雨径流由沟头进入沟道或使之有控制地进入沟道，从而制止沟头前进，保护地面不被沟壑割切破坏的工程。沟头防护工程适用于我国北方山地区、丘陵区、高塬区和漫川漫岗区等地区。

7.7.1.3　其他工程

（1）削坡。主要适用于东北黑土区和南方崩岗。东北黑土区布设在沟坡较陡（坡角＞35°），且植被较少，或沟坡不规整、破碎的侵蚀沟；南方崩岗区布设条件是崩壁高且陡，崩口四周有一定削坡余地，通过削坡治理才能达到稳定坡面。削坡形式主要有直线形、折线形两种，大型侵蚀沟可采取阶梯形削坡。

（2）堡带护沟。主要适用于东北黑土区，治理分布在低洼水线的侵蚀沟。对侵蚀沟进行修坡整形后，在沟底每隔一定距离横向砌筑 1 条活草埭带（根据需要由沟底到沟沿可逐渐窄些），插柳种草水保效果更好，春秋两季都可实施。

（3）秸秆填沟。主要针对侵蚀沟进行削坡整形后，在沟底铺秸秆捆，覆盖表土，沿沟横向挖沟筑埂，提高地表水下渗能力。

（4）暗管排水工程。沟道上游汇水面积大，坡面径流量大，且流速快，汇流难以在短时间内排除，易产生侵蚀沟。结合沟头防护、谷坊等治沟措施在沟底埋设排水管，使部分地表径流由地下排出，地表径流分别由地面、地下排出，减少坡面径流对沟道的侵蚀。

7.7.2　设计要求与内容

7.7.2.1　沟头防护工程

（1）布设原则为：①沟头防护工程布设应以小流域综合治理措施总体布设为基础，与谷坊、淤地坝等沟壑治理措施互相配合，以达到全面控制沟壑发展的效果。②沟头防护工程布设在沟头上方有坡面天然集流槽、暴雨径流集中泄入及引起沟头剧烈前进的位置。③当坡面来水除集中沟头泄水外，还有分散径流沿沟边泄入沟道时，应在布设沟头防护工程的同时，围绕沟边布设沟边埂，共同制止坡面径流冲刷。④当沟头以上集水区面积较大时（10hm² 以上），布设相应的治坡措施与小型蓄水工程，以减少地表径流汇集沟头。

（2）沟头防护工程设计包括两个方面。

1）蓄水型沟头防护工程设计包括两方面内容。

a. 蓄水型沟头防护工程的型式分为 3 种。

（a）围埂式。在沟头以上 3～5m 处，围绕沟头修筑土埂拦蓄上面来水，制止径流进入沟道。当来水量（W）大于蓄水量（V）时，如地形条件允许可布置一道围埂至多道围埂，每一道围埂可以采用连续或断续式，若采用断续式则上下应呈"品"字形排列。

（b）围埂蓄水池式。当沟头来水量（W）大于围埂蓄水量（V）时，单靠一至二道围埂不能全部拦蓄，且无布置多道围埂的条件时，在围埂以上附近低洼处修建蓄水池，拦蓄部分坡面来水，配合围埂，共同防止径流进入沟道，蓄水池位置必须距沟头 10m 以上。此种型式适用黄土高原沟壑区的塬边沟头或道路处。

（c）围埂与其他工程结合式。在集流面积不大，沟头上部呈扇形、坡度比较均一的农田边沿，可采用围埂林带式，即在围埂与沟沿线之间的破碎地带种植灌木，围埂内侧种植 10m 宽的乔灌混交林；在集流面积不大，沟床下切不甚严重的宽梁缓坡丘陵区，采用沟埂片林式，即在沟头筑围埂，沟坡和沟头成片栽种灌木林（沙棘、柠条、沙柳），此种型式在内蒙古鄂尔多斯砒砂岩区得到广泛应用。

b. 蓄水型沟头防护工程设计。根据《水土保持综合治理技术规范》（GB/T 16453.2—2008）沟头防护工程的设计标准为 10 年一遇 3～6h 最大暴雨。根据各地不同降雨情况，分别采取当地最易产生严重水土流失的短历时、高强度暴雨。实际上，参照水工程设计标准沟头防护工程设计标准可采在 5～10 年一遇 24h 最大降雨。也可根据工程经验确定。

（a）来水量按下式计算。

$$W = 10KRF \qquad (7-54)$$

式中　W——来水量，m^3；

　　　F——沟头以上集水面积，hm^2；

　　　R——10 年一遇 3～6h 最大降雨量，mm；

　　　K——径流系数。

（b）围埂蓄水量按下式计算。

$$V = L\left[\frac{HB}{2}\right] = L\frac{H^2}{2i} \qquad (7-55)$$

式中　V——围埂蓄水量，m^3；

　　　L——围埂长度，m；

　　　B——回水长度，m；

　　　H——埂内蓄水深，m；

　　　i——地面比降。

（c）围埂断面与位置。围埂断面为土质梯形断面，尺寸应根据来水量具体确定，一般埂高 0.8～1.0m，顶宽 0.4～0.5m，内外坡比各约 1：1。围埂位置应根据沟头深度确定，一般沟头深 10m 以内的，围埂位置距沟头 3～5m。

2）排水型沟头防护工程设计包括两方面。

a. 排水型沟头防护工程的型式有两种。

（a）跌水式。当沟头陡崖（或陡坡）高差较小时，用浆砌块石修成跌水，下设消能设施，水流通过跌水进入沟道。

（b）悬臂式。当沟头为垂直陡壁，陡崖高差达 3～5m，用木制水槽（或陶瓷管、混凝土管）悬臂置于土质沟头陡坎之上，将来水挑泄下沟，沟底设消能设施。

b. 排水型沟头防护工程设计方法如下。

（a）设计流量按下式计算。

$$Q = 278KIF \times 10^{-6} \qquad (7-56)$$

式中　Q——设计流量，m^3/s；

　　　I——10 年一遇 1h 最大降雨强度，mm/h；

　　　F、K 含义同前。

（b）建筑物组成。跌水式沟头防护建筑物由进水口（按宽顶堰设计）、陡坡（或多级跌水）消力池及出口海漫等组成。悬臂式沟头防护建筑物由引水渠、挑流槽、支架及消能设施组成。

（c）跌水式排水沟头防护工程设计可参照淤地坝设计中的陡坡段设计。

7.7.2.2　谷坊工程

（1）布设原则包括两点：①谷坊工程主要修建在沟底比降较大（5%～10%或更大）、沟底下切剧烈发展的沟段。比降特大（15%以上）或其他原因不能修建谷坊的局部沟段，应在沟底修水平阶、水平沟造林，并在两岸开挖排水沟，保护沟底造林地。②沟道治理一般采取谷坊群的布设形式，层层拦挡。谷坊布设间距遵循"顶底相照"的原则，即上一谷坊底部高程与下一谷坊的顶部（溢流口）高程齐平。

（2）谷坊工程设计内容如下。

1）坝址选择。坝址应选在："口小肚大"，工程量小，库容大；沟底与岸坡地形、地质（土质）状况良好，无孔洞或破碎地层，没有不易清除的乱石和杂物；取用建筑材料（土、石、柳桩等）比较方便的地方。

2）谷坊间距。下一座谷坊与上一座谷坊之间的水平距离按下式计算。

$$L = \frac{H}{i - i'} \tag{7-57}$$

式中　L——谷坊间距，m；

　　　H——谷坊底到溢水口底高度，m；

　　　i——原沟床比降，%；

　　　i'——谷坊淤满后的比降，%，不冲比降，见表 7-11。

表 7-11　　　　　　　　　谷坊淤满后的不冲比降（i'）

淤积物	粗沙（夹石砾）	黏土	黏壤土	砂土
比降/%	2.0	1.0	0.8	0.5

3）土谷坊设计包括 4 个方面。

a. 坝体断面尺寸。根据谷坊所在位置的地形条件，见表 7-12。

表 7-12　　　　　　　　　土谷坊坝体断面尺寸

坝高/m	顶宽/m	底宽/m	迎水坡比	背水坡比
2	1.5	5.9	1:1.2	1:1.0
3	1.5	9.0	1:1.3	1:1.2
4	2.0	13.2	1:1.5	1:1.3
5	2.0	18.5	1:1.8	1:1.5

注　1. 坝顶作为交通道路时按交通要求确定坝顶宽度。

　　2. 在谷坊能迅速淤满的地方迎水坡比可采取与背水坡比一致。

b. 溢洪口。设在土坝一侧的坚实土层或岩基上，上下两座谷坊的溢洪口尽可能左右交错布设。当沟深小于 3.0m，且两岸是平地的沟道，坝端没有适宜开挖溢洪口的位置，土坝高度超出沟床 0.5～1.0m，坝体在沟道两岸平地上各延伸 2～3m，并用草皮或块石护砌，使洪水从坝的两端漫至坝下土地或转入沟谷，水流不得直接回流至坝脚处。

c. 设计洪峰流量。计算设计标准时的洪峰流量。

d. 溢洪口断面尺寸。采用明渠式溢洪口按明渠流公式，通过试算得出。

$$A = \frac{Q}{v} \tag{7-58}$$

$$A = (b + mh)h \tag{7-59}$$

式中　A——溢洪口断面面积，m²；

　　　Q——设计洪峰流量，m³/s；

　　　v——相应的流速，m/s；

b——溢洪口底宽，m；

h——溢洪口水深，m；

m——溢洪口边坡系数。

流速按曼宁公式计算。

4）石谷坊设计内容如下。

a. 石谷坊型式。

（a）阶梯式石谷坊。一般坝高 2～4m，顶宽 1.0～1.3m，迎水坡 1∶1.25～1∶1.75，背水坡 1∶1.0～1∶1.5，过水深 0.5～1.0m。一般不蓄水，坝后 2～3 年淤满。

（b）重力式石谷坊。一般坝高 3～5m，顶宽为坝高 0.5～0.6 倍（便利交通），迎水坡 1∶0.1，背水坡 1∶0.5～1∶1。此类谷坊在巩固沟床的同时，还可蓄水利用，需作坝体稳定分析。

b. 溢洪口尺寸，石谷坊溢洪口一般设在坝顶，采用矩形宽顶堰公式计算。

$$Q=Mbh^{\frac{3}{2}} \tag{7-60}$$

式中　Q——设计流量，m³/s；

b——溢洪口底宽，m；

h——溢洪口水深，m；

M——流量系数，一般采用 1.55。

5）植物谷坊设计内容如下：

a. 多排密植型。在沟中已定谷坊位置，垂直于水流方向，挖沟密植柳杆（或杨杆）。沟深 0.5～1.0m，杆长 1.5～2.0m，埋深 0.5～1.0m，露出地面 1.0～1.5m。每处（谷坊）栽植柳（或杨杆）5 排以上，行距 1.0m，株距 0.3～0.5m。埋杆直径 5～7cm。

b. 柳桩编篱型。在沟中已定谷坊位置，打 4～5 排柳桩，桩长 1.5～2.0m，打入地中 0.5～1.0m，排距 1.0m，桩距 0.3m；用柳梢将柳桩编织成篱；在每两排篱中填入卵石（或块石），再用捆扎柳梢盖顶；用铅丝将前后 2～3 排柳桩联系绑牢，使之成为整体，加强抗冲能力。

7.8　蓄水利用工程

7.8.1　蓄水利用工程作用

蓄水利用工程包括雨水收集和蓄存设施。具体通过收集坡面、路面和大范围地面等集流面上的雨水，通过输送管（沟、槽）等方式，汇聚进入蓄存构筑物，通过蓄存的雨水，解决西北地区小流域综合治理的作物灌溉和植被种植用水需求。

7.8.2　蓄水利用设计计算

水量平衡分析是确定雨水利用方案、设计雨水利用系统和各构筑物的一项重要工作，是蓄水利用工程经济性与合理性的重要保证。水量平衡分析包括区域可利用水量、用水量和外排雨水量。

7.8.2.1　可利用水量

（1）可利用量的计算。可利用水量通常根据区域降雨总量，结合降雨季节不均匀性，以及初期雨水污染弃流情况而定。区域雨水量按下式计算。

$$W_{\mathrm{j}} = \sum_{i=1}^{n} F_i \varphi_i P_{\mathrm{p}} / 1000 \tag{7-61}$$

式中　　W_{j}——年可集水量，m^3；

$\quad\quad F_i$——第 i 种材料的集流面面积，m^2；

$\quad\quad P_{\mathrm{p}}$——保证率为 P 时的年降雨量，mm；在确定集雨灌溉供水保证率时，地面灌溉方式的供水保证率可按 $50\% \sim 75\%$ 计取，喷灌、微灌方式的供水保证率可按 $85\% \sim 95\%$ 计取；

$\quad\quad \varphi_i$——第 i 种材料的径流系数，可参考表 7-13 确定；

$\quad\quad n$——集流面材料种类数。

（2）屋面、绿地、硬化地面等区域雨水量计算方法如下。

$$W = 10 \Psi H F \tag{7-62}$$

式中　　W——雨水设计径流总量，m^3；

$\quad\quad H$——设计降雨量，宜采用 $1 \sim 2$ 年一遇 $24\mathrm{h}$ 降雨，mm；

$\quad\quad F$——汇水面积，hm^2。

$\quad\quad \Psi$——雨量径流系数，可根据表 7-14 选取。

表 7-13　　　　　　　　**不同材料集流面在不同年降雨量地区的径流系数**

集流面材料	径　流　系　数/mm		
	$250 \sim 500$	$500 \sim 1000$	$1000 \sim 1500$
混凝土	$0.75 \sim 0.85$	$0.75 \sim 0.90$	$0.80 \sim 0.90$
水泥瓦	$0.75 \sim 0.80$	$0.70 \sim 0.85$	$0.80 \sim 0.90$
机瓦	$0.40 \sim 0.55$	$0.45 \sim 0.60$	$0.50 \sim 0.65$
手工制瓦	$0.30 \sim 0.40$	$0.35 \sim 0.45$	$0.45 \sim 0.60$
浆砌石	$0.70 \sim 0.80$	$0.70 \sim 0.85$	$0.75 \sim 0.85$
良好的沥青路面	$0.70 \sim 0.80$	$0.70 \sim 0.85$	$0.75 \sim 0.85$
乡村常用的土路	$0.15 \sim 0.30$	$0.25 \sim 0.40$	$0.35 \sim 0.55$
水泥土	$0.40 \sim 0.55$	$0.45 \sim 0.60$	$0.50 \sim 0.65$
自然土坡（植被稀少）	$0.08 \sim 0.15$	$0.15 \sim 0.30$	$0.30 \sim 0.50$
自然土坡（林草地）	$0.06 \sim 0.15$	$0.15 \sim 0.25$	$0.25 \sim 0.45$

公式（7-62）中的径流系数为同一时段内流域内径流量与降雨量之比，径流系数为小于 1 的无量纲常数。具体计算时，当有多种类集流面时，可按下式计算。

$$\psi = \frac{\sum \psi_i F_i}{\sum F_i}$$

式中　　ψ_i——每部分汇水面的径流系数，可参考表 7-14 的经验数据选取；

$\quad\quad F_i$——各部分汇水面的面积。

表 7-14   **不同材料径流系数**

集流面种类	雨量径流系数 Ψ
硬屋面、未铺石子的平屋面、沥青屋面	0.8～0.9
铺石子的平屋面	0.6～0.7
绿化屋面	0.3～0.4
混凝土和沥青路面	0.8～0.9
块石等铺砌路面	0.5～0.6
干砌砖、石及碎石路面	0.4
非铺砌的土路面	0.3
绿地和草地	0.15
水面	1
地下建筑覆土绿地（覆土厚度≥500mm）	0.15
地下建筑覆土绿地（覆土厚度＜500mm）	0.3～0.4

可利用水量的确定，根据计算区域降水总量、径流总量确定。计算区域雨水总量即为可收集雨量。屋面、绿地、硬化地面等区域的雨水收集，可利用水量宜按雨水径流总量的90％计算。

为确定经济合理的工程规模，考虑部分地区非雨季的降雨量很小，难以形成径流并收集利用，需考虑一定的雨水季节折减系数，如北京地区季节折减系数可近似按 0.85 计，而南方一些降雨相对均匀的区域可取 1。

另外，由于初期雨水污染程度高，处理难度大，初期雨水应当弃流。当无资料时，屋面弃流可采用 2～3mm 径流厚度，地面弃流可采用 3～5mm 径流厚度。

7.8.2.2 用水量

水土保持工程中的蓄水利用主要服务方向为作物灌溉和植被种植、养护，设计时针对地域广，植物种类繁多，具体可根据工程所在地域不同，按照区域气候条件、降雨特点及植物生长要求，参考当地植物用水定额或植物灌溉制度以及种植情况确定用水量。

7.8.2.3 外排雨水量

外排雨水量主要为设计范围内未收集利用和超过雨水蓄存设施的部分水量。蓄水利用工程设计时，通常按收集雨水区域内，既无雨水外排又无雨水入渗考虑，即按照可利用雨量全部接纳的方式，确定雨水收集与蓄存设施的规模。当建设区域内可收集雨水量超过受水对象的需水量时，可参照其他相关设计手册考虑增加雨水溢流外排或入渗设施。

7.8.3 雨水收集设施

雨水收集设施主要包括集流面、集水沟（管）槽、输水管等。考虑雨水蓄集使用目的不同，在雨水收集设施末端应考虑设置初期雨水弃流装置、雨水沉淀和雨水过滤等常规水质处理设施。

7.8.3.1 集流面

集流面主要利用计算区域内硬化的空旷地面、路面、坡面、屋面等，由于屋面收集的雨水污染程度较轻，优先考虑收集屋面雨水，当利用天然土坡、地面、局部开阔地集流时，集水面尽量采用林草措施增加植被覆盖度。

坡面、道路等有效汇水面积，通常按汇水面水平投影面积计算。屋面汇水面积计算时，对于高出屋面的侧墙，要附加侧墙的汇水面积，计算方法执行现行国家标准《建筑给水排水设计规范》（GB 50015）的规定。若屋面为球形、抛物线形或斜坡较大的集水面，其汇水面积等于集水面水平投影面积附加其竖向投影面积的 1/2。

7.8.3.2　配套集水沟（管）槽

配套集水沟（槽）断面、底坡的拟定，根据设计流量按照明渠均匀流公式采用试算法确定，配套集水输水管等可根据《建筑给水排水设计规范》（GB 50015）、《给水排水工程管道结构设计规范》（GB 50332）相关规定进行计算选型及管道配套系统的设计。

屋面雨水收集可采用汇流沟或管道系统。采用汇流沟时，汇流沟可布置在建筑周围散水区域的地面上，沟内汇集雨水输送至末端蓄水池内。汇流沟结构形式多为混凝土宽浅式弧形断面渠，混凝土标号不低于 C15，开口尺寸约 20～30cm，渠深约 20～30cm。采用管道系统收集时，屋面径流经天沟或檐沟汇集进入管道（收集管、水落管、连接管）系统，经初期弃流后由储水设施储存。

利用天然土坡、地面、局部开阔地集流时，输水系统末端应设置沉沙设施，以减少收集及蓄水设施的泥沙淤积。天然土坡汇流需修建截排水系统，截流沟沿坡面等高线设置，输水沟设于集流沟两端或较低一端，并在连接处做好防冲措施，排水沟的终端经沉沙设施后与蓄水构筑物连接。集流沟沿等高线每隔 20～30m 设置，输水沟在坡面上的比降，根据蓄水建筑物的位置而定。若蓄水建筑物位于坡脚时，输水沟大致与坡面等高线正交，若位于坡面，可基本沿等高线与等高线斜交。截流沟和输水沟通常为现浇、预制混凝土或砌体衬砌的矩形、U 形渠，结构设计可参考《水土保持综合治理技术规范小型蓄排引水工程》（GB/T 16453.4）。

7.8.3.3　过滤、沉淀等附属设施

附属设施包括过滤、沉淀和初期弃流装置。当利用天然坡面、地面或路面等集流面收集雨水时，雨水的含沙量较大，输水末端需设沉沙设备，污染程度较大时，还应当设计过滤装置。

7.8.4　雨水蓄存设施

7.8.4.1　蓄存设施容积确定

计算时推荐使用简化的容积系数法，容积系数定义为在不发生弃水又能满足供水要求的情况下，需要的蓄水容积与全年供水量的比值。蓄水设施容积计算公式为

$$V = \frac{KW_j}{1-\alpha} \qquad\qquad (7-63)$$

式中　　V——蓄水设施容积，m^3；

$\quad\quad W_j$——年可集雨量，m^3；

$\quad\quad \alpha$——蓄水工程蒸发、渗漏损失系数，取 0.05～0.1；

$\quad\quad K$——容积系数，半干旱地区，灌溉供水工程取 0.6～0.9；湿润半湿润地区可取

0.25～0.4。

7.8.4.2　雨水蓄存设施构筑物

雨水蓄存设施比较常用的有蓄水池、水窖等。具体选择形式可根据区域特点，结合建筑材料和经济条件等确定。

（1）蓄水池。蓄水池分为开敞式和封闭式。开敞式蓄水池多用于山区，主要在区域地形较开阔且水质要求不高时使用，封闭式蓄水池，适用于区域占地面积受限制或水质要求较高项目区。

开敞式蓄水池池底及边墙可采用浆砌石、素混凝土或钢筋混凝土砌筑。池体形式为矩形或圆形，其中，因受力条件好圆形池应用比较多。封闭式蓄水池池体结构形式为方形、矩形或圆形，池体材料多采用浆砌石、素混凝土或钢筋混凝土等，池体埋设在地面以下，其防冻、防蒸发效果好，但施工难度大，费用较高。

（2）水窖。水窖属于地埋式蓄水设施，多建于蒸发量大、降水相对集中和雨旱季比较分明的地区。土质地区的水窖多为口小腔大、竖直窄深式，断面一般为圆形。石质山区水窖形状一般为矩形宽浅式，主要是利用现有地形条件，在无泥石流危害的沟道两侧不透水基岩上，经修补加固而成，通常为浆砌石修筑并采取防渗处理措施。

水窖通常由窖筒、窖拱、窖口、窖盖、放水设备五部分组成。窖筒、窖拱两部分位于地面以下，窖口设窖盖，既防止蒸发又避免安全事故。水窖具体结构设计详见规范《雨水集蓄利用工程技术规范》（SL 267—2001）。水窖典型断面结构如图7-19所示。

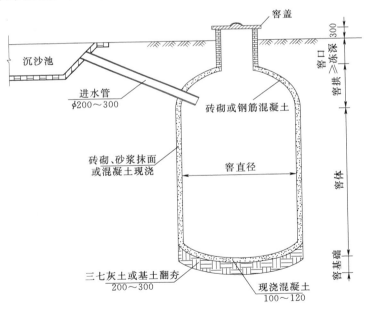

图7-19　水窖典型断面结构图（单位：mm）

水窖坐落于质地均匀的土层上，以黏性土壤最好，黄土次之。水窖的底基土必须进行翻夯处理，而且土层内修建的水窖需进行防渗，防渗材料可采用水泥砂浆抹面、黏土或现浇混凝土。

7.9　土　地　整　治　工　程

7.9.1　分类与作用

水土保持工程土地整治主要包括引洪漫地、治滩造田工程。

7.9.1.1　引洪漫地

（1）定义、适用范围。引洪漫地是指应用导流设施把洪水引入低产耕地或低洼地、河滩地等以浸灌淤泥、改善土壤水分、养分条件的措施。

引洪漫地主要适用于干旱、半干旱地区的多沙输沙区。根据洪水来源，分坡洪、路洪、沟洪、河洪四类。

（2）作用。引洪漫地工程具有三大作用：①改良土壤、保证高产。洪水中泥水含有大量的氮、磷、钾及腐殖肥料，淤漫、灌水一次，可加厚土层，增加土壤肥力；②扩大高产稳产田，把河流山洪、沟坡洪水分引或全部引用，进行淤漫河滩、低洼涝池，淤出平坦稳产高产田；③削减洪峰。沿河道两岸，分级引洪，起到削减洪峰、减少洪量、泥沙，防止洪水泛滥，保护村庄农田。

7.9.1.2　治滩造田

（1）定义、适用范围。治滩造田是指将水源引至规划的沙丘、河滩地等区域，进行拦沙或拉沙造地，建设农田。

治滩造田工程适用于具备正常水源条件且地面沙土覆盖层较厚的风沙地区，或拟进行整沙造地的河流滩地区域。

（2）作用。治滩造田根据水力情况分引流拉沙和抽水拉沙，目的主要有拉沙造地、拉沙修渠、拉沙筑坝，是沙区建设基本农田的主要方法。

7.9.2　设计要求与内容

7.9.2.1　引洪漫地

引洪漫地工程主要包括引洪渠首工程、引洪渠系、洪漫区田间工程等。

（1）引洪渠首工程布置要求如下。

1）选择布置在河床稳定、河床基岩坚实、基础稳定、河道凹段下游、引水条件好且高于洪漫区的位置。引洪渠首数量可根据引洪漫地规模、引洪条件确定。

2）渠首工程进水口设闸门，控制洪水流量，引洪水入渠。水量不足时，可修筑导流堤，以增加水量。河岸较高、河洪不能自流进入渠首的，采取有坝引洪。

（2）引洪渠系布置要求如下。

1）渠系由引洪干渠、支渠、斗渠三级组成，要求能控制整个洪漫区范围，输水迅速均匀。要全面规划，统一布局，适应洪水峰大、时短、陡涨陡落、含沙量大的特点。

2）干渠、支渠和斗渠宜采取土渠，其边坡坡比按渠道土质选定。黏土、重壤土和中壤土渠道，边坡宜取 $1:1.0\sim1:1.25$；土质为轻壤土的，边坡宜取 $1:1.25\sim1:1.5$；土质为砂壤土的，边坡系数宜取 $1:1.5\sim1:2.0$。

3）按明渠均匀流计算确定渠道断面。渠道比降需与渠道断面设计配合，满足不冲不淤要求。

4）干渠走向大致高于洪漫区，沿干渠每100～200m设与干渠正交的支渠，沿支渠设与支渠正交的斗渠，输水漫灌。

5）干渠向支渠分水处设分水闸；支渠向斗渠分水处设斗门。

（3）洪漫区田间工程布置要求如下。

1）根据洪漫区地形和引洪斗渠与地块间的相对位置，漫灌方式可采取串联式、并联式或混合式。

2）洪漫区地块四周需布置蓄水埝。蓄水埝的埝高需能满足一次漫灌的最大水深。

3）矩形地块的长边沿等高线布置。洪漫缓坡农田，需平整成长边大致平行于等高线的矩形田块。

4）荒滩淤漫造田，需结合地面平整。

（4）引洪量计算、淤漫时间、淤漫厚度、淤漫定额设计方法如下。

1）引洪量按式（7-64）计算。

$$Q=2.78\frac{Fd}{kt} \tag{7-64}$$

式中　Q——引洪量，m^3/s；

F——洪漫区面积，hm^2；

d——漫灌深度，m；

t——漫灌历时，h；

k——渠系有效利用系数。

2）根据不同作物生长情况，分别采用不同的淤漫时间；不同作物适宜不同淤漫厚度。

3）淤漫定额可按式（7-65）计算。

$$M=\frac{10^7 d\gamma}{c} \tag{7-65}$$

式中　M——淤漫定额，m^3/hm^2；

d——计划淤漫层厚度，m；

γ——淤漫层干容重，t/m^3，一般取1.25；

c——洪水含沙量，kg/m^3。

（5）其他要求。引洪漫地后土地肥力有一定增加，但微地形、酸碱度、表土层、结构团粒等需进一步改良，以适应土地生产的问题，需采取一定的农业耕作措施。

7.9.2.2　治滩造田

治滩造田工程主要建筑物包括引水渠、防洪堤、蓄水池、冲沙壕、围埝、排水口等。

（1）引水造地田块选择要求如下。

1）风沙区引水拉沙造地宜选择流动或半固定的沙地进行，避免固定沙地受到破坏。

2）河流滩地引水拉沙造地需符合河流防洪规划，不得布设在规划的重要蓄滞洪区内。

3）引水拉沙造地的田块，规划于地形开阔之处。田块需按高程由下至上依次布设，保持长边与等高线平行。

（2）工程类型选择和设施配置要求如下。

1）水源高程较高的，宜采用自流引水拉沙造地，工程设施主要包括引水渠、蓄水池、冲沙壕、围埝、排水口等。水源高程较低的，可采用抽水拉沙造地，一般不修筑引水渠和蓄水池，直接用管道输水至规划的拉沙区域。

2）河流滩地引水拉沙造地，需在田块临河侧修筑防护（洪）堤。

3）工程布置要根据水源高程、沙丘分布、工程区地形确定，总体布置要保证足够的冲沙水力坡度，还需冲沙面积和最优拉沙工效。

（3）引水渠和防洪堤设计要求如下。

1）水源充分的地方，根据拉沙规模确定引水流量。水源不足的地方，以可能最大引水量作为引水流量。按工程规模确定引水量时，可按定额法计算，拉平 $1m^3$ 沙子需水定额宜取 $2\sim2.5m^3$。引洪渠系设计可参照引洪漫地工程渠系设计。

2）防洪堤一般采用梯形断面设计，内、外坡宜采用 1：1，防洪堤高度和堤间距等按照有关规定执行。

（4）蓄水池设计要求如下。

在引水量不足时，需建设蓄水池进行长蓄短放来保证冲沙水量。蓄水池高程需高于引水拉沙的沙丘高程。

蓄水池容量需保证在设计的最小施工时段连续放水冲沙，按式（7-66）计算。

$$V = 3600t(Q_放 - Q_引) \tag{7-66}$$

式中　V——蓄水池容积，m^3；

$\quad\quad t$——设计最小施工时段，h，一般取 $1\sim2h$；

$\quad\quad Q_放$——拉沙放水流量，m^3/s，根据工程进度安排确定；

$\quad\quad Q_引$——引水流量，m^3/s。

（5）冲沙壕、围埝和排水口设计要求如下。

1）冲沙壕比降在 1‰ 以上。

2）根据蓄水池高程，馒头状小型沙丘可采用顶部开壕、腰部开壕和下部开壕 3 种形式。

3）形状复杂或体积特大的沙丘和沙地，可采用左右开壕、四面开壕和迂回开壕等形式。

4）围埝平面布置需为规整的矩形或正方形。初修时埝高 0.5～0.8m，随地面淤沙升高而加高。

5）排水口底高程与位置需随着围埝内地面的升高而变动，保持排水口略高于淤泥面而低于围埝。

7.10　防风固沙工程

7.10.1　分类与作用

7.10.1.1　沙障固沙工程

沙障也叫风障，是用各种作物秸秆、活性沙生植物的枝茎、黏土（或卵石、砾质土）、纤维网、沥青乳剂（或高分子聚合物）等在沙面上设置的各种形式的障碍物或铺压遮蔽物，平铺或直立于风蚀沙埋的沙面，固定地面沙粒，增加地表粗糙度，削弱近地层风速，减缓和制止沙丘流动，从而起固沙、阻沙、积沙的作用，主要用于流动、半流动沙丘（区）。适用于对风沙危害严重、植物措施难以实施的地区或地段的居民点、基础设施、重要工矿基地等的保护，或促进植被的自然恢复。

沙障根据打设时所用材料是否需要有生命力或生活力，分为机械沙障（或物理沙障）和植物沙障两类。以具有生命力或生活力的植物材料为沙障材料的称为植物沙障，以其余无生命力或生活力的材料打设的沙障，统称为机械沙障或物理沙障。沙障材料主要有尼龙网类、枝条、板条、高秆作物的秸秆、芦苇、麦秆、稻草、草绳、沙袋、土块、黏土等。

7.10.1.2　化学固沙

化学治沙是在流动沙地上喷洒化学胶结物质，使其在沙地表面形成一层有一定强度的防护壳，避免气流对沙表的直接冲击，以达到固定流沙的目的。化学治沙属于工程治沙措施之一，可以看作是机械固沙的一种特例。这种措施见效快，便于机械化作业，但与植物固沙和机械沙障固沙比成本很高，多用于严重风沙危害地区生产建设项目的防护，如铁路、公路、机场、国防设施、油田等。在具备植物生长条件的风沙区，化学固沙多作为植物固沙的辅助性和过渡性措施，选用化学胶结物时需考虑沙地的透水透气性，尽可能结合植物固沙措施固沙。

常见的化学胶结物还有油叶岩矿液、合成树脂、合成橡胶等，也可使用一些天然有机物，如褐煤、泥炭、城市垃圾废物、树脂等。此外，高分子吸水剂可以吸附土壤和空气中的水分，供植物吸收，也有助于固沙。

7.10.1.3　作用

工程治沙和化学治沙措施主要作用为覆盖地表、改变地表粗糙度、改变近地表风速、控制地表蚀积过程，保障保护目标物安全，同时也具有促进和保护植被恢复进程的作用。

7.10.2　设计要求与内容

7.10.2.1　沙障固沙工程总体布置

（1）在沙地、沙漠、戈壁等风沙区从事农林业生产，或实施防沙治沙生态建设项目时，生产生活受风沙危害，必须部署防风固沙工程。

（2）固沙工程布设的措施，需考虑材料来源以及采购运输价格等因素，尽量做到就地取材、保护生态、降低成本。

（3）固沙工程布设，从防护的必要范围、空间布局、断面结构等方面，考虑选用经济合理的措施。

（4）固沙工程布设、设计时，要特别注意收集大比例尺地形图或遥感影像，具有代表性和典型性的以风信、水热条件为主的气象资料，植被、土壤、水文资料，防风固沙经验、社会经济资料等基本资料。必要和有条件时，可以在现场进行调查观测，或在风洞内进行模型试验等。

7.10.2.2　沙障及其布设要求

（1）沙障形式。根据划分标准的不同可划分如下。

1）根据对流沙的作用目的和高出地面的高度，可划分如下。

a. 高立式沙障：沙障材料长 70～100cm，高出沙面＞50cm，埋入地下 20～30cm。

b. 低立式沙障：沙障材料长 40～70cm，高出沙面 20～50cm，埋入地下 20～30cm。

c. 平铺式沙障：沙障柴草横卧平铺在地面，上压枝条，用沙土或用小木桩固定，沙障厚度 3～5cm。

2）根据平面布设形式，可划分如下。

a. 条带状沙障：排列方向大致与主风向垂直的沙障。

b. 格状沙障：由 2 个不同方向的带状沙障交织而成的沙障。

（2）沙障结构。根据孔隙度可以将高立式沙障分为 3 种：

1）透风结构：沙障的孔隙度大于 50%，适用于输沙。

2）紧密结构：沙障的孔隙度少于 10%，适用于阻沙。

3）疏透结构：沙障的孔隙度一般 10%～50%，常用 25%～50%。

（3）沙障配置可分为：

1）高立式沙障：可按条带状配置，主要用于单向或反向风地区的阻沙。

2）低立式沙障：可按网格状配置，主要用于多风向地区的固沙。

3）平铺式沙障：带状平铺式，带走向垂直于主害风方向；全面带状平铺式适用于小而孤立的沙丘和受流沙埋压或威胁的道路两侧与农田村镇四周。

（4）沙障间距方法有如下两种：

1）条带间隔。在坡度小于 4°的平缓沙地进行条带状配置时，相邻两条沙障的距离应为沙障高度的 10～20 倍；在沙丘迎风坡配置时，下一列沙障的顶端与上一列沙障的基部等高。沙障间距可参照以下公式计算。

$$d = h\cot\theta \tag{7-67}$$

式中　d——沙障间距，m；

　　　h——沙障高度，m；

　　　θ——沙丘坡度，（°）。

2）网格大小。网状配置时，网格边长为沙障出露高度的 6～8 倍，根据风沙危害的程度选择 1m×1m、1m×2m、2m×2m 等不同规格。麦草、稻草、芦苇等常用方格沙障以 1m×1m 为主。

7.10.2.3　沙障应用类型

（1）植被恢复型。机械沙障主要为植被恢复创造生长条件；植物沙障既可为植被恢复创造生长条件，本身的萌蘖繁育也是恢复植被。

（2）防风固沙型有如下 3 种。

1）阻沙型。一般应用于防沙体系外围风沙流动性强的地方，拦截、阻滞风沙运动。

2）固沙型。隔绝风沙流与沙表的直接接触，固定地表，大面积设置在道路两侧、重要基础设施和其他需要保护的地方。

3）疏导型。多用于防治道路积沙或改变风沙流运动方向，一般设置于迎风面、露肩、弯曲转折地段。

7.11　截 排 水 工 程

7.11.1　分类与作用

7.11.1.1　排洪排水工程分类与作用

排洪工程主要分为排洪沟、排洪涵洞和排洪隧洞 3 类。

（1）排洪沟主要指排洪明沟，按建筑材料分，一般有土质排洪沟、石质衬砌排洪沟和三合土排洪沟等。项目区一侧或周边坡面有洪水危害时，在坡面与坡脚修建排洪沟。

（2）排洪涵洞按照洞身结构型式有管涵、拱涵、盖板涵、箱涵等几类。按建筑材料分，一般有浆砌石涵洞、钢筋混凝土涵洞等几类。按水力流态分类，涵洞可分为无压力式涵洞、半压力式涵洞、压力式涵洞。按填土高度，涵洞分为明涵、暗涵，当涵洞洞顶填土高度小于 0.5m 时称明涵，当涵洞洞顶填土高度大于或等于 0.5m 时称暗涵。

（3）排洪隧洞主要为排泄上游来水而穿山开挖建成的封闭式输水道。隧洞按洞内有无自由水面分，有压隧洞和无压隧洞；按流速大小分，低流速隧洞和高流速隧洞；有压隧洞按内水压力大小分，低压隧洞和高压隧洞。

（4）排水工程主要包括山坡排水工程、低洼地排水工程和道路排水工程等，沟、河道汇水采用排洪建筑物，坡面来水采用排水建筑物。

7.11.2　设计要求与内容

7.11.2.1　排洪排水沟防洪标准

排洪工程的防洪标准应根据《水土保持工程设计规范》（GB 51018）相关要求确定。

7.11.2.2　排洪沟

（1）排洪沟形式有如下 3 种。

土质排洪沟。可不加衬砌，结构简单，取材方便，节省投资。适用于沟道比降和水流流速较小且沟道土质较密实的沟段。

衬砌排洪沟。用浆砌石或混凝土将排洪沟底部和边坡加以衬砌。适用于沟道比降和流速较大的沟段。

三合土排洪沟。排洪沟的填方部分用三合土分层填筑夯实。三合土中土、砂、石灰混合比例为 6∶3∶1。适用范围介于前两者之间的沟段。

（2）排洪沟的布置原则要求如下。

排洪沟在总体布局上，应保证周边或上游洪水安全排泄，并尽可能与项目区内的排水系统结合起来。

排洪沟沟线布置宜走原有山洪沟道或河道。若天然沟道不顺直或因开发项目区规划要求，必须新辟沟线，宜选择地形平缓、地质条件较好、拆迁少的地带，并尽量保持原有沟道的引洪条件。

排洪沟道应尽量设置在开发项目区一侧或周边，避免穿绕建筑群，充分利用地形，减少护岸工程。

沟道线路宜短，减少弯道，最好将洪水引导至开发项目区下游或天然沟河。

当地形坡度较大时，排洪沟应布置在地势较低的地方，当地形平坦时宜布置在汇水面的中间，以便扩大汇流范围。

（3）洪峰流量的确定。一般洪峰流量根据各地水文手册中有关参数进行水文计算。

（4）排洪沟设计。排洪沟一般采用梯形断面，根据最大流量计算过水断面，按照明渠均匀流公式计算。

$$Q=\frac{AR^{\frac{2}{3}}}{n}\sqrt{i} \tag{7-68}$$

式中　Q——排洪最大流量，m^3/s；

　　　R——断面水力半径，m；

　　　i——排水沟纵坡；

　　　A——过水断面面积，m^2；

　　　n——粗糙系数，可参考表 7－15 确定。

当排洪沟水流流速大于土壤最大允许流速时，应采用防护措施防止冲刷。防护形式和防护材料，根据土壤性质和水流流速确定。排水沟排水流速需小于容许不冲刷流速，见表7－16 和表 7－17 或参照《灌溉与排水工程设计规范》（GB 50288）综合分析确定。

表 7－15　　　　　　　　　排洪沟壁的粗糙系数参考值（n 值）

排洪沟过水表面类型	粗糙系数 n	排洪沟过水表面类型	粗糙系数 n
岩质明沟	0.035	浆砌片石明沟	0.032
植草皮明沟（$v=0.6m/s$）	0.035～0.050	水泥混凝土明沟（抹面）	0.015
植草皮明沟（$v=1.8m/s$）	0.050～0.090	水泥混凝土明沟（预制）	0.012
浆砌石明沟	0.025		

表 7－16　　　　　　　　　明沟的最大允许流速参考值

明沟类别	允许最大流速/(m/s)	明沟类别	允许最大流速/(m/s)
亚砂土	0.8	黏土	1.2
亚黏土	1.0	草皮护坡	1.6
干砌片石	2.0	混凝土	4.0
浆砌片石	3.0		

注　1. 明沟的最小允许流速不小于 0.4m/s，暗沟的最小允许流速不小于 0.75m/s。
　　2. 明沟坡度较大，致使流速超过表 7－16 时，应在适当位置设置跌水及消力槽，但不能设于明沟转弯处。

表 7－17　　　　　　　　　最大允许流速的水深修正系数表

水深 h/m	$h<0.40$	$0.40<h\leqslant1.00$	$1.00<h<2.00$	$h\geqslant2.00$
修正系数	0.85	1.00	1.25	1.40

根据沟线、地形、地质条件以及与山洪沟连接要求等因素，确定排洪沟设计纵坡。当自然纵坡大于 1：20 或局部高差较大时，设置陡坡式跌水。

排洪沟断面变化时，采用渐变段衔接，其长度可取水面宽度变化之差的 5～20 倍。

排洪沟进出口平面布置，宜采用喇叭口或八字形导流翼墙。导流翼墙长度可取设计水深的3~4倍。出口底部应做好防冲、消能等设施。

沟堤顶高程按明沟均匀流公式算得水深后，再加安全超高。排洪沟的安全加高可参考表7-18确定，在弯曲段凹岸应考虑水位壅高的影响。

表7-18　　　　　防洪（排洪，以防洪堤为例）建筑物安全超高参考值

防洪堤级别	1	2	3	4	5
安全加高/m	1.0	0.9	0.7	0.6	0.5

排洪沟宜采用挖方沟道。梯形填方沟道断面，沟堤顶宽1.5~2.5m，内坡1:1.5~1:1.75，外坡1:1~1:1.5，高挖（填）方区域通过稳定计算确定合理坡比。

排洪沟弯曲段的轴线弯曲半径按照《城市防洪工程设计规范》（GB/T 50805—2012）的规定执行，不应小于按下式计算的最小允许半径及沟底宽度的5倍。当弯曲半径小于沟底宽度的5倍时，凹岸应采取防冲措施。

$$R_{min} = 1.1v^2 \sqrt{A} + 12 \tag{7-69}$$

式中　R_{min}——沟道最小允许弯曲半径，m；

　　　　v——沟道中水流流速，m/s；

　　　　A——沟道过水断面面积，m^2。

7.11.2.3　排洪涵洞

浆砌石拱形涵洞。其底板和侧墙用浆砌块石砌筑，顶拱用浆砌粗料石砌筑。当拱上垂直荷载较大时，采用矢跨比为1/2的半圆拱，当拱上荷载较小时，采用矢跨比小于1/2的圆弧拱。

钢筋混凝土箱形涵洞。其顶板、底板及侧墙为钢筋混凝土整体框形结构，适合布置在项目区内地质条件复杂的地段，用于排除坡面和地表径流。

排洪涵洞的相关设计可参照《灌溉与排水沟系建筑物设计规范》（SL 482—2011）执行。

7.11.2.4　排洪隧洞

排洪隧洞的支护与衬砌设计可参照《水工隧洞设计规范》（SL 279—2016）执行。

隧洞的衬砌型式包括锚喷衬砌，混凝土衬砌，钢筋混凝土衬砌和预应力混凝土衬砌（机械式或灌浆式）。

第8章
林草工程设计

8.1 林草工程设计基础

8.1.1 林草工程分类

8.1.1.1 林种与林种划分

（1）林种。森林按起源分为天然林和人工林。森林按其不同的效益或功能可划分为不同的种类，简称林种。对于人工林来说，不同林种反映不同的森林培育目的；对于天然林来说，不同林种反映不同的经营管理性质。林种实际就是发挥不同生态或社会经济功能的森林类型。林种划分只是相对的，实际上每一个树种都起着多种作用。如防护林也能生产木材，而用材林也有防护作用，这两个林种同时也可以供人休憩。但每一林种都有一个主要作用，在培育和经营上是有区别的。

（2）林种划分。根据《中华人民共和国森林法》，一级林种划分有五大类，二级林种若干（可再分三级、四级）。

1）防护林。以防护为主要目的的森林、林木和灌丛，包括水源涵养林，水土保持林，防风固沙林，农田、牧场防护林，护岸林及护路林等。其山区、丘陵区水土保持林可进一步划分为分水岭防护林、护坡林、梯田地坎防护林、侵蚀沟道防冲林、护岸护滩林、石质山地沟道防护林、山地护牧林、池塘水库防护林、山地渠道防护林、坡地水土保持经济林。

2）用材林。以生产木材为主要目的的森林和林木，包括以生产竹材为主要目的的竹林。

3）经济林。以生产果品、食用油料、饮料、调料、工业原料和药材为主要目的的林木。

4）薪炭林。以生产燃料为主要目的的林木。

5）特种用途林。以国防、环境保护、科学实验等为主要目的的森林和林木，包括国防林、实验林、母树林、环境保护林、风景林、名胜古迹和革命纪念地的林木及自然保护区的森林。

（3）生态公益林林种划分。生态公益林是为维护和改善生态环境，保持生态平衡，保护生物多样性等满足人类社会的生态、社会需求和可持续发展为主体功能,主要提供公益性、社会性产品或服务的森林、林木、林地。

根据生态公益林的有关标准规定,将生态公益林按森林的主导功能分为防护林和特种用途林(特用林)两大类,13个亚类。

1)防护林。包括:①水源涵养林,含水源地保护林、河流和源头保护林、湖库保护林、冰川雪线维护林、绿洲水源林等。②水土保持林,含护坡林、侵蚀沟防护林、林缘缓冲林、山帽林(山脊林)等。③防风固沙林,含防风林、固沙林、挡沙林、海岸防护林、红树林、珊瑚岛常绿林等。④农田牧场防护林,含农田防护林(林带、片林)、农林复合经营林、草牧场防护林等。⑤护岸护路林,含路旁林、渠旁林、护堤林、固岸林、护滩林、减波防浪林等。⑥其他防护林,含防火林、防雪林、防雾林、防烟林、护渔林等。

2)特用林。包括:①国防林,含国境线保护林、国防设施屏蔽林等。②实验林,含科研实验林、教学实习林、科普教育林、定位观测林等。③种子林(种质资源林),含良种繁育林、种子园、母树林、子代测定林、采穗圃、采根圃、树木园、基因保存林等。④环境保护林,含城市及城郊结合部森林,工矿附近卫生防护林,厂矿、居民区与村镇绿化美化林等。⑤风景林,含风景名胜区、森林公园、度假区、滑雪场、狩猎场、城市公园、乡村公园及游览场所森林等。⑥文化纪念林,含历史与革命遗址保护林、自然与文化遗产地森林、纪念林、文化林、古树名木等森林、林木。⑦自然保存林,含自然保护区森林、自然保护小区森林、地带性顶极群落,以及珍稀、濒危动物栖息地与繁殖区,珍稀植物原生地和具有特殊价值森林等。

(4)树种特性包括以下5个方面。

1)生物学与生态学特性。树种在整个生命过程中,在形态和生长发育上所表现出的特点与需要的综合,称为树种生物学特性,如树木的外形、寿命长短、生长快慢、繁殖方式、萌芽及开花结实的特点等,都属其生物学特性。树种同外界环境条件相互作用中所表现出的不同要求和适应能力,称为树种的生态学特性,是树种特性的重要方面。如耐阴性、抗寒性、抗风性、耐烟性、耐淹性、耐盐性以及对土壤条件的要求等。林学上常把树种生物学特性中与生产有密切关系的部分称为林学特性。所有树种特性的形成,是以树种的遗传性质为内在基础,同时又深受外界环境影响的结果,树种特性具有一定的稳定性(但不是固定不变的)。树种的生物学特性和生态学特性是选择树种、实现适地适树的重要基础。

2)树种形态学特征包括以下两种。

a. 树种生长类型。可分为以下4类。

(a)乔木。树体高大(通常>6m),具有明显的主干,依其高度分为乔木(>30m)、大乔木(21~30m)、中乔木(11~20m)、小乔木(6~10m);依其生长速度,则可分为速生树种、中生树种和慢生树种。

(b)灌木。树体矮小(<6m),主干低矮或不明显。主干不明显者常称为灌丛。

(c)藤本。也称攀缘木本,是能缠绕或攀附他物而向上生长的木本植物,依生长特点可分为:绞杀类(具有发达的吸附根,可缠绕和绞杀被绕之树木)、吸附类(如爬山虎利用吸盘、凌霄利用吸附根向上攀登)、卷须类(如葡萄等)和蔓条类(枝上有钩刺,如蔓生蔷薇）。

（d）匍地类。干枝均匍地生长，与地面接触部分生长不定根以扩大占地面积，如铺地柏。

b. 其他形态学特征。包括树形、树干、枝叶、花果、根系形态等特征。根据树木形态可分为：针叶树种、阔叶树种、常绿树种、落叶树种。

3）树种的生长发育特性。①树种根系分布深度。根据树种根系的分布深度，可将树种分为深根性树种和浅根性树种。②树种寿命与生长发育规律。不同树种寿命相差很大，侧柏寿命可达 2500 年以上，而有些树种寿命只有几十年。生长发育规律包括整个生命周期和某一时间段、一年的生长规律，主要包括平均生长速度（可分为慢生、中生和速生）、不同龄级（幼龄期、壮龄期、中龄期、成熟龄期、过熟龄期）生长发育情况（生长速度、开花、挂果、盛果等）和一年中生长发展情况（发芽、展叶、开花、结果、落叶等）。

4）树种生态学特性。对于树种选择极为重要，主要包括以下特性。

a. 树种对光的适应性。通常用树木的耐阴性，即树木忍耐庇荫和适应弱光的能力。一般分为 5 级，即极阴性、阴性、中性、阳性、极阳性。阴性树种或称耐阴性树种，如云杉、冷杉、紫杉、黄杨；阳性树种，如落叶松、油松、侧柏及杨等；中性树种，如华山松、五角枫及红松等，它们能耐一定程度侧方庇荫。

b. 树种对温度的抵抗性能。树种对温度的抵抗性能主要采用树种的抗寒性，即树种抵抗低温环境而继续生存的能力。根据发生机理和原理不同，树木在 $0 \sim 15\text{℃}$ 下的生存能力称为树种的抗冷性，树木在 0℃ 以下的生存能力则称为抗冻性。抗寒力强的树种称为抗寒性树种，如落叶松、樟子松、云杉、冷杉及山杨等；抗寒力差、喜温暖气候条件的树种称为喜温树种，如油松、榭栎、鹅耳枥及刺槐等。

c. 树种对水分的适应性。树种在干旱环境下的生存和生长能力称为树种的抗旱性；对水淹的适应能力称为耐涝性（或耐水淹性）。一般划分为旱生树种，如樟子松、侧柏、赤松、山杏、梭梭及木麻黄等；中生树种（大多数树种属此类型），如云杉、山杨、槭、红松、水曲柳、黄菠萝及胡桃楸等；湿生树种，如水松、落羽松及大青杨等；耐水淹树种，如柳、池杉等。

d. 树种对风的抵抗和适应性。此性能称为树种的抗风性，主要就抗风倒的能力而言。主根发达，木材坚韧，强风下不易发生风倒的树种称为抗风树种，如松、杨、国槐及乌桕等；而云杉、雪松及水青冈等多为浅根性，属容易风倒的树种。

e. 树种对土壤的适应性能和要求。包括很多方面，如对土壤的肥力、土壤通透性、土壤质地及土壤 pH 值等。有些树种很耐土壤瘠薄，如侧柏、臭椿及油松等；有些树种对土壤通透性要求严格，如樟子松及一些沙生植物；有些树种喜偏酸性的土壤，如油松、马尾松等；有些树种耐盐碱，如柽柳、胡杨等。

5）树种自然分布。树种的自然分布是判定和选择树种的基础依据。树种的自然分布区反映了树种的生态结构，即环境和竞争中诸多因素的综合影响效果，同时也反映出树种的生态适应能力。应查清树种中心分布区、最大分布区及临界分布区等。一般来说，距中心分布区越近，树木生长越好。

8.1.1.2　草种

（1）分类。草种有如下 5 种分类。

1）依种植目的，可分为牧草、绿肥草、水土保持草及草坪草等类型。水土保持草种（兼牧草功能的草种）绝大部分是禾本科和豆科的植物，还有少量的菊科、十字花科、莎草科、紫草科及蔷薇科等植物；绿肥草基本上是豆科，草坪草大部分是禾本科植物，有少量的非禾本科草。同一草种可以有不同的种植目的，如沙打旺、小冠花既可为牧草，又可为绿肥草，也是优良的水土保持草种；羊茅、紫羊茅等可为牧草，也可作为草坪草。

2）依生长习性，可分为一年生草种，如苏丹草、栽培山藿豆；二年生草种，如白花草木樨、黄花草木樨；多年生草种，如平均寿命 3～4 年的黑麦草、披碱草；还有平均寿命 5～6 年的大部分禾本科、豆科草，如苇状羊茅、猫尾草、鸭茅、紫花苜蓿及白三叶等；平均寿命 10 年或更长，一般可利用 6～8 年，如无芒雀麦、草地早熟禾、紫羊茅、小糠草及野豌豆等。

3）按植株高矮及叶量分布，可分为三大类。①上繁草，植株高 40～100cm 以上，生殖枝及长营养枝占优势，叶片分布均匀。如无芒雀麦、苇状羊茅、老芒麦、披碱草、羊草、紫花苜蓿、红豆草及草木樨等。②下繁草，植株矮小，高 40cm 以下，短营养枝占优势，生殖枝不多，叶量少，不宜刈割，适于放牧用。如草地早熟禾、紫羊茅、狗牙根、白三叶、草莓三叶草及地下三叶草等。③莲座状草，根出叶形成叶簇状，没有茎生叶或很少。由于株体矮，产草量较低。如生长第一年的串叶松香草、蒲公英及车前草等。

4）按茎枝形成（分蘖、分枝）特点，可分为七大类。①根茎型草类：此类草无性繁殖能力和生存能力强，根茎每年可向外延伸 1～1.5m，具有极强的保水保土能力，耐践踏，适于放牧。如无芒雀麦、草地早熟禾、羊草、芦苇、鹰嘴紫云英及蒙古岩黄芪等。②疏丛型草类：此类草形成较疏松的株丛，丛与丛间多无联系，草地易碎裂。如黑麦草、鸭茅、猫尾草、老芒麦及苇状羊茅等。③根茎—疏丛型草类：此类草形成的草地平坦，富有弹性，不易碎裂，产草量高，适于放牧，保水保土能力很强。如早熟禾、紫羊茅及看麦娘等。④密丛型草类：此类草种根较粗，侧根少，分蘖节常被死去的枝、鞘所包围而处于湿润状态，可增强抗冻能力。如芨芨草、针茅属及甘肃蒿草等。⑤匍匐茎草类：此类草种株型较矮，草皮坚实，耐践踏，产草量不高，保持水土的功能强，也适宜放牧。其中有些草种可作草坪草，如狗牙根（草坪草种）、白三叶草（草坪草种）等。⑥根蘖型草类：此类草种除用种子繁殖外，还可用根蘖繁殖，寿命长，喜疏松土壤，是极好的水土保持草种和放牧草种。如多变小冠花、黄花苜蓿、蓟、紫菀及蒙古岩黄芪等。⑦根茎丛生型草类：此类草种再生能力强，生物产量高，覆盖度高，水土保持功能很强，其中少数草种也可用作草坪草。主要靠种子繁殖，也可无性繁殖。如紫花苜蓿、红三叶（可作草坪草）及沙打旺等。

5）草坪草种一般根据植株高矮分低矮草坪草（＜20cm，如狗牙根、结缕草等）和高型草坪草（30～100cm，如早熟禾、剪股颖及黑麦草等）；根据叶的宽度分为宽叶草坪草和细叶草坪草。

（2）草种的一般特性包括以下 5 个方面。

1）生长迅速，见效快。草种生长迅速，分蘖、分枝能力强，茎叶繁茂，根系发达，穿透力强，生命力强，能够迅速覆盖地面，有效防止地表的面蚀和细沟侵蚀。与造林相比，由于其寿命短，根系分布浅，防止沟蚀和重力侵蚀的效益差。因此，对于荒山丘陵、地多人少的水土流失地区，种草或林草结合，生态与经济效益兼顾，效果好。草坪草生长迅速，绿化覆盖快，对于城市、工矿区、风景区等美化环境具有重要意义。

2）籽粒小，收获多，繁殖系数高。牧草种子细小，收获量多，每公顷可收种子150～1500kg，千粒重1～2g，1kg种子50万～100万粒。繁殖力很高，收获1个单位面积的草籽可种20～50个单位面积。

3）耐刈割、耐啃食、耐践踏。大部分草种刈割后可迅速生长，继续利用。有的一年可刈割利用3～5次。多年生草可利用4～5年，甚至10年以上。既可用种子有性繁殖，也可用枝条、根、茎无性繁殖，能做到一次播种数年利用。耐刈割，适宜于打草养畜和草坪修剪；耐啃食，适于放牧；耐践踏，适于作运动场草坪。

4）牧草对光热条件的适应性很强。阳性草种叶片小而厚，叶面光滑；阴性草种叶片大而薄，常与光照成直角，有利于多接受阳光。草坪草中冷季型草耐阴性强，如细羊茅、三叶草等；暖季型草耐阴性弱，如狗牙根等。一般草种适宜生长的温度是20～35℃，不同草种对温度（热量）的适应性不同，如结缕草、狗牙根及象草等为喜温草种，耐热性强；羊茅、紫羊茅、黑麦草及披碱草等则耐寒性强。

5）对土壤的适应性分四大类。①水分：不同的草种，需水量不同，耐旱耐湿性不同。耐旱牧草，如冰草、鹅冠草及沙蒿等；介于耐旱与喜水之间，如多年生黑麦草、鸭茅、紫花苜蓿和红三叶等；喜水牧草，如䅟草、意大利黑麦草、杂三叶、白三叶、田菁及芦苇等。另外，还有水生草类，如水浮莲、茭白等。对牧草需水量没有严格界限，许多牧草适应性很广，难以严格归类。②土壤硬度：对草的生长影响较大，禾本科草对硬度的适应性比豆科要强。在禾本科草中，对硬度的适应性也有差别。根据对草坪草的试验研究，狗牙根类、苇状羊茅类对硬度的适应性最强，剪股颖类适应性较差。③土壤养分：豆科类草耐瘠薄；禾本科草类也有一定的耐瘠薄性，如结缕草类、羊茅类就有较强的耐瘠薄性。④土壤pH值：在酸性土壤上能良好生长的有结缕草类、假俭草、近缘地毯草、百喜草和糖蜜草等；狗牙根类和小糠草等有一定适应性；草地早熟禾耐酸性最差。耐碱性最强的草类有野牛草、黑麦草等；耐碱性一般的有假俭草、芨芨草、芦苇等；狗牙根则较弱；近缘地毯草耐碱性最差。牧草和水土保持草种，以沙打旺、披碱草、草木樨及苜蓿等耐碱性强；紫花苜蓿、苇状羊茅、红三叶及苕子等则对酸性土壤适应性强。此外，还有耐沙草类，如沙蒿、沙打旺等。耐盐量草类，如芦苇（耐盐量可达1％～2％）。

8.1.2 立地条件与适地适树（草）

树种草种选择是水土保持林草措施设计的一项极为重要的工作，是工程建设成功与否的关键之一。树种草种选择的原则是定向培育和适地适树（草）。定向培育是根据社会、经济和环境的需求确定的；适地适树（草）则是林草的生物学和生态学特性与立地（生境）条件相适应。适地适树（草）是树种草种选择的最基本原则。

8.1.2.1 适地适树

（1）立地类型（生境）划分包括以下4个方面。

1) 概念包括以下两个方面内容。

a. 立地条件与立地类型。立地是指有林（草）和宜林（草）的地段，在农业和草业上常称为生境，在水土流失、植被稀少的地区，实际就是造林（种草）地。在某一立地上，凡是与林草生长发育有关的自然环境因子的综合都称为立地条件。为便于指导生产，必须对立地条件进行分析与评价，同时按一定的方法把具有相同立地条件的地段归并成类。同一类立地条件上所采取的林草培育措施及生长效果基本相近，我们把这种归并的类型称为立地条件类型，简称立地类型。立地类型划分有狭义与广义之分，狭义来讲，就是造林地的立地类型划分；广义上包括对一个区域立地的系统划分，包括立地区、立地亚区、立地小区、立地组、立地小组及立地类型等，在这个系统中立地类型是最基本的划分单元。

b. 立地因子与立地质量。内容分别如下。

（a）立地因子：立地条件中的各种环境因子叫做立地因子。造林（草）地的立地因子是多样而复杂的，影响林草生长的立地因子也是多种多样的，大概为三大类，即物理环境因子，含气候、地形和土壤（光、热、水、气、土壤、养分条件因子）；植被因子，含植物的类型、组成、覆盖度及其生长状况等；人为活动因子。

（b）立地质量：在某一立地上既定林草植被类型的生产潜力称为立地质量（生境质量），它是评价立地条件好坏的重要指标。立地质量包括气候因素、土壤因素及生物因素等。立地质量评价可对立地的宜林宜草性或潜在生产力进行判断或预测，是划分立地类型的重要依据。

2) 立地因子分析。立地条件是众多立地因子的综合反映，立地因子对立地质量评价、立地类型划分具有十分重要的作用。

a. 物理环境因子包括以下 4 个方面。

气候：是影响植被类型及其生产力的控制性因子。大气候主要取决于大范围或区域性植被的分布；小气候明显地影响种群的局部分布，是广义立地类型划分，即立地分类中大尺度划分的依据或基础。在狭义立地类型划分中不考虑气候因子。

地形：包括海拔、坡向、坡度、坡位、坡型及小地形等，其直接影响林草生长有关的水热因子和土壤条件，是立地类型划分的主要依据。地形因子稳定、直观，易于调查和测定，能良好地反映着一些直接生态因子（小气候、土壤、植被等）的组合特征，比其他生态因子更容易反映林草生长的状况。如北方阳坡植被比阴坡植被生长差；低洼地植被比梁峁顶植被生长好等。

土壤：包括土壤种类、土层厚度、土壤质地、土壤结构、土壤养分、土壤腐殖质、土壤酸碱度、土壤侵蚀度、各土壤层次的石砾含量、土壤含盐量、成土母岩和母质的种类等。土壤因子对林草生长所需的水、肥、气、热具有控制作用，它较容易测定，综合反映性强，但土壤的直观性差，绘制立地图较困难。在我国，除了平原地区外，一般不采用土壤单因子评价立地质量，而是结合地形因子联合评价立地质量，进行立地分类。

水文：包括地下水深度及季节变化、地下水的矿化度及其盐分组成，有无季节性积水及其持续期等。对于平原地区的一些造林地，水文因子起着很重要的作用，而在山地的立地分类则一般不考虑地下水位问题。

b. 植被因子。植被类型及其分布综合，反映着大尺度的区域地貌和气候条件，在立地分类系统中，主要作为大区域立地划分（立地区、立地亚区）的依据。在植被未受严重破坏的地区，植被状况特别是某些生态适应幅度窄的指示植物，可以较清楚地揭示立地小气候和土壤水肥状况，对立地质量具有指示作用。例如蕨菜生长茂盛指示立地生产力高；马尾松、茶树、映山红、油茶指示酸性土壤；披碱草、碱篷、甘草、芦根等指示碱性土壤；碱篷、白刺、獐毛、柽柳指示土壤呈碱性且含盐量高；黄连木、杜松、野花椒等指示土壤中钙的含量高；青檀、侧柏天然林生长地方母岩多为石灰岩；仙人掌群落指示土壤贫瘠和气候干旱等。但在我国多数地方天然植被受破坏比较严重，用指示植物评价立地相对受限制。

c. 人为活动因子。是指人类活动影响土地利用历史与现状，从而影响立地因子。不合理的人为活动，例如超采地下水、陡坡耕种、放火烧荒及长期种植一种作物（草或树）等导致土壤侵蚀、土地退化、立地质量下降。但因人为活动因子的多变性和不易确定性，在立地分类中，只作为其他立地因子形成或变化的原因进行分析，不作为立地类型划分的因子。

3）立地质量评价。立地质量评价的方法很多，大致归纳为三类：一类是通过植被的调查和研究来评价立地质量，包括生长量指标（如蓄积量、产草量等）、立地指数法和指示植物法；二类是通过调查和研究环境因子来评价立地质量，主要应用于无林区；三类是用数量分析的方法评价立地质量，也就是将外业调查的各种资料用数量化方法进行处理，从而分析环境因子与林木（或草）之间的关系，然后对立地质量作出评价。最常用的评价方法是立地指数法，即以该树种在一定基准年龄时的优势木平均高或几株最高树木的平均高（也称上层高）作为评价指标。草地质量评价时多用产草量作为评价指标。

4）立地类型划分方法。就是把具有相近或相同生产力的立地划为一类，不同的则划为另一类；按立地类型选用树种草种，设计造林种草措施。通过自然条件的地域分异规律及立地与林草生长关系的研究，正确划分立地类型，对林草工程建设具有重要意义。

立地类型划分一般采用主导因子法，即在复杂的立地因子中，分析确定起决定性作用的因子——主导因子。根据主导因子分级组合来划分立地类型，一般均可满足树种草种选择和制定造林种草技术措施的需要。常用的方法有按主导环境因子的分级组合分类、生活因子分级组合和用立地指数来代替立地类型。对于林草植被稀少的水土流失地区，大多采用主导环境因子分级组合分类，后两者适用于有林区、草原区和草地。以下以造林地立地划分为例说明，草地生境划分可参照。

a. 主导因子确定方法。可以从两个方面着手。一方面是逐次分析各环境因子与植物必需的生活因子（光、热、气、水、养）之间的关系，找出对植物生长影响大的环境因子，作为主导因子；另一方面是找出植物生长的限制性因子，即处于极端状态时，有可能成为限制植物生长的环境因子，限制性因子一般大多是主导因子，如干旱、严寒、强风、土壤 pH 值过高或过低及土壤含盐量过大等。把这两方面结合起来，综合考虑造林地对林木生长所需的光、热、水、气、养等生活因子的作用，采用定性分析与定量分析相结合的方法确定主导因子。

b. 按主导环境因子分级组合分类划分立地类型。特点是简单明了，易于掌握，因而在水土保持林草工程建设中广为应用。具体的划分方法是选择若干主导环境因子，对各因子进行分级，按因子水平组合编制成立地条件类型表，命名采用因子＋级别（程度）的方法。下面举例说明。

（2）立地条件划分的几种模式分别如下。

1）冀北山地立地条件类型的划分，见表 8-1。

主导环境因子：海拔、坡向、土壤种类和土层厚度；环境因子分级：海拔 2 级，坡向 2 级，土层厚度 3 级。分级组合为 11 个立地条件类型。

表 8-1　　　　　　　　　　　　　　　冀北山地立地条件类型

编号	海拔/m	坡向	土壤种类及土层厚度/m	备　注
1	＞800	阴坡半阴坡	褐色土，棕色森林土，＞50	
2	＞800	阴坡半阴坡	褐色土，棕色森林土，25～50	
3	＞800	阳坡半阳坡	褐色土，棕色森林土，＞50	
4	＞800	阳坡半阳坡	褐色土，棕色森林土，25～50	
5	＞800	不分	褐色土，棕色森林土，＞25	土层下为疏松母质或含70%以上石砾
6	＜800	阴坡半阴坡	褐色土，棕色森林土，＞50	
7	＜800	阴坡半阴坡	褐色土，棕色森林土，25～50	
8	＜800	阳坡半阳坡	褐色土，棕色森林土，＞50	
9	＜800	阳坡半阳坡	褐色土，棕色森林土，25～50	
10	＜800	不分	褐色土，棕色森林土，＞25	土层下为疏松母质或含70%以上石砾
11	不分	不分	＜25及裸岩地	土层，下为大块岩石

2）晋西黄土残塬沟壑地区立地条件类型划分，见表 8-2。

主导环境因子：地形部位及坡向、1m 土层内含水量；环境因子分级：地形部位及坡向 9 级，1m 土层内含水量 8 级。分级组合为 10 个立地类型。

表 8-2　　　　　　　　　　　　晋西黄土残塬沟壑地区立地条件类型

序号	土壤母质	地形部位及坡向	立地类型名称	1m 土层内含水量估算值/mm	14 龄刺槐上层高/m
1	黄土	塬面	黄土塬面	162.1	12.0
2		宽梁顶	黄土宽梁顶	—	11.9
3		（梁峁）阴坡	黄土阴坡	168.69～182.76	11.9
4		（梁峁）阳坡	黄土阳坡	119.80～133.97	10.5
5		侵蚀沟阴坡	黄土阴沟坡	151.21	10.96
6		侵蚀沟阳坡	黄土阳沟坡	102.42	9.8
7		沟底塌积坡	沟底黄土塌积坡	209.31～218.75	—
8		沟坝川滩坡	黄土沟坝川滩坡	319.41	15.2
9		梁顶冲风口	黄土梁顶冲风口	—	丛枝状
10		崖坡	红黏土崖坡	—	7.9

3）杉木中带东区湘东区幕阜山地亚区立地条件类型划分，见表 8-3。

主导环境因子：坡位、坡形和黑土层厚度；环境因子分级：坡位 3 级，坡形 3 级，土层厚度 3 级。分级组合为 27 个立地类型。

表 8-3　　　　　　　杉木中带东区湘东区幕阜山地亚区立地条件类型

坡　位	坡　形	立 地 类 型 序 号		
		薄层黑土	中层黑土	厚层黑土
上部	凸	1	2	3
	直	4	5	6
	凹	7	8	9
中部	凸	10	11	12
	直	13	14	15
	凹	16	17	18
下部	凸	19	20	21
	直	22	23	24
	凹	25	26	27

4）阴山山地水土保持林草防治模式，如图 8-1 所示。

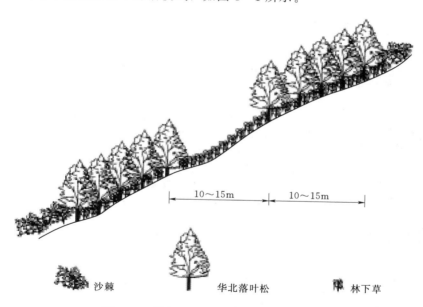

图 8-1　阴山山地水土保持林草防治模式

a. 立地条件特征。模式区位于内蒙古自治区呼和浩特市、包头市所辖大青山林区。年平均气温 3~4℃，极端最低气温-34.3℃，无霜期 117d。年降水量 300~400mm，年蒸发量 2900mm，风力强劲，年平均大风日数为 55~60d。地带性土壤为栗钙土，山前分布有少量冲积土，水土流失十分严重。

b. 设计技术思路。在保护好现有山地植被的前提下，以适地适树适草为基本原则，精细整地与高质量造林相结合，进行坡面综合治理，逐步建成以水土保持林为主的防护林体系，防止水土流失，改善生态环境。

c.技术要点及配套措施相关内容如下。

造林立地分类：以30cm土层厚为界，区分为薄层土和中厚层土。小于30cm者为薄层土，大于30cm者为中厚层土。

树种选择：山地阴坡中厚层土立地类型，选用华北落叶松、油松、沙棘等树种营造水土保持林。山地阳坡薄层土立地类型，营造杜松、油松、侧柏与山杏、柠条等灌木树种的混交林。

配置形式：在阴坡中厚层土的立地条件下，乔木5行1带，林带两侧栽植沙棘，中间栽植落叶松或油松，带间种草；对于阳坡薄层土，营造灌木纯林或混交林带，两侧配置沙棘，林带间种草或保留原有植被，形成草田林带形式。

5）立地类型分类方法。通常的做法，首先按工程所处自然气候区和植被分布带，确定基本植被类型区。基本植被类型区是根据气候区划和中国植被区划所确定，不同地区有不同的基本植被类型，根据《生态公益林建设导则》，可分为8种：黄河上中游地区、长江上中游地区、三北风沙地区、中南华东（南方）地区、华北中原地区、东北地区、青藏高原冻融地区和东南沿海及热带地区。具体涉及地区，见表8-4。

表8-4　　　　　　　　　　　植被类型区域

区域	范围	特点
东北地区	黑龙江、吉林、辽宁大部及内蒙古东部地区	以黑土、黑钙土、暗棕壤为主，地面坡度缓而长，表土疏松，极易造成水土流失，损坏耕地，降低地力。区内天然林与湿地资源分布集中，因森林过伐，湿地遭到破坏，干燥、洪涝频繁发生，甚至已威胁到工业基地和大中城市安全
三北风沙地区	东北西部、华北北部、西北大部的干旱地区	自然条件恶劣，干燥多风，植被稀少，风沙面积大；天然草场广而集中，但草地"三化"（退化、沙化、盐渍化）严重，生态十分脆弱。农村燃料、饲料、肥料、木料缺乏，生产生存条件差
黄河上中游地区	山西、陕西、内蒙古、甘肃、宁夏、青海、河南的大部或部分地区	世界上面积最大的黄土覆盖地区，因气候干燥少雨，加上过垦过牧，造成植被稀少，水土流失十分严重
华北中原地区	北京、天津、河北、山东、河南、山西的部分地区及苏、皖的淮北地区	山区山高坡陡，土层浅薄，水源涵养能力低，潜在重力侵蚀地段多。黄泛区风沙土较多，极易受风蚀、水蚀危害。东部滨海地带土壤盐碱化、沙化明显
长江上中游地区	四川、贵州、云南、重庆、湖北、湖南、江西、青海、甘肃、陕西、河南、西藏的大部或部分地区	大部分山高坡陡、峡险谷深生态环境复杂多样，水资源充沛、土壤保水保土能力差，人多地少、旱地坡耕地多。因受不合理耕作、过牧和森林大量采伐影响，导致水土流失日趋严重，土壤日趋瘠薄
中南华东（南方）地区	福建、江西、湖南、湖北、安徽、江苏、浙江、上海、广西、广东的全部或部分地区	红壤广泛分布于海拔500m以下的丘陵岗地，因人口稠密、森林过度砍伐，毁林毁草开垦，植被遭到破坏，水土流失加剧，泥沙下泄淤积江河湖库

续表

区域	范围	特点
东南沿海及热带地区	海南、广东、广西、云南、福建的全部或部分地区	气候炎热、雨水充沛、干湿季节明显，保存有较完整的热带雨林和热带季雨林系统。但因人多地少，毁林开荒严重，水土流失日趋严重。沿海地区处于海陆交替、气候突变地带，极易遭受台风、海啸、洪涝等自然灾害的危害
青藏高原冻融地区	青海、西藏、新疆大部或部分地区	绝大部分是海拔 3000m 以上的高寒地带，以冻融侵蚀为主。人口稀少、牧场广阔，东部及东南部有大片林区，自然生态系统保存完整，但天然植被一旦破坏将难以恢复

注 不含台湾、香港和澳门特别行政区，引自《生态公益林建设导则》(GB/T 18337.1—2001)。

分析某地域立地条件，首先根据水热条件和主要地貌划分若干立地类型组，然后划分立地类型。立地类型组宜采用海拔、土壤水分条件、土壤类型等主导因子划分；立地类型宜采用土壤质地、土壤厚度和地下水等主导因子划分，各类边坡立地类型划分主导因子中需补充坡向、坡度因子。

8.1.2.2 适地适草

（1）概念。适地适草就是使种植草种的特性，主要是生态学特性与立地（生境条件）相适应，以充分发挥生态、经济或生产潜力，达到该立地（生境条件）在当前技术经济条件下可能达到的最佳水平，是造林种草工作的一项基本原则。随着草业生产的发展，适地适草概念中的草，不仅仅是指草种，也指品种、无性系、地理种源和生态类型。

适地适草是相对的和动态的。不同草种有不同的特性，同一草种在不同地区，其特性表现也有差异。在同一地区，同一草种不同的发育时期对环境的适应性也不同。适地适草不仅要体现在选择草种上，而且要贯彻在草地培育的全过程。在其生长发育过程中要不断地加以调整，以改善环境条件。而这些措施又受一定的社会经济条件的制约。

（2）适地适草的途径和方法。适地适草的途径有三条：一是选地适草和选草适地，这是适地适草的主要途径；二是改地适草；三是改草适地。

选地适草，就是根据当地的气候土壤条件确定主要种植草种或拟发展的草种后，选择适合的种草地；而选草适地是在种草地确定以后，根据其立地条件选择适合的草种。

改地适草，就是通过整地、施肥、灌溉、草种混交及土壤管理等措施，改变种草地的生长环境，使之适合于原来不太适应的草种生长。如通过排灌洗盐，降低土壤的盐碱度，使一些不太抗盐的草品种在盐碱地上顺利生长；通过高台整地减少积水，或排除土壤中过多的水分，使一些不太耐水湿的草种可以在水湿地上顺利生长。

改草适地，就是在地和草某些方面不太相适应的情况下，通过选种、引种驯化和育种等手段，改变草种的某些特性使之能够相适应。如通过育种的方法，增强草种的耐寒性、耐旱性或抗盐碱的性能，以适应在高寒、干旱或盐渍化的种草地上生长。

（3）适地适草的评价标准。适地适草评价指标主要是产草量、生长状况、退化情况等。

8.1.3 林草工程设计要素

8.1.3.1 树种或草种选择

树种、草种选择涉及内容很多，本书仅作概括叙述，有关树种、草种选择详细内容，请参考《生态公益建设技术规程》《水土保持综合治理技术规范》《中国主要树种造林技术》和《林业生态工程学——林草植被建设的理论与实践》等。

（1）树种选择的原则、要求和方法分别如下：

1）树种选择的原则。树种选择的原则有四条：第一，定向的原则，即造林树种的各项性状（经济与效益性状）必须定向地符合既定的培育目标要求，达到人工造林的目的，能够获得预期的经济或生态效益。第二，适地适树的原则，即造林树种的生态习性必须与造林地的立地条件相适应，造林地的环境条件能保障树种的正常生长发育。第三，稳定性的原则，即树种形成的林分应长期稳定，能够形成稳定的林分，不会因为一些自然因子或林分生长对环境的需求增加而导致林分衰败。第四，可行性原则，即经济有利、现实可行，在种苗来源、栽培技术、经营条件及经济效益等方面都是合理可行的。

2）树种选择要求。不同的林草工程（或林种）对树种的要求不同，以下就水土保持林要求做出说明。

a. 适应性强，能适应不同类型水土保持林的特殊环境，如护坡林的树种要耐干旱瘠薄（如柠条、山桃、山杏、杜梨及臭椿等），沟底防护林及护岸林的树种要能耐水湿（如柳树、柽柳及沙棘等）、抗冲淘等。

b. 生长迅速，枝叶发达，树冠浓密，能形成良好的枯枝落叶层，以截拦雨滴，避免其直接冲打地面，保护地表，减少冲刷。

c. 根系发达，特别是须根发达，能笼络土壤。在表土疏松、侵蚀作用强烈的地方，应选择根蘖性强的树种（如刺槐、卫矛、火炬树等）或蔓生树种（如葛藤等）。

d. 树冠浓密，落叶丰富且易分解，具有土壤改良性能（如刺槐、沙棘、紫穗槐、胡枝子、胡颓子等），能提高土壤的保水保肥能力。

3）树种选择方法。选择树种的程序和方法可概括为：首先按林草工程类型的培育目标，初步选择树种；据此，调查研究林草工程建设区或造林地段的立地性能，以及初选树种的生物学和生态学性状；然后按树种选择的四条原则选择树种，提出树种选择。为了得出更可靠的有关树种选择的结论，可进行树种选择的对比试验研究，在生产上需凭借树种的天然分布及生长状况、人工林的调查研究、林木培育经验等确定树种选择方案，如图8-2所示。

在确定树种选择方案时，往往在同一立地类型上可能有几个适用树种，同一树种也可能适用于几种立地类型，应通过分析比较，将最适生、防护性能最高和经济价值最大的树种，列为主要造林树种，其他树种列为次要树种。同时，要注意将针叶和阔叶、常绿和落叶及豆科和非豆科树种结合起来，以充分利用和发挥多种立地的生产潜力，并能满足生态经济方面的需要。在最后确定树种选择方案时，应把立地条件较好的造林地，优先留给经济价值高、对立地要求严的树种；把立地条件较差的造林地，留给适应性较强而经济价值较低的树种。同一树种若有不同的培育目的，应分配给不同的地段。如培育大径材或培育

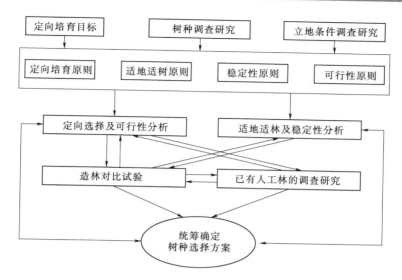

图 8-2　树种草种选择的理想决策程式

经济林，应分配较好的造林地；若是培育薪炭林、小径材，可落实在较差的立地上；若立地贫瘠、水土流失严重，则应首先考虑水土保持灌木树种，条件稍好才能考虑水土保持乔木树种。例如，在华北平原和中原平原种植欧美杨，以生产胶合板材为目的，应选择土壤肥沃、土层深厚的造林地；营造农田防护林或纤维用材林，对造林地的条件可以适当放宽。

（2）草种选择。草种选择与树种选择相似，必须根据种草地的生境条件，主要是气候条件和土壤条件，选择适宜的草种，同时应做到生态与经济兼顾，就是说选择草种必须做到能发芽，生长、发育正常，且经济合理。如有些草种，种植初期表现好，但很快就出现退化；一些草种虽生长很好，但管理技术要求高，投入太大，这都不能算正确的草种选择。当然草种选择也要注意其定向目标，培育牧草应选用较好的立地，培育水土保持草地时可选用较差的立地。乔灌草结合时，应选择耐阴的草种。

草种选择的方法，一是调查现有草地（特别是人工草地）、草坪，获得草种生长状况的有关资料，如生物量、生长量和覆盖度等，比较分析，选择适宜的草种；二是通过试验研究，即在发展种草的地区，选择有代表性的地块，引进种植不同的草种，观察其生长情况，筛选出适宜的草种。由于草种生长周期短（树种引种周期很长），第二种方法也是经常采用的方法。

黄河中游黄土地区土壤瘠薄，气候干旱，雨量较少，冬春多风，夏季最高温度可达40℃，冬季最低温度为－30℃。因此，适宜种植耐寒、耐旱、耐瘠薄、抗逆性强的草种。如紫花苜蓿、草木樨、红豆草、毛叶苕子、野豌豆、沙打旺、无芒雀麦、羊茅、老芒麦及冰草等。南方地区，土壤肥力中等，气候温暖湿润，年降水量丰富，昼夜温差中等，冬季与夏季的温差比北方地区小，夏季最高温度可以高达 40℃，冬季最低温度低于－10℃。因此，适宜种植的草种应具有中等耐寒力、适当耐旱，有一定的耐瘠薄能力，喜欢温暖湿润，有一定的抗逆能力，生长快，再生性强，产量高，割后恢复覆盖快，畜、禽、鱼爱吃的草或水土保持功能强的草种，如红三叶、白三叶、紫花苜蓿、草木樨、篙藤、黑麦草、鸡脚草、苏丹草及苇状羊茅等。南方的高山地区（海拔在 800～2000m 高的山区），土壤肥力中等，气候温暖湿润，昼夜温差中等，冬夏温差也是中等，夏季最高温度为 28～32℃，冬季最低温度为 10～12℃，年降雨量高，一般为 1500～1800mm，比北方地区多了几倍。适宜的草种有红三叶、白三叶、杂三叶、多年生黑麦草、鸡脚草及苇状羊茅等。

　　草坪草种的选择除注重生物学特性外，还应注意外观形态与草姿美观、植株低矮、绿叶期长、繁殖迅速容易等要求。

　　（3）各地适宜栽培的水土保持树种和草种。各地适宜栽培的水土保持主要适宜树种见表 8-5、主要水土保持灌草种见表 8-6、不同立地适宜水土保持草种见表 8-7 和不同气候带适生的草坪草种见表 8-8。

表 8-5　　　　　　　　　　　　　　水土保持主要适宜树种

区域	主要水土保持造林树种
东北区	兴安落叶松、长白落叶松、日本落叶松、樟子松、油松、黑松、红皮云杉、鱼鳞云杉、冷杉、中东杨、群众杨、健杨、小黑杨、银中杨、旱柳、白桦、黑桦、枫桦、蒙古栎、辽东栎、槲栎、紫椴、水曲柳、黄菠萝、胡桃楸、色木、刺槐、白榆、火炬树、山杏、暴马丁香
三北区	兴安落叶松、樟子松、杜松、油松、云杉、侧柏、祁连圆柏、群众杨、中东杨、健杨、箭杆杨、银白杨、二白杨、胡杨、灰杨、旱柳、白榆、白蜡、械、刺槐、大叶榆、复叶械、臭椿、心叶饭、白榆、四翅滨藜、山杨、青杨、桦树
黄河区	油松、白皮松、华山松、樟子松、云杉、侧柏、旱柳、新疆杨、群众杨、河北杨、健杨、白榆、大果榆、杜梨、文冠果、槲树、茶条械、山杏、刺槐、泡桐、臭椿、蒙椴、山杨、楸、械树、白桦、红桦、山杨、青杨、桦树、麻栎、栓皮栎、苦楝、沙兰杨、毛白杨、黄连木、山茱萸、辛夷、板栗、核桃、油桐、漆树、香椿、四翅滨藜
北方区	油松、赤松、华山松、云杉、冷杉、落叶松、麻栎、栓皮栎、槲树、蒙古栎、白桦、色木、桦树、山杨、械、椴树、柳、刺槐、槐、臭椿、泡桐、黄栌、毛白杨、青杨、沙兰杨、旱柳、漆树、盐肤木、白檀、八角枫、天女木兰、黄连木、板栗、香椿
长江区	马尾松、云南松、华山松、思茅松、高山松、落叶松、杉木、云杉、冷杉、柳杉、秃杉、黄杉、滇油杉、墨西哥杉、柏木、藏柏、滇柏、墨西哥柏、冲天柏、麻栎、栓皮栎、青冈栎、滇青冈、高山栎、高山栲、元江栲、樟树、桢楠、檫木、光皮桦、白桦、红桦、西南桦、枫杨、响叶杨、滇杨、意大利杨、红椿、臭椿、苦楝、旱冬瓜、桤木、榆树、朴树、旱莲、木荷、黄连木、珙桐、山毛榉、鹅掌楸、川楝、楸树、滇楸、梓木、刺槐、昆明朴、柚木、银桦、相思、女贞、铁刀木、银荆、楠竹、慈竹
南方区	马尾松、黄山松、华山松、油松、湿地松、火炬松、杉木、铁杉、水杉、柳杉、池杉、墨杉、墨柏、柏木、栓皮栎、茅栗、槲树、化香树、川桦、光皮桦、红桦、毛红桦、枫杨、青冈栎、刺槐、银杏、杜仲、旱柳、苦楝、樟树、朴树、白榆、楸树、侧柏、麻栎、小叶栎、檫木、小叶杨、黄连木、香樟、木荷、榉树、枫香、青冈栎、乌桕、喜树、泡桐、毛竹、刚竹、淡竹、茶杆竹、孝顺竹、凤尾竹、漆树
热带区	马尾松、湿地松、南亚松、黑松、木荷、红荷、枫香、藜蒴、椎、榕属、台湾相思、大叶相思、马占相思、绢毛相思、窿缘桉、赤桉、雷林一号桉、尾叶桉、巨尾桉、刚果桉、黑荆、新银合欢、夹竹桃、勒仔树、千斤拨、青皮竹、勒竹、刺竹

　　注　1. 三北区含黄河区和青藏高原区；北方区含东北区；南方区含长江区和东南沿海区。

　　　　2. 引自《生态公益林建设技术规程》（GB/T 18337.3—2001）附录 A。

表 8-6 主要水土保持灌草种

区域	主 要 灌 木 树 种	主 要 草 种
东北区	胡枝子、沙棘、小叶锦鸡儿、树锦鸡儿、柠条锦鸡儿、柽柳、小叶黄杨、辽东水蜡、紫穗槐、榆叶梅、东北连翘、紫丁香、红瑞木、卫矛、金银忍冬、越橘、杜鹃、杜香、柳叶绣线菊、杞柳、蒙古柳、兴安刺玫、刺五加、毛榛、小黄柳、茶条槭、六道木	苔草、小叶樟、芍药、地榆、沙参、线叶菊、针茅、野豌豆、隐子草、冷蒿、冰草、早熟禾、紫羊茅、碱草、艾蒿、苜蓿、驼绒藜、鹅冠草
三北风沙地区	锦鸡儿、柠条、毛条、山竹子、花棒、杨柴、踏郎、黄柳、沙柳、杞柳、柽柳（红柳）、沙拐枣、梭梭、胡枝子、沙棘、沙木蓼、紫穗槐、白刺、沙冬青、沙枣、白梭梭	沙蒿、沙打旺、甘草、苜蓿、羊草、大针茅、鸭茅
黄河上中游地区	绣线菊、虎榛子、黄蔷薇、狼牙齿、柄扁桃、沙棘、胡枝子、金银忍冬、连翘、麻黄、胡颓子、多花木兰、白刺花、山楂、柠条、荆条、黄栌、六道木、金露梅、酸枣、山皂角、花椒、枸杞、紫穗槐、山杏、山桃	黑麦草、茅尾草、早熟禾、驼绒藜、无芒雀麦、羊草、苜蓿、黄背草、白草、龙须草、沙打旺、冬棱草、小冠花
华北中原地区	黄荆、胡枝子、酸枣、柽柳、杞柳、绣线菊、照山白、荆条、金露梅、杜鹃、高山柳枸杞、紫穗槐、山杏、山桃	蒿草、蓼、紫花针、羽柱针茅、昆仑针茅、苔草、驼绒藜、黄背草、白草、龙须草、沙打旺、冬棱草、小冠花
长江上中游地区	三棵针、狼牙齿、小檗、绢毛蔷薇、报春、爬柳、密枝杜鹃、山胡椒、乌药、箭竹、马桑、紫穗槐、白花刺、火棘、化香、绣线菊、月月青、车桑子、盐肤木	芒草、野古草、蕨、白三叶、红三叶、黑麦草、苜蓿、雀麦
中南华东（南方）地区	爬柳、密枝杜鹃、紫穗槐、胡枝子、夹竹桃、李李栎、枹树、茅栗、化香、白檀、海棠、野山楂、冬青、红果钓樟、绣线菊、马桑、水马桑、蔷薇、黄荆	香根草、芦苇、水烛、菖蒲、莲藕、芦竹、芒草、野古草
东南沿海及热带地区	蛇藤、米碎叶、龙须藤、小果南竹、杜鹃	金茅、野古草、绒毛鸭子嘴、海芋、芭蕉、蕨类

注 1. 三北区含黄河区和青藏高原区；北方区含东北区；南方区含长江区和东南沿海区。
　　2. 引自《生态公益林建设技术规程》（GB/T 18337.3—2001）附录 A。

表 8-7 不同立地适宜水土保持草种

气候带	荒山、牧坡	堤防坝坡、梯田坎、路肩	低湿地、河滩、库区	绿化、草坪	沙荒、沙地
热带南亚热带	葛藤、毛花雀稗、剑麻、百喜草、知风草、山毛豆、糖蜜草、象草、坚尼草、芭茅、大结豆、桂花草	百喜草、香根草、凤梨、划分藤、柱花草、黄花菜、紫黍、非洲狗尾草、岸杂狗牙根	香根草、双穗雀稗、杂交狗尾草、小米草、稗草、毛花雀稗、非洲狗尾草	百喜草、地毯草、岸杂狗牙根、台湾草、黄花菜	香根草、大绿豆、印尼豇豆、中巴豇豆、大翼豆、仙人掌、蝴蝶豆
中亚热带北亚热带	龙须草、弯叶画眉草、葛藤、坚尼草、知风草、营草、芭茅、毛花雀稗	岸杂狗牙根、串叶松香草、香根草、黄花菜、芒竹、弯叶画眉草、药菊、白三叶草、牛尾草、小冠花、细叶结缕草	小米草、稗草、五节芒、杂交狼尾草、双穗雀稗、香根草、芦竹、杂三叶草	岸杂狗牙根、黄花菜、早熟禾、小冠草、白三叶草、剪股颖、结缕草	香根草、大绿豆、沙引草、印尼豇豆、蔓荆、瑞蕾苜蓿、黄花菜

续表

气候带	荒山、牧坡	堤防坝坡、梯田坎、路肩	低湿地、河滩、库区	绿化、草坪	沙荒、沙地
南温带	菅草、芭茅、沙打旺、龙须草、半茎冰草、弯叶画眉草、葛藤、多年生黑麦草、狗牙根	小冠花、药菊、黄花菜、冰草、龙须草、结缕草、菅草、地毯草、狗牙根、早熟禾、小糠草	芦苇、荻草、田菁、黄花菜、小米草、芭茅、冬牧70黑麦、双穗雀稗	结缕草、细叶苔、紫羊茅、白三叶、地毯草、早熟禾、狗牙根、野牛草、异穗苔、小糠草、披针叶苔草	苜蓿、沙打旺、白草、小冠花、鸡脚草、沙毛叶茹子、草木樨、芨芨草
中温带	草木樨、沙打旺、苜蓿、野豌豆、羊草、红豆草、披碱草、野牛草、狗牙根、扁穗冰草、伏地肤、多年生黑麦草	野牛草、鹅冠草、紫羊草、马兰、白草、黄花、芨芨草、沙生冰草、草地早熟禾	芦苇、芭茅、黄花菜、扁穗、冰草、水烛、马兰	冰草、红狐芽、狗牙根、地肤紫羊茅、马兰、野牛草、早熟禾	沙打旺、沙蒿、芨芨草、沙片、沙米、绵蓬、苜蓿、毛叶苔子、无芒雀麦、白草、披碱草

表 8 - 8　　　　　　　　　　　　　不同气候带适生的草坪草种

气候带	适生草坪草种
青藏高原带	草地早熟禾、羊茅、高羊茅、紫羊茅、匍匐型剪股颖、多年生黑麦草、白三叶、小冠花
寒冷半干旱带	草地早熟禾、紫羊茅、粗径早熟禾、加拿大早熟禾、羊茅、高羊茅、匍匐型剪股颖、多年生黑麦草、野牛草、白三叶、小冠花
寒冷潮湿带	草地早熟禾、紫羊茅、粗径早熟禾、加拿大早熟禾、羊茅、高羊茅、匍匐型剪股颖、多年生黑麦草、草坪型白三叶、小冠花
寒冷干旱带	在有水源或灌溉条件的地区与寒冷半干旱带基本相同
北过渡带	草地早熟禾、粗径早熟禾、加拿大早熟禾、高羊茅、匍匐型剪股颖、绒毛剪股颖、细弱剪股颖、多年生黑麦草、小冠花、苔草、羊胡子草、野牛草、日本结缕草、中华结缕草、细叶结缕草（尚无最适生草种，必须精心管理）
云南高原带	草地早熟禾、粗径早熟禾、加拿大早熟禾、高羊茅、紫羊茅、细羊茅、羊茅、匍匐型剪股颖、绒毛剪股颖、细弱剪股颖、多年生黑麦草、一年生黑麦草、草坪型三叶草、小冠花、苔草、野牛草、结缕草、中华结缕草、马尼拉草、假俭草、马蹄草、狗牙根
南过渡带	草地早熟禾、粗径早熟禾、多年生早熟禾、高羊茅、匍匐型剪股颖、草坪型三叶草、野牛草、结缕草、中华结缕草、细叶结缕草、尼拉草、马蹄金、狗牙根
温暖潮湿带	与南过渡带相似，暖季型更好，如野牛草、结缕草、马尼拉草、马蹄金、狗牙根
热带亚热带	结缕草、马蹄金、狗牙根、假俭草、地毯草、钝叶草、两耳草、匍匐型剪股颖

8.1.3.2 人工林（草）组成及配置

（1）树种组成。是指构成森林的树种成分及其所占的比例。通常把由一种树种组成的林分叫做纯林，而把由两种或两种以上的树种组成的林分称为混交林。树种在混交林中所占比例的大小为混交比例。

混交林中的树种，依其所起的作用可分为主要树种、伴生树种和灌木树种。其中主要树种是人们培育的目的树种，伴生树种和灌木树种是在一定时期与主要树种生长在一起，并为其生长创造有利条件的树种。一般在造林初期，主要树种所占比例应保持在 50% 以上，伴生树种或灌木应占全林分株数的 25％～50％。但个别混交方法或特殊的立地条件，可以根据实际需要对混交树种所占比例适当增减。

混交类型是将主要树种、伴生树种和灌木树种人为搭配而成的不同组合，通常把混交类型划分为主要树种与主要树种混交、主要树种与伴生树种混交、主要树种与灌木树种混交，以及主要树种、伴生树种与灌木的混交。

混交方法是指参加混交的各树种在造林地上的排列形式。常用的混交方法有星状混交、株间混交、行间混交、带状混交、块状混交、不规则混交和植生组混交。

南方混交效果较好的有：杉木与马尾松、香樟、柳杉、木荷、檫树、火力楠、红椎、桢楠、香椿、南酸枣、观光木、厚朴、相思、桤木、旱冬瓜、桦木、白克木及毛竹等；马尾松与杉木、栎类、栲类（如鳘蒴栲）、椆木、木荷、台湾相思、红椎（赤黎）及柠檬桉等；桉树与大叶相思、台湾相思、木麻黄、新银合欢等；毛竹与杉木、马尾松、枫香、木荷、红椎及南酸枣等。

北方混交效果较好的有：红松与水曲柳、胡桃楸、赤杨、紫椴、黄菠萝、色木及柞树等；落叶松与云杉、冷杉、红松、樟子松、桦树、山杨、水曲柳、赤杨及胡枝子等；油松与侧柏、栎类（栓皮栎、辽东栎和麻栎等）、刺槐、元宝枫、椴树、桦树、胡枝子、黄栌、紫穗槐、沙棘及荆条等；侧柏与元宝枫、黄连木、臭椿、刺槐、黄栌、沙棘、紫穗槐及荆条等；杨树与刺槐、紫穗槐、沙棘、柠条及胡枝子等。

（2）造林配置模式有以下 5 种。

1）毛乌素沙地覆沙黄土区针阔叶混交林营造模式，如图 8 - 3 所示。

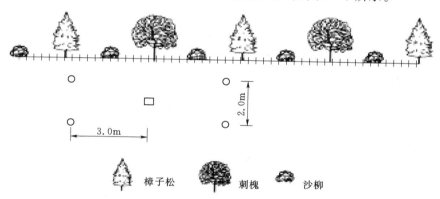

图 8 - 3　毛乌素沙地覆沙黄土区针阔叶混交林营造模式

a. 立地条件特征。模式区位于内蒙古自治区鄂尔多斯的东胜市、鄂托克前旗，属毛乌素沙地覆沙黄土区。年平均气温 7～8℃，无霜期 150～170d，年降水量 300～450mm，年蒸发量 2000～2500mm。土壤为沙壤质，下伏深厚黄土。

b. 设计技术思路。毛乌素沙地属温带半干旱季风气候区，光、热、水、土资源适宜栽植樟子松，营造樟子松、杨树等类型的混交林，形成生态效益显著且相对稳定的植被群落，可以长期有效地发挥林分的防护作用。

c. 技术要点及配套措施内容如下。

（a）混交类型及比例。樟子松＋刺槐＋沙柳混交，混交比例为 1：1：2。油松＋沙柳混交，混交比例为1：3。杨树＋柠条＋沙地柏混交，混交比例为1：2：1。

（b）造林技术。选用2～3年生苗造林。异地造林时一定要将苗木根部蘸浆，并用稻草包装，切忌风吹日晒根部。如用容器苗造林，成活率可达90％以上。新植幼树过冬时需用土全部埋严，翌年4月下旬再将其扒出。

2）定西地区刺槐混交林建设模式，如图8-4所示。

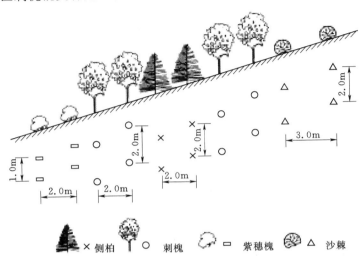

图8-4　定西地区刺槐混交林建设模式

a. 立地条件特征。模式区位于甘肃省定西地区，年平均气温6.3℃，极端最低气温－27.1℃，≥10℃年积温2075.1℃，年降水量415mm左右。土壤为黄绵土、冲积土、沙黄土。现存植被以本氏针茅、冷蒿为建群种，残存有珍珠梅、沙棘等灌木树种，海拔500～1400m的地带有刺槐分布。

b. 设计技术思路。刺槐适应性强，生长快，郁闭早，寄生有根瘤菌，能改良土壤，如与其他树种混交，不仅可以相互促进，而且可以增强防护功能，改善生态环境。

c. 技术要点及配套措施要求如下。

（a）混交树种选择。与刺槐混交造林成功的树种主要有侧柏、沙棘、白榆、杨树、紫穗槐等。

（b）整地。整地方法随地形而异，平缓坡地一般采用水平阶、水平沟、反坡梯田整地，陡坡采用鱼鳞坑整地。整地深度40～60cm，保证造林后根系能够很快深入土壤疏松、水分稳定的土层内。造林前一年雨季和秋季整地效果最佳。

（c）造林方式。刺槐与上述树种混交，一般均以植苗造林为主，春季栽植为宜。刺槐、侧柏、榆树造林密度为2.0m×2.0m或1.5m×2.0m，每亩160～200株；杨树为2.0m×4.0m，每亩80株；紫穗槐为1.0m×2.0m，每亩300株；沙棘2.0m×3.0m，每亩110株。混交方式以带状、块状混交为宜，混交比例5：5。侧柏选用2年生苗，其他树种选用1年生苗。

3）伏牛山北麓中山针阔混交型水土保持林建设模式，如图8-5所示。

a. 立地条件特征。模式区位于伏牛山北坡，海拔1000m以上，年平均气温12℃左

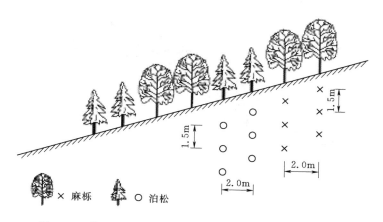

图8-5 伏牛山北麓中山针阔混交型水土保持林建设模式

右，无霜期190d，年降水量约800mm。土壤为棕壤，土层厚度不足30cm。植被盖度50％以下，有轻微水土流失。

b. 设计技术思路。根据模式区地形复杂、起伏较大和气候差异显著的特点，因地制宜，合理配置，中山应发展水源涵养林以及防护用材林；低山丘陵除发展水土保持林外，应大力发展核桃、花椒、柿子等经济林和薪炭林。

c. 技术要点及配套措施要求如下。

（a）树种。选择适应性强、根系发达、树冠浓密、落叶丰富、易于分解，可以较快形成松软枯枝落叶层的针阔叶树种。可选择麻栎、油松。

（b）苗木。油松用1～2年生一级、二级苗木，地径0.30～0.45cm，苗高15cm以上。

（c）整地。整地方法以尽量减少对原有天然植被的破坏，不造成新的水土流失为原则，采用鱼鳞坑和穴状整地。穴状整地规格一般为30cm×30cm×30cm，鱼鳞坑规格为40cm×40cm×30cm。为促进土壤熟化，整地时间一般为秋季造林春季整地，春季造林秋冬整地。

（d）造林方式。油松为植苗造林，麻栎为直播造林。混交方式采用带状或小块状混交，针阔混交比例5∶5，初植密度为每亩222株。栽植时间以春、秋两季为宜，直播在秋季进行，做到随起随栽，尽量缩短起苗到栽植的时间。

（e）抚育管护。栽植后抚育3年，第一年2次，第二年3次，第三年2次。抚育措施包括松土、除草、补植补播、平茬复壮、防治病虫害等。

4）皖南瘠薄山地丘陵针阔混交林建设模式，如图8-6所示。

a. 立地条件特征。模式区位于安徽省黄山市，地处阳坡面的上中部和山脊，海拔400～950m，坡度20°～35°，土壤瘠薄，水土流失严重，肥力低下，有机质含量在1％左右。林下植被有冬青、杜鹃、山矾、山苍子、白栎等灌木。灌木层总盖度不足0.4，草本层盖度0.65。

b. 设计技术思路。对植被恢复困难的瘠薄林地，充分利用先锋树种、乡土树种，实施松阔混交，有利于改善贫瘠土地的土壤结构，促进林分生长，增强抵御自然灾害的能

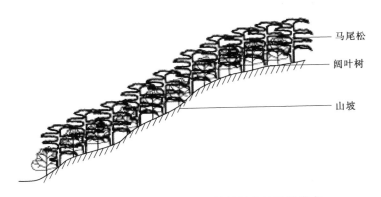

图 8-6 皖南瘠薄山地丘陵针阔混交林建设模式

力，防止水土流失，建立稳定的森林群落。

c. 技术要点及配套措施要求如下。

（a）造林技术。选择栓皮栎、麻栎、枫香、木荷、马尾松、黄山松等树种，带状或块状混交，带的长度和每带的行数、块的大小依据具体条件而定。可以采用 4 行松树与 4 行或 2 行阔叶树混交，株间配置呈三角形。清除栽植点上的草灌，块状整地规格为 30cm×30cm×30cm；阔叶树整地规格为 40cm×40cm×50cm。马尾松和黄山松用地径 0.5cm、苗高 20cm 的一级苗造林；栓皮栎和麻栎用地径 0.8cm、苗高 75cm 的苗木。马尾松或黄山松的密度为 120～330 株/亩，阔叶树为 50～70 株/亩，于春季造林。

（b）抚育管理。造林后每年 5—6 月、8—9 月松土锄草 2 次，第一年以锄草为主，松土宜浅。以后进行扩盘抚育。造林后第三年，对生长不良的栎类进行平茬培土，促进生长。

5）桂东山地针阔混交型水土保持林建设模式，如图 8-7 所示。

a. 立地条件特征。模式区位于广西壮族自治区的苍梧县、陆川县。区内的河流两岸和盆地周围，是由花岗岩和第四纪红土母

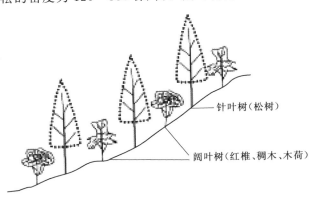

图 8-7 桂东山地针阔混交型水土保持林建设模式

质等发育形成的红壤，水分充足，土壤较肥沃，加上人多耕地少，农业活动频繁，极易引起水土流失。原有森林植被多为以马尾松、湿地松为主的人工纯林，易遭受病虫危害，形成低效林分，森林生态功能特别是水土保持功能脆弱，经济效益低。这种类型的林分亟须加快改造成针阔混交林。

b. 设计技术思路。当地人口稠密，人为活动频繁，烧柴、用材缺乏，因此要通过封山育林与人工造林相结合，促进植被的恢复，形成人工、天然混交林，培育具有用材、薪材功能的复合型森林。红椎、栎类、栲、木荷和稠木在广西壮族自治区东南山地丘陵生长

良好，在自然条件下，一般年平均高生长达 0.6～0.8m，年平均胸径生长达 0.5～0.8cm，在人工管护情况下生长更快。在生长不良的松类纯林中混交红椎、栎类、栲、稠木，改造低效林，可改善树种结构，增强生态功能，提高经济效益。

c. 技术要点及配套措施要求如下。

选择红椎、稠木、木荷、栲、栎类等作为松树纯林的混交树种。在马尾松、湿地松林中空地或在稀疏的株间、行间挖坑补播补植，形成块状或行株间混交。坑规格为 40cm×40cm×30cm。用 1 年生裸根苗或容器苗定植，每亩种植密度为 40～53 株。定植后要加强抚育和管护，连续抚育 3 年，每年坑内松土抚育 1 次，对缺苗的要及时移苗补缺。同时要采取封育措施，防止人畜破坏，促进混交林分形成。

（3）造林密度。造林密度也叫初植密度，是指单位面积造林地上栽植点或播种穴的数量（株或穴/hm²）。事实上，林木在不同生长发育时期都有相应的密度，如幼龄密度、成林密度等。林分在某一时段达到某一密度后发生自然稀疏，这一密度为林分的最大密度或饱和密度。抚育间伐中保留株数占最大密度株数的百分数为经营密度。林分生长量达到最大时的密度即适宜的经营密度。在水土保持林草工程设计中所说的密度一般是指造林密度。

造林密度是根据选定树种，在一定培育目标、一定的立地条件和栽培条件下测算确定的。确定造林密度的方法主要有经验与试验法、调查方法、林分密度管理图（表）法等。

经验方法是根据过去不同密度的林分，在满足其经营目的方面所取得的成效，来分析判断其合理性及需要调整的方向和范围，从而确定在新的条件下应采用的初始密度和经营密度；试验方法是通过不同密度的造林试验结果来确定合适的造林密度及经营密度；调查方法是对现有的森林处于不同密度状况下的林分生长指标进行调查，然后采用统计分析的方法，得出类似于密度试验林可提供的密度效应规律和有关参数；林分密度管理图（表）方法是对于某些主要造林树种（如落叶松、杉木及油松等），已进行大量的密度规律的研究，并在制定各种地区性的密度管理图（表）的基础上，通过查图表来确定造林密度。

一般地，水土保持防蚀林、薪炭林、灌木林及沟道森林工程等造林密度可大些；干旱且没有灌溉条件的地区、水土保持经济林及小片速生丰产林等密度应小些。我国主要造林树种密度，见表 8－9。

（4）种植点的配置。种植点的配置是指一定的植株在造林地上分布的形式。种植点的配置是确定造林密度的重要基础。种植点的配置与林木的生长、树冠的发育、幼林的抚育和施工等有着密切的关系。在城市绿化与园林设计中，种植点的配置也是实现艺术效果的一种手段。

对于防护林来说，通过配置能使林木更好地发挥其防护效能。种植点的配置方式，一般分为行列状配置（长方形或正方形）和群状配置（簇状或植生组）两大类。对于纯林行列状配置，单位面积（A）上种植点的数量（N）取决于株距（a）、行距（b）的大小和带间距（d），即

长方形 $$N=\frac{A}{ab}$$ （8－1）

表 8 - 9　　　　　　　　　　　　水土保持生态工程主要树种造林初植密度　　　　　　　　单位：株或丛/hm²

树种（组）	三 北	北 方	南 方
马尾松、华山松、黄山松		1200～1800	1200～3000
云南松、思茅松			2000～3300
火炬松、湿地松			900～2250
油松、黑松	3000～5000	2500～4000	2250～3500
落叶松	2400～3300	2000～2500	1500～2000
樟子松	1650～2500	1000～1800	
红松		2200～3000	
云杉、冷杉	3500～6000	2200～3300	2000～2500
杉木			1050～2500
水杉、池杉、落羽杉、水松			1500～2500
秃杉、油杉			1500～3000
柳杉			1500～3500
侧柏、柏木	3500～6000	3000～3500	1800～3600
刺槐	1650～6000	2000～2500	1000～1500
胡桃楸、水曲柳、黄菠萝		2200～3300	
榆树	3330～4950	800～1600	
椴树		2000～2500	1200～1800
桦树	1500～2200	1600～2200	1500～2000
角栎、蒙古栎、辽东栎		1500～2000	
樟树			630～810
续楠木、红豆树			1800～3600
厚朴			950～1650
檫木			750～1650
鹅掌楸			1250～2250
木荷、火力楠、观光木、含笑			1200～2500
泡桐		630～900	630～900
栲、红椎、米槠、甜椎、青檀、麻栎、栓皮栎、板栗		630～1200	810～1800
青冈栎、枇木			1650～3000
枫香、元宝枫、五角枫、黄连木、漆树		630～1200	630～1500
喜树			1100～2250
相思类			1200～3300
木麻黄			1500～2500
苦楝、川楝、麻楝		750～1000	630～900
香椿、臭椿	1600～3000	750～1000	2000～3000
南洋楹、凤凰木			630～900

续表

树种（组）	三　北	北　方	南　方
桉树			1200～2500
黑荆			1800～3600
杨树类	1350～3300	600～1600	
毛竹、麻竹			450～600
丛生竹			500～825
秋茄、白骨壤、木榄			10000～30000
无瓣海桑、海桑、红海榄等			4400～6670
银桦、木棉（四旁）			330～550
悬铃木、枫杨（四旁）			405～630
柳树（四旁）		600～1100	500～850
杨树（四旁）		500～1000	250～850
山苍子			3000～4500
沙柳、毛条、柠条、柽柳	1240～5000		
花棒、踏朗、沙拐枣、梭梭	660～1650		
沙棘、紫穗槐、山皂角、花椒、枸杞	1650～3300	1650～3300	
锦鸡儿	1500～3000	800～1500	
山杏、山桃	450～650	350～500	
密油枝、黄荆、马桑			1500～3300

注　1. 三北区含黄河区和青藏高原区；北方区含东北区；南方区含长江区和东南沿海区。
　　2. 引自《生态公益林建设技术规程》（GB/T 18337.3—2001）附录 D。

正方形　　　　　　　　　　　　$N = \dfrac{A}{a^2}$　　　　　　　　　　　　　（8-2）

双行一带　　　　　　　　$N = \dfrac{A}{a \times \dfrac{1}{2}(d+b)}$　　　　　　　　（8-3）

1）由密度确定株行距。如果某纯林造林密度确定为 1600 株/hm²，分别采用长方形、正方形、双行一带（带间距 3.5m）种植点的配置形式时，行（株）距分别为

长方形　　　　　$b = \dfrac{A}{Na} = \dfrac{10000}{1600 \times 1.5} \approx 4.2(\text{m})$

正方形　　　　　$a = \sqrt{\dfrac{A}{N}} = \sqrt{\dfrac{10000}{1600}} = 2.5(\text{m})$

双行一带　　　　$b = \dfrac{2A}{Na} - d = \dfrac{2 \times 10000}{1600 \times 1.5} - 3.5 \approx 4.8(\text{m})$

当两个以上树种行列状或行带状混交造林时，不同树种种植点的配置不一定一致，这时单位面积造林总密度计算宜采用一个恰好能安排不同树种的造林单元。这一造林单元的

最小带长等于不同树种株距的最小公倍数，这时的造林单元面积为

$$A=L[b_1(n_1-1)+b_2(n_2-1)+\cdots+dM]\qquad(8-4)$$

式中　　A——造林单元面积；

$\quad\quad\quad L$——最小带长，取两个以上树种株距的最小公倍数；

$\quad\quad b_1$、b_2——分别为甲树种、乙树种…的行距；

n_1、n_2、$\cdots$——分别为甲树种、乙树种…的行数；

$\quad\quad\quad d$——带间距；

$\quad\quad\quad M$——混交带的数量（甲乙两树种混交 M 为 2）。

造林单元株数　　　　　　　$$n=L/a_1+L/a_2+\cdots\qquad(8-5)$$

造林密度　　　$$N=\frac{造林单元株数\ n}{造林单元面积\ A}\times10000(株/hm^2)$$

2）如图 8-8 所示，甲乙树种带状混交，甲树种一带 3 行，乙树种一带 2 行；甲树种株行距分别为 a_1 和 b_1，乙树种株行距分别为 a_2 和 b_2，带间距为 d。

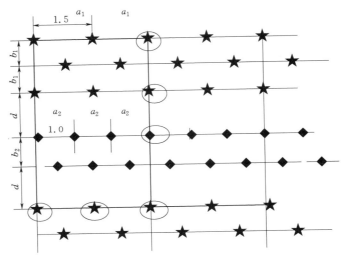

图 8-8　行带混交树种株行距关系

★—甲树种种植点；◆—乙树种种植点

a. 假若 a_1 为 1.5m，a_2 为 1.0m，则恰好满足其配置的最小带长为 3.0m，即 3.0m 带长甲树种每行恰好可安排 2 株（株距 1.5＋1.5，3/1.5＝2 个种植点），乙树种每行恰好可安排 3 株（株距 1.0＋1.0＋1.0，3/1.0＝3 个种植点），甲树种 3 行 6 株、乙树种 2 行 6 株，造林单元共计 12 株。

b. 假若 a_1 为 2.0m，a_2 为 1.5m，则恰好满足其配置的最小带长为 6.0m，即 6.0m 带长甲树种每行恰好可安排 3 株（株距 2.0＋2.0＋2.0，6/2.0＝3 个种植点），乙树种每行恰好可安排 4 株（株距 1.5＋1.5＋1.5＋1.5，6/1.5＝4 个种植点），造林单元共计 17 株。

若两树种行距 b_1、b_2 均等于 1.0m，带间距 d 为 2.0m，则

情况一：造林单元面积

$$A = (b_1 + b_1 + d + b_2 + d)L = (1 + 1 + 2 + 1 + 2) \times 3 = 21(\mathrm{m}^2)$$

$$= [b_1(n_1 - 1) + b_2(n_2 - 1) + Md]L = (1 \times 2 + 1 \times 1 + 2 \times 2) \times 3 = 21(\mathrm{m}^2)$$

$$造林密度 N = 12 株 \times 10000/21\mathrm{m}^2 \approx 5714(株/\mathrm{hm}^2)$$

其中　　　　　　　甲树种密度 $= 5714 \times (6/12) \approx 2857(株/\mathrm{hm}^2)$

乙树种密度 $= 5714 \times (6/12) \approx 2857(株/\mathrm{hm}^2)$

情况二：造林单元面积

$$A = (b_1 + b_1 + d + b_2 + d)L = (1 + 1 + 2 + 1 + 2) \times 6 = 42(\mathrm{m}^2)$$

$$= [b_1(n_1 - 1) + b_2(n_2 - 1) + Md]L = (1 \times 2 + 1 \times 1 + 2 \times 2) \times 6 = 42(\mathrm{m}^2)$$

$$造林密度 N = 17 株 \times 10000/42\mathrm{m}^2 \approx 4047(株/\mathrm{hm}^2)$$

其中　　　　　　　甲树种密度 $= 4047 \times (9/17) \approx 2143(株/\mathrm{hm}^2)$

乙树种密度 $= 4047 \times (8/17) \approx 1904(株/\mathrm{hm}^2)$

8.1.3.3　造林整地

（1）造林整地方式与方法分别如下。

1）造林整地的方式。整地，就是在植树造林（种草）之前，清除地块上影响植树造林（种草）效果的残余物质，包括非目的植被、采伐剩余物等，并以翻耕土壤为重要内容的技术措施。植树造林（种草）整地的方式可划分为全面整地和局部整地两种。

2）造林整地的方法。全面整地，是翻垦造林的整地方法，主要应用于草原、草地、盐碱地及无风蚀危险的固定沙地。平坦植树造林地的全面整地应杜绝集中连片，面积过大。

北方草原、草地可实行雨季前全面翻耕，雨季复耕，当年秋季或翌春耙平的休闲整地方法；南方热带草原的平台地，可实行秋末冬初翻耕，翌春植树造林的提前整地方法；滩涂、盐碱地可在栽植绿肥植物改良土壤或利用灌溉淋洗盐碱的基础上深翻整地。

生产建设项目绿化时，经土地整治及覆土处理的工程扰动平缓地，宜采取全面整地。一般平缓土地的园林式绿化美化植树造林设计，也宜采用全面整地。

局部整地，有带状整地和块状整地方法。

山地的带状整地带一般沿等高线走向，平原地区一般为南北走向，其山地断面形式有水平阶、水平沟、反坡梯田、撩壕及山边沟等形式，平原断面形式有带状、高垄等形式。块状整地的断面一般有穴状、块状、鱼鳞坑及高台等形式。

由于我国北方水土流失地区的水土保持林草工程建设的主要问题是干旱，因此以下介绍如何利用地面径流进行集水整地。

a. 集水整地。是水土保持径流调控技术在造林中的具体应用，国际上也称为径流林业技术。集水整地系统由微集水区系统组成，是根据地形条件，以林木为对象，在造林地上形成由集水区（径流的集水面）与栽植区（渗蓄径流的植树穴）组成的完整的集水、蓄水和水分利用系统。在树木的栽植区，自然降雨不能满足树木正常生长发育的需求，在不同的时间里土壤水分有一定的亏缺量，通过集水面积、径流系数来调节产流量，以弥补土壤水分的不足，保持水分供需的基本平衡。因此，集水面积大小、集水面上的产流率将直接影响到径流林业技术的综合效率。

在确定植树区面积时，主要从 3 个方面考虑：一是林木的生物学特性和生态学特性，即林木个体大小、根系分布及其对水分的需求等；二是汇集径流的贮存、下渗需求，即所收集的径流能有效地贮存在林木根系周围，不产生较大的渗漏损失；三是施工的难易程度与费用，即整地的规格、投入的劳动力和费用。

集水区面积的大小主要由植树区面积、降雨量与降雨性质、地表产流率、植树区水分消耗需求、林木需水量及土壤水分短缺量等因素来确定，其目标是使所产生的径流量能弥补土壤水分的短缺量。

在干旱、半干旱地区，提高集水区小雨强降雨的产流率是增加旱季林木水分供应量的重要手段之一，也是提高降水利用率的重要措施。一般防渗处理的方法有压紧密实表层土壤的物理方法和用防渗剂进行处理的方法两种，应用中要根据降水特性、林木水分需求量和林种而定，依据当地经济条件做出合理的选择。

考虑到径流水分的利用效率，可以采用下式来计算总的集水系统的面积，即集水区面积与栽培区面积的总和：

若干旱区单株林木在其栽培区 RA 生长的水分亏缺为

$$RA(WR-DR)$$

则需产生用于补充水分亏缺的，从栽培区之外流入的径流数量为

净雨量×集水区面积＝水分亏缺量×单株栽培区面积

则

$$MC=RA\frac{WR-DR}{DR \cdot k \cdot EFF} \qquad (8-6)$$

式中　　MC——集水区面积，m^2；

　　　　RA——林木根系所分布的面积，一般按照林冠冠幅大小计算，m^2（可认为是单株的栽培区面积）；

　　　　WR——林木生长的年总水分需求量，mm；

　　　　DR——设计年降雨量，mm；

　　　　k——年平均降雨径流系数；

　　　　EFF——水分利用系数，一般为 $0.5\sim0.75$。

集水系统总面积＝$MC+RA$

相应的造林密度 N（株/hm^2）为

$$N=\frac{10000}{MC+RA} \qquad (8-7)$$

【案例1】　在年水分需求量（WR）＝550mm，设计年降水量（DR）＝350mm，壮龄期树木冠幅（RA）＝8m^2，设计年平均降雨径流系数（k）＝0.5，水分利用系数（EFF）＝0.5，则所需集水区面积为

$$MC=8\times\frac{550-350}{350\times0.5\times0.5}=18(m^2)$$

总的集水区面积为

栽培区面积 8m^2＋集水面积 18m^2＝26(m^2)

集水造林密度为

$$N=\frac{10000}{8+18}=385(株/hm^2)$$

b. 不同整地断面形式蓄水量。从林木的水分需求与防止坡面径流冲刷安全方面考虑，不同整地断面形式对径流的拦蓄容积在保障林木水分需求的同时，在一定的暴雨标准下，应当保障坡面整地工程的安全。因此，林木需水量是容积计算的基础，而以暴雨径流校核工程的安全性。

若设计暴雨量为 $P(\text{mm})$，径流系数为 k，则坡长 $L(\text{m})$（投影长度）单位宽度坡面径流的总容积 $V_0(\text{m}^3)$ 为

$$V_0 = 0.001PkL \tag{8-8}$$

不同整地断面形式的设计蓄水容积 $V \geqslant V_0$ 时坡面才安全。常用的几种整地方法的计算如下。

（a）反坡梯田：种植的田面向内倒倾斜成坡度较大的反坡，以造成一定的蓄水容积，如图 8-9 所示。当植树区的宽度（反坡梯田水平宽度）确定后，若挖方与填方相等，则单位长度梯田的最大有效蓄水容积 V 为

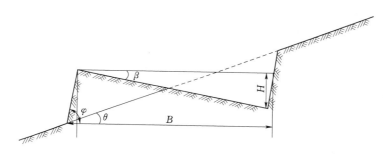

图 8-9　反坡梯田

$$V = \frac{B^2 \tan\beta}{2}\left(1 + \frac{\tan\beta}{\tan\varphi}\right) \tag{8-9}$$

式中　V——单位长度梯田的有效容积，m^3/m；

　　　B——梯田田面的水平宽度，m；

　　　β——梯田的反坡角，$(°)$；

　　　φ——梯田的外坡角，$(°)$。

则梯田的反坡角 β 为

$$\beta = \arctan\left[\frac{\tan\varphi}{2}\left(\sqrt{1 + \frac{8V}{B^2 \tan\varphi}} - 1\right)\right] \tag{8-10}$$

（b）水平沟：断面如图 8-10 所示，沟顶宽为 $B(\text{m})$，沟底宽为 $d(\text{m})$，外埂顶宽为 e（m），则实际栽植区占的水平宽度为 $B+e$，外侧坡度 φ 一般取 $45°$ 左右，内侧斜坡 φ_1 一般取 $35°$ 左右，里内侧斜坡 φ_2 一般取 $70°$ 左右，当自然坡度为 $\theta(°)$ 时，则单宽有效容积 V（m^3）为

$$\left.\begin{aligned}
V &= \frac{U\left(h + \dfrac{d}{2}\right)^2 - d^2}{2U} \\[2mm]
U &= \frac{1}{\tan\varphi_1} + \frac{1}{\tan\varphi_2}
\end{aligned}\right\} \tag{8-11}$$

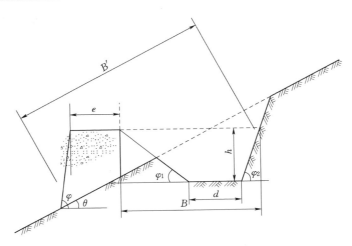

图 8－10　水平沟整地

（c）鱼鳞坑：形状似半月形坑穴，坑面一般取水平状，坑的两角设有引水沟，外侧坡度 φ 较大，底面半径一般取 0.5～1.0m，埂顶宽 e 一般取 0.2～0.25m，如图 8－11 所示。设顶面半径为 $R_2(\mathrm{m})$，底面半径为 $R_1(\mathrm{m})$，$h(\mathrm{m})$ 为坑深，φ_2 为内侧坡度（°），在自然坡度为 $\theta(°)$ 时，单个有效容积 $V(\mathrm{m}^3)$ 为

$$V=\frac{1}{6}(R_1+R_2)^2 h \qquad (8-12)$$

注意：该处的有效容积 V 应是单位宽度径流的总容积 V_0 与鱼鳞坑顶面直径 $2R_2$ 的乘积。

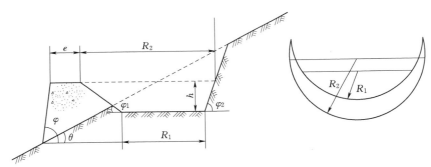

图 8－11　鱼鳞坑设计

【案例 2】　最大 24h 降雨量 100mm，地表径流系数为 0.5，设计坡面集水长度（投影长）为 6m 时，坡面单宽径流量为

$$V_0=0.001×100×0.5×6=0.3(\mathrm{m}^3)$$

若采用反坡梯田整地，假定反坡梯田内降雨期间的降雨量与土壤入渗量相等，田面宽 $B=1.5\mathrm{m}$，外坡角 $\varphi=60°$ 时，完全拦蓄坡面径流需要的反坡角 β 为

$$\beta=\tan^{-1}\left[\frac{\tan\varphi}{2}\left(\sqrt{1+\frac{8V}{B^2\tan\varphi}}-1\right)\right]=\tan^{-1}\left[\frac{\tan60°}{2}\left(\sqrt{1+\frac{8×0.3}{1.5^2×\tan60°}}-1\right)\right]=13.2°$$

如果土壤入渗速率小于降水速率，则还要考虑田面中接受的降雨量。

若采用鱼鳞坑整地方式，埂的顶半径设计 $R_2 = 1.8\text{m}$，底半径设计 $R_1 = 1.6\text{m}$ 时，拦蓄径流所需要的深度 h 为

$$h = 2R_2\frac{6V_0}{(R_1 + R_2)^2} = 2 \times 1.8 \times \frac{6 \times 0.3}{(1.8 + 1.6)^2} = 0.56(\text{m})$$

（2）整地技术规格。整地技术规格主要包括断面形式、深度、宽度、长度、间距及蓄水容积。

1）断面形式。是指整地时的翻垦部分与原地面所构成的断面形式。断面形式依据当地的气候条件、立地条件而定；在水分缺乏的干旱地区，为了收集较多的水分，减少土壤蒸发，翻垦面要低于原地面；在水分过剩的地区，为了排除多余的水分，翻垦面要高于原地面。

2）深度。是指翻垦土壤的深度。在条件许可时应适当增加整地深度；在干旱地区，整地深度要适当大一些，以蓄积更多的水分；在阳坡、低海拔地区，整地深度应大一些；土层薄的石质山地视情况而定；土壤有间层、钙积层和犁底层时，整地深度应使其通透；整地深度还应考虑苗木根系的大小和经济条件。

3）宽度。整地宽度应考虑树种所需要的营养面积大小；坡度缓时可适当加大整地的宽度，坡度大时若整地宽度太大工程量也大，容易使坡面不稳定，因此不宜太大；植被生长较高影响苗木的光照时可以适当加大整地的宽度，否则可以窄一些；整地宽度越大，工程量越多，整地成本越高。

4）长度。一般情况下应尽量延长整地的长度，以使种植点能均匀配置；地形破碎，影响施工时可适当小一些，依据地形条件灵活掌握；使用机械整地时应尽量延长整地的长度。

5）间距。主要依据造林密度和种植点来确定；山地的带间距主要依据行距确定，要考虑林木发育、水土流失等因素；翻垦与未翻垦的比例一般不高于 1:1。

6）蓄水容积。如果是采用径流林业的集水整地方法，保障坡面工程安全的蓄水容积是一个重要的质量指标，应当依据设计标准确保有效容积能满足拦蓄坡面径流的需求。

（3）整地时间。提前整地（预整地）即整地时间比造林季节提早 1～2 个季节。在干旱、半干旱地区整地与造林之间应当有一个降水季节，以蓄积更多的水分；选择在雨季整地，土壤紧实度降低，作业省力，工效高。

一般在风蚀较严重的风沙地、草原、退耕地上，整地与造林同时进行。南方雨量大的地区一般也采用此法。

8.1.3.4 种草整地设计

（1）牧草种植整地。农田、退耕地上种植牧草整地与农业耕作基本相同，但在山区、丘陵区的荒草地上种草，常因不具备耕作条件，采取与造林相同的整地方法，在田面或穴面上翻耕播种。种植牧草整地，土壤耕作措施分为基本耕作和辅助耕作。

基本耕作为犁地，深翻 18～25cm。应做到适时耕作，适当早耕，不误农时，保证质量。东北、华北多秋耕，可加速土壤熟化。春播牧草应在解冻时浅耕，夏播牧草结合灭茬、施肥浅耕。

辅助耕作是犁地的辅助作业，主要在土壤表层进行，包括耙地、浅耕灭茬、耱地、镇

压和中耕（锄地）。

（2）草坪建植整地。草坪建植整地，即坪床准备或整理，是草坪建植的基础。坪床的质量好坏，直接关系到草坪的功能。建坪前应对欲建植草坪的场地进行必要的调查和测量，制订可行的方案，尽量避免和纠正如底地处理、机械施工引起的土壤压实等问题。坪床准备包括清理、翻耕、平整、土壤改良、排水灌溉系统的设置及施肥等内容。详细内容请参考园林设计有关规范。

8.1.3.5 造林方法

造林的方法有播种造林、植苗造林和分殖造林，大多采用植苗造林；在直播容易成活的地方也可采用人工播种造林，在偏远、交通不便、劳力不足而荒山荒地面积大的地方，可采用飞机播种；对一些萌芽力强的树种，可根据情况采用分殖造林。目前生产上除少数树种（如柠条），有时尚采用播种造林外，一般都采用植苗造林，分殖造林基本不用。以下简单介绍播种造林、植苗造林，其他方法请参照有关标准、规范。

（1）播种造林。播种造林，又称直播造林，是以种子为造林材料，直接播种到造林地的造林方法。播种造林可分为人工播种和飞机播种。

1）人工播种造林。适用于核桃、栎类、文冠果、山杏及华山松等大粒种子的树种，也适用于油松、柠条及花棒等小粒种子的树种。播种之前要进行种子检验（种子纯度、千粒重及发芽率等），有些树种还需要进行种子处理。

a. 播种造林方法。常用的播种方法有撒播、穴播、块播、条播等。

（a）撒播：适用于大面积宜林荒地造林（飞机播种实际上是撒播的一种）。

（b）穴播和条播：在生产中应用广泛，是我国当前播种造林应用最多的方法。在我国西北黄土高原地区，柠条、沙棘灌木种常采用穴播或条播。

（c）块播：是在面积较大的块状地上，密集或分散播种大量种子，在沙地造林中应用较多。

b. 播种量。取决于种子品质和单位面积要求的成苗数，也与树种、播种方法和立地条件有一定的关系。

c. 播种造林覆土厚度。覆土厚度直接影响播种造林的质量。通常覆土不宜太厚，厚则导致幼芽出土困难，一般穴播、条播造林时覆土厚度为种子直径的 3～5 倍。沙性土可厚些，黏性土则薄些；秋季播种宜厚，春季播种宜薄。覆土后要略加镇压。

d. 播种前的处理与播种季节。播种前种子应进行种子检验，包括消毒、浸种和催芽等。北方大部分地区可在雨季（6—7月）播种，南方其他季节亦可。

2）飞机播种造林。在我国，飞机播种造林主要应用于沙荒地造林和大面积荒山造林，具体设计方法参见固沙造林有关内容。

（2）植苗造林。植苗造林是将苗木直接栽到造林地的造林方法，与播种造林相比，节省种子，幼林郁闭早，生长快，成林迅速，林相整齐，林分也较稳定。苗木从圃地到造林地栽植后，有一段缓苗期，即苗木生根成活阶段。植苗造林的关键是：栽植时，造林地有较高土壤含水量，并采取一系列的苗木保护措施，保持苗木体内的水分平衡，使根系有较高的含水量，保持其活力，以促进造林成活和生长。植苗造林几乎适用于所有树种（包括无性繁殖树种）及各种立地条件，在水土流失地区、植被茂密及鸟兽危害的地区，植苗造林比播种造林稳妥。

1）苗木的种类、年龄和规格。植苗造林的苗木种类主要有播种苗、营养繁殖苗及两者的移植苗和容器苗等。按苗木根系是否带土坨，分为裸根苗和带土坨苗。裸根苗起苗容易，重量小，运输轻便，栽植省工，造林成本低，生产上应用最广泛。带土坨苗包括容器苗和一般带土坨苗，栽植易活，造林效果好，但搬运费工，造林成本较高，适用于劣质地造林和园林建植。

苗木规格，应根据国家和地方的苗木标准确定。苗木分级一般分为三级，分级以地径为主要指标，苗高为次要指标，选择苗木应以地径为准。一般应采用Ⅰ级、Ⅱ级苗造林。有关苗木分级标准请参见国家苗木分级标准。

2）苗木栽植前的保护和处理。植苗造林苗木成活的关键在于保持体内的水分平衡，特别是裸根苗造林，苗木要经过起苗、分级、包装、运输、造林地假植和栽植等工序，各项工序必须衔接好，加强保护，以减少苗木失水变干，才能保证有较高的成活率。

a. 起苗时的保护与处理。选择苗木失水最少的时间起苗为佳，裸根苗一般应在春、晚秋的早晨、晚上、阴雨天气湿度大的时候起苗；起苗前，应灌足水；起苗时要多留须根，减少伤根，并做好苗木分级工作；苗木起运包装前，应对苗木地下部分进行修根处理，阔叶树还应对苗木地上部分可进行截干、修枝及剪叶等处理。容器苗则直接起运，一般不进行上述处理。起苗后如不能及时运走，则应假植。

b. 苗木运输时的苗木保护与处理。苗木由苗圃往造林地运输时，应做好苗木的包装工作，防止苗木失水。常用的包装材料有塑料袋、草袋和能分解的纱布袋。应做到运苗有包装、苗根不离水、途中防发霉。

c. 栽植过程中的苗木保护。凡苗木运到当天不能栽植的苗木，应在阴凉背风处开沟假植，假植时要埋实、灌水。栽植过程中做好苗根保水工作，以防止苗木根系暴晒，这对针叶树苗尤其重要。常绿阔叶树种，或大苗造林时，应修枝、剪叶，减少蒸腾；萌蘖能力强的树种，用截干造林，维持苗木体内水分平衡，以提高成活率。栽植前将苗木根在水中浸泡一段时间，或对苗木做蘸根处理，如蘸 $25\sim50\text{mg/kg}$ 的萘乙酸、生根粉及根宝等，以加速生根，缩短成活时间。

3）苗木栽植方法。苗木栽植方法按植穴的形状可分为穴植、缝植和沟植等方法。按苗木根系是否带土可分为裸根栽植和带土栽植。按同一植穴栽植的苗木数量多少可分为单植和丛植造林。按使用工具可分为手工栽植和机械栽植。山区、丘陵区一般均采用人工栽植，机械栽植仅适用于集中连片的大面积平坦地造林。

a. 穴植。就是种植田面开穴栽植，在我国南北方应用普遍，每穴植苗单株或多株。

b. 缝植。又叫窄缝栽植，即用植树锹或锄开成窄缝，将苗根置于缝内，再从侧方挤压，使苗根与土壤密接。适用于较疏松、湿润的地方栽植针叶树小苗，以及其他直根性树种的苗木。

c. 靠壁栽植。也称靠边栽植，即穴的一壁垂直，将苗根紧贴垂直壁，从一侧覆土埋苗根。适用于水分不稳定地区栽植针叶树小苗。

d. 沟植。以植树机或畜力拉犁开沟，将苗木按一定株、行距摆放在沟底，再覆土、扶正苗木和压实。适用于地势平坦区造林。

e. 丛植。是指在一个栽植点上 3～5 株苗木成丛栽植的方法。适用于耐阴或幼年耐阴的树种，如油松、侧柏等。

4）栽植技术。指的是栽植深度、栽植位置和施工具体要求等。植苗时，要将苗木扶正，苗根舒展，分层填土、踏实，使苗根与土壤紧密结合，严防窝根栽植。

根据立地条件、土壤水分和树种等确定栽植深度，一般应超过苗木根茎 3～5cm。干旱地区、沙质土壤和能产生不定根的树种可适当深栽。栽植施工时，首先把苗木放入植穴，埋好根系，使根系均匀舒展、不窝根。然后分层填土，把肥沃湿土壤填于根际四周，填土至坑深一半时，把苗木向上略提一下，使根系舒展后踏实，然后填余土，分层踏实，使土壤与根系密接。穴面可依地区不同，整修成小丘状（排水），或下凹状（蓄水）。干旱条件下，踏实后穴面再覆一层虚土，或撒一层枯枝落叶，或盖地膜、石块等，以减少土壤水分蒸发。

带土坨大苗造林和容器苗造林时，要注意防止散坨。容器苗栽植时，凡苗根不易穿透的容器（如塑料容器）在栽植时应将容器取掉，根系能穿过的容器，如泥炭容器、纸容器等，可连容器一起栽植。栽植时注意踩实容器与土壤间的空隙。

5）造林季节。我国地域辽阔，造林的适宜季节，从南方到北方自然条件相差悬殊，必须因地制宜确定造林季节和具体时间。春季造林适宜我国大部分地区；夏季造林也称雨季造林，适用于夏季降水集中的地区，如华北、西北及西南等地区，雨季造林主要适用于针叶树种、某些常绿树种的栽植造林及一些树种的播种造林；秋季造林，适用于鸟兽害和冻害不严重的地区，在北方地区，秋播应以种后当年不发芽出土为准；冬季造林适用于土壤不结冻的华南和西南地区。

8.1.3.6　种草和草坪建植

广义上种草的材料包括种子或果实、枝条、根系、块茎、块根及植株（苗或秧）等。播种是牧草生产中重要环节之一，普通种草以播种（种子或果实）为主。草坪建植中除播种外，还有其他方法如植生带、营养繁殖。无论是种草还是草坪建植材料，播种都是最主要的方法。

（1）播种包括以下 4 个方面。

1）种子处理。大部分种子有后熟过程，即种胚休眠，播种前必须进行种子处理，以打破休眠，促进发芽。

种子处理包括：机械处理、选种晒种；浸种；去壳去芒；射线照射、生物处理和根瘤菌接种等其他处理。

2）播种期。①牧草。一年生牧草宜春播；多年生牧草春、夏、秋均可，以雨季播种最好；个别草种也可冬季播种。②草坪草。寒地型禾草最适宜的播种时间是夏末，暖地型草坪草则宜在春末和初夏播种。

3）播种量。根据种子质量、大小、利用情况、土壤肥力、播种方法、气候条件及种子价值而定。播种量大小取决于种子的大小，以及单位面积上拥有的额定苗数，详见8.1.3.7 种草量计算一节。

4）播种方法。①一般牧草或水土保持种草，条播、撒播、点播或育苗移栽均可。山区、丘陵区及草原区有条件的，可采用飞机撒播。播种深度 2～4cm。播后覆土镇压，以提高造林成活率。②草坪草种播种，首先要求种子均匀地覆盖在坪床上，然后是使种子掺合到 1～1.5cm 的土层中去。大面积播种可利用播种机，小面积则常采用手播。此外，也可采用水力播种，即借助水力播种机将种子喷洒到坪床上，是远距离播种和陡坡绿化的有效手段。

（2）营养繁殖法。营养繁殖法的材料包括草皮块、塞植材料、幼枝和匍匐茎等，营养繁殖法是依靠草坪草营养繁殖材料繁殖。

（3）草坪植生带（纸）建植法。草坪植生带（纸）建植法是将草种或营养繁殖材料和定量肥料夹在"无纺布""纸＋纱布"或"两种特种纸"间，经过复合定位工序后，形成一定规格的人造草坪植生带（纸），种植时，就像铺地毯一样，将植生带（纸）覆盖于坪床面上，上面再撒上一层薄土，若干天后，作为载体的无纺布（纸）逐渐腐烂，草籽在土壤里发芽生长，形成草坪。草坪植生带（纸）建坪，具有简便易行、省工、省时、省钱、建成快及效果好的特点。

铺设草坪植生带（纸）时，应选择土质好、肥力高、杂草少、光照充分、灌溉与保护方便的地段，除去石块、杂草根茎及各种垃圾，并施足底肥；坪床应精心翻整、适当浇水并轻度镇压，当日均温度大于 10℃时，将植生带（纸）铺于坪床上，然后覆盖 0.2cm 左右的肥土；铺植后出苗前每天至少早、晚各浇一次，要求地表始终保持湿润，有条件的，可浇水后在植生带（纸）上覆盖塑料薄膜，一般经 7～10d 后小苗即可出土。

8.1.3.7　种苗量计算

林草工程的种苗量是根据造林的密度和种植点的配置计算的。植苗造林时，苗木用量＝种植点数量×每穴株数。

播种造林时，其播种量主要由树种、种子大小（千粒重）、发芽率和单位面积上要求的最低幼苗数量来决定，与播种方法有关。一般大粒种子 2～3 粒/穴，例如核桃、胡桃楸及板栗等；次大粒种子 3～5 粒/穴，如油茶、山杏及文冠果等；中粒种子 4～6 粒/穴，如红松、华山松等；小粒种子 10～20 粒/穴，如油松、马尾松及云南松等；特小粒种子 20～30 粒/穴，如柠条、花棒等。播种造林生产上已经很少用。

牧草播种量是由种子大小（千粒重）、发芽率及单位面积上拥有的额定苗数决定的。

一般情况下，若知道某植物种子的千粒重和单位面积播种子数或计划有苗数，就可以算出理论播种量，即

$$W_{\mathrm{L}}=\frac{MG}{100} \tag{8-13}$$

式中　W_{L}——理论播种量，kg/hm²；

　　　M——单位面积播种子数，粒/m²；或计划有苗数，株/m²；

　　　G——种子千粒重，g。

而设计播种量还要考虑种子的纯净度（％）、种子的发芽率（％）和成苗率（％）等因素，在播种时可能还要考虑鸟鼠虫造成的损耗或施工损耗，一般的处理是增加设计播种量 2％，也可以采用经验修正值（小数，经验值）的办法，即

$$设计播种量=\frac{理论播种量×经验修正值}{种子纯净度×种子发芽率×成苗率}$$

或

$$设计播种量＝\frac{理论播种量×(1＋2\％)}{种子纯净度×种子发芽率×成苗率}$$

实际设计时，若播区成苗率和经验修正值不能确定，也可以简化为

$$设计播种量＝\frac{理论播种量}{种子纯净度×种子发芽率}$$

常见牧草播种量，见表 8 - 10。

表 8 - 10　　　　　　　　　　　　常见牧草播种量

名　　称	播种量/(kg/hm²)	名　　称	播种量/(kg/hm²)
紫花苜蓿	11.5～15	春箭舌豌豆	75～112.5
沙打旺	3.75～7.5	无芒麦草	22.5～30
白花草木樨	11.25～18.75	扁穗冰草	15～22.5
黄花草木樨	11.25～18.75	沙生冰草	15～22.5
红豆草	45～60	苇状羊茅	15～22.5
多变小冠花	7.5～15	老芒麦	22.5～30
鹰嘴紫云英	7.5～15	鸭脚草	11.25～15
百脉根	7.5～12	俄罗斯新麦草	7.5～15
红三叶	11.25～12	苏丹草	22.5～30
山野豌豆	45～60	串叶松香草	4.5～7.5
白三叶	7.5～11.25	鲁梅克斯	0.75～1.5
籽粒苋	0.75～1.5	猫尾草	3.75
黄芪	11.25	甘草	15～75
披碱草	52.5～60	羊草	37.5～60

8.2　总体配置与设计的原则和要求

8.2.1　总体配置原则与要求

8.2.1.1　总体配置

林草工程设计应在总体配置的基础上，根据立地类型划分和树（草）种的组成与配置等进行分类典型设计。

在一个流域或区域范围内，水土保持林草工程配置及设计的基础，是不同功能的林草及相关措施在流域内的水平配置和立体配置。通过水平配置与立体配置使林农、林牧、林草、林药得到有机结合，使之形成林中有农、林中有牧、植物共生、生态位重叠、生物学稳定、多功能、多效益的人工森林生态系统、草地生态系统、复合生态系统，以充分发挥土、水、肥、光、热等资源的生产潜力，不断提高和改善土地生产力，以求达到最高的生态效益和经济效益，从而达到持续、稳定、高效的水土保持生态环境建设目标。

（1）水平配置。水平配置是指在流域或区域范围内，各个林草工程平面布局和合理规划。对具体的中、小流域应以其山系、水系、主要道路网的分布，以及土地利用规划为基

础，结合水土流失特点和水源涵养、水土保持要求，发展林业产业和人民生活的需要，生产与环境条件的需要，进行合理布局和配置。在配置的形式上，兼顾流域水系上、中、下游，流域山系的坡、沟、川，左、右岸之间的相互关系，统筹考虑各种生态工程与农田、牧场、水域，以及其他水土保持设施相结合，（林）带、片（林）、（林）网相结合，林草工程建设用地在流域范围内的均匀分布和达到一定林草覆盖率，在流域平面上形成有机结合的水土保持措施体系。

（2）立体配置。立体配置是指某一林草工程（或林种）的树种草种选择与组成、人工森林生态系统的群落结构的配合形成。根据其经营目的，确定目的树种与其他植物种及其混交搭配，形成合理群落结构。并根据水土保持、社会经济、土地生产力及林草种特性，将乔木、灌木、草类、药用植物和其他经济植物等结合起来，以加强生态系统的生物学稳定性和形成长、中、短期开发利用的条件，应注重当地适生的树种和草种的多样性及其经济开发的价值。另外，还有水土保持林草工程与农牧用地、河川、道路、庭院、水利设施等结合的立体配置。

立体配置的另一层含义，是指根据流域内生态环境因子随着海拔变化形成的垂直分异规律，充分利用自然资源，建立梯层结构的配置模式。同时这种梯层配置要与流域的地形条件和水土流失特点紧密结合，考虑到不同地形地貌部位、地质条件下的水土流失形式、强度，从分水岭到流域口，随着地形的变化，由上而下形成层层设防、层层拦截的水土保持生物措施体系，使径流得到过滤，泥沙就地沉积，控制流域坡面、沟道的水土流失。

8.2.1.2 配置原则与要求

（1）水土保持林草工程应配置适度规模的经济林和果园，主要目的是保持水土，防治侵蚀，改善生态环境，同时能一定程度增加农民经济收入。因此，应优先配置生态功能强的各林种、草地类型。在水蚀地区应以水土保持林、水源涵养林、护坡种草、封山育林育草工程为主；在风蚀区沙漠治理工程应以防风固沙林、封山（沙）育林育草等恢复沙区植被的工程为主。同时，在这些地区也应适当考虑短轮伐期用材林、薪炭林、果园、经济林、人工牧草、草库伦建设等工程，但比重不宜过大。如国家林业局规定生态林建设中果园、经济林的造林面积不应超过造林总面积的 20％。

（2）水土保持林草工程原则上应配置在荒地上（是指除耕地、林地、草地和村庄、道路、水域以外，一切可以利用而尚未利用的土地），包括荒山、荒坡、荒沟、荒滩、河岸以及村旁、路旁、宅旁、渠旁等，同时应考虑退耕地、轮歇地、残次林、疏林、退化天然草坡和草场、河岸、堤岸、坝坡等地上配置。

（3）水土保持林草工程应本着适地适树（草），宜乔则乔、宜灌则灌、宜草则草的原则，选择具有水土保持功能的、抗逆性强的乡土树种草种，在不破坏原生地带性植被的同时适当选用引种成功的外来树种草种，实现生态互补。

（4）水土保持林草工程配置上应尽量考虑混交林和乔灌草复合的人工群落，不应大面积营造纯林，尤其是针叶林纯林。如每块纯林的最大面积不应超过 20hm² （大径级珍贵阔叶树种可放宽到 50hm²）；造林带状配置时，纯林林带的最大宽度不应超过 100m；树种相同的两块（带）纯林之间可设计生态隔离林带，隔离林带的树种与被隔离的纯林树种之间的生态特性要有互补性。

8.2.2　总体设计原则与要求

8.2.2.1　总体设计原则

水土保持林草工程设计应根据实施区域的相关规划要求及具体情况，依据水土流失地区的地形地貌、气候、土壤、植被等条件及水土流失特点和土地利用现状进行必要的总体设计，主要遵循以下原则。

（1）服从于水土保持总体规划，并与水土保持区划所确定的区域水土保持主导功能相适应。应在国家生态建设规划及相关文件的框架下，以区域（县级以上或大中流域）水土保持总体规划为指导，以小流域综合治理总体布设（初步设计）为基础，以防治水土流失、改善生态环境和农牧业生产条件为目的进行。

（2）因地制宜，因害设防，植物措施与工程措施相结合的原则。充分考虑项目区的自然经济社会情况，将水土流失防治与当地生产生活条件改善结合起来，做到因地制宜，因害设防。注重生物多样性，采用以乡土树草种为主的多林种、多草种配置。林草工程总体设计，应在大中流域（区域）土地利用总体规划和水土保持总体规划的指导下，确定水土保持林草生态建设用地，以小流域为基本单元，因地制宜、因害设防、综合规划，植物措施和工程措施相结合，合理布设。具体地说，就是应根据流域内土地立地类型划分，在宜林宜牧土地上根据不同立地类型、生产与防护目的等布设各种类型的林草工程（包括不同森林、牧草、草地、草场、复合林草、复合林农等工程），做到造林与种草、育林与育草、治理与封禁、林草与工程、林草与农牧紧密配合、协调发展、互相促进。

（3）生态效益优先，兼顾经济效益、社会效益的原则。根据项目区的自然条件、当地经济状况、产业结构及发展方向，确定工程建设的规模和特性。在防治水土流失的基础上，注重经济效益，着力于提高土地生产力。林草工程总体设计，必须符合当地自然资源和社会经济资源的合理有效利用原则，做到局部利益服从整体利益，局部与整体相结合，遵循生态效益优先，兼顾经济效益、社会效益，做到当前利益和长远利益、生态效益和经济效益相结合，做到有短有长，以短养长，长短结合。

8.2.2.2　总体设计要求

水土保持林草工程总体设计应达到以下要求。

（1）水土保持林草工程总体设计，应拟定水土流失治理度、林草覆盖率等防治指标，在技术、经济可行的前提下，达到国家水土流失防治指标的要求。

（2）水土保持林草工程总体设计，在平面上应做到网、带、片、块相结合，林、牧、农、水相结合，在空间上应做到乔、灌、草相结合，植物工程与水利工程相结合，力求各类生态工程以较小的占地面积达到最大的生态效益与经济效益。

（3）林草工程总体布设，在经济发展方面，应与当地产业结构调整、生产发展方向、生态环境保护要求相适应，在实施技术方面，做到设计合理，群众接受，施工简便易行。

（4）对于清洁型小流域综合治理工程的，或有水景观建设需求的地区，宜采用小流域人工湿地的方式沉积泥沙，兼有改善水质及水体景观的功能；人工湿地的布置也适用于农村生活污水处理后，排入河道前需进一步净化的区域。

8.2.3　林草工程组成与体系构成

8.2.3.1　林草工程组成

林草工程是水土保持生态建设工程的重要组成部分，其总体目标是在某一区域（或流域）建造以林草（包括乔木、灌木、草以及与之相关的农作物、经济作物等）植物群落为主体（有时也包括畜、禽、鱼等动物）的优质的、稳定的人工复合生态系统。主要组成内容包括两个方面。

（1）林草植物群落建造工程。这是把设计的林草按一定的时间顺序或空间顺序定植或安置在复合生态系统之中。

（2）立地（或生境）改良工程。在水土流失严重的非森林或非草地环境中建设林草工程，必须改良当地立地条件，以保证林草植物（包括作物）正常生长发育。例如改善造林立地条件的各类蓄水整地工程、径流汇集工程及风沙区的人工沙障，防止各类侵蚀的水土保持工程、地面覆盖保墒、吸水剂应用及低湿地排水工程等。目的在于为复合生态系统的建造提供一个良好的环境条件。在一些严重退化的立地条件下，不采用环境改良或治理工程，很难建造稳定的复合生态系统。

8.2.3.2　林草工程体系构成

林草工程体系是指在一个自然地理单元（或行政单元）或一个流域、水系及山脉范围内，根据当地的环境资源条件、生态经济条件、土地利用状况，以及山、水、田、林、路、渠布局和牧场等基础设施建设情况，针对影响当地生产生活条件的水土流失特点和其他主要生态环境问题，在当前技术经济条件下，人工设计建造和改良以水土保持林草生态系统为主体，与其他水土保持生态工程相结合，包括农业生态工程在内的一个有机整体。也就是说，按照总体布局，人工配置水土保持林、水源涵养林、草地与牧场防护林、农田防护林及生态修复等生态工程，与原有的天然林草及水土保持工程措施有机结合，在空间配置上错落有序，生态效益和经济效益相互补充、相得益彰，从整体上形成一个因害设防、因地制宜的综合体，以期达到自然、社会与经济共赢的预期目的。

榆林河川阶地防护林体系建设模式，如图8-12所示。

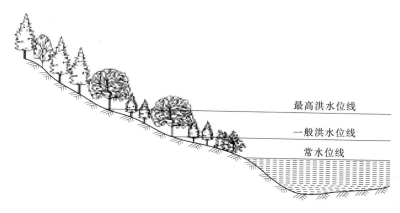

图8-12　榆林河川阶地防护林体系建设模式

（1）立地条件特征。模式区位于陕西省榆林市芹河流域，沿河流两岸分布的条带状阶地，地势平坦，宽窄不一，一般高出河床1.5～5.0m，土壤肥沃，多数可提引河水自流灌溉，为基本农田区。邻近河岸地段遇到洪水易淹没或崩塌，系村舍集中分布区。阶地外沿紧靠不同类型的沙丘。

（2）设计技术思路。在河流两岸修堤、筑坝，营造护岸林；在川地内部结合修渠、筑路营造农田防护林带；在阶地外围沙丘上营造防风固沙林，同时对村舍进行绿化，以求达到稳定河道，保护农田，美化家园，改善生态环境，促进各业发展，增加群众收入，提高人民生活水平的目的。

（3）技术要点及配套措施要求如下。

1）河道护岸林：在河道两岸修防洪堤、筑土石坝或柳编坝的基础上，在防洪堤的迎水坡面营造护堤林，在背水坡面营造护滩林。树种以旱柳、垂柳、簸箕柳为主，采取乔灌混交方式。

2）农田防护林：河流川道地区，人多地少，土地珍贵，风沙危害相对较轻，农田防护林宜结合渠路布设，一般栽植2～3行乔木，树种以杨、柳为主。

3）防风固沙林：以阻沙和固沙为主，水分条件好的地方，可营造杨树、沙棘、苜蓿混交林；沙地营造花棒、杨柴固沙林，迅速固定流沙。造林方式以带状混交和团块状混交为主。

4）综合发展：耕地本着因地制宜的原则，种植农作物、经济作物或发展果木经济林。

5）居民点绿化：居民点周围地权归村民所有，自主性强，由村民根据自己意愿，利用房前屋后及村庄周围的空闲隙地，栽植用材、经济林木或种植蔬菜、药材、花卉等。

8.2.4 林草工程与综合治理

水土保持林草工程是根据生态学、水土保持学及生态控制论原理，设计、建造与调控以植物为主体的人工复合生态系统的工程技术，其目的在于保护、改善与持续利用以水土资源为主体的自然资源和环境。也可以说，水土保持林草工程是在水土流失区域实施以治理水土流失、改善生态环境和农业生产条件、促进农业和农村经济发展为目标的工程措施（土木工程措施）、植物措施和耕作措施相结合的综合工艺技术体系，是在传统水土保持的基础上更加注重应用生态学的理论解决问题。

人工造林种草与基本农田建设、修建小型蓄水保土工程，以及封山育林等生态自然修复和水土保持预防与监督等综合体系的建设，才能形成水土保持综合防护体系。

陕北黄土丘陵侵蚀沟水土流失综合治理模式，如图8-13所示。

（1）立地条件特征。模式区位于陕西省榆林市米脂县，地貌部位在侵蚀沟沿以下，河谷川台地以上，系长期受水力切割和重力侵蚀而形成的沟道，以V形切沟为主。坡面支离破碎，多为急陡坡，少数地段已成为绝壁陡崖，陷穴、土柱林立，土壤瘠薄。天然草本植被零星分布，部分地段栽植有小片以刺槐、柠条为主的乔灌林木。水土流失极其严重，每逢大雨，沟头向上延伸，沟边向外扩展，偶尔可见因山体滑坡而形成的塌地，面积大小不等，地势比较平缓，多数已被开垦耕种。

（2）设计技术思路。主沟沟头、沟边、沟底采取工程措施或生物工程措施，沟坡采取

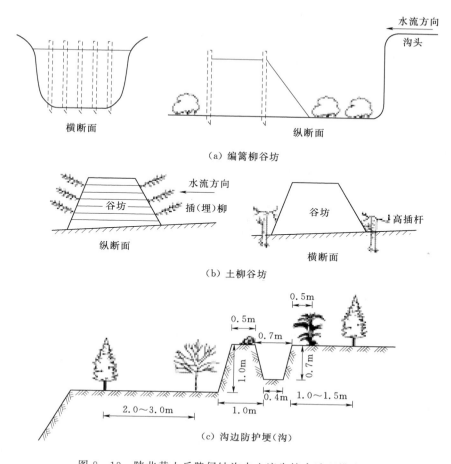

（a）编篱柳谷坊

（b）土柳谷坊

（c）沟边防护埂（沟）

图 8-13　陕北黄土丘陵侵蚀沟水土流失综合治理模式

生物措施进行综合治理，控制水土流失。

（3）技术要点及配套措施要求如下。

1）工程措施分以下 3 种。

沟头防护工程：为了控制沟头前进，在距沟头基部 1~2 倍于沟头沟壁高度的沟底，垂直水流方向修筑编篱柳谷坊或土柳谷坊，控制洪水冲淘沟头基部。在修建编篱柳谷坊的位置，横向打两排粗 8~10cm、长 1.5~2.0m 的活柳桩，入土深 0.5m，排距 1.0~2.0m，桩距 0.5m，然后用活的细柳条从桩基编篱至桩顶，最后在两篱之间填入湿土，分层夯实至篱顶。在谷坊前后栽植杞柳、紫穗槐等灌木；在修建土柳谷坊的地方，按谷坊设计规格，用湿土和粗 2~3cm、长 0.7~1.2m 的活柳枝分层铺夯筑坊，然后在谷坊的迎水坡和背水坡分别插植 1 行粗 6~8cm、长 2.0~2.5m 高杆柳，入土深 0.5m，在谷坊前后栽植灌木柳等灌木。

沟边防护工程：沿沟边留出 3.0m 以上距离修筑封沟埂和排水沟。埂、沟断面根据来水面积和地形高差而定，一般封沟埂高 1.0m，顶宽 0.5m，底宽 1.0m；外坡 1∶0.2，内坡 1∶0.3；排水沟深 0.7m，底宽 0.4m，开口 0.7m，每隔一定距离留一出水口。由外向里先埂后沟布设。埂外空地栽植刺槐、紫穗槐混交林带。

沟底防护工程：本着就地取材的原则，在沟底修建编篱柳谷坊以及土石谷坊或土柳谷坊等谷坊群，谷坊断面和间距根据地形高差、沟底宽度、洪水流量、泥沙含量等因素确定，谷坊之间栽植杨、柳、芦苇、杞柳、乌柳等乔灌木混交固沟林。

2）生物措施。为了有效控制水土流失，充分发挥沟道的生产潜力，在沟头、沟边、沟底修筑防护工程。同时，在沟坡上根据不同坡度，营造不同的水保林。在人员难上的急坡地段，采取投弹方法，见缝插针地播种柠条；在陡坡地段，鱼鳞坑整地，栽植侧柏、刺槐、沙棘、柠条、紫穗槐等乔灌木混交水土保持林；在缓坡地段和小片塌地，栽植刺槐、侧柏、榆树、小叶杨等乔木水保用材林或山桃、山杏等水保经济林；宽展平缓、面积较大的塌地，可进行果农间作或建立以仁用杏、苹果、梨、桃等为主的果园。

8.3　林草工程设计内容与要求

山区、丘陵区大中流域（或县级以上）水土保持林草工程总体设计，一般直接反映到小流域或小片区，总体上是一个宏观设计，主要反映小流域内坡面水土保持林草工程布置情况，其设计的工程量是按典型小流域（或中小流域）分类推算的。因此，中小流域则应在充分考虑行政区界、地形的基础上，按小班布置和设计。所以中小流域（或县级以下）水土保持林草工程的平面布置与设计是大中流域总体布置与设计的基础，实际也反映了其施工组织的布置与设计。

8.3.1　水土保持林（草）

以小流域水土流失综合治理为设计单元，改善当地生产、生活条件为目标，根据不同流域地形、地貌部位因地制宜的按山、水、田、林、路，从流域上游到出口，层层设防布置适宜的林种（草）。

8.3.1.1　林草措施配置

（1）按林种（草）配置包括以下 7 种。

1）水土保持林。主要布置在荒山、荒坡、荒沟、荒滩、退耕地、轮歇地与残林、疏林地、河岸以及村旁、路旁、宅旁、渠旁等土地利用类型。

2）水土保持种草。主要布置在荒地、荒坡、荒沟、荒滩，没有林草覆盖的河岸、堤岸、坝坡、退耕地，以及由于过度放牧引起退化的天然牧场、草坡。

水土保持林和草在布设上往往是结合在一起的，如草地周边布设防护林；水土保持林下种草、经济林下种草等。

3）水土保持经济林（含果园）。在水土流失轻微、交通便利、立地条件较好，具有灌溉条件处可配置经济林果。一般布置在立地条件好，最好有水源条件的土地类型上；高效果园、经济林栽培园也可布置在耕地上。此类林种对于促进农村经济发展效果显著，但作为国家投资项目比例不应太高，可占人工林地总面积的 15%～20%（国家林业局规定生态林建设中经济林的比例不大于 20%）。

4）水土保持薪炭林。在农村燃料缺乏的地区，此类林种应占相当比重。可根据各地人均年需烧柴数量和每公顷林木可能提供的烧柴数量确定种植面积。

5）水土保持饲料林。在我国北方干旱、半干旱饲料不足地区，可结合水土保持营造柠条、紫穗槐等灌木树种作为补充。可根据每公顷放牧林的载畜量和牲畜发展数量，确定放牧林面积。

6）水土保持用材林。主要布置在立地条件较好的土地类型上，也可布置在路旁、村旁、宅旁、渠旁、河滩和沟底。

7）人工湿地。应选择有条件保持湿地水文和湿地土壤的区域；城镇郊区、饮水水源保护区和风景名胜区可开展人工湿地建设。

（2）按地形部位配置。按不同水土流失类型区及土壤侵蚀在不同地形部位的发生特点，因害设防，布置适宜的水土保持林种。

1）丘陵、山地坡面水土保持林。根据荒坡所在位置、坡面坡度与水土流失特点，分别布设在坡面的上部、中部或下部，与农地、牧地成带状或块状相间；在地多人少的地方，可在整个坡面全部造林。

2）沟壑水土保持林。分沟头、沟坡、沟底三个部位，与沟壑治理工程措施中的沟头防护、谷坊、淤地坝等紧密结合。

3）河道两岸、湖泊水库四周、渠道沿线等水域附近的水土保持林。主要用于巩固河岸、库岸与渠道，防止塌岸和冲刷渠坡。

4）路旁、渠旁、村旁、宅旁造林。在平原区和黄土高原沟壑区的塬面，一般是道路与渠道结合形成大片方田林网。路旁、渠旁造林，应按照农田林网的要求进行。山区、丘陵区村旁、宅旁造林，应以经济林为主，形成庭院经济。

（3）按树种（草）组成配置包括以下 4 种。

1）灌木纯林。主要适应于干旱、半干旱等水土流失严重、立地条件很差的地区，一般用作薪炭林和饲料林。

2）乔木纯林。主要适应于立地条件较好的地区，同时其生物学特性要求为纯林。一般用作经济林和速生丰产林。

3）混交林。有条件的地区应尽量布置此类型，以充分利用水土资源，减轻病虫害，提高造林效率。混交方法有：株间混交、行间混交、带状混交和块状混交。

4）种草、灌草、乔草、乔灌草等多种方式配置，在降水量少的地区应采取进行人工种草或对现有草场进行改良，条件稍好立地可实施灌草结合。南方降水量大的地区应尽可能乔草、乔灌草结合的配置，果园、经济林应种植豆科类草，以达到保持水土和改良土壤的目的。

8.3.1.2　平面布置与设计

（1）平面布置。中小流域水土保持林草工程的平面布置直接通过小班反映在图面上，是初步设计阶段的细部布置图。在流域内或片区内一般按乡—村—小班分级区划，在流域较小、造林面积不大时可直接划分为村—小班或直接划到小班。根据《水土保持综合治理技术规范》《生态林建设技术规范》，结合我国南北方水土保持生产实践，总结列出水土保持林草工程的分类及配置。

（2）工程设计。各种造林工程的具体设计，详细内容请参阅《林业生态工程学——林草植被建设的理论与实践》一书。

造林工程的设计是以小班为单元进行的，小班是调查设计、施工管理的基本单位，要求小班内的立地、典型设计、权属等条件应保持一致，小班的划分应反映出自然条件的地域分异规律，一个小班应能一次施工完成。小班的图面面积不小于 $0.5 \sim 1.0 \text{cm}^2$。

在平面布置图上应显示出行政区界（县、乡、村）、流域界、小班界、小班编号、小班面积、立地类型编号、典型设计编号、林种或生态工程类型、树种草种、施工时间等信息。可以使用不同的颜色显示小班、林种、树种等信息。

同时应根据调查资料将设计区域内的造林种草地进行立地类型划分，并进行相对应的典型设计，将立地类型与典型设计落实到小班上，并在图面上进行小班注记。具体注记形式见调查与勘测部分及制图规范。

8.3.1.3 坡面林草配置设计典型模式

模式一：滇西北中山峡谷水土保持林体系建设模式，如图 8-14 所示。

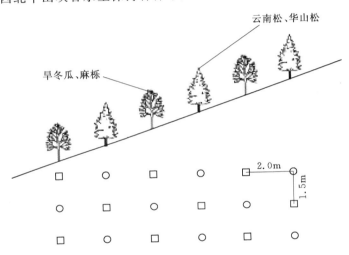

图 8-14 滇西北中山峡谷水土保持林体系建设模式

（1）立地条件特征。建设区为云南省会泽县头塘小流域水土流失综合治理试验示范区。在海拔 3000m 以下的中山、河谷相间地带，一般有两种主要地貌组合：一是直至河谷的大坡面或者是中间有些较平坦地段的阶梯式大坡面结构；二是与中山盆地相连的坝山组合结构。根据地貌和气候差异又可进一步分为中山山地、中山盆地和河谷三种地貌单元，而河谷又有干热河谷和半干旱、半湿润河谷之分。境内气候温凉湿润，土层深厚，森林覆盖率较高，仅局部地段植被稀疏。由于地处山体径流的汇集区，海拔高度差异悬殊，坡面长而陡峭，也是滇西北高山峡谷亚区中主要的土壤侵蚀区和泥石流危险区。

（2）设计技术思路。模式区植被条件虽然较好，但受地形等影响，植被稀疏的局部地区水土流失严重，甚至发生石砾化或泥石流。因此，应结合天然林保护、陡坡地退耕还林、封山育林及水土保持林营造等措施，综合考虑水土保持林体系的合理空间布局结构和林分结构，建设功能完善而强大的水土保持林体系，控制水土流失，防治泥石流。

（3）技术要点及配套措施要求如下。

1）体系布局。从水土流失及治理来看，阶梯式大坡面结构地貌单元的水土流失危险性远大于坝山组合结构。因此，前者必须以大面积森林覆被为基础，辅以在平坦地区或农地周围营建水土保持林带，构成水土保持林体系；而后者则主要由山顶的防护林带、山坡的护坡林带与坝区的农田防护林带构成水土保持林体系。在河谷区主要是布设护岸林。

2）封山育林。严格保护天然林，辅以适当的人工促进措施，逐步提高其防护功能。由于人为砍伐、火灾等形成的次生林、疏林、灌木林等，进行封山育林。特别是陡坡地带的次生林、疏林和灌木林地，要严格封山，逐步恢复和增强其防护功能。必要时在尽可能不破坏表土的情况下进行适当补植。

3）造林更新。宜林荒山和易引起水土流失的地段，营造水土保持林；较平坦地段、坝山部，土壤较肥沃，可营造生态经济型防护林。

混交类型。针叶树有云南松、华山松、铁杉、三尖杉、黄杉、红豆杉、秃杉等；阔叶树以旱冬瓜和栎类为主，包括栓皮栎、麻栎、槲栎、青冈栎、高山栲、黄毛青冈等；灌木可以选择马桑、胡颓子、榛子，在干旱、半干旱河谷区，可以选择苦刺、牡荆、车桑子、山毛豆等。在石质岩地区，选择冲天柏、藏柏、墨西哥柏等柏类。选用上述树种营造针阔混交林或乔灌混交林，常用的混交类型有旱冬瓜与云南松、华山松混交，栓皮栎（麻栎、槲栎）与云南松混交，黄毛青冈与云南松混交等。行间混交或株间混交，株行距 1.5m×2.0m 或 2.0m×2.0m。

林种配置。采薪型水土保持林，以栓皮栎或麻栎等为主要造林树种，海拔 2000m 左右的村庄附近可以选植银荆（圣诞树）；经济型水土保持林，在进行非全垦型种植的基础上再配置生物埂或防护林带，生物埂选择花椒、青刺尖等灌木树种。防护林带选择核桃、板栗等树种。等高带状配置，株距 1.5m×1.5m。

模式二：滇中高原山地小流域水土流失综合治理模式，如图 8-15 所示。

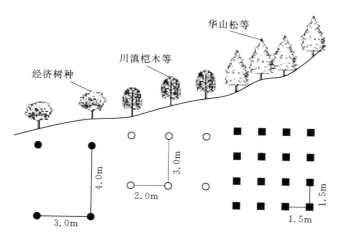

经济树种　川滇桤木等　华山松等

4.0m　3.0m　2.0m　3.0m　1.5m　1.5m

图 8-15　滇中高原山地小流域水土流失综合治理模式

（1）立地条件特征。建设区位于云南省会泽县头塘小流域，属滇中高原山区、半山区，典型的高原山地。山高坡陡，河谷纵横，海拔变化悬殊，气候垂直分布明显。土壤主要为红壤、黄壤、山地暗棕壤和紫色土。地表植被稀少而破坏严重，一遇降雨，地表松散物全部被径流冲刷入沟，水土流失严重。

（2）设计技术思路。以小流域为单元，因地制宜，综合治理，恢复植被，防治水土流失。对流域内宜林荒山荒地，人工造林和封山育林相结合，恢复和建设植被；对水土流失严重、易坍塌地段，生物措施与工程措施相结合，防治水土流失。同时边治理边开发，使小流域的各项收益得到不断的提高。

（3）技术要点及配套措施要求如下。

1）树种及其配置。主要乔木树种有云南松、华山松、水冬瓜、旱冬瓜、川滇桤木、圣诞树、栎类、柏类（藏柏、墨西哥柏、圆柏等）、刺槐等；灌木有马桑、胡颓子、苦刺等；草本有三叶草、香根草、龙须草、黑麦草等。乔灌或乔灌草混交配置，乔木和灌木的株行距为 2.0m×2.0m 或 1.5m×1.5m。乔灌采用行状或块状混交，草本采用带状混交。

2）主要造林技术。乔灌木树种，在造林前一年的秋、冬季穴状整地，规格 40cm×40cm×40cm；草本植物，带状整地，带宽 50cm，深 30cm。乔灌木选用苗高 30cm 以上的 1 年生营养袋苗，于雨季造林；经济林可在冬季栽植。造林后连续封育 3 年，每年 10—12 月进行抚育。

3）配套措施。在冲沟中修筑土石谷坊，以稳定沟岸、防止沟床下切；在陡坡且易发生滑坡地段，截流排水，筑挡土墙稳固坡脚，防止水体渗透侵蚀和坡体下滑；在主沟内选择有利地形构筑拦沙坝，拦蓄泥沙。同时，在冲沟的谷坊淤泥后扦插或种植滇杨、柳树、旱冬瓜等速生树种，快速封闭侵蚀沟。

模式三：四川盆周南部混交型水土保持林建设模式，如图 8 - 16 所示。

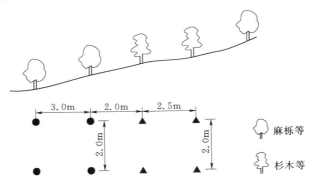

图 8 - 16　四川盆周南部混交型水土保持林建设模式

（1）立地条件特征模式。建设区位于盆周南部 500～1500m 的低中山地带，年降水量在 1000mm 左右，丘陵、丘坡地的土壤为黄壤、酸性紫色土，土层厚 40cm 以上，杂草、灌丛盖度 40%～60%。

（2）设计技术思路。在保护现有植被的基础上，选用根系发达、耐干燥瘠薄、生长较快的树种营造针阔混交林，提高森林生态系统的防护效益。

（3）技术要点及配套措施要求如下。

1）造林树种。选用杉木、马尾松、湿地松、栎类、檫木、香樟、刺槐、马桑等。

2）整地。在保护现有植被的基础上进行穴状整地，其规格为：针叶树 30cm×

30cm×30cm，阔叶树 40cm×40cm×30cm。

3）造林。造林时间春秋皆可。针叶树和阔叶树带状混交，其中针叶树 2 行，阔叶树 2 行。造林株行距为：针叶树 2.0m×2.5m，阔叶树 2.0m×3.0m。马尾松造林用容器苗，逐步推广菌根处理和切根技术。麻栎用切根苗，也可直播。在灌草较少处，撒播一些马桑种子。造林后连续抚育 3 年，仅进行局部锄草松土。

模式四：四川盆周北部低山"一坡三带"式水土流失治理模式，如图 8 - 17 所示。

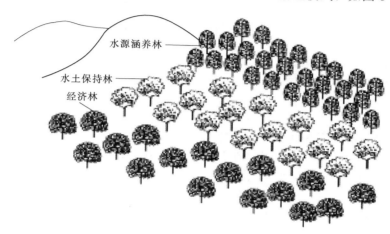

图 8 - 17 四川盆周北部低山"一坡三带"式水土流失治理模式

（1）立地条件特征。建设区位于盆周北部低山地带，坡面长、坡度较大。因属秦巴山地，海拔较高，人均耕地少，群众的耕地已从坡脚扩展到坡顶。土壤为山地黄壤，土层浅薄，加之山高坡陡，降雨集中，水土流失严重。

（2）设计技术思路。山顶上建设水源涵养林，山腰建设水土保持林，山脚建设水土保持经济林，有效控制水土流失，并解决当地群众的收入问题。

（3）技术要点及配套措施要求如下。

1）山顶水源涵养林。选择涵养水源功能强、防风效果好的光皮桦、刺榛、日本落叶松等树种，窄带状或行带状混交，营造多树种混交林，形成乔、灌、草结合的多层结构林分，郁闭度维持在 0.5～0.7。

2）山腰水土保持林。选择保土功能强的麻栎、柏木、马桑、桤木等树种，同时要注意种植一些耐阴树种，带状混交，营造多树种、多层次的混交林，林分郁闭度维持在 0.5～0.7。混交带的数量和带宽应根据坡长、坡度而定。

3）山脚经济林带。选择以木本油料和木本药材树木为主的经济树种，如漆树、核桃、乌桕、油桐、杜仲等，水平阶或大穴整地造林。经济林带间每隔 10～20m 配置一条沿等高线的草带或灌木带，以保护林地，防止水土流失。

模式五：汉水谷地低山"一坡三带"式治理模式，如图 8 - 18 所示。

（1）立地条件特征。模式区位于陕西省安康市、商洛地区，为海拔 1000m 以下的山地。当地岭丘绵延、低缓浑圆。森林植被呈片状分布，覆盖率较低。区内人口密集、垦殖指数较高，水土流失比较严重。

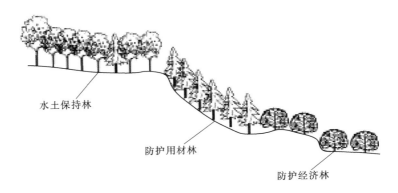

图 8-18　汉水谷地低山"一坡三带"式治理模式

（2）设计技术思路。当地人多地少，收入有限，人民生活水平低，生态环境脆弱。因此，必须把发展经济的着眼点放在改善生态环境上，把群众脱贫致富的切入点放在建设生态经济型林业上。在治理上应按照"山顶戴帽子、山腰系带子、山脚穿靴子"的"一坡三带"式的模式，把控制水土流失与人民脱贫致富奔小康有效地结合起来，实现生态与经济双赢的目标。

（3）技术要点及配套措施要求如下。

1）山顶水土保持林。选择保持水土功能强、适应性强好的油松、栎类、侧柏等乔木和马桑、沙棘、紫穗槐等灌木树种，以乔、灌或乔、乔沿等高线带状混交的配置方式营建多层次、多树种的混交林。混交带宽视坡长、坡度而定。

2）山腰防护用材林。选择速生、丰产、优质的杉木、马尾松、柏木等树种，营建以乔木与乔木混交为主的防护用材林。地势较缓处也可营造纯林。

3）山脚防护经济林：可供选择的主要经济树种有茶、桑、漆、油桐、油茶、核桃、板栗、杜仲、柑橘等。各地应根据当地的自然条件，选择各具特色的优势树种，如紫阳县的茶、安康市的桑、镇安和柞水县的板栗等。造林采取陡坡梯田沿地埂栽植1～2行树的农林混作配置，立地条件优越的地段也可成片建园经营。

模式六：桂北中低山"一坡三带"林业生态建设模式，如图8-19所示。

（1）立地条件特征。模式区位于广西壮族自治区北部的三江侗族自治县。中低山地区中下坡，土层较厚；上坡，土层浅薄；长期以来由于群众的广种薄收，毁林开垦和弃荒，形成了大面积的宜林荒山地或低效林区，森林植被遭到破坏，水土流失加剧。

（2）设计技术思路。"一坡三带"是林区群众对"山顶戴帽、山腰系带、山脚穿鞋"治理模式的惯称，即在山顶营造水源涵养林，山腰营造用材林，山脚营造经济林。通过"一坡三带"式治理，从整体上既可增加不同类型的森林植被，有效地控制水土流失，又能提供用材林和经济林产品，解决当地群众用材、烧柴等实际问题，增加群众经济收入，很好地解决生态效益和经济效益之间的矛盾，实现长短结合、以短养长的目标。

（3）技术要点及配套措施要求如下。

1）山顶水源涵养林：选择涵养水源功能强、耐贫瘠的树种，如马尾松、粗皮桦、余甘子、木荷、杨梅等营造混交林，混交方式有带状、块状，林分郁闭度维持在0.5～0.7。

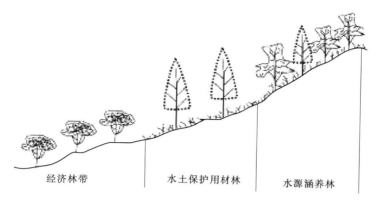

图 8 - 19　桂北中低山"一坡三带"林业生态建设模式

2）山腰水土保持用材林：选择保土能力强的树种，如松、杉、木荷、枫香、南酸枣、檫木等，进行针阔混交，混交比例为 7：3，带状混交，主要树种带比伴生树种带要宽些。林分郁闭度保持在 0.5～0.7。

3）山脚经济林：选择适宜本地生长且品种优良的果树、木本粮油及药材为主的经济树种，如水果类的柑橘、李、桃、柚子等，木本粮油类的板栗、柿子、油茶及工业用油的油桐等，药材类的黄柏、厚朴、杜仲等。水平阶或大穴整地，水平阶宽 1.0～1.5m。水果类及板栗、柿子等树种，穴的规格为 100cm×100cm×80cm，密度 33～66 株/亩；药材类及油茶、油桐等树种，穴的规格为 60cm×60cm×50cm，密度 130 株/亩。间隔 20～30m 配置一条等高生草带或灌木带，以减少水土流失。

8.3.2　农田防护林和牧场防护林

8.3.2.1　农田防护林

（1）基本概念包括以下 3 个方面。

1）农田防护林的概念与作用分别如下。

a. 农田防护林及其体系。农田防护林是以一定的树种组成、一定的结构，并成带或网状配置在遭受不同自然灾害（风沙、干旱、干热风、霜冻等）农田（旱作农田与灌溉农田）或牧场上的人工林。根据田、水、林、路总体规划，在农田上将农田防护林的主要林带配置成纵横交错，构成无数个网眼（或林网），即农田林网化。以农田林网为骨架，结合"四旁"植树、小片丰产林、果园、林农混作等形成一个完整的平原森林植物群体，即为农田防护林体系。在草原上将牧场防护林的防风固沙基干林带配置成与主害风风向垂直，结合星状布置的灌木护牧林（林岛）、风沙区牧民聚落区绿化和风蚀沙地护路林等形成完整草原牧场防护林体系。

b. 农田防护林的作用。农田防护林的主要功能是抵御自然灾害、改善农田小气候环境，给农作物的生长和发育创造有利条件，保障作物或草高产稳定。抵御的自然灾害，主要包括：①尘风暴，是风沙危害的主要形式；②干热风，是指气温为 32～35℃，相对湿度 25%～30%时，风速 3m/s 的风；③风灾，指由于风力过大，导致作物生理干旱而萎蔫或枯死；④低温灾害，是冷空气造成气温下降，致使作物延缓成熟，甚至不能正常生长发育。

2）林带结构。是指林内树木枝叶的密集程度的分布状况，也就是林带内透风空隙的大小、数量和分布状况。一般来说，林带结构是指林带的外部形态和内部结构的综合体。具体地说，林带结构就是林带的层次（林冠层次）、树种组成和栽植密度的总和。根据农田防护林外部形态和内部特征，或透光孔隙的大小和分布以及防风特性，林带结构划分为以下三种类型，如图 8 - 20 所示。

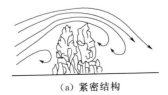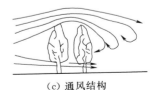

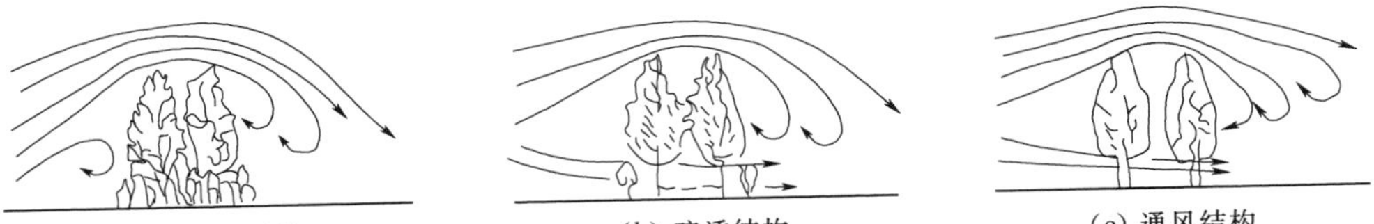

（a）紧密结构　　　　　　　　（b）疏透结构　　　　　　　　（c）通风结构

图 8 - 20　林带结构

a. 紧密结构：由主要林种、辅佐树种和灌木树种组成的三层林冠，上下紧密，一般透光面积 <5%，林带较宽，在背风林缘附近形成静风区，防风效果好，但防风距离较短。

b. 疏透（稀疏）结构：由主要树种、辅佐树种和灌木树种组成的三层或二层林冠，林带的整个纵断面均匀透风透光，从上部到下部结构都不太紧密，透光孔隙分布均匀。在背风的林缘附近形成一个弱风区，防护距离较大。

c. 通风（透风）结构：由主要树种、辅佐树种和灌木树种组成的二层或一层林冠，上部为林冠层，有较小而均匀的透光孔隙，或紧密而不透光。在背风面林缘较远的地方形成弱风区，防护距离较大。

3）防护林带有关指标的概念如下。

a. 疏透度。也称透光度，指林带的透光程度。疏透度是林带林缘垂直面上透光孔隙的投影面积 S' 与该垂直面上总面积 S 之比（用小数或百分数表示）。

b. 林带透风系数。是指当风向垂直林带时，林带背风林缘 1m 处林带高度范围内的平均风速与空旷地区相同高度范围内的平均风速之比。

c. 林带高度。指林带中主要树种的成龄高度，一般用字母 H 表示。

d. 林带宽度。是指林带本身所占据的株行距，两侧各加 1.5～2.0m 的距离。林带宽度直接影响疏透度，一种疏透型或通风型林带，如果宽度增大到一定限度就会变成紧密结构林带，一般认为这个行数限度是 15 行（约 30m）。

e. 林带断面形状。营造林带时，由于主要树种、辅佐树种及灌木树种在搭配方式上的差异，往往会形成不同的林带横断面几何形状，称为林带断面形状。

f. 林带走向。是指林带配置的方向，它是以林带两端的指向，即以林带方位角度表示的。林带方位角为林带水平纵轴线与子午线的交角。

g. 林带交角与偏角。实际设计的林带与理想林带走向的夹角称为林带的偏角；林带与主要害风方向的夹角称为林带的交角。

h. 有效防护距离。林带附近风速减弱至有害风速以下的空间范围，一般采用林带高度 H 的倍数表示。

（2）总体布置。农田防护林的规划设计总体布置须遵循以下原则。

1）在遭受干热风危害、风蚀、风沙、海岸台风危害地区的农田、牧场、草场均应布设农田（牧场）防护林。首先考虑农田、牧场以及村庄、道路、灌溉渠系分布特点，确定规划设计的范围。

2）田、路、渠、堤、坡、林统一规划，综合治理，使农田、牧场得到林网的保护。在大面积农田草场范围内有低山、岗地、阶地等易造成水土流失的地带应将周边防护林与水土保持林结合起来。

3）形成以农田林网为主，与小片林、经济林、果园、"四旁"绿化有机结合，建立相互联系、相互影响的综合性防护林体系。

4）利用现有小片林、渠系防护林、道路防护林、护村林分区划网，划网应与林带主向、现有道路、干支渠等走向结合；在平面图上应显示新建主副林带、改造补植林带、原有林带的关系。

5）在人工草场、半人工草场和天然草场，根据草场植被类型、放牧牲畜种类、载畜量、畜群结构等划分放牧小区，并与水、草、林、基（基点）、料相结合，布置草牧场防护林。

（3）防护林设计内容如下。

1）确定防护林带结构。根据林带结构特点及防护对象或适用范围，选择确定林带结构，结构特点与适用范围见表 8-11。

表 8-11 不同林带结构特点与适用范围（或防护对象）

类型	主要特点	适用范围（或防护对象）
紧密结构	带幅宽，行数多，造林密度大，由乔灌木树种组成。透光度<0.3，透风系数<0.3	果园、种植园或重要工程设施、流沙前沿（阻沙林带）
疏透结构	带幅窄，行数较少，由乔灌木树种组成，灌木单行配置在乔木一侧或两侧。透光度 0.3～0.5，透风系数 0.3～0.5	广泛的平原农区和风沙区农地的防护
通风结构	行少，带幅窄，一般由乔木组成。透光度 0.4～0.6，透风系数>0.5	用于一般风害地区或风害不大的干热风危害、水网地区的农田防护

注 引自《生态公益林技术规程》。

沙区农田防护林，若乔灌混交或密度大时，透风系数小，林网中农田会积沙，形成驴槽地，极不便耕作。而没有下木和灌木，透风系数 0.6～0.7 的透风结构为最适结构。

2）确定防护林带方向。当主害风风向频率很大，即害风风向较集中，其他方向的害风频率均很小时，林网呈长方形布置，主林带（长边）应与主要害风风向垂直配置。一般风害地区，在考虑和照顾农业耕作习惯等其他要求时，林带走向可在 30°范围内做适当调整。

主害风与次害风风向频率均较大，害风方向不集中或无主害风方向时，林网可设计成正方形林网。

（4）确定林带间距与网格面积方法如下。

1）主林带间距，根据预防的主要风害种类确定。

风沙危害地区，为防止表土风蚀，保证适时播种和全苗，保持土壤肥力，主林带间距

$15\sim20H$；干旱绿洲区，如北疆主林带间距 $170\sim250m$；南疆风沙大，用 $250m\times500m$。以干热风危害为主的地区，由于干热风风速不大，在背风面相当林带高度 20 倍处，仍能降低风速 20% 左右，对温度的调节和相对湿度的影响仍然明显。加上下一条林带迎风面的作用，主林带间距按 $25H$ 设计。风害盐渍化地区，生物排水和抑制土壤返盐是涉及林带考虑的又一重要因素。据江苏省、新疆维吾尔自治区对影响地下水位和抑制土壤返盐的调查，一般主林带间距最大不超过 $125m$。在盐渍化土壤上，林带高一般较低，因此这类地带一般主林带间距不应超过 $200m$。这两三种灾害同时存在的地带，应以其低限指标来设计主林带间距。

2）副林带间距。按主林带间距的 $2\sim4$ 倍设计为宜。如害风来自不同的方向，仍可按主林带间距设计，构成正方形林网。

3）网格面积。按上述设计，风沙危害严重地带的网格面积为 $10hm^2$ 左右，风沙危害一般地带 $13.3hm^2$ 左右，仅少数严重风蚀沙地和盐渍化地区可以小于 $6.7hm^2$。以干热风为主的危害地区，一般 $16.7\sim26.7hm^2$。总体原则，按不同灾害性质、轻重和不同立地类型，因地制宜、因害设防确定当地的适宜结构。窄林带、小网格类型是相对宽林带、大网格类型而言，并不是林带越小越好，应当科学确定。

（5）确定防护林宽度与横断面方法如下。

1）林带宽度。林带宽度影响林带结构，过宽必紧密。我国多采用林带宽度 $10m$ 以下，$3\sim5$ 行窄林带，这种小网格窄带防护林效果好。在山、水、田、林、路相结合的情况下，一般采用 1 路 2 渠 4 行树，或者 $2\sim3$ 行的林带，只要树势生长旺盛，林带完整，抚育及时，就能形成合理的防护林带。沙区可略宽一点。

2）林带横断面。紧密结构以不等边三角形为好；疏透结构以矩形为好；通风结构以屋脊形为好。

（6）适生树种与配置方法如下。

1）树种选择。①选择当地生长优良的乡土树种；②选择速生、高大、树冠发达、深根系的树种；③选择抗病虫害、耐旱、耐寒且寿命长的树种；④防止选用传播病虫害的中间寄生的树种；⑤适当选用有经济价值的树种作为伴生树种或灌木；⑥在灌木区可考虑蒸腾量大的树种，有利于降低地下水位，平原区、沿海地区有盐渍化问题的农田上，则要考虑耐盐耐碱的树种。我国各地区农田防护林主要适宜树种见表 8-12。

2）树种配置。疏透结构与通风结构在我国多采用乔木纯林，或纯林外侧加灌木；紧密结构则是乔灌结合。

8.3.2.2　牧场防护林与牧区基点防护林配置

（1）牧场防护林要求如下。

1）一般采用疏透结构，或无灌木的透风结构。应结合灌溉渠系、道路、放牧小区边界布设。

2）林网由主副林带组成，主林带不必拘泥与主害风方向垂直，可依地形地势做适当调整，坡度大于 $8°$ 时，应沿等高线布置。副林带原则上与主林带垂直。

3）主林带间距 $20\sim30H$，副林带间距是主林带间距的 2 倍。严重者主林带间距可为 $15H$，病幼母畜放牧地可为 $10H$。牧场、草场因草被覆盖好，风蚀危害轻的，林带间距

表 8－12　　　　　　　　　　　　　农田防护林主要适宜树种

区域	造　林　树　种
东北区	兴安落叶松、长白落叶松、油松、樟子松、云杉、水曲柳、胡桃楸、赤峰杨、白城杨、健杨、小青杨、群众杨、小黑杨、银中杨、旱柳、垂柳、臭椿、核桃、绒毛白蜡
三北区	樟子松、油松、杜松、旱柳、白榆、白蜡、刺槐、大叶榆、臭椿、胡杨、新疆杨、赤峰杨、箭杆杨、银白杨、二白杨、白城杨、小黑杨、银中杨
黄河区	油松、侧柏、云杉、杜梨、槲树、茶条槭、刺槐、泡桐、臭椿、白榆、大果榆、蒙椴、枣树、垂柳、河北杨、钻天杨、合作杨、小黑杨
北方区	华北落叶松、银杏、桦树、槭树、椴树、楸树、枣树、旱柳、刺槐、国槐、臭椿、白榆、核桃、泡桐、栾树、毛白杨、青杨、加杨、小美旱杨、沙兰杨
长江区	银杏、榉树、枫杨、樟木、楠木、梓木、白花泡桐、香椿、楝树、喜树、梓木、漆树、乌桕、油桐
南方区	水杉、池杉、黑杨、楸树、枫杨、苦楝、榆、槐、刺槐、乌桕、黄连木、栾树、梧桐、泡桐、喜树、垂柳、旱柳、银杏、杜仲、毛竹、刚竹、淡竹、木麻黄、桉树、桑树、香椿、毛红椿
热带区	落羽杉、池杉、水松、水杉、木麻黄、窿缘桉、巨尾桉、尾叶桉、柠檬桉、赤桉、刚果桉、台湾相思、大叶相思、银合欢、枫杨、蒲葵、蒲桃、勒仔树、撑竿竹、刺竹、青皮竹、麻竹

注　引自《生态公益林建设技术规程》(GB/T 18337.3—2001)。

应比农田防护林大些，一般 400～800m，割草地不设副带。

4) 考虑草原地广林少，干旱多风，为形成森林环境，林带可宽些，东部林带 6～8 行，乔木 4～6 行，每边一行灌木。造林密度取决于水分条件，条件好可密些，否则要稀些。西部干旱区林带不能郁闭，林带可宽些。

(2) 牧区基点防护林。是指饮水点 (井、泉)、畜群点、畜舍、棚圈、居民点。应因地制宜营造畜群防护林、畜舍棚圈防护林、居民点防护林、疏林草地 (树伞)、饲料型防护林或绿篱等，与牧区的薪炭林、用材林、苗圃、果园、居民点绿化一起形成牧区防护林体系。

8.3.3　人工种草 (含草坪)

8.3.3.1　草种选择

草种选择涉及内容很多，本书仅作概括叙述，有关草种选择详细内容，请参考《生态公益建设技术规程》(GB/T 18337.3—2001)、《水土保持综合治理技术规范》(GB/T 16453-1～16453-6—2008)、《中国主要树种造林技术》(中国树木编委会，1981) 和《林业生态工程学——林草植被建设的理论与实践》(王治国，2000) 等。理想决策程式参考图 8-2。

草种选择与树种选择相似，根据种草地的生境条件，主要是气候条件和土壤条件，选择适宜的草种，同时应做到生态与经济兼顾，也就是说选择草种必须做到能发芽，生长、发育正常，且经济合理。如有些草种，种植初期表现好，但很快就出现退化；而另一些草种虽生长很好，但管理技术要求高，投入太大，这都不能算正确的草种选择。当然草种选择也要注意其定向目标，培育牧草应选用较好的立地，培育水土保持草地时可选用较差的立地。乔灌草结合时，应选择耐阴的草种。

草种选择的方法，一是调查现有草地（特别是人工草地）、草坪，获得草种生长状况的有关资料，如生物量、生长量和覆盖度等，比较分析，选择适宜的草种；二是通过试验研究，即在发展种草的地区，选择有代表性的地块，引进种植不同的草种，观察其生长情况，筛选出适宜的草种。由于草种生长周期短（树种引种周期很长），第二种方法也是经常采用的方法。

黄河中游黄土地区土壤瘠薄，气候干旱，雨量较少，冬春多风，夏季最高温度可达40℃，冬季最低温度为－30℃。因此，适宜种植耐寒、耐旱、耐瘠薄、抗逆性强的草种。如紫花苜蓿、草木樨、红豆草、毛叶苕子、野豌豆、沙打旺、无芒雀麦、羊茅、老芒麦及冰草等。南方地区，土壤肥力中等，气候温暖湿润，年降水量丰富，昼夜温差中等，冬季与夏季的温差比北方地区小，夏季最高温度能高达40℃，冬季最低温度低于－10℃。因此，适宜种植的草种应具有中等耐寒力、适当耐旱，有一定的耐瘠薄能力，喜欢温暖湿润，有一定的抗逆能力，生长快，再生性强，产量高，割后恢复覆盖快，畜、禽、鱼爱吃的草或水土保持功能强的草种，如红三叶、白三叶、紫花苜蓿、草木樨、箭藤、黑麦草、鸡脚草、苏丹草及苇状羊茅等。南方的高山地区（海拔在800～2000m高的山区），土壤肥力中等，气候温暖湿润，昼夜温差中等，冬夏温差也是中等，夏季最高温度为28～32℃，冬季最低温度为10～12℃，年降雨量高，一般为1500～1800mm，比北方地区多了几倍。适宜的草种有红三叶、白三叶、杂三叶、多年生黑麦草、鸡脚草及苇状羊茅等。

草坪草种的选择除注重生物学特性外，还应注重其外观形态与草姿美观、植株低矮、绿叶期长、繁殖迅速容易等要求。

8.3.3.2　适宜种植的水土保持草种

不同立地适宜水土保持草种，见表8-7，不同气候带适生的草坪草种，见表8-8。

8.3.3.3　人工种草组成及配置

草种混播的方式最为常见。自然界植物都是混生在一起的。多种植物混生可以互补，比单生繁茂，且能延长青草生长期、草地寿命和草的利用时间。草坪草的混播要求更严，一般至少必须有3个品种混合。牧草或水土保持种草一般采用禾本科与豆科牧草混播，也有采用单一禾本科或豆科混种的。草坪草则可采用禾本科（豆科较少）的草混播；也可用同一种不同品种混播（习惯上称为混合）。因此，国内外除种子田外，人工草地和草坪多采用混播方式。

（1）牧草混播组合。牧草混播组合是一个较为复杂的问题，要根据利用目的、利用年限及牧草生物学特性，结合当地自然条件决定。通常为禾本科、豆科两大类牧草混播。以割草为主的利用年限是4～7年，取上繁禾本科牧草与豆科牧草混种；以放牧为主的则以下繁豆科、禾本科牧草为主；长期人工草地选4～5种牧草混播；短期人工草地只需2～3种牧草混播。各组合中必须有1种以上豆科牧草。

混播草的播种量各成员牧草比单播略少些，见表8-13。

（2）草坪草混播组合。草坪草混播组合中，通常包含主要草种和保护草种。保护草种一般是发芽迅速的草种，其作用是为生长缓慢和柔弱的主要草种提供遮阴及抵制杂草，如黑麦草、小糠草。在酸性土壤上应以剪股颖或紫羊茅为主要草种，以小糠草或多年生黑麦

表 8 - 13　　　　　　　　　　　　　混播牧草播种量比较

利用年限	豆科牧草	禾本科牧草	在禾本科牧草中	
			根茎型和根茎疏丛型	疏丛型
短期（2～3 年）	65～75	35～25	0	100
中期（4～7 年）	25～20	75～80	10～25	90～75
长期（8～10 年）	6～10	92～90	50～75	50～25

草为保护草种。在碱性及中性土壤上则宜以草地早熟禾为主要草种，以小糠草或多年生黑麦草为保护草种。混播一般用于匍匐茎或根茎不发达的草种。

草坪草混播比例应视环境条件和用途而定。我国北方以早熟禾类为主要草种，以黑麦草为保护草种，如采用早熟禾（40％）＋紫羊茅（40％）＋多年生黑麦草（20％）的组合。在南方地区宜用红三叶、白三叶、苕子、狗牙根、地毯草或结缕草为主要草种，以多年生黑麦草、牛尾草等为保护草种。

高级运动场地的草坪草混播，必须经过试验研究确定。以广东某高尔夫球场为例，球道一般单种狗牙根或结缕草；而果岭可用 70％的非匍匐紫羊茅和 30％的细弱剪股颖；发球台可用 40％的草地早熟禾、40％的紫羊茅、20％的多年生黑麦草；高草区用苇状羊茅、鸭茅（阴凉地区）和结缕草、狗牙根（温暖地区）。

8.3.3.4　种草整地设计

同 8.1.3.4 小节。

8.3.3.5　种草和草坪建植

同 8.1.3.6 小节，播种量的计算详见 8.3.3.6 小节。

8.3.3.6　种苗量计算

种草生态工程的种苗量是根据种植点的配置计算的。牧草播种量是由种子大小（千粒重）、发芽率及单位面积上拥有的额定苗数决定的。

一般情况下，若知道某植物种子的千粒重和单位面积播种子数或计划有苗数，就可以算出理论播种量，即

$$W_L = \frac{MG}{100} \qquad\qquad (8-14)$$

式中　W_L——理论播种量，kg/hm^2；

　　　M——单位面积播种子数（粒/m^2）或计划有苗数，株/m^2；

　　　G——种子千粒重，g。

而设计播种量还要考虑种子的纯净度（％）、种子的发芽率（％）和成苗率（％）等因素，在播种时可能还要考虑鸟鼠虫造成的损耗或施工损耗，一般的处理是增加设计播种量 2％，也可以采用经验修正值（小数，经验值）的办法，即

$$设计播种量 = \frac{理论播种量 \times 经验修正值}{种子纯净度 \times 种子发芽率 \times 成苗率}$$

或

$$设计播种量 = \frac{理论播种量 \times (1+2\%)}{种子纯净度 \times 种子发芽率 \times 成苗率}$$

实际设计时，若播区成苗率和经验修正值不能确定，也可以简化为

$$设计播种量 = \frac{理论播种量}{种子纯净度 \times 种子发芽率}$$

常见牧草播种量，见表 8 - 10。

【案例 3】　黄土区灌草带设计。

西北地区某地，地处黄土丘陵沟壑区与风沙区过渡带，年降水量 250～400mm；土壤沙壤质，植被稀疏。为解决饲料和薪炭紧缺，计划营造水土保持灌草带。水土保持灌草带设计如图 8 - 21 所示。

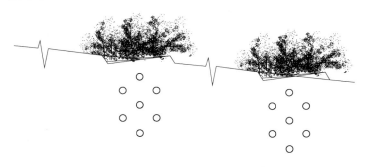

图 8 - 21　水土保持灌草带设计

在水土保持灌木林林带之间的坡地种植牧草，采用 1：4 比例的种子重量混播黑麦草（千粒重 2g，发芽率 88%，种子纯净度 92%）和红豆草（千粒重 16g，发芽率 93%，种子纯净度 98%），每平方米额定混播 2500 粒。水土保持草种播种的作业损耗为 2%。计算每公顷所需黑麦草和红豆草的设计播种量。

已知按 1：4 重量比，1g 黑麦草 500 粒，4g 红豆草 250 粒。则 5g 混播种子共计 750 粒。

理论播种量　　每平方米混播需 2500 粒 $\times$ 5g/750 粒 = 16.67（g）

$$黑麦草量 = 16.67 \times \frac{1}{5} = 3.33 g/m^2 \approx 33（kg/hm^2）$$

$$红豆草量 = 16.67 \times \frac{4}{5} = 13.34 g/m^2 \approx 133（kg/hm^2）$$

设计播种量

$$黑麦草量 = 33 \times \frac{1 + 2\%}{88\% \times 92\%} \approx 41.58（kg/hm^2）$$

$$红豆草量 = 133 \times \frac{1 + 2\%}{93\% \times 98\%} \approx 148.85（kg/hm^2）$$

8.3.4　防风固沙造林

8.3.4.1　固沙造林树种选择

（1）树种选择的要求如下。

1）耐旱性强。枝叶要有旱生型的形态结构，如叶退化、小枝绿色兼营光合作用，枝叶披覆针毛，气孔下凹，叶和嫩枝角质层增厚等特征；有明显的深根性或强大的水平根系。如沙柳、梭梭、沙拐枣等。

2）抗风蚀、沙埋能力强。茎干在沙埋后能发出不定根，植株具有根蘖能力或串茎繁殖能力。一旦遇到适度的沙埋（不超过株高的 1/2）生长更旺，自身形成灌丛或繁殖成片。在风蚀不过深的情况下，仍能正常生长。

3）耐瘠薄能力强。一般是具有根瘤菌的树种，如花棒、杨柴、沙棘、沙枣等。

4）分枝多，冠幅大，繁殖容易，抗病虫害。

5）北方选择的树种须耐严寒，南方选择的树种须耐高温。

（2）主要固沙造林树种。我国北方风沙区、黄泛区古河道沙区、东南沿海岸线沙区的固沙造林主要适宜树种，见表 8-14。

表 8-14　　　　　　　　　　固沙造林主要适宜树种

区　域	主　要　造　林　树　种	
	乔　木	灌　木
北方风沙区	樟子松、油松、赤松、华山松、落叶松、云杉、冷杉、侧柏、刺槐、胡杨、小叶杨、新疆杨、箭杆杨、小黑杨、银中杨、山杨、旱柳、白榆、麻栎、栓皮栎、蒙古栎、白桦、桦树、槭树、椴树	红柳、沙枣、沙柳、沙棘、沙木蓼、花棒、毛条、踏郎、柠条、紫穗槐、沙拐枣、红柳、枸杞、杨柴、三花子、梭梭
黄泛区古河道沙区	华山松、油松、华北落叶松、杜松、白皮松、侧柏、白桦、山杨、榆、杜梨、文冠果、山杏、刺槐、泡桐、臭椿、白榆、旱柳、毛白杨、河北杨、青杨、楸、桦树、四翅滨藜	沙地柏、铺地柏、洒金柏、鹿角桧、紫穗槐、胡枝子、马棘、杞柳、荆条、南天竹、海桐、黄杨、构骨、冬青卫矛、丁香、四翅滨藜、十大功劳
东南沿海岸线沙区	湿地松、木麻黄、相思树、银合欢、赤桉、刚果桉、水杉、柳杉、火炬松、侧柏、苦楝、麻栎、乌桕、红树	杞柳、刺梨、白刺、黄槿、金叶女贞、夹竹桃、石楠、木芙蓉、火棘、紫荆、山茶、紫薇、金丝桃

8.3.4.2　固沙造林的施工

（1）造林整地方法如下。

1）整地时间。营造乔木林，在北方的中度、轻度风蚀区和杂草丛生的草滩地，质地较硬的丘间地等，应于前一年秋末冬初整地，次年春季造林。流动沙丘和半流动沙丘造林不宜整地，以免造成风蚀。重风蚀区可在春季随整地随造林。南方可在造林前整地。营造纯灌木林时，可随整地随造林。营造乔灌混交林和乔木林整地时间相同。

2）一般整地方法。在大片完整和坡度较缓的沙荒地上造林，一般用带状整地，带宽 1.0～1.5m。带面耙平后，再在上面挖穴栽树，按设计的株行距"品"字形排列。有条件的可机械开沟作带造林。

在地形破碎、坡度较陡的沙荒地上造林，采用鱼鳞坑整地，坑径 1.0～1.5m，坑深 0.6～0.8m，坑距 3～5m，"品"字形排列。

营造灌木林一般采用穴状整地，按设计的株行距，定点挖穴，穴深不小于 0.6m，视苗木根系而定。

3）特殊整地方法。翻淤压沙整地。黄泛区古河道沙地，沙层较浅（0.5～0.6m），下为淤土。造林前，先用人工或机械将下层淤土翻起，压在沙上，厚 0.3～0.4m，然后在淤土上造林。

客土整地。东南沿海岸滩，夏季地温高，首先按株行距挖坑，然后用低温客土种树。

（2）植苗造林要求如下。

1）苗木规格。要求选用一、二级苗，以容器苗或植生针叶苗为好。

2）栽植技术。沙区栽植应注意保墒，一般在春季或夏季采用窄缝栽植。用容器苗或植生针叶苗造林，应事先整地，待春季墒情好时造林，最好采用容器苗或植生针叶苗造林。阔叶乔木苗，可截干造林，以保证成活。

风口造林，栽植深度必须超过当年最大风蚀深度，直达沙地的湿沙层，并在栽植穴周围培修沙坝，以增加地面糙度，减轻风蚀。

营造海岸线防风林时，应采取客土和适时深栽。

（3）飞播造林方法如下。

1）飞播前勘查、规划。对飞播区进行勘查、调查，掌握沙丘类型、走向、原有植被种类和覆盖度，以及降水季节、沙地土壤水分条件等。根据飞播造林的可能效率，确定具体飞播范围，进行测量，规划接近于平行主风向的航播带，埋设入航、出航的标桩，绘制播区位置图（1/200000）和飞播作业图（1/10000）。

2）播幅与航高设计。根据飞播区情况，确定单程或复程的航带长度、播种宽度和飞行高度，大粒种子设计播幅宽为 50m，航高为 50～70m；沙蒿等小粒种子设计播幅宽度为 40m，航高为 50～60m。如播幅较宽，应在上述宽度的基础上增加 20%～30% 的重叠系数。

飞播作业时侧风风速不应超过 5.4m/s；侧风角度不应超过 40°（小粒种子不应超过 20°）。顺风、逆风飞播大粒化种子，风速不应超过 6～8m/s，播小粒种子风速不应超过 6m/s。

3）飞播前准备工作。飞播固沙植物的选择，在流沙地区飞播应选择抗风蚀、耐沙埋、生长迅速快和自然繁殖能力强，具有较高经济价值的植物。一般有沙蒿、踏郎、花棒等。

飞播量的确定。单位面积播种量计算公式为

$$S = \frac{NWD \times 1000}{REC} \tag{8-15}$$

式中　S——播种量，g/m^2；

　　　N——每平方米面积计划有苗数；

　　　W——种子千粒重，g；

　　　R——种子纯度，%；

　　　E——种子发芽率，%；

　　　D——修正系数，小数表示，经验值；

　　　C——飞播区成苗率，%，经验值。

a. 种子大粒化处理。为了解决小粒种子和易飘移种子的位移，应在种子外面裹上黄土，制成比种子重 2～3 倍的大粒化种子丸，保证飞播种子分布均匀，提高飞播保苗的面积率。

b. 种子防害处理。飞播前应采用对人畜无害的药液浸种，防止鼠、兔、虫三害。

c. 根据规划设计飞播的范围与幅宽，在地面设置明显的标志。

d. 播种期的选定。一般在夏秋雨季，做好天气预报，一般在有效降雨前的 7～15 天较好。

4）飞播后调查。飞播后要进行成效调查，用路线（航带中央）调查方法，飞播当年在发芽后和生长季结束后各调查一次，调查路线上每隔 5m（背风坡 6m）设 1m² 样方。当成苗面积率过小时，抽样数不足，可增设一条调查线，以保证精度。调查项目包括地形部位、有苗株数、株高、冠幅、地径、蚀积情况、天然植被情况。计算发芽面积率（以 1m² 样方有一株以上健壮苗为发芽面积来统计）。还可以根据需要进行沙地水分、风蚀、风速的定位观测。

$$有苗面积率=\frac{有苗样方数}{调查样方数}\times100\%$$

5）飞播区的封禁管护。飞播后数年，飞播区要严加封禁保护，防止人畜破坏。管护工作包括保护飞播区防止人畜破坏，移密补稀，在飞播区条件好的地方，栽植松树容器苗等。飞播区管护需要专门组织形成保护网络，固定专人负责，也需要对群众进行广泛深入的宣传，真正提高群众的认识，把护林变成群众自觉的行动。

8.3.4.3　平整沙丘造地技术

平整沙丘造地不仅能够防沙固沙，还能够提高土地生产力。无水源的地区可用推土机平整沙丘；有水源的地方可采用引水拉沙的办法平整沙丘。平整后的沙地如有条件可引洪淤地。整治好的土地应根据立地条件，植树种草恢复植被，条件好的可考虑耕种。

8.3.4.4　松嫩平原西部流动沙地防风固沙模式

防风固沙模式如图 8－22 所示。

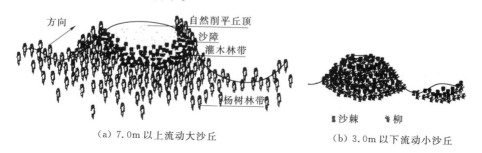

（a）7.0m 以上流动大沙丘　　　　（b）3.0m 以下流动小沙丘

图 8－22　松嫩平原西部流动沙地防风固沙模式

（1）立地条件特征。模式区位于吉林省前郭尔罗斯蒙古族自治县白沙尖流动沙地、扶余县松花江右岸流动沙地。地形起伏小，海拔为 150～250m。土壤为风沙土，通体细砂，土壤贫瘠，在沙丘 5～10cm 以下水分条件较好，干旱的年份含水量在 2.0% 左右。制约该区生态建设的主导因素是春季的风沙危害和春旱。

（2）设计技术思路。由于流沙发达的非毛管孔隙切断了沙丘中毛管水的蒸发，在沙丘表层 5～10cm 以下形成含水量较高的沙层，水分条件较好，植树、种草均易成活。根据沙丘水分分布的特点和流沙危害的类型与程度，因地制宜，分类治理，机械固沙和生物固沙相结合，控制流沙，达到固定流沙和恢复沙区植被的目的。

（3）技术要点及配套措施要求如下。

1）阻止流沙面积的扩大，在流动沙丘或流动沙丘群周围的固定或半固定沙地上，营造与盛行风向垂直的阻沙固沙林带。迎风面林带宽 30～50m，背风面林带宽 20～30m。造林株行距为 1.0m×2.0m 或 2.0m×2.0m。造林树种为白城杨、小青黑杨或小黑杨。

2）高度大于 7.0m 的流动沙丘，采用"前挡后拉"方法，削平沙丘顶部而后全面固定。首先，在沙丘的迎风面 1/2 或 2/3 处沿等高线设置 2～3 行沙障（沙障材料用粗 5cm 以上、长 1.0m 左右的杨树或柳树枝干，插入沙内 40～50cm，上部留 50cm）；在沙障下，等高营造黄柳、沙棘等灌木林带，林带宽 2.0～3.0m，株行距为 0.5m×1.0m，带间距为 2.0～3.0m。然后在沙丘背风坡脚处营造 3～5 行杨树林带，株行距为 1.0m×2.0m。空留丘顶让风力自然削平，待平缓后再进行固沙造林。

3）3m 以下的小流动沙丘，不留丘顶，按等高线，由丘顶开始营造柳、沙棘、山竹子等灌木林带。林带宽 2.0～3.0m，株行距为 0.5m×1.0m，带间距 2.0～3.0m。待沙丘被灌木固定后，再营造乔木林。

8.3.4.5　林草工程典型设计

林草工程典型设计，包括造林典型设计、种草设计及各种复合工程类型的设计。目的是进行分类设计、简化设计，以便于计算种苗量和工程量，提高设计效率。林草典型设计应在外业调查的基础上，分析地貌、土壤、植被及水文等环境因子的分布变化规律，并进行立地类型划分，然后分立地类型、林种或工程类型及适生树种草种进行编制。每个典型设计要确定其适用的立地类型。一般一个立地类型有一个或数个不同树种的典型造林设计，也有一个树种的典型设计适用于两个以上的立地类型。因此，在一个地区内编制林草工程典型设计，应在前面附上立地类型相应的典型设计对照表。典型设计应做到适地适树、技术先进、简洁明了和直观实用。

林业生态工程典型设计，主要包括树种草种、林种或工程类型、树种组成（或草种混播类型或林草复合结构）、造林密度及株行距、整地方式和规格、整地季节、林草种植方法（造林种草方式）、种植季节、苗木或种子处理、栽植方式、幼林抚育措施及次数、种苗用量，以及材料用量（如浇水）和特别需要说明的问题等。以下以造林典型设计为例说明。有关种草或草坪的典型设计可根据其特点要求参照编制。

【案例 4】　方山县峪口镇土桥沟流域花果山造林典型设计，如图 8-23 所示。

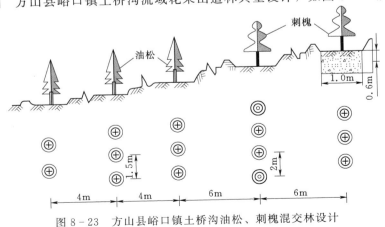

图 8-23　方山县峪口镇土桥沟油松、刺槐混交林设计

林种：水土保持林（油松、刺槐混交）

造林地种类：黄土丘陵沟壑区丘陵坡面与沟坡面

立地类型：山梁坡、沟坡黄土

苗木设计，见表 8－15；技术措施设计，见表 8－16。

表 8－15 苗 木 设 计

造林树种	混交方式	株距/m	行距/m	每穴栽植株数	苗木规格			用苗量/（株/hm²）
					苗龄	基径/cm	苗高/cm	
油松	3 行	1.5	4	3	2	0.45	15	2308
刺槐	2 行	2.0	6	1	1	1.2～1.5	150	385

表 8－16 技 术 措 施 设 计

项目	时间	方式	规格与要求
整地	春、夏、秋	反坡梯田	宽×深：100cm×60cm，每隔 2.5～3.5m 做一 20cm 高横挡，田面反坡 20°，梯田外侧修地埂，高 25cm，宽 30cm
栽植	春、秋	植苗	油松：春季随起苗随造林，苗木要稍带些原土，保持根系舒展，踏实； 刺槐：用截干苗造林，留干长 10～12cm，栽时要根系舒展，埋深使切口与地面平，填土踏实
抚育	春、秋	松土、除草 培修地埂、修枝	造林后连续抚育 3 年，第 1 年松土除草 1 次，5—8 月进行，第 2 年 5—8 月松土除草 1 次，抚育时注意培修地埂，蓄水保墒刺槐栽植后第 2 年起每年修枝，修枝强度为保留树冠高 2/3

8.3.5 封育工程

封育治理以封禁为基本手段，封禁、抚育与管理结合，促进森林和草地成长的林草培育措施。主要包括在有水土流失的荒坡与残林、疏林地采取封山育林措施；在草场退化导致水土流失的天然草地采取封坡育草措施。目的是恢复林草植被、防治水土流失、提高林草效益。

8.3.5.1 封山育林及技术措施

（1）封山育林的特点如下。

1）封育治理见效快。一般来说，具有封育条件的地方，经过封禁培育，南方各地少则 3～5 年，多则 8～10 年；北方和西南高山地区 10～15 年，林草覆盖度就可以达 50% 以上，其中乔木林的郁闭度大于 0.2。

2）能形成混交林，发挥多种生态效益。通过封禁培育起来的森林，大多为乔灌草结合的混交复层林分，保持水土、涵养水源的作用明显。

3）封山治理具有投资成本低、成林成草效果突出、生态效益明显的优点。在我国江河上游和水库上游地区，大多分布着天然林、天然残次林、疏林、灌木及天然草地，这些地区往往交通不便，人口相对较少，人工造林种草的投资和劳力明显不足。因此，封山治理、保护水源地是生态修复工程中最为重要的一项措施。

（2）封育治理的条件如下。

1）封山育林的条件是具有母树、天然下种条件或萌蘖条件的荒地、残林疏林地、退化天然草地；有天然下种和萌芽根蘖的条件，如残次林地、疏林地、灌木林地、疏林草地、草地以及森林、草原的边缘和中间空地，采伐迹地和被破坏的林地，以便通过植株萌芽或天然下种，恢复林草植被。

2）人工造林种草困难或不适用于人工造林的高山、陡坡、裸岩、石漠化土地等水土流失严重地段及沙丘、沙地、海岛、沿海泥质滩涂等经过封育有望成林（灌）或增加植被盖度的地区。

3）通过配合封山采取其他相应的生物或工程措施，能够为迅速恢复林草发展创造条件的地区。

4）有封禁条件，封禁后不影响当地居民的正常生活。

封育应与人工造林种草统一规划，通过封育措施可恢复林草植被的，可直接封育；自然封育困难的造林区域，需辅以人工造林种草。

（3）封山育林的技术措施。封山育林的技术措施包括封禁、培育两个方面。封禁，就是建立封禁制度，分别采用全封、半封和轮封，为林木的生长繁殖创造休养生息条件；培育，就是利用林草自然繁殖能力或经人工辅助（补种、补植、抚育、修枝、间伐），促进封育效果，提高林分质量。

1）封禁方式及适用条件如下。

a. 全封。又叫死封，指在封育初期禁止一切不利于林木生长繁育的人为活动，如禁止烧山、开垦、放牧、砍柴、割草等。封禁期限可根据成林年限加以确定，一般为 3～5 年，有的可达 8～10 年；在人为破坏严重的区域宜实行全封。从另一个角度，全封是指在封育期间，禁止除实施育林措施以外的一切人为活动的封育方式。在边远山区、江河上游、水库集水区、水土流失严重地区、风沙危害特别严重地区，以及恢复植被较困难的封育区宜采用全封。具体涉及：

（a）裸岩（包括母质外露部分）在 30% 以上的山地，这类山坡土层瘠薄，水土流失严重，造林整地较难，生物量很小，目前宜全封养草种草。

（b）坡度在 35° 以上的陡坡地、土层厚度在 30cm 以下的瘠薄山地。由于坡陡，或土层薄，造林整地困难，一旦封禁不严，植被遭到破坏，就难以恢复。

（c）新近采伐迹地，有残留母树，可以飞籽繁殖；或有萌蘖力强的乔灌木根株；或有一定数量的幼树。这类地区只要全封起来，大部分能迅速成林，如果采取半封，就会损坏幼树。

（d）分布有种源缺少或经济价值高的树种或药用植物的山地。

（e）邻近河道、水库周围的山坡，国家和地方政府划定封禁防护林、保护区或风景林等。

b. 半封。又叫活封，分为按季节封和按树种封两种。按季节封就是禁封期内，在不影响森林植被恢复的前提下，可在一定植物休眠季节开山；按树种封，即所谓的"砍柴"或"割灌割草留树法"。或者说，半封是指在封育期间，林木主要生长季节实施全封，其他季节按作业设计进行樵采、割草等生产活动的封育方式。在有一定目的树种、生长良好、林木覆盖度较大的封育区宜采用半封，在主要树种萌蘖能力强，且当地居民以林草作为主要燃料和饲料的封育区域也宜采用半封。

c. 轮封轮放。是指封育期间，根据封育区具体情况，将封育区划片分段，轮流实行全封或半封的封育方式，是将整个封育区划片分段，实行轮流封育。当地群众生产生活和燃料等，有实际困难的非生态脆弱区的封育区宜采用轮封。在薪炭林和饲用林（草）的封育区进行轮封。

2）培育措施。封山育林要加强封禁后的培育。大致可以分为林木郁闭前和郁闭后两个阶段进行。郁闭前主要是为天然下种和萌芽、萌条创造适宜的土壤、光照条件，具体方法有间苗、定株、整地松土、补播、补植等。郁闭后主要是促进林木速生丰产，具体方法有平茬、修枝、间伐等。

8.3.5.2 封坡（山）育草及技术措施

封坡（山）育草包括对植被稀疏的草坡（山）定期进行轮流封禁，依靠其自身繁殖能力，并进行适当人工补植或补种，发展形成草场；对天然草场，以地形为界，划定季节牧场和放牧区，按照一定的次序，轮封轮牧，合理利用和改良天然草场。

（1）封育区划分如下。

1）封育割草区。立地条件较好、草类生长较快、距村较近的地方，作为封育割草区。只许定期割草，不许放牧牲畜。

2）轮封轮牧区。立地条件较差、草类生长较慢、距村较远的地方，作为轮封轮牧区。根据封育面积、牲畜数量、草被的再生能力与恢复情况，将轮封轮放区分为几个小区。草被再生能力强的小区，可以半年封半年放，或一年封一年放。

（2）封坡（山、沟、场）育草。主要通过封禁，依靠草的再生能力，恢复和建设草场（坡）。对严重退化、产草量低、品质差的天然草坡、草场，在封禁的基础上，采取以下改良措施：

1）对5°左右大面积缓坡天然草场，可通过撒播营养丰富、适口性较好的牧草种子更新草场，有条件的可引水灌溉，促进生长。在草场四周，密植灌木护牧林，防止破坏。

2）对15°以上陡坡，沿等高线分成条带，带宽10m左右，撒播更新草种，第一批条带草类生长10~20cm，能覆盖地面时，再隔带进行第二批条带更新。

3）陡坡草场更新，在上述措施基础上，每隔2~3条带，增设一条灌木饲料林带，提高载畜量和保水保土能力。

8.3.5.3 封育治理规划设计

（1）封育治理规划原则如下。

1）封育治理应作为水土保持生态建设组成部分，特别是作为生态修复的重要组成部分，统一规划。

2）通过封山育林措施恢复了林草植被的，首先考虑封山育林；若仅封山育林不行，可以与人工辅助措施、人工林草工程建设相结合。

3）封坡（山）育草应与人工草场建设相结合，合理划分封育区，轮封轮牧，远近结合，割草放牧草相结合，封育面积应根据牲畜数量、当年用草量、草坡（山、沟、场）大小及产草能力确定。

4）必要情况下应考虑生态移民以及发展沼气池、节柴灶等配套措施。

（2）封育治理设计及标准如下。

1）设计可从以下两个方面进行。

a. 外业调查。封育治理的外业调查，包括自然经济社会调查、宜封地调查、划分小班及小班调查。一般采用1：10000或1：25000的地形图或航片、卫片调查。

b. 内业设计。封山（沙）育林作业以封育区为单位，设计内容应包括封育区范围及概况、封育类型、封育方式、封育年限、封育组织和封育责任人、封育作业措施、投资概算、封育效益及相关附表附图。

应依据项目区水土流失情况、原有植被状况及当地群众生产生活实际，确定封育方式为全封、半封或轮封。

应依据项目区立地条件，选择适宜的封育类型，确定封育类型为乔木型、乔灌型、灌木型、灌草型或竹林型。

2）封育治理的标准如下。

a. 生态公益林的封育治理成林或草的年限。按不同成林方式、建设类型区域确定，见表8-17。

表8-17　　　　　　　　　　　不同封育方式成林年限　　　　　　　　　　单位：a

封育方式	东北	三北	黄河	北方	长江	南方	热带	青藏
育乔林	7～10	8～15	5～10	5～10	5～8	5～8	4～6	5～10
育灌木林	4～16	5～8	4～6	4～6	3～6	3～6		4～6
育草	3～5	3～5	3～5	3～5	2～3	2～3		4

b. 成林标准。乔木型郁闭度大于0.2，灌木型覆盖度大于30％，草被覆盖度大于50％。

c. 水土保持林草的封育治理年限和不同封育类型，见表8-18。

表8-18　　　　　　　　　　　封育年限设计标准　　　　　　　　　　　单位：a

封育类型		封育年限	
		南方	北方
无林地和疏林地封育	乔木型	6～8	8～10
	乔灌型	5～7	6～8
	灌木型	4～5	5～6
	灌草型	2～4	4～6
	竹林型	4～5	4～6
有林地和灌木林地封育		3～5	4～7

d. 设计标准符合乔木郁闭、灌木覆盖度或每公顷保有林木数三项条件之一视为合格。即：无林地和疏林地封育中，乔木型应符合乔木郁闭度≥0.20，或平均有乔木1050株以上，且分布均匀；乔灌型应符合乔木郁闭度≥0.20、灌木覆盖度≥30％，或乔灌木1350株/丛以上；灌木型应符合灌木覆盖度≥30％，或有灌木1050株/丛以上；灌草型符

合灌草综合覆盖度≥50％，其中灌木覆盖度≥20％，或有灌木 900 株/丛以上；竹林型有毛竹 450 株以上，或杂竹覆盖度≥40％，且分布均匀。有林地封育中，封育小班应同时满足小班郁闭度≥0.60，林木分布均匀，以及林下有分布较均匀的幼苗 3000 株/丛以上或幼树 500 株/丛以上。灌木林地封育中，应满足封育小班的乔木郁闭度≥0.20，乔灌木总盖度≥60％，且灌木分布均匀。年均降水量在 400mm 以下的地区应根据实际情况，可适当降低标准。

8.3.5.4　封育治理的组织措施

（1）确定封育治理的范围和相应配套设施如下。

1）在封山育林和封坡育草面积的四周，就地取材、因地制宜采用各种防护手段以明确封育范围，作为封育治理的基础设施之一。

以烧柴为主要燃料来源的封育区，应配置节柴灶和沼气池等；在牧区封育时，应对牲畜进行舍饲圈养。在寒冷地区需配备必要的取暖设施和其他辅助设施。

2）明确封育治理范围的设施，必须有明显的标志，并能有效地防止人畜任意进入。

在封育区域应设置警示标志。封育面积 100hm^2 以上的，最少设立 1 块固定标志牌，人烟稀少的区域可相对减少；在牲畜活动频繁地区应设置围栏及界桩。封育区无明显边界或无区分标志物时，可设置界桩以示界线。

（2）成立护林护草组织，固定专人看管。根据封禁范围大小和人畜危害程度，设置管护机构和专职或兼职护林员。每个护林员管护面积宜 100～300hm^2。在管护困难的封育区可在山口、沟口及交通要塞设哨卡。

1）按工作量大小和完成任务情况，确定护林护草人员数量。

2）封育地点距村较远的，应就近修建护林护草哨房，以利工作进行。

（3）制定护林护草的乡规民约如下。

1）根据国家和地方政府的有关法规，制定乡规民约，内容包括：封禁制度（时间、办法）、开放条件（轮封轮牧）、护林护草人员和村民的责、权、利，奖励、处罚办法等，特别要严禁毁林、毁草和陡坡垦荒等违法行为。

2）制定的乡规民约必须严格执行，纳入乡、村行政管理职责范围，维护乡规民约的权威性，保证真正起到护林护草作用。

【案例 5】　滇东及滇东南石质山地封山育林恢复植被模式，如图 8 - 24 所示。

1）立地条件特征。模式区位于云南省西畴县法斗乡，属滇东及滇东南劣质石质山地。由于反复垦荒和过度砍伐薪材，水土流失十分严重，石砾含量高，岩石裸露面积率达 70％以上，特别是在山顶和山中上部，土壤瘠薄，基本不具备人工造林的条件，但有一些灌木和草本植物生长，目的树种数量符合封山育林的标准。

2）设计技术思路。劣质石质山地，由于立地条件十分恶劣，造林极为困难，可利用当地水热条件较好的优势，采取全面封禁的措施，在个别地段辅以适当的人工造林措施，恢复植被，保持水土。

3）技术要点及配套措施要求如下。

a. 封山育林：在封育区内，对生态极度脆弱的地段，禁止采伐、砍柴、放牧、采药和其他一切不利于植物生长繁育的人为活动，保护好现存的植被资源，以利于繁殖。在条

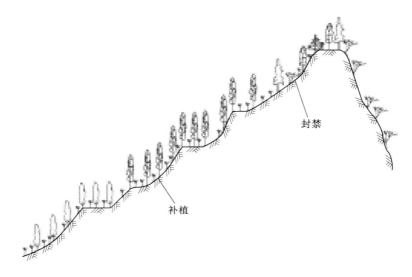

图 8 - 24   滇东及滇东南石质山地封山育林恢复植被模式

件稍好的地方，见缝插针地补植一些柏类植物和灌木，以促进植被的恢复进程。同时应制定相应的政策和管理措施，使封山育林措施落到实处。

b. 补植造林：在个别立地条件稍好的地段，选择墨西哥柏、郭芬柏、旱冬瓜、银荆、黑荆、滇合欢、刺槐、台湾相思、杜仲、香椿等树种。针阔叶树种小块状混交配置。见缝插针地进行穴状整地，规格为 $40cm \times 40cm \times 30cm$，尽量保留原有植被。在 6—8 月雨季雨水把土壤下透后尽早用高 30cm 左右的容器苗造林，提高造林的成活率和保存率，进而提高封山育林效果。

【案例 6】 珠江三角洲大中型水库护岸林建设模式，如图 8 - 25 所示。

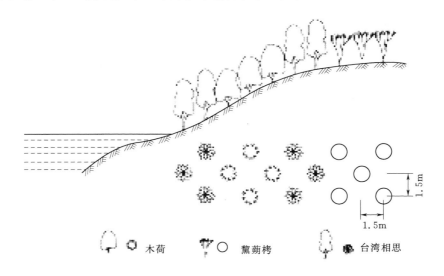

图 8 - 25   珠江三角洲大中型水库护岸林建设模式

1) 立地条件特征。模式区在广东省开平市的大中型水库集水区。模式区下游有4个大型水库及许多中小型水库。集水区内土壤主要为赤红壤或砖红壤，多薄土层。林草植被盖度虽普遍大于50%，但针叶纯林多，阔叶林、混交林少，局部地区还存在疏林及少量荒山，水土流失现象较为严重，影响水库运行与使用年限。

2) 设计技术思路。在保护好现有森林植被的前提下，因地制宜，分类指导，采取有效措施调整树种结构，提高林草植被盖度，改善林分结构和质量，增强库区森林涵养水源、保持水土的功效。具体内容是：在森林植被稀疏的地方补植阔叶树，在荒山营造阔叶林或针阔混交林，对大中型水库集水区范围内的针叶纯林逐步进行阔叶化和针阔混交化改造。

3) 技术要点及配套措施要求如下。

a. 封禁：对大、中型水库集水区内第一层山脊中郁闭度0.4以上的森林进行严格保护，禁止砍伐、割草、放牧等一切人为破坏活动。

b. 疏林补植：对大中型水库集水区内第一层山脊中郁闭度0.2～0.4的森林，在较稀疏的地方补种阔叶树。以木荷、鳄蕈栲、三角枫、红椎、火力楠、台湾相思、大叶相思等乡土树种为主。

【案例7】 粤北石灰岩山地封山育林恢复植被治理模式，如图8-26所示。

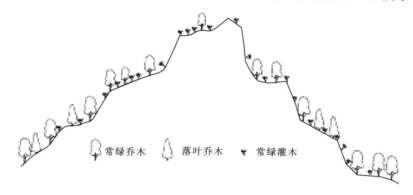

图8-26　粤北石灰岩山地封山育林恢复植被治理模式

1) 立地条件特征。模式区位于广东省英德市、阳山县、连州市、清新县等地。石灰岩裸露60%以上，土层极薄，以砂砾、石砾为主，山上长有少量林木及草灌木，或植被很少。

2) 设计技术思路。模式区立地条件差，土层很薄，人工造林较困难，可以采取全面封禁，减少人为活动和牲畜破坏，促进土壤积累，利用天然下种能力，自然形成乔灌草相结合的植被群落。对乔、灌、草极少的地方，可采取人工种草、植灌和栽植马尾松等手段，促进植被恢复。

3) 技术要点及配套措施要求如下。

a. 封山育林：对一些乔灌木生长较好的地区，采取全封措施，封育期间禁止采伐、砍柴、放牧、割草和其他一切不利于植物生长的人为活动。

b. 人工促进更新：对于乔、灌、草植被很少，但有一定厚度土层的地方，选择一些适宜石灰岩地区生长的树种，如马尾松、任豆、泡桐、棕榈等，进行人工种植或点播，促进林草更新，然后对这些地区进行全面封山，加强管护，使这些地区尽快恢复，发展成乔、灌、草相结合的植被群落。

8.3.6　林草抚育与管理

水土保持林草通常在自然条件相对较差、生态环境质量相对较低的水土流失地区营造，因此林草抚育与管理在造林种草后，对于造林成活率、保存率、生长量提高，发挥其生态、经济、社会综合效益具有重要意义。水土保持林草抚育与管理，主要包括幼林抚育、成林管理及草地或草坪管理。

8.3.6.1　幼林抚育

幼林抚育是造林后至郁闭前一阶段的时间里所进行的各种措施。包括幼林地管理、幼林林木抚育、林下植被管理、幼林保护和造林检查验收等。

（1）幼林地管理。幼林阶段基本处于散生状态，林木的主要矛盾是与外界环境条件的矛盾，因此造林初期的幼林地管理主要是保蓄增加土壤水分，促进苗木的生根成活，包括松土、除草、中耕、灌溉、施肥及幼林地林农间作等。

1）松土和除草。是人工幼林抚育管理措施中重要的组成部分，通常结合在一起进行，但又有区别。

松土、除草的深度应根据树种和土壤条件而定，一般松土深度以 5～20cm 为宜，以不伤害幼树根系，并为幼树生产创造良好条件为原则。掌握里浅外深、树小浅松、夏秋浅松、冬季深松，沙土浅松、黏土深松的松土规律。

松土、除草的方式因整地技术和经济条件不同而异。在全面整地的情况下应进行全面松土除草，有机械化作业条件的，行间可用机械中耕，株间靠手工管理。而在局部整地的情况下，松土除草范围应考虑增加林木营养面积，提高保土保水效益。

2）中耕。是指对人工林地进行翻垦的一种管理措施。主要目的是通过翻垦，增加土壤的通透性，并压青和对枯枝落叶进行埋压，提高有机质含量，促进林木生长。

3）人工林灌溉。是造林和林木生长过程中，人为补充林地土壤水分的措施，是人为改善土壤水分状况的一种积极有效的手段，对于提高干旱、半干旱地区的造林成活率、保存率，促进幼林生长，加速幼林郁闭，进而实现速生、丰产、优质的培育目标，具有极其重要的意义。

人工幼林的灌溉技术，应本着量多次少的原则进行，每公顷一次灌水量为 500～600m³，其湿润深度最好能达到 50cm 左右的土层，使主要根系分布层的土壤水分含量保持在田间持水量的 60%～70%，灌溉的时间、次数和间隔等可根据当地降水量、蒸发量、土壤干湿情况及树种需水量等确定，灌溉的方法有漫灌、洼灌、沟灌等，有条件的地方可采用滴灌、喷灌。在灌溉较困难时，可通过径流蓄水保水等调节水分的措施来解决。

4）施肥。是人为改善人工林营养状况和增加土壤肥力的措施，一般用于水土保持用材林或经济林。人工林施肥使用的肥料种类包括有机肥料、无机肥料以及微生物肥料。施肥量可依土壤贫瘠程度、树种特性、肥料种类等确定。有机肥料如杨树 7500～15000kg/hm²，杉木 6000～7500kg/hm²，桉树 3000～4000kg/hm²。化学肥料每株使用水平，如杨树施硫酸铵 100~200g，杉木施尿素、过磷酸钙、硫酸钾各 50~150g，落叶松施氮肥、磷肥、钾肥分别为 150g、100g、24g。人工林的施肥方法有手工施肥、机械施肥和飞机施肥等多种，飞机施肥工效高，但浪费肥料。手工施肥时，一般将肥量施入栽植穴，并与土壤混合均匀。

施肥深度一般 20~30cm，使肥料集中在根际附近。在林木生长过程中，可于树冠投影外缘或种植行行间开沟施肥。施肥时期一般在造林前、全面郁闭后和主伐前数年，施肥的具体时间应在每年的速生期之前。

（2）幼树林木抚育。是指幼林时期对苗木、幼树个体及其营养器官进行调节和抑制的措施，包括间苗、平茬、修枝、接干等。目的是提高幼树形质，促进幼树更好地向培育方向发展，保证幼树迅速生长，迅速达到郁闭，增加林分稳定性。

（3）林下植被管理。是在两条植树带间的空地上为防止土壤流失所采取的一种措施。适当修枝、疏伐，改善林下光照条件是林分郁闭后保护林下植被的重要方法，但极易造成在林分郁闭之后出现喜光植物与耐阴植物交替的相对真空阶段，即地面缺少覆盖物。为了防止水土流失，在可能的情况下，可通过人工手段引入耐阴植物，以保护地表不受冲刷（干旱、半干旱地区，应注意林地水分的平衡）。一般林下植被以高度较小的下繁型草类为好，草本植物多为 1~5 年生植物，新陈代谢周期较短，可以较快地改善林地土壤条件，提高林地土壤的蓄水能力。

（4）幼林保护。造林后到幼林郁闭前要严格封禁，做好防火、防病虫害以及抗旱防冻和封禁保护和预防人畜破坏等工作。

（5）造林检查和验收。为了确保造林质量，应根据造林施工设计（作业设计）逐项验收。

1）幼林成活率。采用标准地（样地）法或标准行（样行）法检查造林成活率。成片造林面积在 10hm² 以下，样地面积应占造林面积的 3%；面积在 10~30hm² 的，样地面积应占 2%；面积在 30hm² 以上的，样地面积应占 1%。护林带应抽取总长度的 20%林带进行检查，每 100m 检查 10m。选择样地和样行时实行随机抽样。山地幼林调查，应包括不同海拔、部位、坡度、坡向。每穴中有一株或多株幼苗成活均作为成活一株（穴）计算。造林平均成活率按公式计算为

$$平均成活率(\%) = \frac{\sum 小班面积 \times 小班成活率}{\sum 小班面积} \tag{8-16}$$

$$小班成活率(\%) = \frac{\sum 样地(行)面积 \times 样地(行)成活率}{\sum 样地(行)面积} \tag{8-17}$$

$$样地(行)成活率(\%) = \frac{\sum 样地(行)成活株树(穴)数}{\sum 样地(行)栽植株(穴)数} \times 100\% \tag{8-18}$$

平均成活率一般为整数或保留一位小数。

2）人工幼林的评价如下。

a. 合格标准。年均降水量 400mm 以上地区及灌溉造林，成活率在 85%以上（含 85%）；年均降水量在 400mm 以下地区，成活率在 70%以上（含 70%）。

b. 补植。年均降水量在 400mm 以上地区及灌溉造林，成活率在 41%~85%（不含 85%）；年均降水量在 400mm 以下地区，成活率在 41%~70%（不含 70%）的幼林要及

时予以补植。

c. 重造。经检查确定，造林成活率在 41% 以下（不含 41%），要重新造林，即将统计的新造幼林面积中，凡是造林成活率低于 41%，要列为宜林地重新造林。

在调查成活率的同时，还要调查苗木死亡和种子不萌发的原因，以及病虫、鸟兽害情况和人畜破坏情况等，积累造林经验，改进造林工作。

3）幼林保存面积和保存率检查。人工造林后 3～5 年，成活已经稳定，此时要核实幼林保存面积和保存率。当幼林达到郁闭成林时，可划归为有林地，列入有林地资源范畴。

4）补植。应按原设计树种大苗，按原株行距进行，必要时需重新整地。播种造林补植，可从苗多的穴内移苗补植。补栽成功的前提在于成活，而关键则在于补植的植株应在生长上赶上原来成活的植株，否则，补植的植株很容易成为被压木，造成林冠不整齐，形成过早分化等不良后果，降低林分生产率，起不到补植应有的作用。补植必须及时，第一次补植一般是在造林后第二年春季或选择当地有利季节进行。当补植机会错过，无法使同一树种补苗赶上成活植株的生长时，也可用速生或稍耐阴的其他树种苗木进行补植。为了避免补植时苗木运输费工，并使苗龄与幼林一致，可采用局部密植，在抚育过程中如发现缺苗，可随时就近带土起苗补植，这样不仅成活率高、生长快，且经济、省力省时。有条件的地方，采取专门培养的容器苗补植，效果更好。

8.3.6.2　成林管理

成林管理是对人工林组成和密度及其林木个体生长发育进行的管理与控制。主要措施：人工修枝、抚育间伐、采伐更新及低价值人工林改造。

（1）人工修枝。主要应用于人工林幼林期的壮龄期，其目的、方法、原理及注意事项与幼林抚育中的修枝基本相同。

（2）抚育采伐。是从幼林郁闭到主伐前一个龄级为止，为促进留存林木的生长进行的采伐。其作用是调整混交林林分组成，淘汰非目的树种，为目的树种迅速生长创造良好条件；调整纯林林分密度，保证留存林木具有合理的营养空间；缩短林木培育期，增加单位面积生产量，改善林分卫生状况，增强林木对各种自然灾害的抵抗能力；提高森林各种防护效能。

1）抚育采伐的类型。一般将抚育采伐分为除伐、疏伐和卫生伐。

a. 除伐主要是在混交林幼林中除去非目的树种。

b. 疏伐是在单纯林中调整林分密度，伐除部分株树。

c. 卫生伐是伐去一些病虫害木。

2）抚育采伐方式、强度和时间。抚育采伐方式及其强度因树种和立地条件而异。需要注意以下 3 个问题。

a. 选择砍伐木，要考虑林木分级、树木干形品质（防护林还需考虑林冠的冠幅和枝叶的茂密程度）、病虫害状况等。有两种做法：一是重点放在某些优良木单株生长，从较早时期将这些优良木选定，并对它们做标志，一直保留到最终采伐（主伐）；二是重点放在全林分生长上，即在每次采伐时重新选择保留木，前者多用于用材林特别是大径材培育上，后者多用于防护林培育中。

b. 采伐强度，即采伐木的株数占伐前总株数的百分比或伐木蓄积量（或胸高断面面积）占伐前蓄积量（或胸高断面面积）的百分比。宜采用较小的采伐强度，一般小于

25%，否则，郁闭度迅速下降且不易恢复，会严重影响防护效能。用材林及立地条件好的林分可大些，但一般不超过 30%～40%。

c. 采伐时期，包括抚育采伐的开始时期、两次采伐之间的时间间隔期、抚育采伐的结束期。如何确定这三个时期，因树种及抚育采伐种类而异。

（3）采伐更新。人工成林生长到某一成熟年龄时（防护林为防护成熟龄，即超过此龄防护效能开始持续下降），要进行采伐，称为主伐，主伐后清理采伐迹地和更新。

1）主伐方式。按照一定的空间配置和一定的时间顺序，对成熟林分（或某种特定意义的成熟，如防护成熟）进行采伐。有以下几种采伐方式。

a. 皆伐，将伐区上的林木一次全部伐除或几乎全部伐除。

b. 渐伐，是在较长时间内（通常为一个龄级）分次将成熟林分逐渐伐除，逐渐实现伐前更新。

c. 择伐，是在一定地段，每隔一定时期，单株或群状地采伐达到一定径级或具有某一特征的成熟林木。

2）林下地被的保护及采伐迹地清理。在正常条件下，采伐作为森林经营的一种必然过程，对林地造成的扰动是可以避免的，因此应通过采伐迹地的清理，做好林下地被的保护工作。

3）森林更新。森林更新是森林采伐后，通过天然或人工方法，使新一代森林重新形成。常分为天然更新和人工更新。

4）低价值人工林分改造。由于多种原因造成人工林多年生长极慢，甚至停止生长的"小老树"林，或形成密度不够、经济价值和产量都很低的疏林，统称为低价值人工林。对此类林分进行抚育管理，称为低价值人工林分改造。低价值人工林分改造的方法如下。

a. 对于树种选择不当形成的低价值人工林，应更换树种，重新进行造林。

b. 对幼林抚育不及时或根本未抚育而形成的低价值人工林，只需采取适当的抚育措施。

c. 对密度过大而形成的低价值人工林，可采取抚育间伐使之复壮。

（4）人工草地与草坪管理。对纯人工草地的抚育管理与林地的抚育管理措施基本相同，包括人工草地管理和草坪培育管理。

1）人工草地管理。播种后和幼苗期以及两年以上人工草地的田间管理，包括松土补种、中耕培土、松土、除杂草、灌溉排水及防治病虫害等，具体做法基本与林地相同，但也有一些特别的措施，值得注意的是刈割。

牧草一般在头年不刈割，头年生长太旺盛时，也可以刈割一次，但要注意水土保持。其刈割留高应为 0～12cm，如果是春播牧草，第一年完全可以刈割。牧草的刈割时期，豆科在 1/10～1/2 开花期刈割；禾本科以在抽穗期刈割为好。刈割留高一般 8～10cm，最后一次刈割留茬高在 10～12cm 以上，以利于牧草越冬。一般的牧草每年刈割 3～5 次。如红三叶、紫花苜蓿、黑麦草均可刈割 4～5 次，苏丹草一年可刈割 6～8 次。最后一次刈割应该在冬季结冻前 30 天左右结束。

2）草坪培育管理。新建草坪，当幼苗开始生长发育时，就应开始草坪培育改良。草坪的养护、培育、管理主要包括刈剪、施肥、灌溉、表施土壤、滚压、补播、除杂草和防治病虫害等措施。这些措施与常规的田间管理基本相同，但在质量和细度要求上要更高。

第 9 章
施工组织设计

水土保持施工组织设计是在充分利用项目区施工条件，结合水土保持分区及措施设计，依据有关规范、规程、标准的基础上编制而成的。内容包括项目区自然条件、交通条件、施工总平面布置、主要材料来源和用量、施工程序和施工方法、施工进度计划、工程质量、工程总工期和计划开完工日期等。

9.1 施 工 布 置

9.1.1 施工总平面布置

施工总平面布置以方便施工、便于管理、节约用地、文明建设为要求，充分利用现场条件，综合考虑项目特点、施工方案、工期等因素，严格执行设计文件要求和相关设计规范、标准，因地制宜、科学利用现有的交通、力能条件及砂石料源、弃渣场地等，做到科学性、实用性、灵活性。

布置原则主要有以下几个方面。

（1）施工总布置要控制施工场地范围，综合平衡、协调各分项工程的施工，减少土石方倒运。

（2）施工布置要考虑临时建筑与永久设施的结合。施工布置要在确保场地安全，且不危及工程安全的前提下进行。

（3）施工生产生活设施一般为临时房屋，可采用方便、灵活的组装式的彩板房。现场临时设施布置时宜选择非耕地布置，并要避开可能易发生山洪、滑坡、泥石流等地质灾害的地区。

（4）施工场地要根据工程布置特点及附近场地的相对位置、高程、面积等主要指标，研究对外交通进入施工场地与内部交通的衔接条件和高程、场地内部地形条件、各种设施及物流方向，确定场内交通道路方案。再以交通道路为纽带，结合地形条件，布设各类临时设施。

9.1.2 场内交通布置

要尽量利用当地交通道路，单独设置时要根据使用需求布设。临时道路布置及设计参照《水利水电工程施工组织设计规范》（SL 303—2004）"附录 E 施工交通运输主要技术标准"。场内交通道路一般为临时道路，道路多为矿山公路等级，道路宜采用碎石路面或改善土路面，路面宽度 3.5～4.5m。

9.1.3 施工导流布置

沟道治理工程的拦沙坝、淤地坝一般采用涵管（洞）水流控制方式。导流建筑物度汛洪水重现期宜选取 5 年，施工期坝体防洪度汛标准应达到 20 年一遇洪水重现期。塘坝和滚水坝，应利用垭口、小冲沟、现有灌渠进行导流，导流建筑物度汛洪水重现期取 1～3 年。

9.1.4 施工风水电布置

施工用风用电优先考虑利用项目区力能条件，或采取移动发电等力能设备。

（1）施工用风。主要用于局部风钻开挖、喷锚或液压喷播工程等，配备移动式空压机施工。

（2）施工用电。生态建设项目尽可能利用网电。当不具备条件时，配备移动发电机组作为电源。

（3）施工用水。水土保持工程的用水量一般较小。可就近从河道、坑塘、沟渠等引水，局部区域无供水的，可采用水车运输解决。

9.2 施工工艺和方法

9.2.1 工程措施

9.2.1.1 梯田（坡面治理）工程

坡面治理工程主要有梯田、沟头防护、山坡截流沟等工程。下面以梯田工程为例。

（1）土坎梯田。主要包括施工定线、田坎清基、修筑田坎、保留表土、修平田面、覆表土等工序。

1）施工定线方法如下。

a. 根据梯田规划确定梯田区坡面，在其正中（距左右两端大致相等）从上到下划中轴线。

b. 根据梯田断面设计的田面斜宽 H_b，在中轴线上划出各梯田的 H_b 基点。

c. 从各梯田的 H_b 基点出发，用手水准向左右两端分别测定其等高点；连各等高点成线，即为各台梯田的施工线。

d. 定线过程中，遇局部地形复杂处，应根据大弯就势、小弯取直原则处理，为保持田面等宽，可适当调整埂线位置。

2）田坎清基方法如下。

a. 以各梯田的施工线为中心，上下各划出 50～60cm 宽，作为清基线。

b. 在清基线范围内清除表土，暂时堆在清基线下方，施工中与整个田面保留表土结合处理。

c. 将清基线内的地面翻松约 10cm，清除石砾等杂物（如有洞穴，及时填塞），整平，夯实。

3）修筑田坎、蓄水埂方法如下。

a. 田坎用生土填筑，土中不能有石砾、树根、草皮等杂物。

b. 修筑时应分层夯实，每层虚土厚约 20cm，夯实后约 15cm。

c. 修筑中每道埂坎应全面均匀地同时升高，不应出现各段参差不齐，影响接茬处质量。

d. 田坎升高过程中应根据设计的田坎坡度，逐层向内收缩，并将坎面拍光。

e. 随着田坎升高，坎后的田面也应相应升高，将坎后填实，使田面与田坎紧密结合在一起。

f. 田坎修筑完成后，按相同方法在田坎基础上修建蓄水埂。

4）保留表土。根据实际情况，采用逐台下移法，逐台从下向上修，先将最下面的一台梯田修平，不保留表土。将第二台拟修梯田田面的表土取起，推到第一台田面上，第二台梯田修平后，将第三台拟修梯田田面的表土取起，推到第二台田面上，依次逐台进行，直到各台修平。

5）修平田面。将田面分成下挖上填与上挖下填两个部分：田坎线以下各 1.5m 范围，采取下挖上填法，从田坎下方取土，填到田坎上方。其他田面采取上挖下填法，从田面中心线以上取土，填到中心线以下。

6）覆表土。将保留的表土，使用机械均匀铺运在修平的田面上。

7）梯田管理包括以下 3 个方面。

a. 维修管护。每年汛后和每次较大暴雨后对梯田区及时进行检查，发现田坎有缺口穿洞等损毁现象及时进行补修；田面平整后，地中原有浅沟处在雨后会产生不均匀沉陷，田面出现浅沟集流，在庄稼收割后及时取土填平；随着坎后泥沙淤积情况，每年从田坎下方取土加高田坎，以保坎后满足设计要求，有足够的拦蓄容量。

b. 促进生土熟化。完工后在挖方部位多施有机肥，施肥量较一般施肥高一倍左右，同时深耕以促进生土熟化；新修梯田第一年应选种能适应生土的作物，如豆类、牧草或种一季绿肥作物与豆科牧草。

c. 田坎利用。搞好田坎利用与田坎的维修养护，保证田坎安全。

（2）石坎梯田包括如下。

1）定线方法同土坎梯田。

2）清基方法如下。

a. 以各台梯田的施工线为中心，根据各图斑内梯坎设计的断面，再结合现场实际，上下划出清基线宽度。

b. 根据设计断面在清基线范围内清除表土厚 30～40cm，暂堆在清基线下，施工中与整个田面保留表土结合处理。

c. 将清基线内的地面浮土及草根杂物清除，埂坎清基到石底或硬土层上，平台应成倒坡。

3）修筑石坎方法如下。

a. 先备好石料，大小搭配均匀，堆放在田坎下侧。

b. 逐层向上修筑，每层用比较规整的较大石块（长 40cm 以上，宽 20cm 以上，厚 15cm 以上），砌成田坎外坡，各块之间上下左右都应挤紧，上下两层之间的中缝要错开成"品"字形，较长的石坎每隔 10m 要留一层浅缝。

c. 石坎外坡以内各层，要求与外坡相同，但所用石料在尺寸、规整程度上不做严格要求。

d. 石坎外坡的坡度一般要求 1∶0.75，内坡一般接近垂直，顶宽 0.4m，根据不同坎高，石坎底宽相应加大清基宽度。

4）石坎填膛与修平田面方法如下。

a. 两道工序结合进行，在下挖上填或上挖下填修平田面过程中，将夹在土内的石块、石砾拾起，分层堆放在石坎后，形成一个三角形断面来对石坎进行支撑。

b. 堆放石块、石砾的顺序是：从上到下，先大后小，然后填土进行田面平整。

c. 通过坎后填膛，平整后的田面 40cm 深以内没有石块、石砾，以利耕作。

5）保留表土方法同土坎梯田。

9.2.1.2　沟道治理工程

沟道治理工程主要有淤地坝、拦沙坝、塘坝、谷坊、治滩造田和堤坝等工程。

（1）淤地坝等土石坝施工参考《土石坝施工组织设计规范》（SL 648—2013）。采用碾压式土石坝时，碾压坝坝体填筑土料含水量应按最优含水量控制。碾压施工应沿坝轴方向铺土，厚度均匀，每层铺土厚度不宜超过 0.25m，碾压迹重叠应达到 0.10～0.15m。若采用大型机械，其铺土厚度应根据土壤性质、含水量、最大干密度、压实遍数、机械吨位等经试验确定，压实后土壤干容重根据压实度控制。

（2）淤地坝采用水力冲填筑坝施工工艺包括以下 4 个方面。

1）清基。土沟床，清除沟底和岸坡杂草、腐殖土。石沟床，必须清除岩石风化层，岸坡清除堆积虚土。

2）修筑围埝。为控制冲填泥浆的流动，在坝体前后坝脚修筑围埝，坝高在 15m 以下的小淤地坝，每层围埝高 0.7m、顶宽 0.5m、底宽 2m、内坡 1∶1，外坡与设计坝坡一致，人工分层夯实。

3）冲填泥浆。在冲填泥浆时，要掌握好泥浆的稠度。泥浆稠度水土比在 2.2～2.6 之间，泥浆含水率为 37%～41%。

在施工时注意控制冲填速度，需根据泥浆脱水、沟道岸坡排水情况确定。

4）排水。在土坝背水坡脚修筑反滤层，采用管道等措施排出泥浆表面的自由水，以加速冲填土的脱水固结。

（3）谷坊工程施工工艺包括以下 3 种。

1）土谷坊方法如下。

定线。根据规划测定的谷坊位置（坝轴线），按设计的谷坊尺寸，在地面划出坝基轮廓线。

清基。将轮廓线以内的浮土、草皮、乱石、树根等全部清除。

挖结合槽：沿坝轴线中心，从沟底至两岸沟坡开挖结合槽，宽深各 0.5～1.0m。

填土夯实：填土前先将坚实土层挖松 3～5cm，以利结合。每层填土厚 0.25～0.30m，夯实一次；将夯实土表面刨松 3～5cm，再上新土夯实，要求干容重 1.4～1.5t/m³。如此分层填筑至设计坝高。

开挖溢洪口，并用草皮或块石砌护。

2）石谷坊方法如下。

定线和土沟床清基要求与土谷坊相同。

岩基沟床清基。先清除表面的强风化层。基岩面需凿成向上游倾斜的锯齿状，两岸沟壑凿成竖向结合槽。

砌石。根据设计尺寸，从下向上分层垒砌，逐层向内收坡，块石首尾相接，错缝砌筑，大石压顶。要求石料厚度不小于 30cm，接缝宽度不大于 2.5cm。同时要做到"平、稳、紧、满"（砌石顶部要平，每层铺砌要稳，相邻石料要靠紧，缝间砂浆要饱满）。

3）柳谷坊方法如下。

桩料选择。按设计要求的长度和桩径，选生长能力强的活立木。

埋桩。按设计深度打入土内；注意桩深与地面垂直，打桩时勿伤柳桩外皮，牙眼向上，各排桩位呈"品"字形错开。

编篱与填石：以柳桩为经，从地表以下 0.2m 开始，安排横向编篱。与地面齐平时，在背水面最后一排桩间铺柳枝厚 0.1～0.2m，桩外露枝梢约 1.5m，作为海漫。各排编篱中填入卵石（或块石）靠篱处填大块，中间填小块。编篱（及其中填石）顶部作成下凹弧形溢水口。编篱与填石完成后，在迎水面填土，高与厚各约 0.5m。

9.2.1.3　小型蓄引水工程

主要有水窖、蓄水池、沉沙池和滚水坝等工程。

（1）水窖工程包括以下 3 个方面内容。

1）窖体开挖方法如下。

井式水窖开挖：从窖口开始，按照各部分设计尺寸垂直下挖，在窖口处吊一中心线，每向下挖深 1m，校核一次直径。

窑式水窖开挖：从窑门开始，先刷齐窑面，根据设计尺寸挖好标准断面，并逐层向里挖进，挖至设计的长度为止。在窑门顶部吊一中心线，并做一个半圆形标准尺寸木架，每向里挖进 1m，校核一次断面尺寸。

对需用胶泥防渗的水窖和水窑，在窖体开挖完成后，还需开挖供钉胶泥用的码眼。码眼在窖壁呈"品"字形分布，上下左右眼距各约 20cm，口径 5～8cm，深 10～15cm，眼深略向下方倾斜。地面部分的沉沙池、取水管、取水井筒都按设计要求开挖，及时校核断面尺寸。

2）窖体防渗方法如下。

a. 胶泥捶壁防渗。取胶泥与黄土拌均匀（沙粒∶粉粒∶黏粒的体积比为 1∶2∶1），制成长约 18cm，直径约 5～8cm 的胶泥钉和直径约 20cm、厚 2～5cm 的胶泥饼。将胶泥钉用力塞入码眼，外留 3cm，将胶泥饼用力摔倒胶泥钉上，使之连成整体。用木棒连续捶打胶泥饼，使之与窖壁紧密结合，直到窖壁上全部胶泥坚实光滑为止。窖壁胶泥厚度，从上到下依次为 2cm、3cm、4cm 和 5cm。

b. 水泥抹面防渗。调好水泥砂浆和白灰砂浆。水泥砂浆中水泥：砂：水的体积比为 1.0：2.0：2.5；白灰砂浆中白灰：砂：水的体积比为 1.0：1.5：2.0。先在窖壁上抹一层白灰砂浆"打底"，再用水泥砂浆抹面，抹面厚度不小于 2～3cm。有条件的地方，可先用铆钉将铅丝网锚固在窖壁上；或先在窖壁上均匀地打入钢钎，再用铅丝连接成网，然后用水泥砂浆抹面；随着水泥的固结，进行抹实，直到牢固光滑为止。

c. 其他防渗措施。在石料方便的地方，窖底、窖壁可用 1：3 水泥砂浆砌粗料石，并用 1：3 水泥砂浆勾缝。有条件的可采用混凝土或钢筋混凝土防渗。

3）地面部分。窖口处用砖或块石砌台，高出地面 30～50cm，并设置能上锁的木板盖；有条件的可在窖口设手压式抽水泵。沉沙池与进水管连接处设置铅丝网拦污栅，防止杂物流入。进水管应伸进窖内，离窖壁 30～50cm，管口出水处设铅丝蓬头，防止水流冲坏窖壁。

（2）蓄水池开挖方法如下。

1）按选定的池址和设计形状及断面尺寸进行放线开挖。在放线时，下池梯应靠路边，朝着下池方便的方向，进出口位置应与灌排沟连接。

2）池墙清基至硬基上，开挖放线时留足衬砌厚度，对易垮塌的破碎岩石和松软地层应边开挖边衬砌边回填，池底必须夯实，并进行防渗处理。

3）蓄水池周围需留 1m 左右过道。

（3）沉沙池开挖方法如下。

1）沉沙池的施工以开挖方为主，在填方时必须用石料、混凝土衬砌。

2）沉沙池的进水口与出水口不宜布置在一条直线上，其断面尺寸应相同。

3）进水口与出水口的底部高程一致或出水口高程略高于进水口。

9.2.1.4　防风固沙与治沙工程

防风固沙工程包括防风固沙造林、防风固沙种草、沙障、砾石覆盖和化学固沙等。

（1）防风固沙造林。方法如下。

1）北方风沙区造林整地，时间宜选在春季，为防止风蚀，应随整地随造林。一般宜采用穴状整地方式，机械或人工开挖，穴坑规格为 0.6m×0.6m 或 1.0m×1.0m。半固定风沙地可采用机械开沟造林。不宜进行全面整地。

2）沿海造林、北方盐碱地造林，要客土换填，客土中掺施有机肥，土、肥比至少为 3：1。穴状整地规格为 1.0m×1.0m。

3）黄泛区及古河道沙地，可采用机械将下层淤土翻起，翻淤压沙整地。

4）不能及时栽植的苗木应进行假植，防止暴晒、风干或堆放发热。

（2）防风固沙种草。无灌溉设施地区，应实施雨季撒播，种子宜实施包衣。

（3）沙障。方法如下。

1）平铺式沙障。①带状平铺式：带的走向垂直于主风方向。带宽 0.6～1.0m，带间距 4.0～5.0m。将覆盖材料平铺在沙丘上，厚 3.0～5.0cm。覆盖材料有柴草、秸秆、枝条或黏土、卵石等。覆盖物为柴草和枝条时，上面需用枝条横压，用小木桩固定，或在草带中线上铺压湿沙，柴草的梢端要迎风向。②全面平铺式：适用于小而孤立的沙丘和受流沙埋压或威胁的道路两侧与农田、村镇四周。将覆盖物在沙丘上紧密平铺。其余要求与带状平铺式相同。

2）直立式沙障。①高立式沙障：在设计好的沙障条带位置上，人工挖沟深 0.2～0.3m，将柴草均匀直立埋入，扶正踩实，填沙 0.1m，柴草露出地面 0.5～1.0m。②低立式沙障：将柴草按设计长度切好，顺设计沙障条带线均匀放置线上，草的方向与带线正交。用脚在柴草中部用力踩压，柴草进入沙内 0.1～0.15m，两端翘起，高 0.2～0.3m，用手扶正，基部培沙。

（4）砾石覆盖。方法如下。

1）采用机械或人工覆盖时，要先进行覆盖面平整。长度小于 3m 的边坡，宜削坡后再布设混凝土或浆砌石骨架，人工铺设并平整砾石。砾石层厚 4～8cm。

2）对于面积较大的砾石覆盖，可采用平地机施工。

（5）化学固沙。采用全面喷洒或局部带状喷洒化学溶剂，使之在沙面形成 0.5cm 左右的结皮层。化学药剂喷洒宜在微风天气进行。

9.2.1.5 其他工程措施

（1）土石方工程包括以下 6 个方面。

1）土石方开挖级别。土石方开挖的难易程度，通常简单分为土方开挖和岩石开挖两类。具体可根据实际地质条件，参照 SL 303—2004 "附录 C.1 岩土开挖级别划分" 确定。

2）土方开挖。开挖时应注意附近构筑物、道路、管线等下沉与变形，必要时采取防护措施。开挖应从上到下分层分段进行，保持一定的坡势以利排水，并采取措施防止地面水流入挖方场地、基坑。挖方上侧弃土时，弃土边缘与挖方上缘应保持一定距离，以利边坡稳定；挖方下侧弃土时，应整平弃土堆表面并低于挖方场地标高，同时堆土边坡向外倾斜；必要时在弃土堆与挖方场地之间设排水沟，以利场地排水。临时弃土、堆土不得影响建筑物和其他设施的安全。采用机械开挖基坑（沟槽）时，为了不破坏地基土的结构，基底设计标高以上需预留一层用人工挖除。若人工挖土后不能立即砌筑基础时，应在基底设计标高以上预留 15～30cm 保护层，待砌筑开始前挖除。当开挖施工受地表水或地下水位影响时，施工前必须做好地面排水、降低地下水位，地下水位应降至地基以下 0.5～1.0m 后方可开挖。降水工作应持续至回填完毕。

3）土方回填要求如下。

a. 一般要求。回填土料应保证填方的强度和稳定性，不得选用淤泥质土、膨胀土及有机物含量大于 8% 的土、含水溶性硫酸盐大于 5% 的土。根据工程特点、填料种类、设计压实系数、施工条件等合理选择土方填筑压实机具，并确定填料含水量控制范围、分层压实厚度和压实遍数等参数。

回填前应清除基地的树根、积水、淤泥和有机杂物，并将基底充分夯实和碾压密实。回填土应分层铺筑碾压或夯实，并尽量采用同类土填筑。当填方位于倾斜地面时，应先将斜坡挖成阶梯状，分层填筑，以防止填土横向移动，但当作业面较长需分段填筑时，每层接缝处应做成斜坡形（坡度不陡于 1:1.5）碾迹重叠 0.5～1.0m，上下层错缝距离不应小于 1m。

b. 作业要求。对于有密实度要求的填方，按所选用的土料、压实机械的性能，通过实验确定含水量的控制范围和压实程度，包括每层铺土厚度、压实遍数及检验方法等。对于无密实度要求或允许自然沉实的填方，可直接填筑不压（夯）实，但应预留一定的沉降量。对于填筑路基、土堤、坝等土工构筑物，要严格按照设计规定的要求进行作业，保证其有足够的强度和稳定性。填方如采用两种透水性不同的土填筑时，应分层填筑，不得掺杂，并将透水性较小的土料填筑在上层，且边坡不得用透水性较小的土封闭，以免形成水囊。回填材料运入坑槽内时，不得损伤应验收的地下建筑物、构筑物等。需要拌和的回填材料，在运入坑槽前拌和均匀，不得在槽内拌和。在雨季、冬季进行压实填土施工时，采取防雨、防冻措施，防止填料受雨水淋湿或冻结，并采取措施防止出现橡皮土。

　　c. 填土的压实。填土压实时，使回填土的含水量在最优含水量范围内。各种土的最优含水量和最大干容重的参考值，见表 9-1。黏性土料施工含水量和最优含水量之差，可控制在 -4% ～ 2% 范围内。工地简单检测一般以手握成团、落地开花为宜。

表 9-1　　　　　　　　　　　　　土的最优含水量和最大干容重参考值

项次	土　类	变　动　范　围	
		最优含水量（质量比）/%	最大干容重/(kN/m³)
1	砂土	8～12	18～18.8
2	黏土	19～23	15.8～17
3	粉质砂土	12～15	18.5～19.5
4	粉土	15～22	16.1～18

　　注　1. 土的最大干容重应以现场实际测量达到的数字为准。
　　　　2. 一般性的回填土可不作此项测定。

　　铺土厚度和压实遍数一般应进行现场碾压夯实试验确定。如无试验依据，压实机具或工具、每层铺土厚度和碾压夯实遍数的规定见表 9-2。

表 9-2　　　　　　　　　　　　　填方每层铺土厚度和碾压夯实遍数

压实机具或工具	每层铺土厚度/mm	每层碾压夯实遍数
平碾	200～300	6～8
羊足碾	200～859	8～16
柴油打夯机	200～250	3～4
推土机	200～300	6～8
拖拉机	200～300	8～16
人工打夯（木夯、铁夯）	<200	3～4
振动压实机	250～350	3～4

　　注　人工打夯时，大块粒径应不大于 5cm。

利用运土工具碾压压实填方时，每层铺土厚度不宜超过规定的数值，见表 9 - 3。

表 9 - 3　　　　利用运土工具压实填方时每层填土的最大厚度

项次	填土方法、采用的运土工具	厚　　　　度/m		
		粉质黏土和黏土	亚砂土	砂土
1	拖拉机机车和其他填土方法并用，机械平土	0.7	2.0	1.5
2	汽车或轮式铲运机	0.5	0.8	1.2
3	人推小车或马车运土	0.3	0.6	1.0

4）填土的压实方法。填土压实有碾压、夯实和振动 3 种方法，此外还可以用运土工具压实。

碾压法是利用沿着表面滚动的滚筒或轮子的压力压实土壤。常用的碾压机具有平碾、羊足碾和气胎碾等，主要用于大面积填土。

夯实法是利用夯锤自由下落的冲击力夯实土壤，主要用于小面积回填土，在小型土方工程中应用最广。

振动法是将重锤放在土层表面或内部，借助振动设备振动重锤，使土壤颗粒发生相对位移达到紧密状态。此法用于振实非黏性土效果最好。

5）石方工程。主要采用爆破施工，爆破方法参照《土方与爆破工程施工及验收规范》（GB 50201—2012）。

6）地基加固。在施工中，地基应同时满足容许承载力和容许沉降量的要求。如不满足时，应采取措施对地基进行加固处理。常用的人工地基处理方法有换填法、重锤夯实金额机械碾压法、振冲法、预压法等，具体施工工艺和方法可参考《水工程施工手册》（尹士君，化学工业出版社，2010 年）。

（2）钢筋混凝土工程。钢筋混凝土工程由模板工程、钢筋工程及混凝土工程等组成。一般施工顺序：模板制作、安装——钢筋成型、安装、绑扎——混凝土搅拌、浇灌、振捣、养护——模板拆除、修理。

1）模板工程。模板是新浇筑混凝土成形的模型。模板工程包括模板、支持和紧固件。根据材料不同可分为木模板、钢模板、钢木组合模板、竹木模板等。

2）钢筋工程。包括钢筋加工和钢筋连接。具体施工工艺和方法可参考《水工程施工手册》（化学工业出版社）。

3）混凝土工程。包括混凝土的制备、运输、浇筑捣实和养护等施工过程。具体施工工艺和方法可参考《水工程施工手册》。水土保持工程施工一般使用现场搅拌站，通常采用流动性组合方式，将机械设备组成装配连接结构，同时拆装和搬运；混凝土多用载重约 1t 的小型机动翻斗车运输，近距离宜采用双轮手推车。

（3）砌石工程。砌筑用石材主要有毛石、料石及卵石等。砌石工程包括干砌石工程和浆砌石工程。

1）干砌石工程。干砌石的砌筑方法一般包括平缝砌筑法和花缝砌筑法。

平缝砌筑法：大多用于干砌块石施工。砌筑时，石块水平分层砌筑，横向保持通缝，层间纵向缝应错开，避免纵缝相对形成通缝。

2）浆砌石工程包括以下 3 个方面。

a. 砌筑砂浆。通常有水泥砂浆、石灰砂浆和混合砂浆。砂浆种类选择及等级要根据设计要求确定。

b. 砂浆拌制和使用。砂浆现场拌制时，各组分材料要用质量计量，以确保砂浆强度和均匀性。拌制水泥砂浆和混合砂浆时，要先将砂与水泥干拌均匀，再掺加料（石灰膏、黏土膏）和水拌和均匀。掺用外加剂时，要先将外加剂按规定浓度溶于水中，在拌和水投入时投入外加剂溶液。外加剂溶液不得直接投入拌制的砂浆中。

c. 砌筑要点。浆砌石工程要在基础验收及结合面处理检验合格后，方可施工。

砌筑前要放样立标，拉线砌筑，并将石料表面的泥垢、水锈等杂质清洗干净。砌石砌体必须采用铺浆法砌筑。砌筑时，石块宜分层外砌，同层相邻砌筑石块高差宜小于 2～3cm。上下错缝，内外搭砌。必要时要设置拉结石，不得采用外面侧立石块、中间填心的方法，不得有空缝。浆砌石挡墙、护坡的外露面均要勾缝。

d. 砌体养护。砌体外露面宜在砌筑后 12～18h 之内及时养护。通常砂浆砌体养护时间为 14 天，混凝土灌砌体为 21 天。当勾缝完成、砂浆初凝后，砌体表面要刷洗干净，至少用浸湿物覆盖保持 21 天。在养护期间应经常洒水，保持砌体湿润，避免碰撞和振动。

9.2.2 林草措施

林草措施施工包括林草措施建设及施工结束后 2～3 年的管护（包括浇水，松土除草，补植、补播，适时施肥，幼树管理等）。

（1）整地。可分为造林整地、种草整地和草坪建植整地。

1）造林整地。可改善造林的立地条件和幼林生长情况，提高造林成活率；并能保持水土、减少土壤侵蚀。造林整地可采用人工整地，地形开阔，具备条件时可采用机械整地。

整地方式分为全面整地和局部整地。全面整地是翻垦造林地全部土壤，主要应用于草原、草地、盐碱地及无风蚀危险的固定沙地。局部整地是翻垦造林地部分土壤，包括带状整地和块状整地。

a. 带状整地：整地面与地面基本持平。适用于山地、丘陵和北方草原地区。

（a）水平阶整地：阶面水平或稍向内倾斜。阶宽因地而异，石质及土石山可为 0.5～0.6m，黄土地区可为 1.5m。阶长不限。适用于土层较厚的缓坡。

（b）水平沟整地：特点是横断面呈梯形或矩形，整地面低于原地面。沟上口宽约 0.5～1m，沟底宽 0.3m，沟深 0.4～0.6m。适用于黄土高原需控制水土流失的地方。

（c）反坡梯田：地面向内倾斜成反坡，内侧蓄水，外侧栽树。田面宽约 1～3m，反坡坡度 3°～15°。能蓄水、保墒、保土，但工程量大，较费工。适用于黄土高原等坡面平坦完整的地方。

b. 块状整地：形状呈方形，边长 0.3～0.5m，甚至 1.0m 不等，规格较小的块状整地适用于坡地及地形破碎的地方。

（a）穴状整地：一般为直径 0.3～0.5m 的圆形穴。这种整地方法灵活性大，省工。

（b）鱼鳞坑整地：为近似半月形的坑穴。坑的长径 0.6～1.0m，短径略小于长径。蓄水保土力强，使用机动灵活，适用于水土流失严重的山地和黄土地区。

（c）高台整地：将地面整成正方形、矩形或圆形的高台，利于排除土壤中过多的水分。

2）种草整地。主要由耙地、浇耕灭茬、耱地、镇压、中耕等工序组成，根据设计要求可适当简化工序。

3）草坪建植整地。主要是清理、翻耕、平整、土壤改良、排水灌溉系统的设置及施肥。

（2）种植方法有以下 4 种。

1）乔灌木栽植方法。按照栽植穴的形态分为穴植、缝植和沟植三类。穴植是在经过整地的造林地上挖穴栽苗，适用于各种苗木，是应用较普遍的栽植方法。缝植是在经过整地的造林地或土壤深厚湿润的未整地造林地上，用锄、锹等工具开成窄缝，植入苗木后从侧方挤压，使苗根与土壤紧密结合的方法。此法造林速度快、工效高，造林成活率高；缺点是根系被挤在一个平面上，生长发育受到一定影响。沟植是在经过整地的造林地上，以植树机或畜力拉犁开沟，将苗木按照一定距离摆放在沟底，再覆土、扶正和压实。此法效率高，但要求地势比较平坦。

栽植方法还可按照每穴栽植 1 株或多株而分为单植和丛植；按照苗木根系是否带土而分为带土栽植和裸根栽植；按照使用工具可分为手工栽植和机械栽植，手工栽植是用镐、锹或畜力牵引机具进行的栽植，机械栽植是用植树机或其他机械完成开沟、栽植、培土、镇压等作业的栽植方法。

苗木出圃后若不能及时栽植，需进行假植，以防根系失水。苗木假植分为临时假植和越冬假植两种。

临时假植，适用于假植时间短的苗木。选背阴、排水良好的地方挖假植沟，沟规格是深、宽各 30～50cm，长度依苗木量多少而定。将苗木成捆地排列在沟内，用湿土覆盖根系和苗茎下部并踩实，以防透风失水。

越冬假植，适用于在秋季起苗、需假植越冬的苗木。在土壤结冻前，选排水良好、背阴、背风的地方挖一条与当地主风方向垂直的沟，沟的规格因苗木大小而异。假植 1 年生苗时，沟深、宽一般为 30～50cm，假植大苗时还应加大。迎风面的沟壁作成 45°的斜壁，然后将苗木单株均匀地排在斜壁上，使苗木根系在沟内舒展开，再用湿土将苗木根和苗茎下半部盖严、踩实，使根系与土壤密接。

2）草种植方法。条播、撒播、点播或育苗栽均可。播种深度 2～4cm。播后覆土镇压可提高种草成活率。

3）草坪建植的播种方法分为两种。

a. 草坪播种。按播种方式分为撒播、条播、点播、纵横式播种、回纹式播种。大面积播种可利用播种机，小面积则常采用手播。也可采用水力播种，即借助水力播种机将种子喷播在坪床上，是远距离播种和陡壁绿化的有效手段。

b. 养护管理。在播种后可覆盖草帘或草袋，覆盖后要浇足水，并经常检查墒情，及时补水。

4）草坪铺设。水土保持工程常用草坪铺设方法，包括密铺和散铺两种形式，见表 9－4。

表 9－4   **水土保持工程草坪铺设方法**

名称	操　作	优　缺　点
密铺法	将草皮切成长 22～30cm，宽 4～5cm 的草皮条，以 1～2cm 的间距，邻块接缝错开，铺装于场地内，然后充分浇水并在草面上用重的滚轮压实	能在 1 年内的任何时间内有效地形成"瞬间"草坪，但建坪成本较高
散铺法	此法有两种形式： （1）铺块式，即草皮块间隔 3～6cm，铺装面积为总面积的 1/3。 （2）梅花式，即草皮块相间排列，所呈图案较美观，铺装面积为总面积的 1/2。铺装时将坪床面挖下草皮的厚度，草皮镶入后与坪床面齐平，铺装后应镇压和充分浇水	草皮用量较上法少 2/3～1/2，成本相应降低，但坪床面全部覆盖所需时间较长

a. 铺设。平整坡面，清除石块、杂草、枯枝等杂物，使坡面符合设计要求；草坪移植前应提前 24h 修剪并喷水，镇压保持土壤湿润，这样较好起皮。当草皮铺于地面时，草皮间留 1～2cm 的间距，采用 0.5～1.0t 重的滚筒压平，使草皮与土壤紧拉、无空隙，易于生根，保证草皮成活。

b. 养护管理。草皮压紧后要及时并补充浇透水，以使草皮下面的土壤能够完全浸湿。

5）植株分栽建植内容如下。

a. 分栽建植。按坪床准备要求平整场地，并按一定行距开凿 5cm 左右的浅沟或坑；分株栽植应选择每年 3—10 月。分栽时，从圃地里挖出草苗，分成带根小草丛，按一定株行距栽入沟或坑，一般 3～10 株分为一丛。栽植株距通常为 15cm×20cm，如果要求形成草坪的时间紧，可按 5cm×5cm 株距密植。栽后覆土压实，及时浇水。

b. 养护管理。栽后浇水是关键，每次浇水须浇透，以利于植株定根。栽后 1～3 个月即形成新草坪。

6）插枝建植内容如下。

a. 准备营养体材料。将匍匐茎或根茎切成节段，长 7～15cm，每一段至少有两节活节，并将节段浸在水中准备栽种。

b. 坪床上做沟。沟距一般为 15～30cm，沟深 2.5～7.5cm。具体的沟距和沟深均应根据草坪草种生长特性确定。如不需做沟，可利用工具将节段一头埋入疏松的土壤中，另一头留在地表外面，压紧节段周围的土即可。

c. 栽植。为了加快建坪速度，节段可竖着成行放置，行距 15cm 左右，后将土壤推进沟内，并压实节段周围。往沟内填土时，不要将节段完全覆盖，留出上约 1/4 的节段在土壤外面，以利顶端生长。

d. 养护管理。栽植后须经常浇水或灌水；节段一旦开始生长，可施少量肥料，以利匍匐茎扩展。

9.2.3　封育治理措施

封育治理措施主要包括拦护设施及补植补种等。拦护设施主要包括木桩或混凝土等刺铁围栏。补植补种主要是在封育范围内补植乔木、灌木、经济林、果树苗木或草、草皮；撒播乔木、灌木、经济林、果树种子及草籽，施工方法同林草措施。

9.3　施工进度安排

9.3.1　安排原则

施工进度一般按以下原则安排。

（1）施工进度安排一般根据关键路线法进行。

（2）根据施工条件、资源供应等分析各单项工程的进度，并根据各单项工程之间的逻辑关系合理安排搭接时间，优化施工总工期。

（3）对于面积大、范围广的水土保持项目，可分区分片同时施工，以满足施工总进度要求。

（4）梯田宜在秋冬季节施工。

（5）拦沙坝宜在枯水期施工。

（6）生态型工程措施应选择适宜植物生长的季节施工，并保证植物生长所需的土层厚度和灌水要求。

9.3.2　进度安排

水土保持工程施工进度安排，根据水土保持措施施的季节性、施工顺序分期实施、合理安排，保证水土保持工程施工的组织性、计划性和有序性，对资金、材料和机械设备等资源有效配置，确保工程按期完成。

分期实施是进度安排的一项重要内容，根据工程量组织劳动力，使其相互协调，避免窝工浪费。

（1）工程措施。应安排在非主汛期，大的土方工程应避开雨季。水下施工的工程措施一般尽可能安排在枯水期。

（2）植物措施。应根据不同季节植物生长特性安排施工期，北方宜以春、秋季为主，南方地区应避开夏季。

水土保持措施施工进度安排，还应结合工程区自然环境和工程建设特点及水土流失类型，在适宜的季节进行相应的措施布设，风蚀区应避开大风季节，水蚀区应避开暴雨洪水等危害。水土保持工程施工进度双横道，如表9-5所示。

表 9 - 5　　某水土保持工程施工进度

项目组成		单位	工程量	2015 年				2016 年				2017 年			
				1—3 月	4—6 月	7—9 月	10—12 月	1—3 月	4—6 月	7—9 月	10—12 月	1—3 月	4—6 月	7—9 月	10—12 月
施工准备															
治沟骨干工程	新建骨干工程	座	5												
	淤地坝	座	24												
	谷坊	座	160												
	沟头防护	m	6300												
	…														
造林工程	坡改梯	hm²	104												
	人工造林及果园	hm²	2010												
	陡坡（埂）防护	hm²	15.8												
	…														
小型蓄排引水工程及其他	蓄水池	座	6												
	水窖	眼	360												
	集雨工程	处	87												
	打井灌溉	眼	20												
	道路	km	20.3												
	监测房	m²	2600												
	…														
工程尾工		项	1												

第 10 章
水土保持制图

从事水土保持专业技术人员，应具备正确规范的绘制和阅读工程图的能力，工程图是生产中必不可少的技术文件，是在世界范围通用的"工程技术的语言"，工程制图是水土保持专业一门专业基础学科，以画法几何的投影理论为基础，培养创造性思维基础的空间想象力及构思能力诸多方面发挥了重要的作用，专业技术人员本科已经学习投影法，掌握几种投影法的基本理论及其应用；培养对三维形状及相关位置的空间逻辑思维和形象思维能力；初步学习相关的工程制图国家标准，培养徒手绘制草图的基本能力；培养应用计算机绘制工程图样的基本能力，具备阅读工程图样的基本能力。

水土保持是一门交叉性很强的综合学科，涉及水土保持区域治理、流域治理、生态环境建设、生产建设项目水土保持方案编制等；规划设计的阶段涵盖规划、项目建议书、可行性研究、初步设计、施工图设计等；水土保持措施既有工程措施也有植物措施等。水土保持制图在工程制图的基本原理上结合园林、林业等要求而进行。本章简要介绍目前常用的水土保持制图方法及软件，结合《水利水电工程制图标准　水土保持图》（SL 73.6—2015）介绍水土保持制图内容与要求。

10.1　水土保持制图方法及软件

水土保持的规划与设计成果除了文字的报告书外，图件是规划与设计成果的重要组成部分，而且通过图件能更直观地反映规划与设计的内容。

水土保持制图方法有尺规绘图、徒手绘图及计算机绘图，目前主要是计算机绘图。常用的计算机绘图软件有 AutoCAD、ArcGIS 等。

10.1.1　AutoCAD 制图软件

AutoCAD（Autodesk Computer Aided Design）是 Autodesk（欧特克）公司首次于1982 年开发的自动计算机辅助设计软件，用于二维绘图、详细绘制、设计文档和基本三维设计，现已经成为国际上广为流行的绘图工具。AutoCAD 具有良好的用户界面，通过交互菜单或命令行方式便可以进行各种操作。它的多文档设计环境，让非计算机专业人员也能很快地学会使用。在不断实践的过程中，能更好地掌握各种应用和开发技巧，从而不断提高工作效率。AutoCAD 具有广泛的适应性，可以在各种操作系统支持的微型计算机和工作站上运行。

　　AutoCAD 基本特点如下。

　　（1）具有完善的图形绘制功能。

　　（2）具有强大的图形编辑功能。

　　（3）可以采用多种方式进行二次开发或用户定制。

　　（4）可以进行多种图形格式的转换，具有较强的数据交换能力。

　　（5）支持多种硬件设备。

　　（6）支持多种操作平台。

　　（7）具有通用性、易用性，适用于各类用户。此外，从 AutoCAD 2000 开始，又增添了许多强大的功能，如 AutoCAD 设计中心（ADC）、多文档设计环境（MDE）、Internet 驱动、新的对象捕捉功能、增强的标注功能，以及局部打开和局部加载的功能。

　　AutoCAD 基本功能如下：

　　（1）平面绘图。能以多种方式创建直线、圆、椭圆、多边形、样条曲线等基本图形对象的绘图辅助工具。AutoCAD 提供了正交、对象捕捉、极轴追踪、捕捉追踪等绘图辅助工具。正交功能使用户可以很方便地绘制水平、竖直直线，对象捕捉可帮助拾取几何对象上的特殊点，而追踪功能使画斜线及沿不同方向定位点变得更加容易。

　　（2）编辑图形。AutoCAD 具有强大的编辑功能，可以移动、复制、旋转、阵列、拉伸、延长、修剪、缩放对象等；标注尺寸。可以创建多种类型尺寸，标注外观可以自行设定；书写文字。能轻易在图形的任何位置、沿任何方向书写文字，可设定文字字体、倾斜角度及宽度缩放比例等属性；图层管理功能。图形对象都位于某一图层上，可设定图层颜色、线型、线宽等特性。

　　（3）三维绘图。可创建 3D 实体及表面模型，能对实体本身进行编辑；网络功能。可将图形在网络上发布，或是通过网络访问 AutoCAD 资源；数据交换。AutoCAD 提供了多种图形图像数据交换格式及相应命令。二次开发。AutoCAD 允许用户定制菜单和工具栏，并能利用内嵌语言 Autolisp、Visual Lisp、VBA、ADS、ARX 等进行二次开发。

10.1.2　ArcGIS 制图软件

　　ArcGIS 是探索和使用地图的最佳方式。ArcGIS 产品线为用户提供一个可伸缩的，全面的 GIS 平台。其包含了大量的可编程组件，从细粒度的对象（例如单个的几何对象）到粗粒度的对象（例如与现有 ArcMap 文档交互的地图对象）涉及面极广，这些对象为开发者集成了全面的 GIS 功能。每一个使用 ArcObjects 建成的 ArcGIS 产品都为开发者提供了一个应用开发的容器，包括桌面 GIS（ArcGIS Desktop），嵌入式 GIS（ArcGIS Engine）以及服务 GIS（ArcGIS Server）。由于制作专题图主要应用到桌面 GIS 中的 ArcGIS Desktop，这里详细介绍。

　　桌面 GIS 是用户在桌面系统上创建、编辑和分析地理信息的平台，包括 ArcReader、ArcGIS Desktop、ArcGIS Engine 和 ArcGIS Explorer。

　　（1）ArcReader。是免费的桌面应用程序，支持二维和三维数据浏览。通过它用户可以在高质量的专业地图中展现地理信息，也可以交互地使用和打印地图。用互动的三维场景来浏览地理信息等。

（2）ArcGIS Desktop。是一套可扩展的软件家族产品，包括功能依次增强的 Arc-View、ArcEditor 和 ArcInfo，以及满足用户不同需求的 ArcGIS 扩展模块。通过通用的应用界面，ArcGIS Desktop 可以实现任何从简单到复杂的 GIS 任务。ArcGIS Desktop 是 GIS 用户工作的主要平台，利用它来管理复杂的 GIS 流程和应用工程，创建数据、地图、模型和应用。

1）ArcGIS Desktop 产品级别。包括三个不同许可级别的产品，即 ArcView、ArcEditor 和 ArcInfo，每个产品的功能依次增强。

2）ArcGIS Desktop 应用程序。是一系列软件套件的总称，包含了一套带有用户界面的 Windows 桌面应用程序：ArcMap、ArcCatalog、ArcGlobe 和 ArcScene。每一个应用程序都集成了 ArcToolbox 和 Model Builder 模块。

a. ArcMap 是 ArcGIS Desktop 中一个主要的，也是 GIS 用户最常使用的应用程序，用于显示和浏览地理数据。用户可以设置符号，创建用于打印和发布的地图，对数据进行打包并共享给其他用户等。ArcMap 通过一个或几个图层表达地理信息，并提供两种类型的地图视图：地理数据视图和地图布局视图。在地理数据视图中，能对地理图层进行符号化显示、分析和编辑 GIS 数据；在地图布局窗口中，可以处理地图制图，进行地图制图，如设置比例尺、图例、指北针和空间参考等。ArcMap 也是用于创建和编辑地理数据的应用程序，还提供了强大的地理数据处理和分析功能，可以构建模型并执行工作流。

b. ArcCatalog 应用程序是为 ArcGIS Desktop 提供组织和管理各类地理数据的目录窗口。在 ArcCatalog 中可组织和管理的地理信息，包括地理数据库、栅格和矢量文件、地图文档、GIS 服务器等，以及这些 GIS 信息的元数据信息等。ArcCatalog 将地理数据组织到树视图中，从中用户可以管理地理数据、ArcGIS 文档、搜索和查找信息项等，允许用户单独选择某个地理数据，查看它的属性，访问对应的操作工具。

c. ArcGlobe 是 ArcGIS 桌面系统中 3D 分析扩展模块中的一部分，为查看和分析 3DGIS 数据提供了一种独特而新颖的方式：具有空间参考的数据被放置在 3D 地球表面上，并在其真实大地位置处进行显示。ArcGlobe 具有对全球地理信息来连续、多分辨率的交互式浏览功能，支持海量数据的快速浏览。

d. ArcScene 是 ArcGIS 桌面系统中 3D 分析扩展模块的一部分，适合于展示三维透视场景、对数据量比较小的场景进行可视化和分析。通过提供相应的高度信息、要素属性、图层属性或三维表面，能够以三维立体的形式显示要素，而且可以采用不同的方式对三维视图中的各个图层进行处理。

3）ArcGIS 为 ArcView、ArcEditor 和 ArcInfo 三个级别的产品都提供了一系列的可选扩展模块，使用户能够实现高级的分析功能，如地统计分析、三维分析、网络分析等。

（3）ArcGIS Engine 是一个用于创建客户化 GIS 桌面应用程序的开发组件包，是构建于 ArcObjects 之上的为二次开发提供各种函数接口的函数库。

（4）ArcGIS Explorer 是一个由 ArcGIS Server 提供支持的新的空间信息浏览器，它提供了一种免费、快速并且使用简单的方式来浏览二维或三维地理信息。

10.2　水土保持制图内容与要求

　　水土保持是一门交叉性很强的综合学科，水土保持业务范围涉及水土保持生态建设及生产建设项目水土保持，水土保持规划设计阶段涵盖规划、项目建议书、可行性研究、初步设计、施工图设计等，本节以满足水土保持专业技术人员实际应用为出发点，从水土保持制图的术语、基本规定、图件、图例、制图实例 5 个部分分别介绍水土保持制图内容与要求。

10.2.1　术语

　　与水土保持制图有关的术语很多，本章介绍以下常用术语。

　　图样：在图纸上按一定规则、原理绘制的，能表示被绘物对象的位置、大小、构造、功能、原理、流程、工艺要求等的图。

　　图例：示意性地表达某种被绘制对象的图形或图形符号。

　　小班：是土地利用调查、水土流失调查、水土保持调查及规划设计时，具有基本相同属性的最小制图单元。水土保持图中经常涉及小班，特别是规划图和平面图的绘制，与小班有着密切的关系。小班，起源于林学，引申到水土保持制图中，将土地利用类型、水土流失类型、水土流失强度、水土保持措施、立地类型、设计条件等相同的划分为一个小班。

　　色标：用可通用、延续的颜色来表示对象特征的标准颜色语言。

　　注记：图件上起说明作用的各种文字和数字，水土保持图中除常用的图例、符号外，常需辅以各种文字或数字进行补充说明。

10.2.2　基本规定

　　一张完整的水土保持图包括图件、标题栏、图例等内容，而这些内容都应符合一些相应规定，才能使图纸格式统一，美观整齐，内容清晰。下边从图件、标题栏、图例等方面介绍水土保持制图的基本规定和要求。

10.2.2.1　图件

　　准确表达规划设计意图，图面布置紧凑、协调、清晰，突出主题，主次分明，内容按照统一要求的图例、注记、色标表示；在标题栏内注明图名，图例宜布置在右侧，表格、说明、比例尺等附加内容可根据图面的具体情况合理布置。

10.2.2.2　标题栏

　　（1）标题栏放在图纸的右下角，并与图框线两边衔接，如图 10 - 1 所示。

　　（2）标题栏外框线为粗实线，A0、A1 线宽 1.00mm，A2、A3 线宽 0.70mm，A4 线宽 0.50mm；分格线为细实线，A0、A1 线宽 0.25mm，A2～A4 线宽 0.18mm，如图 10 - 2 和图 10 - 3 所示。

　　（3）对于 A0、A1 图幅，可按图 10 - 2 所示式样绘制，对于 A2～A4 图幅，可按图 10 - 3 所示式样绘制，涉外水土保持项目规划设计题栏，可按图 10 - 4 所示式样绘制。

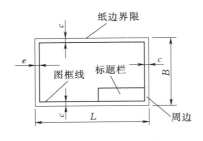

(a) 无装订边图纸的图框格式

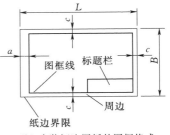

(b) 有装订边图纸的图框格式

图 10-1 图框和标题栏

(单位名称)						
批准			(工程名称)		(设计阶段)	设计
核定					(水土保持)	部分
审查						
校核			(图名)			
设计						
制图						
设计证号			比例		日期	
资质证号			图号			

图 10-2 标题栏（A0、A1）（单位：mm）

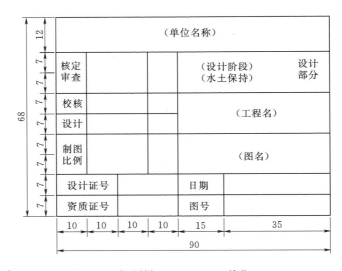

图 10-3 标题栏（A2～A4）（单位：mm）

（4）需要会签的图纸，可设会签栏，会签栏的位置、内容、格式及尺寸按图 10-5 所示式样绘制。

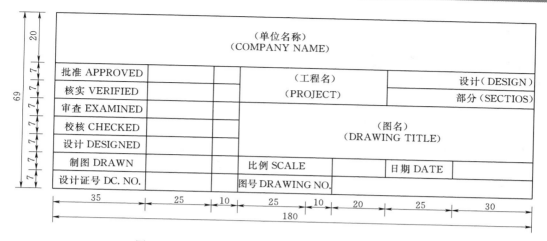

图 10 - 4　涉外项目标题栏（A0、A1）（单位：mm）

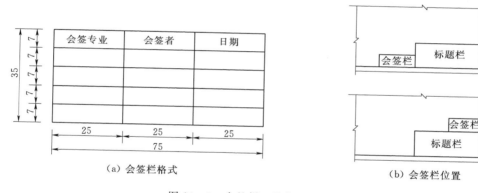

（a）会签栏格式　　　　　　　　　（b）会签栏位置

图 10 - 5　会签栏（单位：mm）

10.2.2.3　图例

可根据需要选择使用，但在同一工程或同一套图纸中，采用的同类标识应一致。在实际应用中，除《水利水电工程制图标准　水土保持图》（SL 73.6—2015）中的图例符号外，可按该标准附录 C 的方法派生所需图形和符号，并标注其作用。

10.2.2.4　其他要求

水土保持工程措施图件的图幅、字体、线条粗细、图纸装订及折叠形式、尺寸标注、剖视图、剖面图等的画法和要求，按 SL 73.1 的要求绘制。其他图件的图框、线条、尺寸标注按本书要求绘制，图幅根据规划设计范围确定，没有严格限制，以可复制和内容完整表达为准。

10.2.3　图件

水土保持图件分为综合图件、工程图件及植物图件，下面分别介绍。

10.2.3.1　综合图件

综合图件包括水土保持分区图或土壤侵蚀分区图、重点小流域分布图、水土流失类型及现状图、水土保持现状图、土地利用和水土保持措施现状图、土壤侵蚀类型和水土流失强度分布图、水土保持工程总体布置图或综合规划图〔水土保持区划或分区图、水土流失重点预防区和重点治理区划分图、地理位置及规划范围图、典型小流域土地利用现状图、水土保持措施总体布置图、项目区地貌与水系图、水土流失防治责任范围图、水土保持监测点位布局（置）图〕等综合性图。综合图件要素及要求如下。

（1）比例尺。综合图件的比例尺根据表 10-1 的要求选用，不能满足要求时，按《水利水电工程制图标准　基础制图》（SL 73.1—2013）要求。

表 10-1　　　　　　　　　　　　　　综合图件常用比例尺

图　类	比 例 尺
区域、流域水土保持区划（分区）图，土壤侵蚀类型及强度分布图	1：2500000，1：1000000，1：500000，1：250000，1：100000，1：50000
区域、流域水土保持工程总体布置图或综合规划图、水土保持现状图	1：1000000，1：500000，1：250000，1：100000，1：50000
小流域土壤侵蚀类型及强度分布图、水土流失类型及现状图、土地利用和水土保持措施现状图	1：50000，1：25000，1：10000，1：5000
小流域水土保持工程总体布置图或综合规划图	1：50000，1：25000，1：10000，1：5000，1：2000，1：1000
生产建设项目土壤侵蚀类型及强度分布图、水土保持措施总体布局图	1：250000，1：100000，1：50000，1：10000，1：5000，1：2000

（2）底图。地理要素是地图的地理内容，包括表示地球表面自然形态所包含的要素，如地貌、水系、植被和土壤等自然地理要素与人类在生产活动中改造自然界所形成的要素，如居民地、道路网、通信设备、工农业设施、经济文化和行政标志等社会经济要素。水土保持制图时，底图可根据实际需要对上述地理要素进行取舍。必要时，也可结合卫星影像进行作图。

综合图件的底图根据图件类型不同分别选取。

1）地理位置图宜根据图件的实际需求，从国家已正式颁布的地图中选取必要的地理要素作为底图。

2）区域的水土流失现状图、土地利用现状图、水土保持规划总体布局图、水土保持区划图、水土流失重点预防区和重点治理区划分图、水土保持监测站网布置图等图件，需以地图为底图，绘制行政界线、政府驻地、必要的居民点、水系及地标等地理要素。区域土壤侵蚀类型及强度分布图以土壤侵蚀普查成果图件为底图。

3）小流域的土壤侵蚀类型及强度分布图、水土流失类型及现状图、土地利用现状图、土地利用规划及水土保持措施总体布置图以地形图为底图，当比例尺不小于 1：5000 时，保留所有等高线；比例尺小于 1：5000 时，可只保留计曲线。

4）生产建设项目的水土流失防治责任范围图、水土流失防治分区及措施总体布局图、水土保持监测点位布局图等图件，以相应比例尺的地形图和主体工程总体布置图为基础，根据实际需要适当简化。土地利用现状图和土壤侵蚀强度分布图可根据建设项目的特点，参照区域或小流域的要求绘制。弃渣（土、石）场、料场等综合防治措施布置图以地形图或实测图为底图。

（3）河流流向及指北针。综合图件绘出各主要地物、建筑物，标注必要的高程及具体内容，当图面比例尺大于 1 : 50000 时，绘制坐标网。坐标网精度的取舍可根据实际需要确定。并按照流向标注河流名称，绘制流向、指北针和必要的图例等，较小比例尺的图件，仅在图件为非正北方向时才绘出指北针。

1）河流方向：水流方向箭头符号可按图 10 - 6 所示或图 10 - 7 所示式样绘制。

图 10 - 6　水流方向（简式）

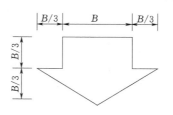

图 10 - 7　水流方向

2）指北针：指北针可按图 10 - 8 所示或图 10 - 9 所示式样绘制，其位置宜放图的右上角。

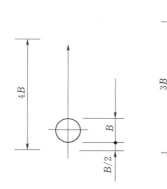

图 10 - 8　指北针（简式）

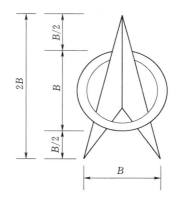

图 10 - 9　指北针

（4）图例栏。标准图例栏格式见表 10 - 2。

表 10 - 2　　　　　　　　　　　　图　例　栏

图　　例	名　　称

（5）图例及小班注记。在小班上填注图例时，根据小班面积大小，确定填注图例的多少，一般填 1~2 个。1 个时，图例符号在左；2 个时则一个在左，一个在右；多个时均匀布置，以美观为原则。小班注记一般是与图例填注一起进行的，做到合理布置。注记格式是在总结水土保持、林业、土地等行业注记的基础上确定的。

1）小班注记宜与图例符号结合起来，表示项目区内各地块的土地利用状况及主要属性指标等。

2）现状的小班注记包括小班编号和控制面积，注记格式为

小班编号
控制面积

小班注记直接标记于小班范围内，但当小班面积较小不易直接标记时，也可只标注小班编号，控制面积及其主要属性指标等具体内容另以表格表示。控制面积：图斑测算平差后的面积。

3）规划和设计小班注记包括小班编号、控制面积和实施时间，注记格式为

小班编号
控制面积－实施时间

具体注记要求同现状小班注记。

（6）着色。水土保持综合图件习惯上经常着色，目的是更加醒目的反映规划设计的内容。由于现在计算机制图已经很普遍，故色标是根据计算机上的调色板制定的，具体应用时色调、饱和度、亮度可作适当的调整，但要求主色调不变，以美观、醒目，能很好地反映规划设计的内容为原则。

1）根据综合图件的需要，土地利用与水土保持措施现状图、水土保持分区图、水土流失类型及现状图、土壤侵蚀类型和强度分布图、水土保持总体布置图等图件中，不同属性状况可以不同着色表示，但要求色泽谐调、清晰。

2）根据土地利用及水土保持措施现状图、水土保持工程总体布置图要求，按 SL 73.6—2015 附录 A 要求的色标代码绘制。

（7）综合图件内容表达要符合下列要求。

1）区域综合图件。包括地理位置图、水土保持区划图、水土流失重点预防区和重点治理区划分图、水土保持规划总体布局图、区域土壤侵蚀类型及强度分布图、水土保持监测站网（点位）布局（置）图。图件内容表达要符合下列要求：

a. 地理位置图标示项目所在位置、主要的省、市、县、流域的分界线、主要的公路铁路等，以清晰表达项目与周边行政区域地理位置的相对关系为准。

b. 水土保持区划图、水土流失重点预防区和重点治理区划分图绘制基本单元界及分区界，并标注各区名称及代码。

c. 水土保持规划总体布局图绘制水土保持区划或分区界，标注重点治理项目的范围、名称及重要的单项工程。

d. 区域土壤侵蚀类型及强度分布图绘制基本单元分界线、类型、强度分级或代码。

e. 水土保持监测站网（点位）布局（置）图分区标出监测站网（点位）位置、名称或代码。

2）小流域综合图件。包括小流域水土流失现状图、小流域土地利用及水土保持现状图、小流域水土保持措施总体布置图以及典型小流域相关图件。图件内容表达符合下列要求：

a. 小流域水土流失现状图以小班为单元，反映小流域水土流失类型、强度或程度，并附注面积统计汇总表。

b. 小流域土地利用及水土保持现状图以小班为单元，反映土地利用类型和水土保持林草、梯田等，淤地坝、塘坝、蓄水池等以图例形式注记，并附注土地利用现状及水土保

持设施现状统计汇总表。

c. 小流域水土保持措施总体布置图以小班为单元，反映所采取的水土保持林草措施、坡改梯措施、封禁治理措施等，淤地坝、塘坝、蓄水池等工程措施以图例形式注记，并附注水土保持措施数量统计汇总表。

d. 典型小流域土地利用现状图、水土流失现状图、水土保持措施布置图可参照小流域相关图件的要求适当简化。

3）生产建设项目综合图件。包括项目区地理位置图、地貌与水系图、水土流失防治责任范围图、水土流失防治分区及措施总体布局图、水土保持监测点位布局图、弃（土、石）渣场、料场等综合防治措施布置图。

a. 项目区地理位置图标示项目所在位置、主要的省、市、县的分界线、主要的公路铁路等，以清晰表达项目与周边行政区域地理位置的相对关系为准。

b. 项目区地貌与水系图，在项目区所属省（市、县）的地貌、水系图上标出项目所在位置，并用文字注明项目名称，以清晰表达项目周边重要地貌和水系为准。

c. 水土流失防治责任范围图的绘制根据比例尺确定。比例尺小于 1∶2000 时，以不同防治区内的典型工程所在位置为代表，示意性标出防治区位置；比例尺不小于 1∶2000时，应用不同线型或颜色的线条勾画出每个防治区的外部轮廓。图件中需用文字注明各防治区的名称和面积，必要时可用表格形式在图纸说明中加以阐述。

d. 水土流失防治分区及措施总体布局图，当比例尺小于 1∶2000，水土流失防治分区和措施总体布置宜采用数字、文字、图形、颜色等示意说明；当比例尺不小于 1∶2000，以分区或小班为单元反映林草措施、土地整治措施，工程措施以图例符号注记。图件中可附注水土保持措施。

10.2.3.2 工程措施图件

工程措施图件包括工程措施平面布置图及工程措施设计图。设计图一般包括平面图，正视图，左视图，有些细部构造图也包括断面图及剖面图（含剖视图）等。

（1）比例尺。水土保持工程措施（监测设施）设计图的比例尺可按表 10-3 根据实际情况选择确定。设计图件的其他要素按《水利水电工程制图标准　水工建筑图》（SL 73.2—2013）要求。

表 10-3　　　　　水土保持工程措施图件常用比例尺

图　类	比　例　尺
总平面布置图	1∶5000，1∶2000，1∶1000，1∶500，1∶200
主要建筑物布置图	1∶2000，1∶1000，1∶500，1∶200，1∶100
基础开挖图、基础处理图	1∶1000，1∶500，1∶200，1∶100，1∶50
结构图	1∶500，1∶200，1∶100，1∶50
钢筋图	1∶100，1∶50，1∶20
细部构造图	1∶50，1∶20，1∶10，1∶5

（2）图幅及标题栏。要求如下。

1）工程图件中的标题栏位置，图框线，标题栏外框线，涉外水土保持项目规划设计标题栏要求同综合图件要求。

2）A0、A1 图幅，可按图 10-2 所示式样绘制，对于 A2～A4 图幅，可按图 10-3 所示式样绘制。

（3）图件说明。水土保持工程措施总平面布置图绘出主要建筑物的中心线和定位线，并标注各建筑物控制点的坐标，以及标注河流的名称，绘制流向、指北针和必要的图例等。图件的其他要素按 SL 73.2—2013 的相关要求。

10.2.3.3　植物措施图件

植物措施图件包括植物措施现状图，植物措施平面设计图，造林种草典型设计图，园林式种植工程图，高陡边坡绿化措施设计图等。

（1）水土保持植物措施图件要求如下。

1）水土保持植物措施现状图的比例尺和小班注记，按综合图件的注记要求绘制。

2）水土保持植物措施平面设计图应符合下列要求：

a. 树种、草种图例按 SL 73.6—2015 中的要求绘制，见表 10-4 和表 10-5。

表 10-4　　　　　　　　　　　　　　　　种 植 密 度 及 需 苗 量

林种	树（草）种	株距	行距	单位面积定植点数量	苗龄及等级	种植方法	需苗量

表 10-5　　　　　　　　　　　　　　　　种 植 技 术 措 施

项目	时　间	方式	规格与要求
整地		水平阶	
种植			
抚育			

b. 水土保持植物措施图中的小班注记，标明立地类型、树（草）种典型设计号及相应树（草）种符号。项目建议书、可行性研究阶段可采用 $\dfrac{小班编号}{控制面积-实施时间}$ 注记，初步设计及后续设计采用 小班编号$\dfrac{立地类型号-典型设计号}{控制面积-实施年度}$ 注记。若项目本身要求进行简化设计，也可采用 $\dfrac{小班编号-典型设计号}{控制面积-实施年度}$ 注记。若小班太小，可只标注小班编号，其他属性指标列表表达。

c. 水土保持植物措施图件根据规划设计的需要，按植被类型着色，要求色泽协调、清晰。植被类型色标绘制按 SL 73.6—2015 附录 B 的表 B-1 规定绘制。植被盖度的色标以覆盖度等级来划分，按 SL 73.6—2015 附录 B 的表 B-2 规定绘制，规定色标尚不能满足规划设计要求时，可根据 SL 73.6—2015 附录 B 中表 B-1 和表 B-2 的要求调整颜色的色调、饱和度和亮度，但主色调不变。

3）造林种草典型设计图。造林种草典型设计不同于工程典型设计或标准设计，其格式是根据生产中经常采用的几种格式总结确定的。典型设计是根据不同的立地类型进行植物措施模式设计，典型设计图如图 10-10 所示。图件中的树种、草种图例按 SL 73.6—2015 中的要求绘制，如表 10-4 和表 10-5 所示。

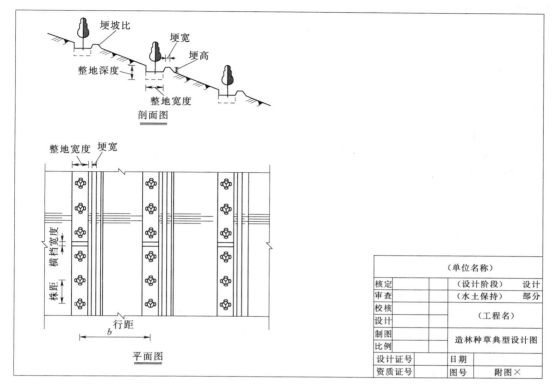

图 10-10 造林种草典型设计图

（2）涉及景观、游憩的植物措施图件要满足以下要求。

1）图幅以可复制和内容完整表达为准。

2）比例尺可根据需要确定，宜为 1∶2000～1∶200，特殊情况可采用 1∶100 或 1∶50。

3）图例栏同综合措施图件。

4）着色参照 SL 73.6—2015 附录 B 绘制。不满足规划设计要求时，可根据 SL 73.6—2015 附录 B 中表 B.2 的要求调整颜色色调、饱和度和亮度。

（3）高陡边坡绿化措施设计图件要满足以下要求。

1）高陡边坡绿化设计图以边坡防护工程设计图为底图进行绘制。涉及工程措施时，按照工程措施图件绘制要求绘制。

2）平面图标注必要的控制点高程和坐标；树草种配置按园林制图的相关标准绘制。

3）剖面图中有坡面分级措施布置情况。

4）局部详图涉及基质厚度、组成、基质附着物结构等内容时，予以标明。涉及挂网的，标明挂件材料、结构及固定型式等。

（4）封育措施设计图件。以地形图作为底图进行绘制。设计详图涉及工程措施时，按照工程措施图件绘制要求绘制。

10.2.4　图例

水土保持图例分为通用图例、综合图例、工程措施图例、耕作措施图例、植物措施图例、封育措施图例、临时措施图例、监测设施图例八大类。

10.2.4.1　通用图例

水土保持通用图例包括地界、境界、道路及附属设施、地形地貌、水系及附属建筑物等图例，通用图例使用的具体要求如下。

（1）水土流失重点防治区和重点治理区区界、大流域或水系界、水土流失（土壤侵蚀）类型区或水土保持分区界则一般适用于比例尺不大于 1∶50000 的图件；村界、厂矿征地或用地界、水土流失防治责任区界则一般适用于比例尺为 1∶10000～1∶1000 的图件。

（2）地界、境界图例中的国界、省（自治区、直辖市）界、地区（自治州、盟、地级市）界、县（自治县、旗、县级市）界、乡（镇）界等，按 SL 73.3—2013 中地形图图例要求绘制。其他按 SL 73.6—2015 要求绘制。

（3）道路及附属设施图例。按 SL 73.6—2015 中表 5.2.3 要求绘制，道路及附属设施图例主要适用于比例尺为 1∶10000～1∶1000 的水土保持措施总体布置图或规划图。

（4）地形地貌图例。按 SL 73.3—2013 中地形图图例要求绘制。

（5）水系及附属建筑物。按 SL 73.6—2015 要求绘制，主要应用于比例尺为 1∶1000～1∶10000 的总体规划或布置图，除 SL 73.6—2015 要求外，按 SL 73.3—2013 的要求绘制。

10.2.4.2　综合图例

综合图例包括土地利用类型图例、地面组成物质图例、水土流失类型图例、土壤侵蚀强度与程度图例等。可适用于土地利用与水土保持措施现状图、水土保持分区图或土壤侵蚀分区图、重点小流域分布图、土壤侵蚀类型和水土流失程度分布图、水土保持工程总体布置图或综合规划图等图例。植物措施图、工程措施图等单项工程设计图需用时也可选择采用。

（1）土地利用类型图例。主要应用于小班填充注记，具体制图时根据设计的内容和精度要求，选择确定地类划分粗细，并选取相应的图例，具体按《水利水电工程制图标准　水土保持制图》（SL 73.6—2015）中要求绘制。

本图例仅应用于水土流失调查图、水土流失类型分布图和土壤侵蚀强度或程度分布图的绘制，不要在工程地质调查中使用，工程地质调查按 SL 73.3—2013 要求绘制。

（2）水土流失（土壤侵蚀）类型图例。按《水利水电工程制图标准　水土保持制图》（SL 73.6—2015）要求绘制，本图例仅应用于水土流失调查图、水土流失类型分布图和土壤侵蚀强度或程度分布图的绘制。

（3）水土流失（土壤侵蚀）强度和程度图例，按《水利水电工程制图标准　水土保持制图》（SL 73.6—2015）要求绘制。

（4）项目区域特用图例。按《水利水电工程制图标准　水土保持制图》（SL 73.6—2015）要求绘制，本条所列图例主要适用于不大于 1∶50000 的大区域小比例尺的水土保持图样。

（5）生产建设项目水土保持土石渣场图例。按《水利水电工程制图标准　水土保持制图》（SL 73.6—2015）要求绘制，本条所列图例适用于不同设计阶段的开发建设项目水土保持图。

（6）水土保持规划设计在特定情况下有加工、贮藏、养畜等特殊要求。按《水利水电工程制图标准　水土保持制图》（SL 73.6—2015）所列常用图例选用，不能满足应用要求时，遵循国家或行业的有关规范和标准。

10.2.4.3　工程措施图例

工程措施图例包括工程平面图例、建筑材料图例，可在规划阶段和各设计阶段的总体布置图、水土保持工程设计图等中采用。未列的钢筋图例、焊接接头标注图例，施工机械图例及金属结构图例按 SL 73.2—2013 的要求绘制等。

（1）水土保持综合治理工程平面图例。按《水利水电工程制图标准　水土保持制图》（SL 73.6—2015）要求绘制，主要适用于比例尺为 1∶10000～1∶1000 的水土保持措施平面布置图。

（2）生产建设项目水土保持工程图例按《水利水电工程制图标准　水土保持制图》（SL 73.6—2015）要求绘制。

（3）建筑材料图例。水土保持建筑材料以土石为主，混凝土、钢材等其他建筑材料使用较少，按《水利水电工程制图标准　水土保持制图》（SL 73.6—2015）要求绘制，不能满足要求的其他建筑材料按 SL 73.2—2013 的要求绘制。

10.2.4.4　耕作措施图例

按《水利水电工程制图标准　水土保持制图》（SL 73.6—2015）要求绘制。

10.2.4.5　植物措施图例

水土保持植物工程图例，包括常规水土保持植物措施图例、园林式种植工程平面图例，高陡边坡绿化注记图例。

（1）常规水土保持植物措施图例，包括林种图例、树种图例（包括小班注记、平面设计、典型设计）、草种图例、整地图例。

1）林种图例。按《水利水电工程制图标准　水土保持制图》（SL 73.6—2015）要求绘制，使用时根据规划设计要求的内容和精度选择。林种图例适用于大区域小比例尺的规划设计，一般相当于县级以上的区域，比例尺不大于 1∶50000。

2）小班注记树草种图例。按《水利水电工程制图标准　水土保持制图》（SL 73.6—2015）要求绘制，本标准未涉及树种的符号，先选用树种名称首字的汉语拼音的第 1 个字母；如有重复再加注树种名称中第 2 个汉字拼音的第 1 个字母；如果仍有重复，采用树种名称首字的前两个字母表达。但同一类树种不得与本标准附录表 C 中字母重复，具体树草种图例代码表见附录表 C。如南洋杉属于针叶树类先选用 N，无重复，即采用。又如黄山松，选用 H，与红松重复，再选用 HS，与华山松重复，则选用 HU。

3）树草种种植典型设计图中的剖面及平面设计图例。按《水利水电工程制图标准　水土保持制图》（SL 73.6—2015）要求绘制。

4）整地图例。按《水利水电工程制图标准　水土保持制图》（SL 73.6—2015）要求绘制，本图例适用于水土保持植物工程施工设计的平面布置图，整地方式主要列入在生产中已成熟的方式，近年来出现的一些新的整地方式，如"径流整地""双坡整地"等尚未在生产中广泛应用，故未列入。在施工图中，整地方式与树种可联合使用。如树种为油

松，其整地方式为水平沟，可表示为 。

（2）园林式种植工程大比例尺平面设计图例。按《水利水电工程制图标准　水土保持制图》（SL 73.6—2015）要求绘制，本图例主要应用于 1∶500～1∶20 的大比例尺平面设计图，若不能满足要求，遵循园林设计有关规范确定。

（3）高陡边坡绿化。按《水利水电工程制图标准　水土保持制图》（SL 73.6—2015）中表 5.6.4 要求绘制。

10.2.4.6　封育措施图例

按《水利水电工程制图标准　水土保持制图》（SL 73.6—2015）要求绘制。

10.2.4.7　临时措施图例

临时措施主要指常用临时拦挡措施，按《水利水电工程制图标准　水土保持制图》（SL 73.6—2015）要求绘制。

10.2.4.8　监测图例

监测图例按《水利水电工程制图标准　水土保持制图》（SL 73.6—2015）要求绘制。主要应用于监测站点布局图。具体监测站（点）设计图的绘制按工程措施、植物措施有关要求绘制。

10.2.5　制图实例

本书仅以综合图件、工程措施及植物措施图件、造林典型设计图作简单示例，供水土保持制图时参考，具体如图 10-11 所示。

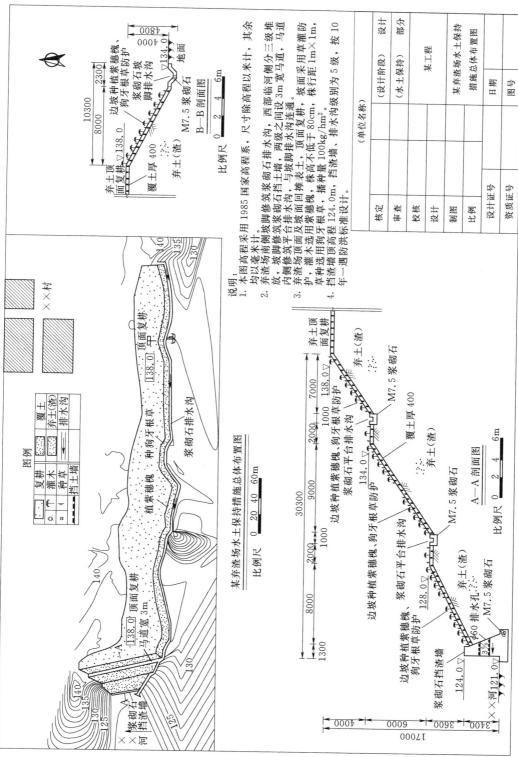

说明：
1. 本图高程采用 1985 国家高程系，尺寸除高程以米计，其余均以毫米计。
2. 弃渣场南侧坡脚修筑浆砌石挡土墙，西部临河侧分三级堆放，坡脚修筑浆砌石排水沟，两级之间设 3m 宽马道，马道内侧修筑浆砌石平台排水沟，与坡脚排水沟连通。
3. 弃渣场顶面及边坡回填表土，顶面复耕，顶面采用草灌植护，灌木选用紫穗槐，草高不低于 80cm，株高距 1m×1m，按 10 年一遇防洪标准设计。
4. 草种、灌木选用狗牙根草，播种量 100kg/hm²。挡渣墙顶高程 124.0m，挡渣墙，排水沟级别为 5 级，按 10 年一遇防洪标准设计。

图 10−11　弃渣场水土保持措施总体布置

参 考 文 献

[1] 中华人民共和国国家质量监督检验检疫总局. 中国国家标准化管理委员会. GB/T 20465—2006 水土保持术语 [S]. 北京：中国标准出版社，2006.

[2] GB 51018—2014 水土保持工程设计规范 [S]. 北京：中国计划出版社，2014.

[3] SL 335—2014 水土保持规划编制规范 [S]. 北京：中国计划出版社，2014.

[4] SL 575—2012 水利水电工程水土保持技术规范 [S]. 北京：中国水利水电出版社，2012.

[5] 胡甲均. 水土保持小型水利水保工程设计手册 [M]. 武汉：长江出版社，2006.

[6] 华东水利学院. 水工设计手册：第四卷 土石坝 [M]. 北京：水利电力出版社，1984.

[7] 华东水利学院. 水工设计手册：第五卷 混凝土坝 [M]. 北京：水利电力出版社，1987.

[8] 长江流域水土保持技术手册编辑委员会. 长江流域水土保持技术手册 [M]. 北京：中国水利水电出版社，1999.

[9] GB 50286—2013 堤防工程设计规范 [S]. 北京：中国计划出版社，2013.

[10] GB 50707—2011 河道整治设计规范 [S]. 北京：中国计划出版社，2012.

[11] 黄河上中游管理局. 淤地坝设计 [M]. 北京：中国计划出版社，2004.

[12] 全国勘察设计注册工程师水利水电工程专业管理委员会，中国水利水电勘测设计协会. 水利水电工程专业案例（水土保持篇）[M]. 郑州：黄河水利出版社，2015.

[13] 周月鲁，郑新民，等. 水土保持治沟骨干工程技术规范应用指南 [M]. 郑州：黄河水利出版社，2006.

[14] 水利部. 水土保持治沟骨干工程技术规范 [S]. 北京：水利水电出版社，2003.

[15] GB 51018—2014 水土保持工程技术规范 [S]. 北京：中国计划出版社，2014.

[16] 朱首军，李占斌. 水力学 [M]. 北京：科学出版社，2013.

[17] 李炜. 水力计算手册（第二版）[M]. 北京：中国水利水电出版社，2006.

[18] 王治国，张云龙，刘徐师，等. 林业生态工程学：林草植被建设的理论与实践 [M]. 北京：中国林业出版社，2000.

[19] SL 253—2000 溢洪道设计规范 [S]. 北京：中国水利水电出版社，2003.

[20] 索丽生，刘宁. 水工设计手册（第二版）：第三卷 征地移民、环境保护和水土保持 [M]. 北京：中国水利水电出版社，2014.

[21] 王百田. 林业生态工程学 [M]. 北京：中国林业出版社，2010.

[22] 沈国舫，翟明普. 森林培育学 [M]. 北京：中国林业出版社，2011.

[23] 余新晓，陈丽华，张志强，等. 水源涵养林：技术、研究、示范 [M]. 北京：科学出版社，2014.

[24] 喻阳华，杨苏茂. 水源涵养林结构配置研究进展 [J]. 世界林业研究，2016，19 - 24.

[25] 许景伟，李传荣，王月海，胡丁猛，韩友吉，任飞，王卫东，程鸿雁. DB37/T 2066—2012 高标准农田林网建设技术规程 [S]. 山东省地方标准，2012.

[26] 朱金兆，贺康宁，魏天兴. 农田防护林学（第2版）[M]. 北京：中国林业出版社，2015：146 - 170.

[27] 王秀茹. 水土保持工程学（第2版）[M]. 北京：中国林业出版社，2009.

[28] 王百田. 林业生态工程学（第3版）[M]. 北京：中国林业出版社，2010.

[29] 李凯荣，张光灿，水土保持林学 [M]. 北京：科学出版社，2012.

[30] 余新晓，毕华兴，水土保持学（第3版）[M]. 北京：中国林业出版社，2013.

［31］　GB/T 51097—2015 水土保持林工程设计规范［S］. 北京：中国计划出版社，2015.

［32］　赵廷宁，丁国栋，王秀茹，等. 中国防沙治沙主要模式［J］. 水土保持研究，2002（3）：118 - 123.

［33］　曹子龙，赵廷宁，郑翠玲，等. 带状高立式沙障防治草地沙化机理的研究［J］. 水土保持通报，2005（4）：15 - 19.

［34］　赵廷宁，曹子龙，郑翠玲，孙保平，丁国栋. 平行高立式沙障对严重沙化草地植被及土壤种子库的影响［J］. 北京林业大学学报，2005（2）：34 - 37.

［35］　祁有祥，赵廷宁. 我国防沙治沙综述［J］. 北京林业大学学报（社会科学版），2006（S1）：51 - 58.

［36］　丁庆军，许祥俊，陈友治，等. 化学固沙材料研究进展［J］. 武汉理工大学学报，2003，25（5）：27 - 29.

［37］　铁生年，姜雄，汪长安. 沙漠化防治化学固沙材料研究进展［J］. 科技导报，2013（Z1）：106 - 111.

［38］　刘虎俊，王继和，李毅，马瑞，孙涛，朱国庆. 我国工程治沙技术研究及其应用［J］. 防护林科技，2011（1）：55 - 59.

［39］　朱震达，赵兴梁，凌裕泉，等. 治沙工程学［M］. 北京：中国环境科学出版社，1998.

［40］　中华人民共和国国家质量监督检验检疫总局，中国国家标准化管理委员会. GB/T 21141—2007 防沙治沙技术规范［S］. 北京：中国标准出版社，2008.